ÉLÉMENTS

DE GÉOMÉTRIE

ÉLÉMENTS

DE

GÉOMÉTRIE

PAR

M. L'ABBÉ CARTON

PROFESSEUR DE MATHÉMATIQUES A L'INSTITUTION N.-D.
A VALENCIENNES

PARIS

LIBRAIRIE POUSSIELGUE FRÈRES

RUE CASSETTE, 15

—

1879

Droits de traduction et de reproduction réservés.

ÉLÉMENTS

DE GÉOMÉTRIE

DÉFINITIONS

1. Volume. — On appelle *volume* la portion de l'espace occupée par un corps.

2. Surface. — La *surface* d'un corps est la limite qui sépare son volume de l'espace qui l'environne.

La plus importante des surfaces est le *plan*. On nomme ainsi la surface qui contient complètement la ligne droite menée entre deux de ses points pris à volonté.

3. Ligne. — On appelle *ligne* l'intersection de deux surfaces.

4. Point. — On nomme *point* l'intersection de deux lignes.

5. Géométrie. — La *géométrie* traite de la mesure de l'étendue et étudie les propriétés des figures.

6. Figures. — On donne le nom général de *figures* aux lignes, aux surfaces et aux volumes.

7. Figures égales. — *Deux figures sont égales* lorsqu'on peut les faire coïncider dans toute leur étendue.

8. Figures équivalentes. — *Deux figures sont équivalentes* lorsqu'elles ont même valeur, quoiqu'il soit impossible de les appliquer exactement l'une sur l'autre.

9. Figures semblables. — Deux figures sont semblables lorsqu'elles sont inégales, mais de même forme.

EXPRESSIONS EMPLOYÉES EN GÉOMÉTRIE

10. **Axiome.** — On appelle *axiome* une vérité évidente par elle-même.

Voici les axiomes dont on fait le plus souvent usage.

I. *Deux quantités égales à une troisième sont égales entre elles.*

II. *D'un point à un autre on ne peut mener qu'une seule ligne droite.*

11. **Théorème.** — Un *théorème* est une vérité qui ne devient évidente que par une démonstration.

12. **Lemme.** — Un *lemme* est un théorème qui doit servir à la démonstration d'un autre théorème ou à la résolution d'un problème.

13. **Corollaire.** — Un *corollaire* est une conséquence tirée d'une vérité déjà établie.

14. **Problème.** — On donne le nom de *problème* à toute question à résoudre.

15. **Hypothèse.** — On appelle *hypothèse* les données d'un théorème ou d'un problème.

16. **Réciproques.** — *Deux propositions sont réciproques* lorsque l'une a pour hypothèse la conclusion de l'autre et pour conclusion les données de cette autre.

Exemple : Si dans un triangle deux côtés sont égaux, les angles qui leur sont opposés sont aussi égaux. — Si dans un triangle deux angles sont égaux, les côtés qui leur sont opposés sont aussi égaux.

Il est bon de remarquer qu'une proposition peut être vraie sans que la proposition réciproque le soit.

SIGNES EMPLOYÉS EN GÉOMÉTRIE

17. On emploie en géométrie tous les signes d'abréviation usités en arithmétique et en algèbre, c'est-à-dire :

1° Le signe de l'addition $(+)$: $M + N$.

2° Le signe de la soustraction $(-)$: $M - N$.

3° Les signes de la multiplication :

$$M.N \text{ ou } M \times N \text{ ou enfin } (M + N)(M' + N').$$

4° Les signes de la division : Ex. M : N ou $\dfrac{M}{N}$.

5° Les indices des puissances. Ex. : $\overline{MN}^2$, $\overline{MN}^3$, etc.

6° Le signe de l'égalité ($=$) : M $=$ N.

7° Les deux signes de l'inégalité. Le premier ($>$) qui signifie plus grand, le second ($<$) qui veut dire plus petit.

8° Enfin les signes usités pour les extractions de racines.

Ex. : Pour la racine carrée $\left(\sqrt{}\right)$

Pour la racine cubique $\left(\sqrt[3]{}\right)$, etc.

18. La géométrie se divise en deux parties :

I. La *géométrie plane,* qui traite des lignes et des figures situées dans le même plan.

II. La *géométrie dans l'espace,* qui traite des figures placées dans des plans différents.

PREMIÈRE PARTIE
GÉOMÉTRIE PLANE

—

LIVRE PREMIER

—

19. Ligne droite. — On appelle *ligne droite* le plus court chemin d'un point à un autre. (Fig. A.)

20. Ligne brisée. — La *ligne brisée* est une ligne formée de plusieurs lignes droites. (Fig. B.)

21. Ligne courbe. — La *ligne courbe* est celle dont les parties successives, infiniment petites, ont des directions différentes. (Fig. C.)

22. Angle. — Un *angle* est l'ouverture plus ou moins grande de deux droites qui se coupent. (Fig. D.)

23. Côtés d'un angle. — On nomme *côtés d'un angle* les droites AB et AC qui le forment. Le point A de rencontre de ces droites s'appelle le sommet de l'angle.

24. Désignation des angles. — Un angle se désigne soit par la seule lettre du sommet, soit par trois lettres, celle du sommet occupant le milieu. Ainsi l'angle précédent peut s'appeler à volonté l'angle A ou BAC.

On n'emploie généralement qu'une seule lettre quand l'angle est isolé. Quand il ne l'est pas, trois lettres sont toujours nécessaires.

25. Remarque. — La grandeur d'un angle dépend de l'ouverture plus ou moins grande de ses côtés et non de leur longueur, qui est illimitée. Aussi deux angles peuvent coïncider dès que l'ouverture de leurs côtés est la même, quelle que soit d'ailleurs l'étendue de ces côtés.

26. Perpendiculaire. — On appelle *perpendiculaire* une ligne DC qui, tombant sur une autre AB, forme avec elle deux angles égaux ACD et DCB.

27. Angle droit. — On nomme *angle droit* l'angle formé par une ligne et sa perpendiculaire. Les angles ACD et DCB (26) sont droits.

28. Angle aigu. — Un *angle aigu* est un angle plus petit qu'un angle droit. Ex.: Angle BCD.

29. Angle obtus. — C'est un angle plus grand qu'un angle droit. Ex.: Angle ACD.

30. Oblique. — *Une ligne est oblique* lorsque, tombant sur une autre, elle forme avec elle deux angles inégaux. Dans ce cas, l'un des angles est aigu, l'autre est obtus. Ex.: CD.

31. Bissectrice. — On appelle *bissectrice* la ligne qui partage un angle en deux parties égales.

32. Angles adjacents. — On donne le nom d'*angles adjacents* à deux angles qui ont même sommet, un côté commun et les deux autres situés de part et d'autre du côté commun. Les angles ACD et DCB (26 et 28) sont adjacents.

33. Angles opposés par le sommet. — Deux angles sont opposés par le sommet quand les côtés de l'un sont les prolongements des côtés de l'autre.

Les angles AOC et DOB sont opposés par le sommet.

Il en est de même des angles AOD et BOC.

34. Angles complémentaires. — On appelle ainsi deux angles dont la somme est égale à un droit.

Les angles ABC et CBD sont *complémentaires,* ou, si l'on veut, CBD est *le complément* de ABC.

35. Angles supplémentaires. — Deux angles sont *supplémentaires* lorsque leur somme est égale à deux droits.

Nous démontrerons plus tard (39) que les angles adjacents ACD et DCB, formés par deux droites qui se rencontrent, sont supplémentaires.

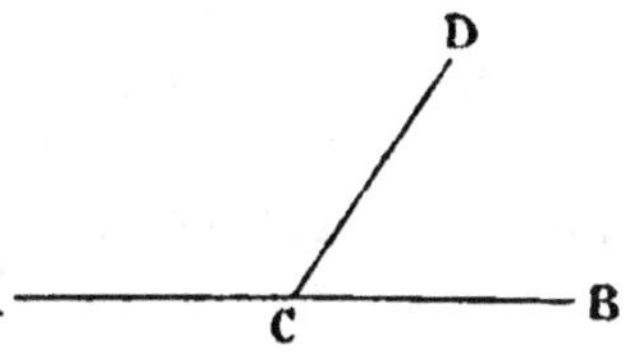

DES ANGLES

THÉORÈME

36. *D'un point pris sur une droite :*
1° *On peut élever une perpendiculaire à cette droite ;*
2° *On ne peut en élever qu'une.*
1° *Du point C on peut élever une perpendiculaire sur* AB.

En effet, si l'on relève CD couché d'abord sur CB, on forme deux angles dont l'un DCB est plus petit que l'autre ACD. A mesure que CD s'écarte de CB, le plus petit des deux angles augmente et l'autre diminue. Il arrivera un moment où ils seront égaux et alors CD″ sera perpendiculaire sur AB.

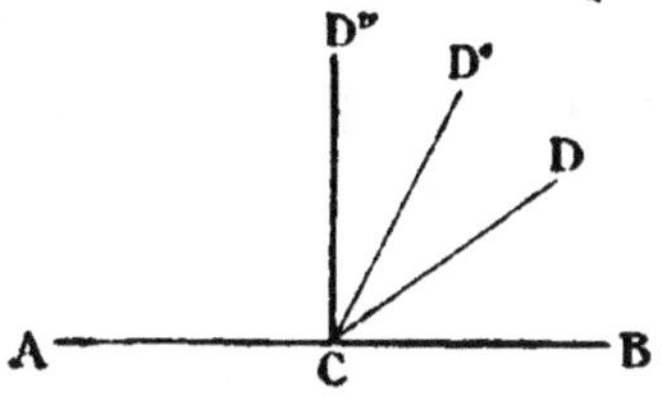

2° *Du point C on ne peut élever sur* AB *qu'une seule perpendiculaire.*

En effet, il n'y a qu'une seule position de CD pour laquelle les angles qu'elle forme avec AB sont égaux.

THÉORÈME

37. *Tous les angles droits sont égaux.*
H *. Les angles ACD et EGH sont droits.

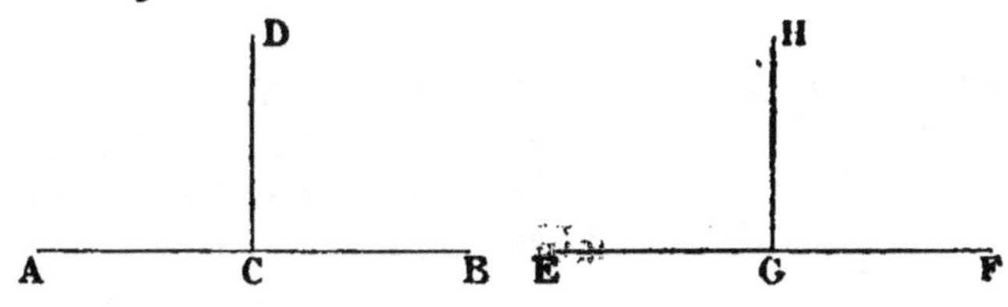

D. ACD = EGH

---

* La lettre **H**, que nous placerons ordinairement après l'énoncé d'un théorème ou d'un problème, indiquera quelle est *l'hypothèse admise,* ou plus simplement quelles sont les données. La lettre D indiquera ce qu'il faut démontrer.

Pour prouver que l'angle ACD est égal à l'angle EGH, plaçons la ligne EF sur AB de façon que le point G tombe au point C.

La ligne GH devra suivre la direction CD, ou bien on aura au point C de la droite AB deux perpendiculaires à cette droite, ce qui vient d'être démontré impossible.

THÉORÈME

38. *Deux angles qui ont le même complément ou le même supplément sont égaux.*

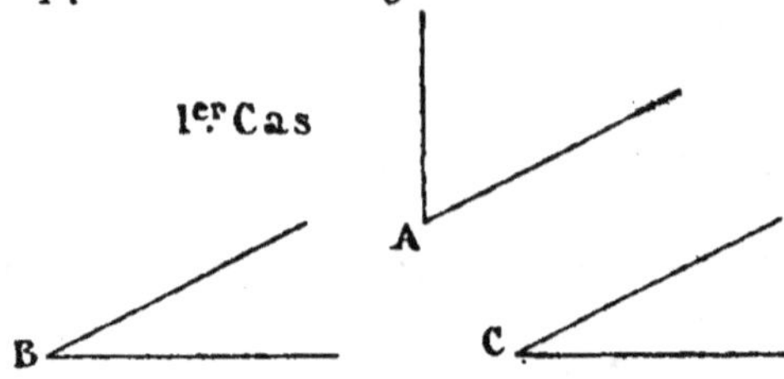

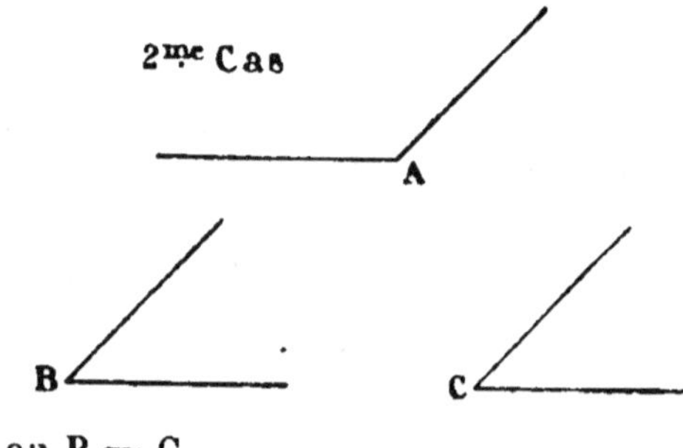

1er Cas.

H. $B + A =$ un droit ;
$\quad C + A =$ un droit.

D. $B = C$.

Les deux sommes $B + A$ et $C + A$ étant par hypothèse égales à une même quantité, sont égales entre elles, et l'on a : $B+A=C+A$, ou, en retranchant A de chaque membre de l'équation, $= BC$.

2e Cas.

H. $B + A = 2$ droits ;
$\quad C + A = 2$ droits.

D. $B = C$.

De l'hypothèse il résulte, comme dans le premier cas, que $B + A = C + A$ ou $B = C$.

THÉORÈME

39. *Toute ligne droite CD qui en rencontre une autre AB forme avec elle deux angles supplémentaires.*

H. CD et AB lignes droites qui se coupent en C.

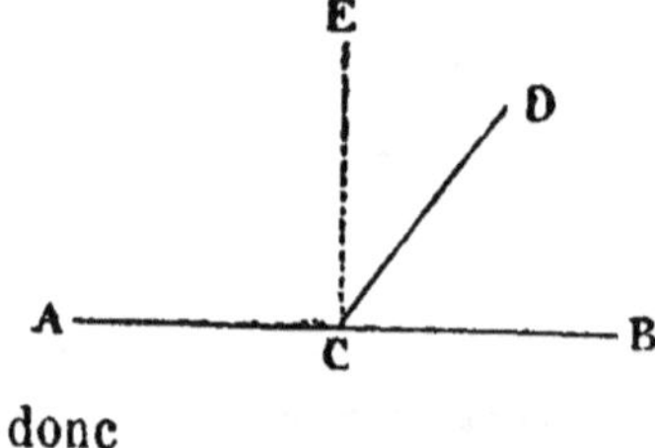

D. $ACD + DCB = 2$ droits.

Élevons au point C la perpendiculaire CE, nous aurons :

$$ACE + ECB = 2 \text{ dr.}$$

Mais

$$ECB = ECD + DCB$$

donc

$$ACE + ECD + DCB = 2 \text{ dr.}$$

et comme

$$ACE + ECD = ACD$$

on obtient :

$$ACD + DCB = 2 \text{ dr.}$$

40. Corollaire I. — Si l'un des angles adjacents est droit, l'autre doit l'être aussi.

41. Corollaire II. — Si DE est perpendiculaire à AB, réciproquement AB sera perpendiculaire à DE.

En effet, si DE est perpendiculaire à AB, l'angle ACD est droit et par suite son adjacent ACE est aussi droit. La ligne AB est donc perpendiculaire à DE.

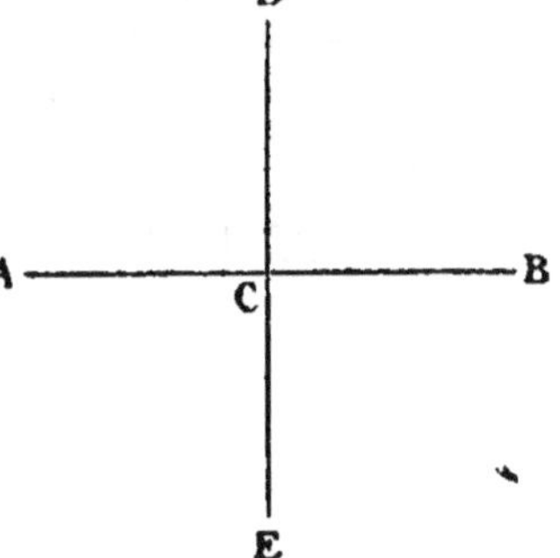

THÉORÈME

42. *La somme des angles formés au même point du même côté d'une ligne droite est égale à 2 droits.*

H. On donne les angles ABC, CBD, DBF au-dessus de AB.

D. ABC + CBD + DBF = 2 droits.
D'après le théorème précédent, on a :

$$ABD + DBF = 2 \text{ dr.}$$

Or

$$ABD = ABC + CBD$$

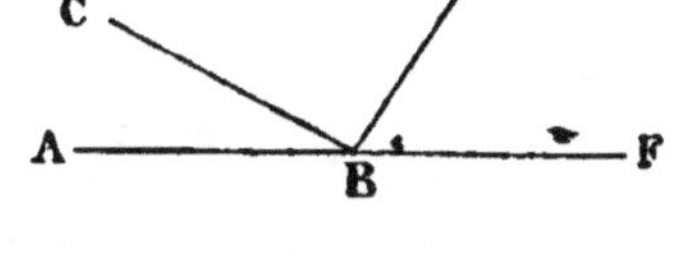

Si dans la première égalité on remplace ABD par sa valeur, on obtient :

$$ABC + CBD + DBF = 2 \text{ droits.}$$

THÉORÈME

43. *La somme des angles formés autour d'un même point est égale à quatre droits.*

H. On donne les angles ABC, CBD, DBI, IBE et EBA.

D. ABC + CBD + DBI + IBE + EBA = 4 droits.

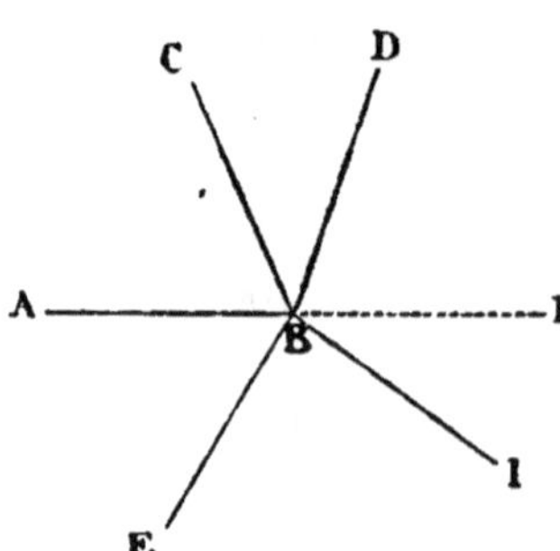

Prolongeons la ligne droite AB en BF.

La somme des angles formés au point B au-dessus de AF est égale à deux droits; la somme des angles formés au-dessous de la même ligne est aussi égale à deux droits. Il est évident que la réunion de tous les angles formés autour du point B vaudra quatre droits. On a donc :

$$ABC + CBD + DBI + IBE + EBA = 4 \text{ droits.}$$

THÉORÈME

44. *Lorsque la somme de deux angles adjacents est égale à deux droits, les côtés extérieurs sont en ligne droite.*

H. ACE + ECB = 2 droits.

D. AC et CB sont en ligne droite.

Supposons que CB ne soit pas le prolongement en ligne droite de AC, et soit CD ce prolongement. On aura (39) :

$$ACE + ECD = 2 \text{ dr.}$$

Mais par hypothèse

$$ACE + ECB = 2 \text{ dr.}$$

donc

$$ACE + ECD = ACE + ECB$$

ou

$$ECD = ECB$$

Cette dernière égalité est impossible, car la partie ne peut pas être égale au tout.

Puisqu'en supposant droite la ligne ACD nous arrivons à une impossibilité, il faut admettre qu'elle ne l'est pas; et comme tout prolongement de AC autre que CB nous conduira à la même conclusion, il est clair que CB est le seul prolongement en ligne droite de AC.

THÉORÈME

45. *Les angles opposés par le sommet sont égaux.*

H. AOB, DOE sont opposés par le sommet ainsi que AOD et BOE.

D. AOB = DOE; AOD = BOE.

Les lignes AE et DB étant droites, les angles AOB, DOE ont même supplément BOE. Ils sont donc égaux.

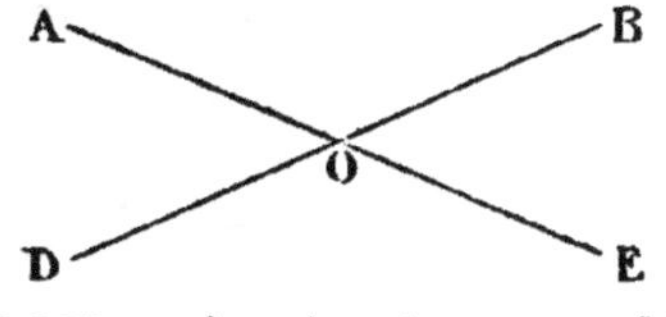

Il en est de même des angles AOD, BOE, qui ont même supplément AOB.

DES POLYGONES

DÉFINITIONS

46. Polygone. — On nomme *polygone* une figure plane terminée de toutes parts par des lignes droites.

On distingue deux sortes de polygones. Le *polygone convexe,* situé tout entier du même côté de chacune des droites qui le terminent, et le *polygone concave,* placé des deux côtés d'une ou de plusieurs des droites qui le limitent.

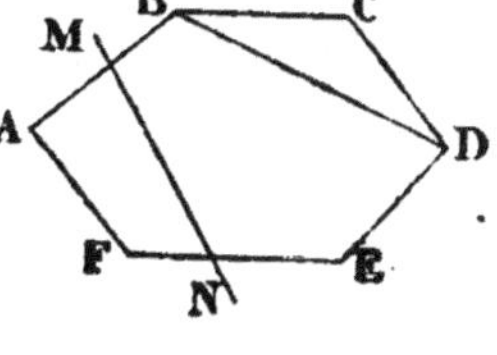

On voit immédiatement que le polygone convexe a tous ses angles saillants; le polygone concave a au moins un angle rentrant.

Le polygone convexe ne peut être coupé par une droite en plus de deux points; le polygone concave au contraire peut être rencontré en un plus grand nombre de points.

Les lignes AB, BC, CD, etc., sont les côtés du polygone concave ou convexe. Les points A, B, C, etc., sont ses sommets.

Un polygone a toujours autant d'angles que de côtés.

On dit qu'un polygone est régulier lorsqu'il a ses angles égaux et ses côtés égaux.

47. Diagonale. — On appelle *diagonale* dans un polygone la ligne droite qui joint deux sommets non consécutifs. Ex. : BD.

48. Les principaux polygones sont :

<pre>
    Le triangle   ou polygone de   3 côtés
    Le quadrilatère   —   —   —   4 —
</pre>

Le pentagone	ou polygone de	5	côtés
L'hexagone	— —	6	—
L'octogone	— —	8	—
Le décagone	— —	10	—
Le dodécagone	— —	12	—
Le pentédécagone —	—	15	—

DES TRIANGLES

DÉFINITIONS

49. On distingue plusieurs sortes de triangles :

I. Le *triangle équilatéral*, qui a ses trois côtés égaux ;

II. Le *triangle équiangle*, qui a ses trois angles égaux ;

III. Le *triangle isocèle*, qui a deux de ses côtés égaux ;

IV. Le *triangle scalène*, qui a ses trois côtés inégaux ;

V. Le *triangle rectangle*, qui a un angle droit. Dans ce triangle, le côté opposé à l'angle droit prend le nom d'*hypoténuse*.

50. Hauteur et base. — On appelle *hauteur d'un triangle* la perpendiculaire abaissée d'un sommet sur le côté opposé.

Ce côté prend lui-même le nom de *base*.

Dans le triangle isocèle on prend ordinairement pour base le côté inégal.

51. Médiane. — La *médiane* est la ligne qui, dans un triangle, joint un sommet quelconque au milieu du côté opposé ; dans un quadrilatère, c'est la droite qui unit les milieux de deux côtés opposés.

THÉORÈME

52. *Dans un triangle, un côté est plus petit que la somme des deux autres et plus grand que leur différence.*

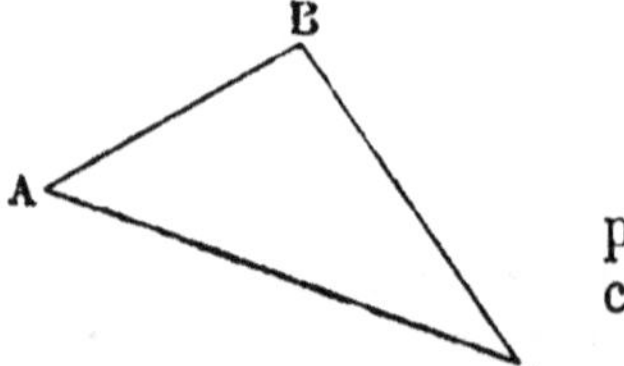

H. On donne un triangle ABC.

D. 1° $AC < AB + BC$.

2° $AC > AB - BC$.

1° Le côté AC est plus petit que $AB + BC$ parce que la ligne droite est le plus court chemin d'un point A à un autre point C.

2° On a, d'après le 1er point :

$$AC + BC > AB$$

Si l'on retranche BC de chaque membre, ce qui ne détruit pas l'inégalité, on obtient :

$$AC + BC - BC > AB - BC$$

ou

$$AC > AB - BC$$

53. Corollaire. — Avec trois droites données arbitrairement on ne peut pas toujours former un triangle. Il faut, pour que la construction soit possible, que *l'une quelconque d'entre elles soit plus petite que la somme des deux autres et plus grande que leur différence.*

THÉORÈME

54. *Quand deux triangles ont un côté commun, si le second a son sommet dans l'intérieur du premier, la ligne enveloppée est plus courte que la ligne enveloppante.*

H. On donne les triangles ABC, AOC.

D. $AO + OC < AB + BC$.

Prolongeons AO jusqu'en D. Nous aurons (52) :

$$AO + OD < AB + BD$$

De même

$$OC < OD + DC$$

donc la somme

$$AO + OD + OC < AB + BD + OD + DC$$

ce qui donne en retranchant OD à chaque membre :

$$AO + OC < AB + BD + DC$$

et comme

$$BD + DC = BC$$

on obtient :

$$AO + OC < AB + BC$$

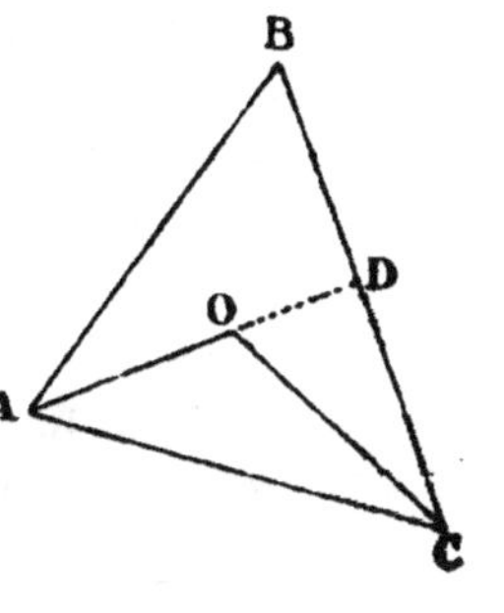

THÉORÈME

55. *Quand deux triangles ont un côté commun, si le second a son sommet en dehors du premier, la somme des lignes qui ne se coupent pas est plus petite que la somme des lignes qui se coupent.*

H. Soient les triangles ABC, ADC.

D. $AB + DC < AD + BC$.

En effet, on a dans le triangle AOB

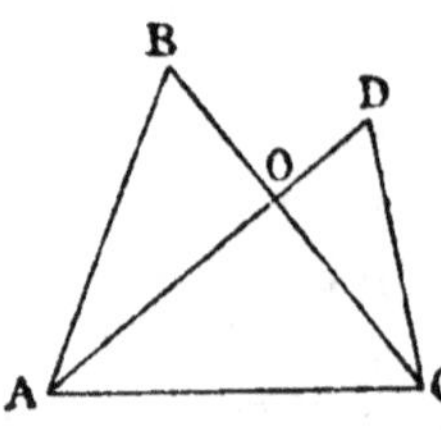

$$AB < AO + BO$$

et dans le triangle DOC

$$DC < OD + OC$$

ce qui donne pour somme

$$AB + DC < AO + BO + OD + OC$$

et comme

$$AO + OD = AD$$

et

$$BO + OC = BC$$

on obtient :

$$AB + DC < AD + BC$$

CAS D'ÉGALITÉ DES TRIANGLES

56. Cas d'égalité des triangles. — Deux triangles sont égaux :

1° *Lorsqu'ils ont un angle égal compris entre côtés égaux chacun à chacun;*

2° *Lorsqu'ils ont un côté égal adjacent à deux angles égaux chacun à chacun;*

3° *Lorsqu'ils ont les trois côtés égaux chacun à chacun.*

THÉORÈME

57. *Deux triangles sont égaux lorsqu'ils ont un angle égal compris entre côtés égaux chacun à chacun.*

H. $B = E$; $AB = DE$; $BC = EF$.

D. Triangle ABC = triangle DEF.

Superposons les deux triangles. Le côté DE se place sur AB, et comme il lui est égal, le point D se trouve en

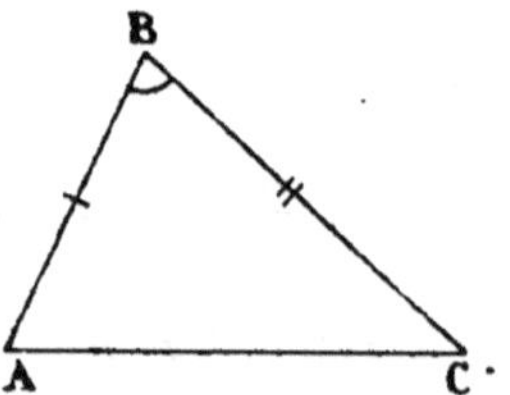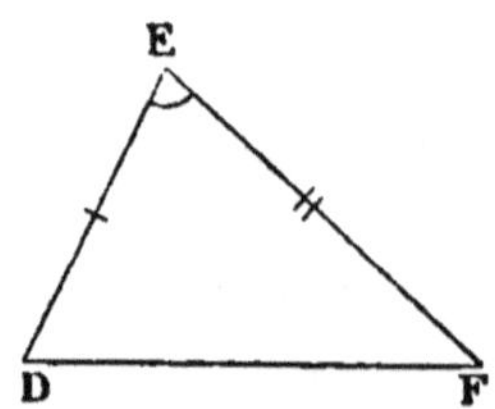

A et le point E en B. A cause de l'égalité des angles B et E, la ligne EF suit la direction de BC, et comme EF = BC, le point F se trouve au point C. Les deux côtés DF et AC ont alors mêmes extrémités et se confondent. Les deux triangles, coïncidant dans toute leur étendue, sont égaux.

58. Remarque. — On voit, par la démonstration précédente, que dans les triangles égaux ABC, DEF, les angles égaux sont opposés aux côtés égaux.

THÉORÈME

59. *Deux triangles sont égaux lorsqu'ils ont un côté égal adjacent à deux angles égaux.*

H. $AC = DF$; $A = D$; $C = F$.

D. Tr. $ABC = $ tr. DEF.

Superposons de nouveau les deux triangles.

Le côté DF étant égal au côté AC, coïncide avec lui ; le point

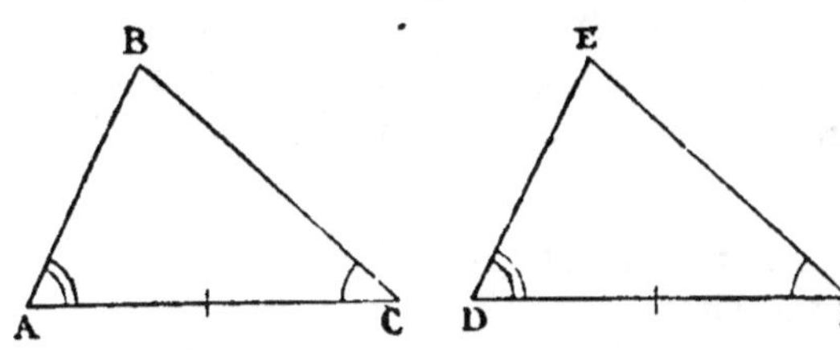

D se trouve donc en A, et le point F en C. A cause de l'égalité des angles D et A, la ligne DE suit la direction de AB, et le point E tombe sur l'un des points de AB. De même, à cause de l'égalité des angles F et C, la ligne FE suit la direction CB, et le point E tombe sur l'un des points de CB. Le point E devant ainsi se trouver à la fois sur AB et sur CB, ne pourra se placer qu'au seul point commun B de ces deux droites. Les deux triangles, coïncidant dans toutes leurs parties, sont égaux.

60. **Remarque.** — Dans les triangles égaux ABC, DEF, les angles égaux sont opposés aux côtés égaux.

THÉORÈME

61. *Lorsque deux triangles ont un angle inégal compris entre deux côtés égaux chacun à chacun, le troisième côté du triangle qui possède le plus grand des deux angles est plus grand que le troisième côté de l'autre triangle.*

H. Dans les triangles ABC, ABD on a : AB commun, $BC = BD$, angle $ABC >$ angle ABD.

D. $AC > AD$.

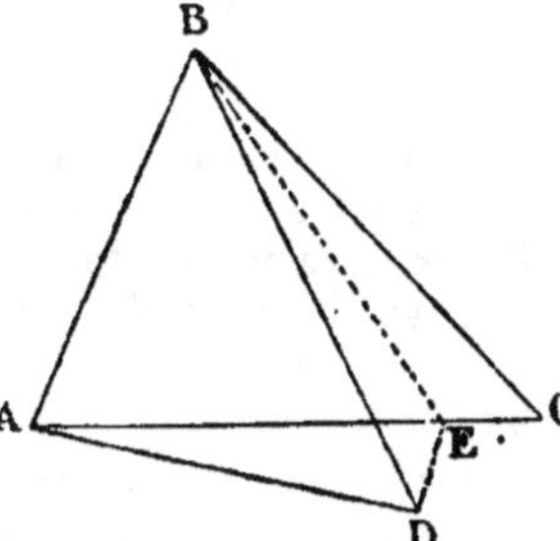

Partageons l'angle DBC en deux parties égales par la droite BE. Nous déterminerons deux triangles DBE et EBC, égaux comme ayant un angle égal compris entre côtés égaux, savoir :

Angle $DBE = $ angle EBC par construction, BE commun et $BD = BC$ par hypothèse.

Les deux triangles, étant égaux, donnent $ED = EC$

$$\text{or} \qquad AE + ED > AD \ (52)$$
$$\text{donc} \qquad AE + EC > AD$$
$$\text{ou} \qquad AC > AD$$

THÉORÈME

62. *Réciproquement, lorsque deux triangles ont deux côtés égaux chacun à chacun et un troisième côté inégal, l'angle opposé au plus grand côté dans l'un des triangles est plus grand que l'angle opposé au côté correspondant dans l'autre.* (Fig. n° 61.)

H. AB est commun, BD = BC, AC > AD.

D. Angle ABC > angle ABD.

L'angle ABC sera plus grand que l'angle ABD, s'il ne peut être plus petit que lui ni lui être égal.

Or ABC ne peut être plus petit que ABD sans que l'on ait AC < AD (61), ce qui est contre l'hypothèse.

De même l'angle ABC ne peut être égal à l'angle ABD, car alors les triangles ABC, ABD seraient égaux, et par suite on aurait AC = AD, ce qui est encore contre l'hypothèse.

Donc :

$$\text{angle } ABC > \text{angle } ABD$$

THÉORÈME [*]

63. *Deux triangles sont égaux lorsqu'ils ont les trois côtés égaux chacun à chacun.*

H. AB = DE; BC = EF; AC = DF.

D. Tr. ABC = tr. DEF.

---

[*] On peut démontrer ce troisième cas par superposition de la manière suivante :
On place DF sur AC. Les triangles coïncideront si les côtés DE et FE couvrent exactement AB et BC, c'est-à-dire si le point E tombe en B. Or il ne peut se trouver ailleurs. En effet, nous pouvons tirer de l'hypothèse les deux égalités suivantes :

$$AB + BC = DE + EF \text{ et } AB + EF = BC + DE$$

Mais la première n'est pas exacte si DE + EF est enveloppante ou enveloppée par rapport à AB + BC (54); la seconde ne l'est pas davantage si l'un des côtés DE ou EF coupe AB ou BC (55). Le point E tombe donc en B, et les deux triangles sont égaux.

En effet, les trois côtés étant égaux, l'angle B sera lui-même égal à l'angle E, car si l'on a B $>$ E, ou B $<$ E on aura aussi AC $\gtrless$ DF (62), ce qui est contre l'hypothèse. Les angles B et E étant égaux, les

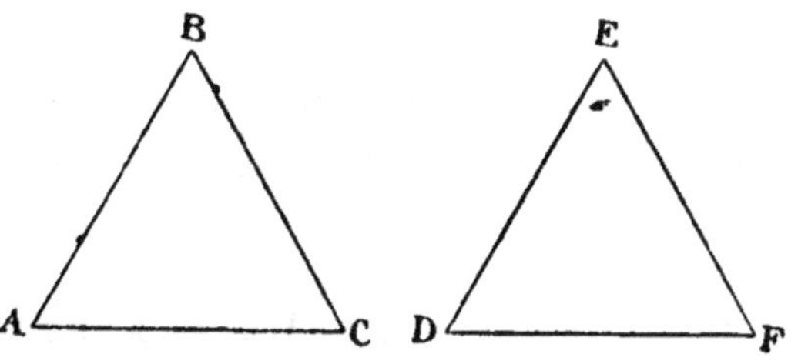

triangles le seront aussi, puisqu'ils ont un angle égal compris entre côtés égaux (57).

64. Remarque. — Dans le cas actuel comme dans les cas précédents, les angles égaux sont opposés aux côtés égaux.

PROPRIÉTÉS DU TRIANGLE ISOCÈLE

THÉORÈME

65. *Dans un triangle isocèle, les angles opposés aux côtés égaux sont égaux.*

H. AB $=$ AC.

D. B $=$ C.

Joignons le point A au point D milieu de BC.

Nous aurons :

$$\text{Tr. BAD} = \text{tr. DAC (63)}$$

Car ces triangles ont les trois côtés égaux chacun à chacun, savoir :

AD commun, AB $=$ AC (*hypothèse*), BD $=$ DC par construction.

Donc : Angle B $=$ angle C.

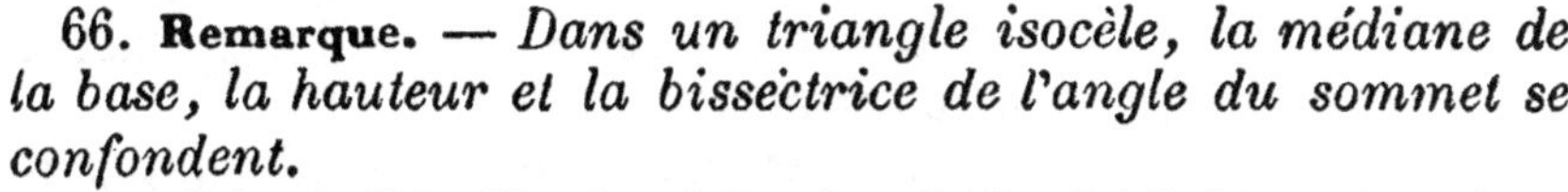

66. Remarque. — *Dans un triangle isocèle, la médiane de la base, la hauteur et la bissectrice de l'angle du sommet se confondent.*

En effet, de l'égalité des triangles BAD, DAC démontrée dans le théorème précédent, il résulte que :

1° L'angle BDA $=$ l'angle ADC, et comme ces angles sont supplémentaires (39), chacun d'eux vaut un droit. Donc la médiane AD se confond avec la hauteur.

2° L'angle BAD $=$ l'angle DAC, donc la médiane AD est aussi bissectrice de l'angle du sommet.

THÉORÈME

67. *Si deux angles d'un triangle sont égaux, les côtés opposés à ces angles sont aussi égaux, et le triangle est isocèle.*

H. Angle A = angle C.

D. AB = BC.

Construisons le triangle DEF égal au triangle ABC. On aura ainsi AB = DE, et les quatre angles A, C, D et F égaux entre eux.

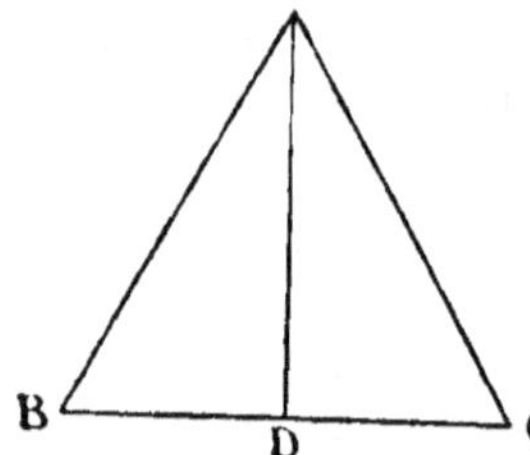

Retournons le triangle DEF et, dans cette position, plaçons-le sur son égal ABC. Le point D se trouvera au point C, et les angles D et C étant égaux, la ligne DE devra suivre la direction CB. Quant au point E, il tombera sur un des points de CB. De même, à cause de l'égalité des angles F et A, la ligne FE suivra la direction AB, et le point E sera sur un des points de AB. Ce point devant se trouver à la fois sur AB et sur CB, sera au point B intersection des deux droites et on aura :

$$DE = BC$$

mais on a par construction :

$$DE = AB$$

donc

$$AB = BC$$

TRIANGLE ÉQUILATÉRAL

68. Le triangle équilatéral jouit nécessairement des propriétés du triangle isocèle. Il est donc équiangle, et sa hauteur est en même temps bissectrice et médiane.

Ces propriétés du triangle équilatéral conduisent immédiatement à une propriété remarquable du triangle rectangle, dont l'un des angles aigus BAD est égal à la moitié de l'autre ABD.

En effet, dans ce cas le côté BD, opposé au plus petit des deux angles, est égal à la moitié de l'hypoténuse AB, car on a

$$BD = \frac{BC}{2} = \frac{AB}{2}$$

TRIANGLES QUELCONQUES

69. *Dans un triangle, le plus grand côté est opposé au plus grand angle et, réciproquement, le plus grand angle est oppose au plus grand côté.*

1° *Le plus grand côté est opposé au plus grand angle.*

H. Angle BAC $>$ angle BCA.

D. BC $>$ AB.

Construisons dans l'angle BAC un angle CAD $=$ DCA; le triangle ADC ainsi formé est isocèle et donne AD $=$ DC (67).

Or dans le triangle BDA on a :

$$BD + DA > AB$$

ou, en remplaçant DA par sa valeur DC

$$BD + DC > AB$$

ou enfin

$$BC > AB$$

2° *Réciproquement au plus grand côté est opposé le plus grand angle.*

H. BC $>$ AB.

D. Angle BAC $>$ angle ACB.

En effet, l'angle BAC sera plus grand que l'angle ACB s'il ne peut être par rapport à lui ni plus petit ni égal. Or,

1° BAC ne peut être plus petit que ACB, car on aurait (1°) BC $<$ AB, ce qui est contre l'hypothèse;

2° BAC ne peut être égal à ACB, car on aurait BC $=$ AB (67), ce qui est encore contre l'hypothèse.

Donc :

$$\text{Angle BAC} > \text{angle ACB}$$

PERPENDICULAIRES ET OBLIQUES A UNE MÊME DROITE

THÉORÈME

70. *D'un point donné hors d'une droite on peut abaisser une perpendiculaire sur cette droite, mais on ne peut en abaisser qu'une.*

1° *On peut abaisser du point C une perpendiculaire sur AB.*

Faisons tourner la partie supérieure du plan de la figure autour de AB comme charnière, le point C viendra se placer en C′.

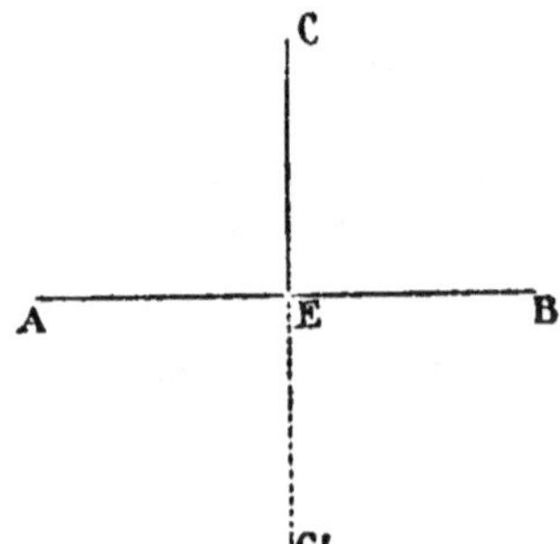

Joignons les points C et C′ et prouvons que la ligne CC′ est perpendiculaire à AB.

Pour cela, retournons de nouveau la figure autour de AB, la ligne CE coïncidera avec la ligne EC′ et l'angle AEC sera égal à l'angle AEC′. D'ailleurs la somme de ces angles vaut deux droits. Puisqu'ils sont égaux, chacun égale un droit, et par suite CC′ est perpendiculaire à AB.

2° *Du point C on ne peut abaisser sur* AB *qu'une seule perpendiculaire.*

Supposons qu'on puisse en abaisser deux, CE et CF. Prolongeons CE d'une quantité ED = EC et joignons FD.

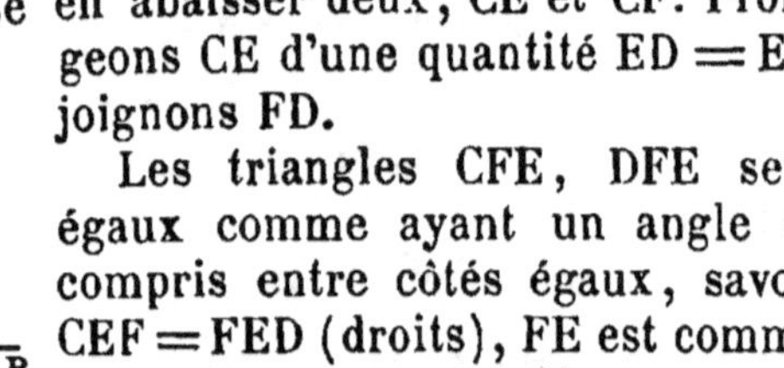

Les triangles CFE, DFE seront égaux comme ayant un angle égal compris entre côtés égaux, savoir : CEF = FED (droits), FE est commun, CE = ED par construction.

Donc :

$$\text{Angle } CFE = \text{angle } DFE$$

Mais si CF est perpendiculaire sur AB, l'angle CFE vaut un droit ainsi que son égal DFE. Il s'ensuit que la ligne CFD est droite (44), et comme CED l'est aussi, il faut conclure qu'entre les points C et D on peut mener deux lignes droites, ce qui est impossible. Donc CD est la seule perpendiculaire qui puisse être abaissée du point C sur AB.

71. Définitions. — Le point E où une perpendiculaire à une droite AB rencontre la droite, s'appelle *le pied de cette perpendiculaire.*

La longueur FE, comprise sur la droite AB entre le pied de la perpendiculaire et le point où une oblique rencontre AB, se nomme distance de l'oblique au pied de la perpendiculaire.

THÉORÈME

72. *Si, d'un point pris hors d'une droite, on abaisse sur cette droite une perpendiculaire et différentes obliques :*

1° *La perpendiculaire est plus courte que toute oblique;*

2° *Deux obliques qui s'écartent également du pied de la perpendiculaire sont égales;*

3° *De deux obliques inégalement éloignées, la plus éloignée est la plus grande.*

1° *La perpendiculaire est plus courte que toute oblique.*

H. CE est perpendiculaire, CD oblique.

D. CE $<$ CD.

Prolongeons CE d'une quantité EC′ $=$ CE et joignons le point D au point C′.

Les triangles CDE, C′DE seront égaux comme ayant un angle égal compris entre côtés égaux, savoir :

Angle CED $=$ angle DEC′ (droits), DE est commun, CE $=$ EC′ par construction.

Donc

$$CD = DC'$$

Mais dans le triangle CDC′ on a :

$$CC' < CD + DC'$$

ou

$$\frac{CC'}{2} < \frac{CD + DC'}{2}$$

et comme CD égale DC′,
on obtient enfin $\qquad$ CE $<$ CD

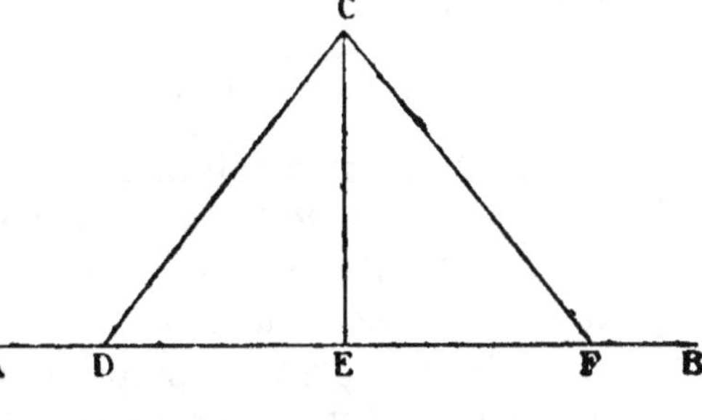

2° *Deux obliques qui s'écartent également du pied de la perpendiculaire sont égales.*

H. DE $=$ EF.

D. CD $=$ CF.

Dans ce cas, les triangles DCE, ECF sont égaux comme ayant un angle égal compris entre côtés égaux, savoir :

· Angle CED $=$ CEF (droits), CE est commun, DE $=$ EF (*hyp.*)

Donc : $\quad$ CD $=$ CF

3° *De deux obliques inégalement éloignées, la plus éloignée est la plus grande.*

H. EF $>$ ED.

D. CF $>$ CD.

1*

Prolongeons CE d'une quantité $EC' = CE$, et joignons les points D, F au point C'.

Nous aurons : $$\text{Tr. } CDE = C'DE$$

Car ils ont un angle égal compris entre côtés égaux, savoir :

Angle $CED = C'ED$ (droits), DE est commun, $CE = EC'$ par construction.

Donc : $CD = C'D$

Pour les mêmes raisons nous aurons : Tr. $CFE = C'FE$.

Donc : $CF = C'F$

Mais on sait (54) que la ligne brisée enveloppée $CD + DC'$ est plus petite que la ligne brisée $CF + FC'$ enveloppante.

On a donc :

$$CF + FC' > CD + C'D$$

ou

$$\frac{CF + FC'}{2} > \frac{CD + C'D}{2}$$

ou enfin

$$CF > CD$$

73. Corollaire. — D'un même point, on ne peut mener sur une droite trois obliques égales, car il y en aurait au moins deux du même côté de la perpendiculaire, et comme elles devraient être également éloignées de son pied, elles se confondraient.

74. Remarque. — La distance d'un point à une droite est égale à la perpendiculaire abaissée du point sur la droite.

En effet, cette perpendiculaire est le plus court chemin du point à la droite.

RÉCIPROQUES

75. — Les réciproques suivantes des propositions énoncées dans le théorème qui précède sont également vraies.

1° *La ligne la plus courte menée d'un point à une droite est perpendiculaire sur cette droite.*

En effet, si elle n'était pas perpendiculaire, elle serait oblique, et par conséquent il y en aurait une autre plus courte qu'elle, ce qui est contre l'hypothèse.

2° *Deux obliques égales s'écartent également du pied de la perpendiculaire.*

En effet, si elles s'écartent inégalement, elles ne sont pas égales, ce qui est contre l'hypothèse.

3° *De deux obliques inégales la plus longue est la plus écar-*
tée du pied de la perpendiculaire.

En effet, si elle n'était pas la plus éloignée, elle ne serait pas
la plus longue.

THÉORÈME

76. *Si, au milieu d'une droite donnée, on élève une perpen-*
diculaire :

1° *Tout point de la perpendiculaire est également éloigné*
des extrémités de la droite.

2° *Tout point pris en dehors de la perpendiculaire est iné-*
galement éloigné de ces mêmes extrémités.

1° *Tout point de la perpendiculaire est également éloigné*
des extrémités de la droite.

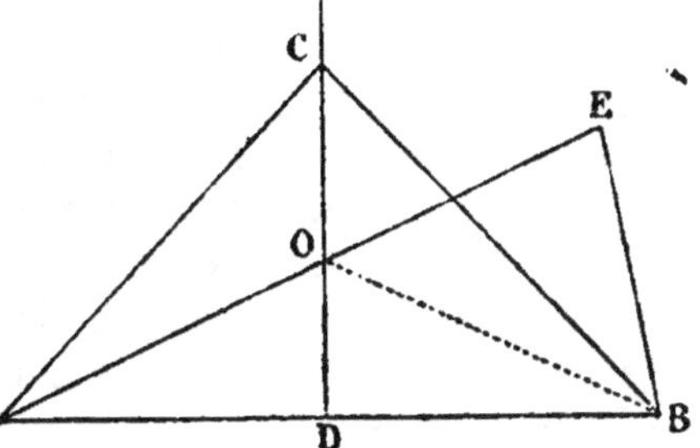

H. CD perp. sur AB , AD
= DB.

D. AC = CB.

En effet, AC et CB sont
des obliques qui s'écartent
également du pied de la perpendiculaire CD. Elles sont
donc égales.

2° *Tout point pris en dehors de la perpendiculaire est iné-*
galement éloigné des extrémités de la droite.

H. La même.

D. AE > EB.

Dans le triangle BOE on a :

$$BO + OE > EB$$

Mais d'après la première partie du théorème BO = AO
donc :

$$AO + OE > EB$$

ou

$$AE > EB$$

77. **Définition. — Lieu géométrique.** — On appelle lieu géométrique la figure, ligne ou surface, formée par tous les points
jouissant d'une même propriété. Ainsi la droite CD (76), dont
tous les points sont à égale distance de A et de B, est le lieu géométrique des points également distants des extrémités de la
droite AB.

TRIANGLES RECTANGLES

78. *Deux triangles rectangles sont égaux lorsqu'ils ont l'hypoténuse égale et un côté égal.*

H. BC = DF; AB = DE.

D. Tr. BAC = Tr. DEF.

Plaçons le triangle DEF sur le triangle BAC. Le côté DE se con-

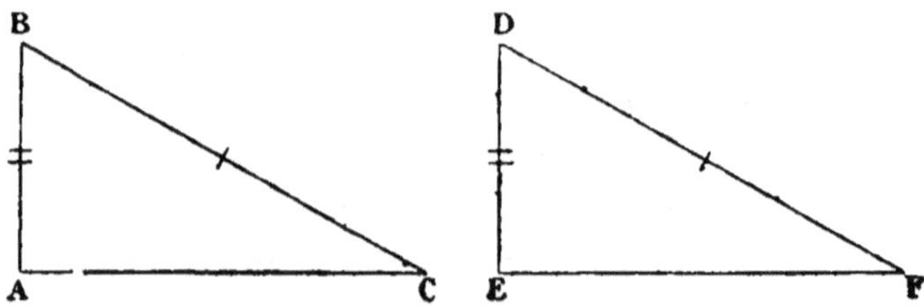

fond avec BA, et comme les angles E et A sont droits, la ligne EF prend la direction AC. Les deux lignes DF et BC occupent alors la position d'obliques à la même perpendiculaire AB. D'ailleurs elles partent du même point et elles sont égales par hypothèse. Il est clair que dans ces conditions elles doivent s'écarter également du pied A de la perpendiculaire AB (75). On a donc AC = EF, et les triangles BAC, DEF, ayant leurs trois côtés égaux chacun à chacun, sont égaux.

THÉORÈME

79. *Deux triangles rectangles sont égaux lorsqu'ils ont l'hypoténuse égale et un angle aigu égal.*

H. BC = DF; C = F.

D. Tr. BAC = Tr. DEF.

Plaçons le triangle DEF sur le triangle BAC. L'hypoténuse DF

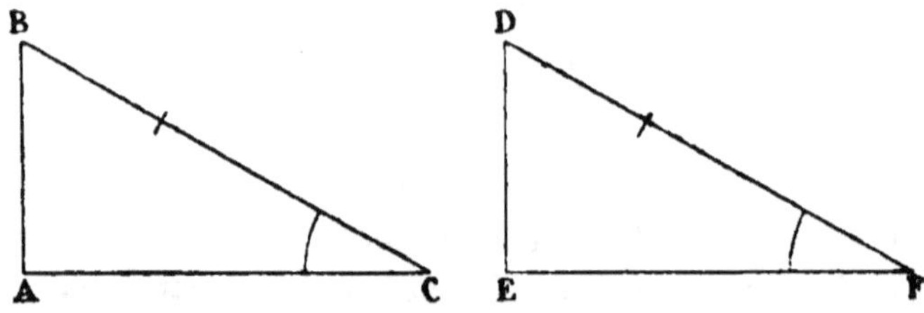

se confond avec BC, et comme les angles F et C sont égaux, la ligne FE prend la direction CA. Quant aux lignes DE et BA, elles devront coïncider, parce que du point B, qui maintenant leur est commun, on ne peut abaisser sur AC ou sur EF, qui se confondent, qu'une seule perpendiculaire.

THÉORÈME

80. *On mène la bissectrice d'un angle :*

1° *Tout point de cette bissectrice est à égale distance des côtés de l'angle;*

2° *Tout point situé hors de cette bissectrice, dans l'intérieur de l'angle, est inégalement distant des côtés de l'angle.*

1° **H.** AD est bissectrice de l'angle BAC.

D. KE perpendiculaire sur AB = KF perpendiculaire sur AC.

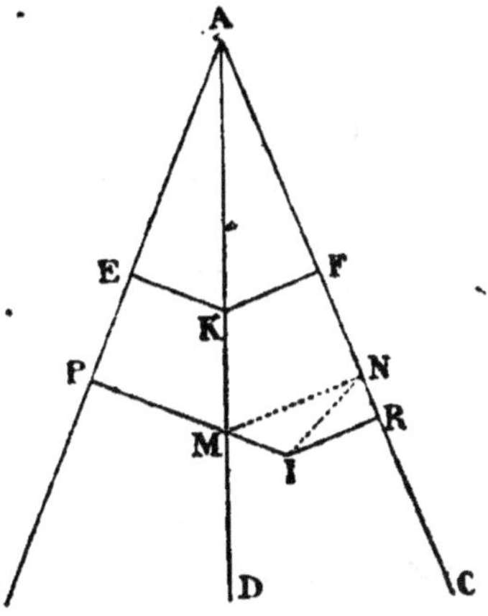

En effet, les triangles AKE, AKF sont égaux, puisqu'ils sont rectangles en E et en F et qu'ils ont l'hypoténuse AK commune et les angles EAK et FAK égaux par hypothèse.

Donc KE = KF.

2° **H.** AD est bissectrice de l'angle BAC.

D. IP perp. sur AB > IR perp. sur AC.

Au point de rencontre M de la perpendiculaire IP et de la bissectrice AD, menons la perpendiculaire MN sur AC. D'après la première partie du théorème on aura MN = MP. Joignons IN.

On pourra tirer successivement les conclusions suivantes :
IR perp. à AC < IN oblique à AC < IM + MN (52) < IM + MP < IP.

81. **Corollaire I.** — On démontrerait facilement la réciproque du théorème précédent, c'est-à-dire :

Tout point pris dans l'intérieur d'un angle à égale distance de ses côtés appartient à la bissectrice.

Tout point qui, dans les mêmes conditions, se trouve à inégale distance des côtés est en dehors de la bissectrice.

82. **Corollaire II.** — La bissectrice d'un angle est le *lieu géométrique* des points également distants des côtés de l'angle.

THÉORIE DES PARALLÈLES

83. **Définition.** — Deux droites sont *parallèles* lorsque, situées dans le même plan, elles ne peuvent se rencontrer à quelque distance qu'on les prolonge.

THÉORÈME

84. *Deux droites perpendiculaires à une troisième sont parallèles entre elles.*

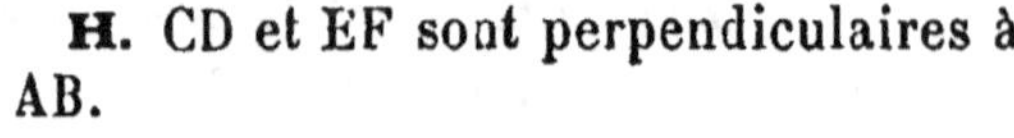

H. CD et EF sont perpendiculaires à AB.

D. CD est parallèle à EF.

En effet, CD et EF ne pourront jamais se rencontrer, car si cette rencontre avait lieu en un point O quelconque, on pourrait abaisser de ce point deux perpendiculaires sur une même droite AB, ce qui est impossible (70).

THÉORÈME

85. *Par un point donné hors d'une droite, on peut toujours mener une parallèle à cette droite.*

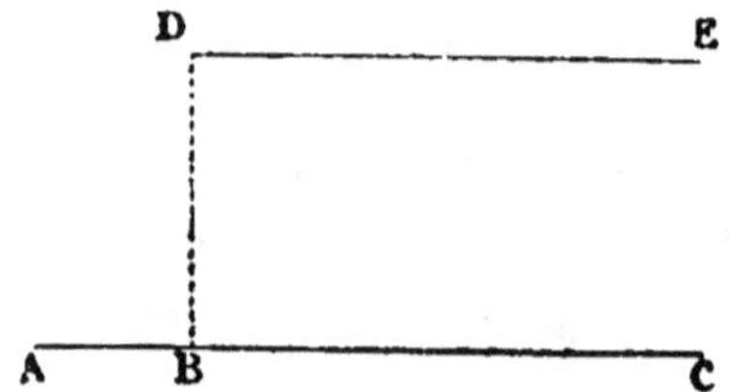

Du point D donné hors de la droite AC abaissons sur AC la perpendiculaire DB, puis du même point D menons sur DB la perpendiculaire DE. Les lignes AC et DE, perpendiculaires à une même droite DB, sont parallèles (84).

86. Définition. — Postulatum. — On appelle *postulatum* une proposition que l'on admet comme évidente.

La théorie des parallèles exige un postulatum. Nous prendrons le suivant :

Par un point donné en dehors d'une droite on ne peut mener qu'une seule parallèle à cette droite.

THÉORÈME

87. *Deux lignes droites parallèles à une troisième, sont parallèles entre elles.*

H. AB est parallèle à CF ; DE est parallèle à CF.

D. AB est parallèle à DE.

En effet, si AB et DE ne sont pas parallèles, elles se rencontreront en un point O. Mais dans ce cas on aurait deux parallèles menées du point O à une même droite CF, ce qui est impossible (85).

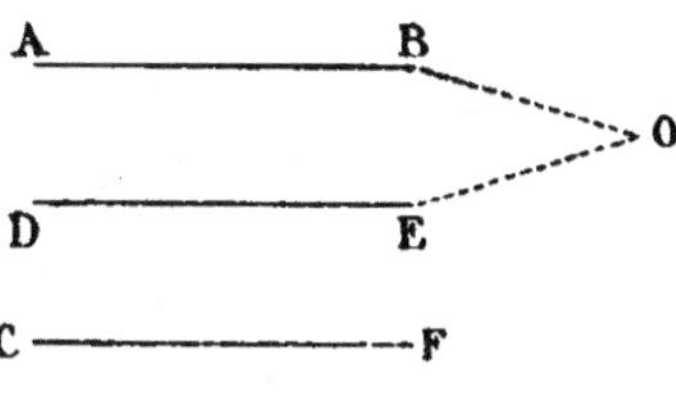

THÉORÈME

88. *Lorsque deux droites sont parallèles, toute droite perpendiculaire à l'une est perpendiculaire à l'autre.*

H. AB parallèle à CD.

 MN perpendiculaire sur CD.

D. MN perpendiculaire sur AB.

D'abord MN devra rencontrer AB, sinon elle lui serait parallèle, et comme CD l'est aussi, on pourrait du point N mener à AB deux parallèles CD et MN, ce qui impossible (85).

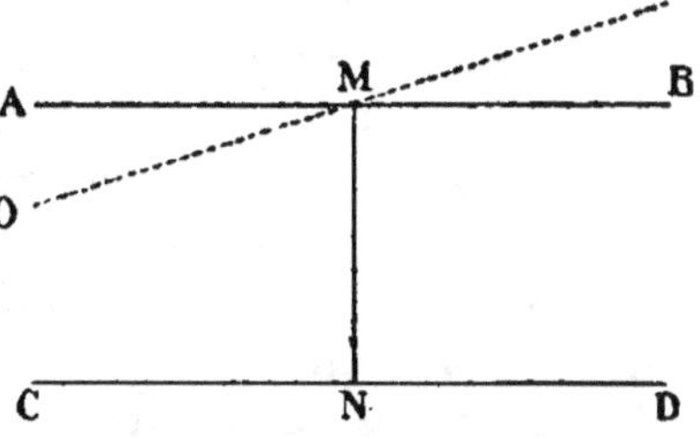

. De plus, AB sera perpendiculaire à MN. En effet, si elle ne l'est pas, on pourra par le point M mener une perpendiculaire OE à MN. Mais OE serait alors parallèle à CD (84), et comme AB l'est aussi par hypothèse, il s'ensuivrait que par le point M on pourrait mener deux parallèles AB et OE à une même droite CD, ce qui est impossible.

DÉFINITIONS

89. Lorsque deux droites quelconques sont rencontrées par une sécante, elles forment avec la sécante huit angles qui prennent des noms différents d'après leur position.

On appelle *internes* les angles $a, b, o, p,$ placés entre les deux droites AB et CD.

On appelle *externes* les triangles $m, n, c, d,$ formés en dehors des droites.

De plus, on appelle :

1° *Alternes-internes*, les angles intérieurs, placés des deux côtés de la sécante et non adjacents. Ex. : 1° b et o ; 2° a et p.

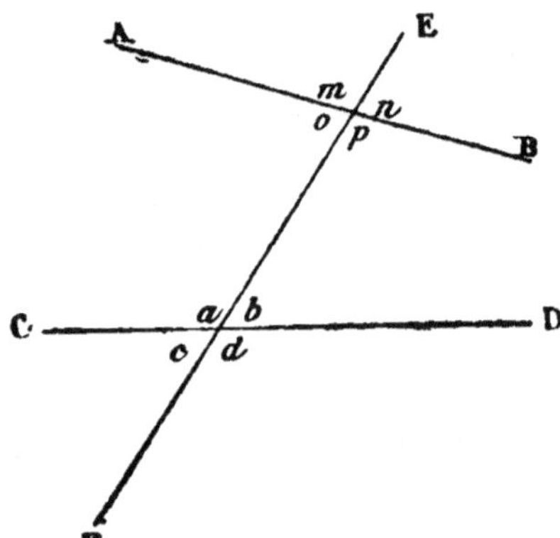

2° *Alternes-externes*, les angles extérieurs, placés des deux côtés de la sécante et non adjacents. Ex : 1° c et n; 2° d et m.

3° *Internes* ou *externes du même côté*, les angles intérieurs ou extérieurs situés du même côté de la sécante. Ex.: Internes du même côté : 1° a et o; 2° b et p. Externes du même coté : 1° c et m; 2° d et n.

4° *Correspondants*, deux angles, l'un interne, l'autre externe, placés du même côté de la sécante et non adjacents : Ex : 1° a et m; 2° b et n; 3° c et o; 4° d et p.

THÉORÈME

90. *Lorsque deux parallèles sont rencontrées par une sécante :*
1° *Les angles alternes-internes sont égaux;*
2° *Les angles alternes-externes sont égaux;*
3° *Les angles correspondants sont égaux;*
4° *Les angles intérieurs placés du même côté de la sécante sont supplémentaires;*
5° *Les angles extérieurs situés du même côté de la sécante sont supplémentaires.*

H. AB et CD parallèles coupées par PF.

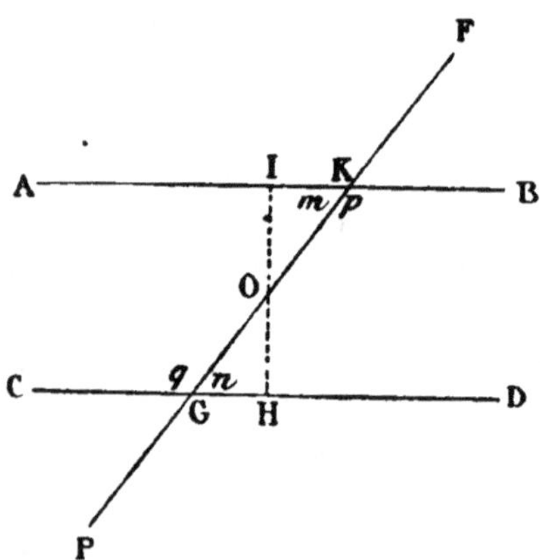

D. 1° $m = n, p = q.$ (1re fig.)
2° $a = d, b = c.$ (2° fig.)
3° $n = b, c = m,$ etc. —
4° $m + q = 2$ dr., etc. —
5° $a + c = 2$ dr., etc. —

1° *Les angles alternes-internes sont égaux.*

Par le point O milieu de GK menons IH perpendiculaire sur les parallèles AB et CD. Nous aurons :

Tr. IOK $=$ Tr. GOH (79)

Car ces triangles rectangles ont l'hypoténuse GO $=$ OK par construction, et les angles GOH, IOK égaux comme opposés par le sommet. Par suite l'angle m

opposé au côté OI est égal à l'angle n opposé au côté égal OH. On aura de plus $p = q$ comme suppléments des angles égaux m et n.

2° *Les angles alternes-externes sont égaux*, *c'est-à-dire* $a = d$, $b = c$.

En effet, a est le supplément de m et d le supplément de n, et comme $m = n$, nécessairement $a = d$.

De même, $b = c$ comme suppléments des angles égaux p et q.

3° *Les angles correspondants sont égaux*. Ex.: $n = b$; $c = m$.

En effet, $n = m$ comme alternes-internes, $m = b$ comme opposés par le sommet,
donc $\qquad n = b$.

4° *Les angles internes du même côté sont supplémentaires.*

En effet, $m + p = 2$ droits.

Or $\qquad p = q$ comme alternes-internes,
donc $\qquad m + q = 2$ droits.

5° *Les angles externes du même côté sont supplémentaires.*

En effet, $a + m = 2$ droits.

Or $\qquad m = c$ comme correspondants.
donc $\qquad a + c = 2$ droits.

THÉORÈME

91. *Réciproquement, deux lignes droites rencontrées par une sécante sont parallèles, lorsque les angles formés remplissent une des conditions suivantes :*

1° *Les angles alternes-internes sont égaux;*

2° *Les angles alternes-externes sont égaux;*

3° *Les angles correspondants sont égaux;*

4° *Les angles internes du même côté sont supplémentaires;*

5° *Les angles externes du même côté sont supplémentaires.*

En effet, d'après le théorème précédent, la droite menée par le point G (fig. du n° 90) parallèlement à AB doit faire avec la ligne PF des angles alternes-internes ou alternes-externes, etc. égaux, donc elle se confond avec CD, qui répond seule aux conditions énoncées.

THÉORÈME

92. Deux angles qui ont leurs côtés parallèles sont égaux si ces côtés sont dirigés dans le même sens ou en sens contraire. Ils sont supplémentaires si leurs côtés sont dirigés deux dans un sens et deux en sens contraire.

H. AB est parallèle à DE; AC est parallèle à HF.

D. 1° Angle A = DOF = HOE.

     2°   A + DOH = 2 droits.

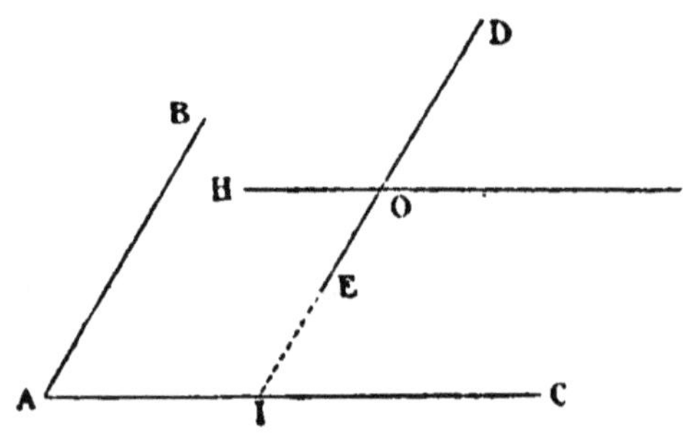

1° Prolongeons DE jusqu'à sa rencontre en I avec AC. On aura :

A = DIC (*correspond.*) et

DIC = DOF (*corr.*) = HOE donc

     A = DOF = HOE.

2° On a : A + AIE = 2 droits comme internes du même côté.

Or   AIE = DOH comme correspondants.

donc   A + DOH = 2 droits.

THÉORÈME

93. Deux angles qui ont leurs côtés perpendiculaires sont égaux lorsqu'ils sont tous deux aigus ou tous deux obtus; ils sont supplémentaires si l'un est aigu et l'autre obtus.

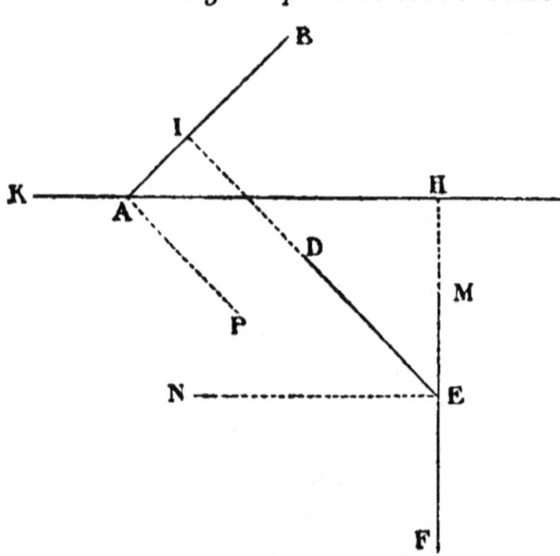

H. ED perpendiculaire sur AB.

MF perpendiculaire sur KC.

D. 1° BAC = DEM et BAK = DEF.

2° BAK + DEM = 2 droits.

1° Menons au point E la droite EN perpendiculaire à MF, et par suite parallèle à AC. Menons de même AP perpendiculaire à AB. Cette ligne sera en même temps parallèle à ED. On aura alors deux angles CAP, DEN égaux comme ayant les côtés parallèles et dirigés en sens opposé (92). Or CAP a pour complément BAC, et DEN a pour complément DEM, donc BAC et DEM, compléments d'angles égaux, sont égaux.

On aura de même BAK = DEF, puisque ces angles ont respectivement pour suppléments BAC et DEM.

2° Pour démontrer le second point, il suffit de remarquer que BAK a pour supplément BAC ou son égal DEM.

Donc

$$BAK + DEM = 2 \text{ droits.}$$

THÉORÈME

94. *La somme des trois angles d'un triangle est égale à deux droits.*

H. On donne un triangle ABC.

D. A + B + BCA = 2 droits.

Prolongeons le côté AC et menons au point C la droite CE parallèle à AB. Nous aurons : ECD + BCE + BCA = 2 dr. (1). Or ECD = A comme corr. BCE = B comme alt.-int.

En remplaçant dans l'égalité (1) les angles ECD et BCE par leurs égaux A et B, on obtient :

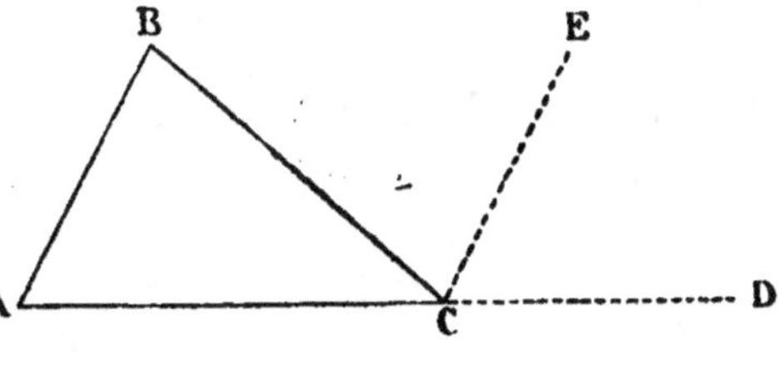

$$A + B + BCA = 2 \text{ droits.}$$

95. **Corollaire I.** — Un triangle ne peut avoir qu'un seul angle droit ou un seul angle obtus.

96. **Corollaire II.** — Les deux angles aigus d'un triangle rectangle sont complémentaires.

97. **Corollaire III.** — Lorsque deux triangles ont deux angles égaux chacun à chacun, le troisième angle de l'un est égal au troisième angle de l'autre.

98. **Définition.** — Un angle est *extérieur à un triangle* lorsqu'il est formé par un côté du triangle et par le prolongement d'un autre côté. Ex. : ACD (99).

THÉORÈME

99. Un angle extérieur à un triangle est égal à la somme des deux angles du triangle qui ne lui sont pas adjacents.

H. Soit le triangle BAC et l'angle extérieur ACD.

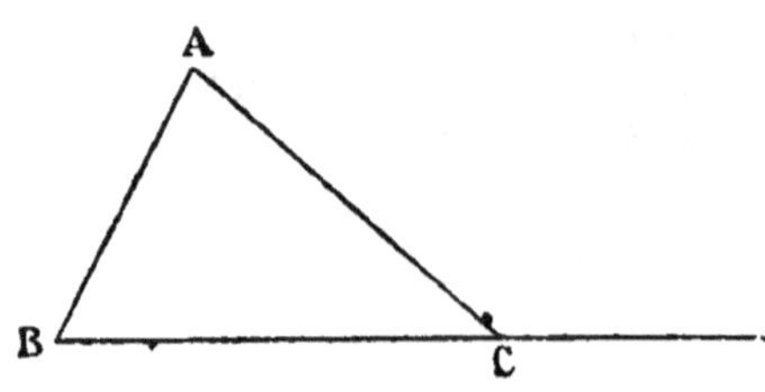

D. $ACD = B + A$.

En effet, on a :

$$B + A + ACB = 2 \text{ dr. } (94)$$

de même

$$ACB + ACD = 2 \text{ droits } (39)$$

donc

$$ACB + ACD = B + A + ACB$$

ou, en retranchant la partie commune ACB

$$ACD = B + A$$

THÉORÈME

100. La somme des angles intérieurs d'un polygone convexe est égale à autant de fois deux angles droits qu'il y a de côtés moins deux.

H. Soit le polygone ABCDEF.

D. Angles intérieurs $= 2$ dr. $(6 - 2) = 8$ droits.

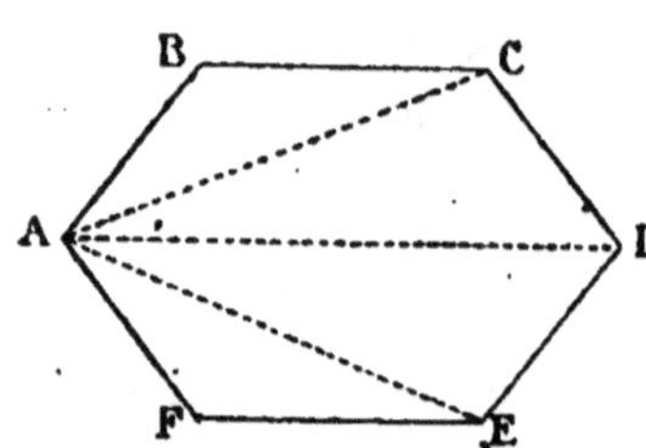

Si l'on joint le sommet A aux sommets non madjacents du polygone, on détermine des triangles dont les angles sont formés par les angles du polygone. De plus, le nombre de ces triangles est égal au nombre de côtés moins deux du polygone, car chacun d'eux comprend un côté du polygone, excepté les deux extrêmes ABC et AEF, qui en comprennent deux. Les angles de chaque triangle étant égaux à deux droits, le polygone contiendra autant de fois deux droits qu'il a de triangles, c'est-à-dire qu'il a de côtés moins deux.

101. Formule générale du principe précédent. — Représentons par n le nombre des côtés d'un polygone, la somme de ses angles droits sera donnée par la formule suivante :

$$2 \text{ dr. } (n - 2) \text{ ou } 2n - 4$$

THÉORÈME

102. *La somme des angles extérieurs d'un polygone est égale a quatre droits.*

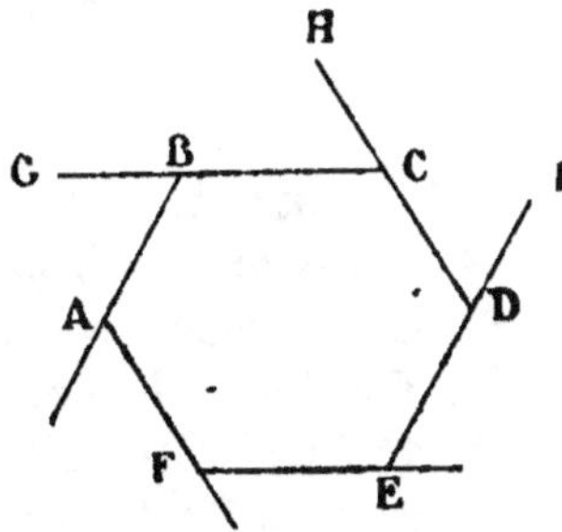

H. Soient les angles ABG, BCH, CDI, etc., extérieurs au polygone ABCDEF.

D. ABG $+$ BCH $+$ CDI, etc. $= 4$ dr.

On voit, à la simple inspection de la figure, que la somme des angles intérieurs et extérieurs est égale à autant de fois deux droits qu'il y a de côtés.

On a donc :

$$\text{Angles ext.} + \text{angles int.} = 2\,n\,\text{dr.}$$

Or la somme des angles intérieurs est égale à $2\,n\,\text{dr.} - 4\,\text{dr.}$ donc

$$\text{Angles ext.} + 2\,n\,\text{dr.} - 4\,\text{dr.} = 2\,n\,\text{dr.}$$

ou

$$\text{Angles ext.} = 4\,\text{droits.}$$

QUADRILATÈRE

DÉFINITIONS

103. Parmi les quadrilatères, on en distingue plusieurs qui jouissent de propriétés spéciales. Ces quadrilatères sont :

1° Le *parallélogramme* ou quadrilatère dont les côtés opposés sont parallèles.

2° Le *rectangle* ou parallélogramme dont les angles sont droits.

3° Le *losange* ou parallélogramme dont les quatre côtés sont égaux.

4° Le *carré* ou parallélogramme dont les quatre côtés sont égaux et les angles droits.

5° Le *trapèze* ou quadrilatère dont deux côtés sont parallèles et inégaux.

PARALLÉLOGRAMME

THÉORÈME

104. *Dans un parallélogramme :*
1° *Les côtés opposés sont égaux;*
2° *Les angles opposés sont égaux.*
H. On donne le parallélogramme ABDC.
D. 1° AB = CD ; AC = BD.
   2° A = D ; ABD = ACD.

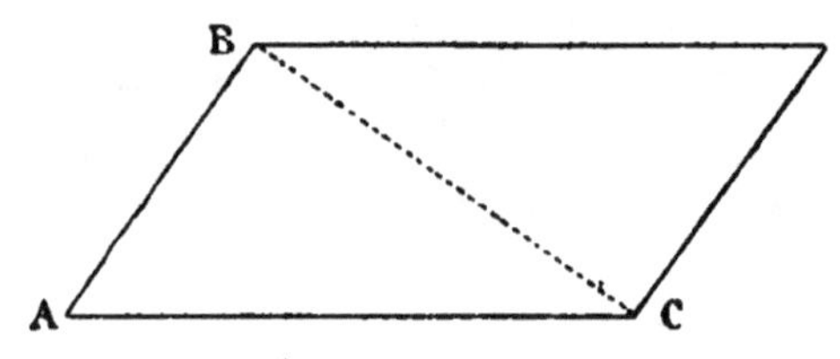

1° Menons la diagonale BC. Elle partage le parallélogramme en deux triangles BAC, BDC, égaux comme ayant un côté égal adjacent à deux angles égaux, savoir :

CB commun, ABC = BCD (*alt.-int.*), ACB = CBD (*alt.-int.*) ; donc

AB opposé à l'angle ACB = CD opposé à l'angle égal CBD ; de même

AC opposé à l'angle ABC = BD opposé à l'angle égal BCD.

2° De l'égalité des triangles ABC, BDC, il résulte immédiatement que les angles A et D sont égaux comme opposés à un côté commun dans des triangles égaux.

Il en est de même des angles ABD, ACD, qui sont formés de deux parties égales : ABC = BCD et CBD = ACB.

105. Corollaire I. — *Deux parallèles comprises entre deux parallèles sont égales,* car elles forment avec celles-ci un parallélogramme dont elles sont les côtés opposés.

106. Corollaire II. — *Deux parallèles sont partout également distantes.*

En effet, si des points E, G de AB, on mène sur CD les perpendiculaires EF, GH, ces perpendiculaires donneront les distances des points E, G à CD, et comme la figure EGHF est un parallélogramme, on aura EF = GH.

RÉCIPROQUE

107. *Un quadrilatère est parallélogramme :*
1° Lorsque ses côtés opposés sont égaux.
2° Lorsque ses angles opposés sont égaux.

H. 1er Cas. AB = CD, AC = BD. (Fig. A.)
    2e Cas. B = C, A = D. (Fig. B.)

D. ABCD est un parallélogramme.

1er Cas. Menons la diagonale AD.

Les triangles ABD et ACD seront égaux comme ayant deux côtés égaux par hypothèse et le troisième AD commun.

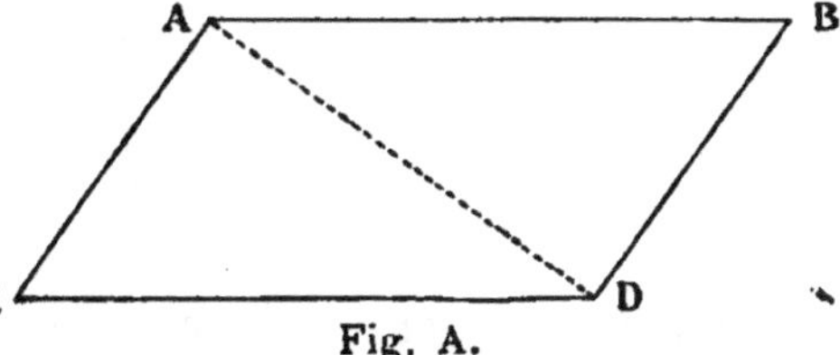
Fig. A.

Donc l'angle DAB, opposé à BD, égalera l'angle ADC, opposé à AC.

Et comme ces deux angles sont alternes-internes par rapport à AB, CD et à la sécante AD, les lignes AB et CD sont parallèles (91).

Les triangles ABD et ACD donnent de plus les angles ADB et CAD égaux; et comme ces angles sont alternes-internes, les lignes AC et BD sont parallèles. La figure ABCD, ayant ses côtés opposés parallèles, est un parallélogramme.

2e Cas. On donne B = C, A = D.

Si l'on fait la somme de ces deux égalités, on a :

$$B + A = C + D;$$

et comme dans un quadrilatère la somme des angles est toujours égale à quatre droits (100), on obtient :

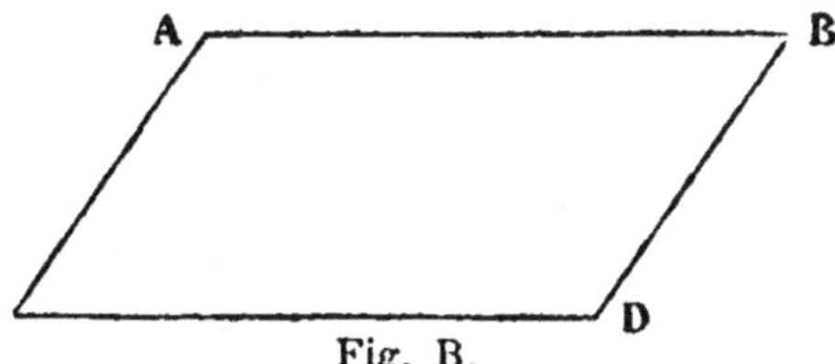
Fig. B.

$$B + A = 2 \text{ dr.}$$

Mais B et A sont internes du même côté par rapport aux lignes AC, BD et à la sécante AB. Donc AC est parallèle à BD (91).

Si l'on écrit les données comme il suit :

$$B = C;$$
$$D = A.$$

La somme sera $B + D = C + A;$

d'où l'on tire $B + D = 2 \text{ droits,}$

et les lignes AB et CD sont parallèles. Donc la figure ABCD est un parallélogramme.

THÉORÈME

108. *Un quadrilatère dont deux côtés opposés sont égaux et parallèles est un parallélogramme.*

H. AC = BD; AC parallèle à BD.

D. ABCD est un parallélogramme.

Menons la diagonale BC.

Les triangles BAC et BDC sont égaux, car ils ont un angle

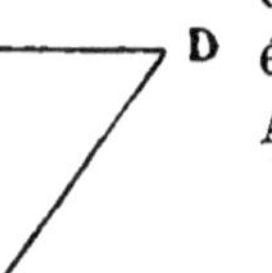

égal compris entre côtés égaux, savoir :

ACB = CBD (*alt.-int.*),

BC est commun,

AC = BD (*hyp.*)

donc l'angle ABC, opposé à AC, égale l'angle BCD, opposé à BD; et comme ces angles occupent la position d'alternes-internes par rapport aux droites AB, CD et à la sécante BC, il faut que AB et CD soient parallèles.

La figure ABCD, ayant ainsi ses côtés opposés parallèles, est un parallélogramme.

THÉORÈME

109. *Les diagonales d'un parallélogramme se partagent mutuellement en deux parties égales.*

H. Soit le parallélogramme ABCD, dont les diagonales sont BC et AD.

D. AO = OD, BO = OC.

En effet, les triangles AOB, COD sont égaux comme ayant un

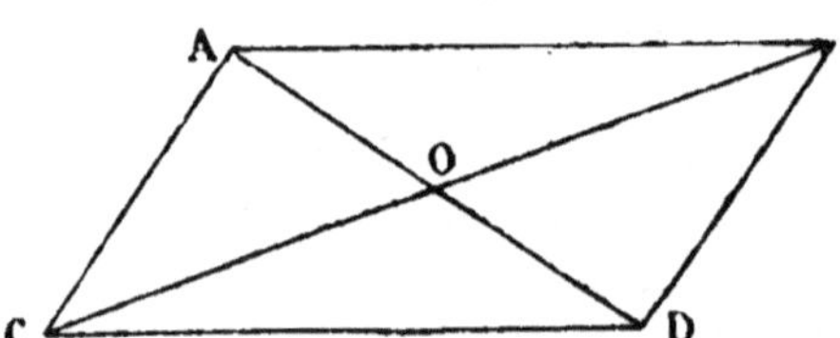

côté égal adjacent à deux angles égaux, savoir :

AB = CD (104),

ABO = OCD (*alt.-int.*),

BAO = ODC (*alt.-int.*).

Donc AO opposé à l'angle ABO = OD opposé à l'angle OCD, et BO opposé à BAO = OC opposé à ODC.

110. Remarque I. — La réciproque de ce théorème est également vraie : *Un quadrilatère dont les diagonales se coupent mutuellement en deux parties égales est un parallélogramme.*

111. Remarque II. — On nomme *centre d'une figure* le point qui partage en deux par-
ties égales toutes les droites qui, passant par ce point, se terminent aux côtés de la figure. Le point O d'intersec- tion des diagonales est

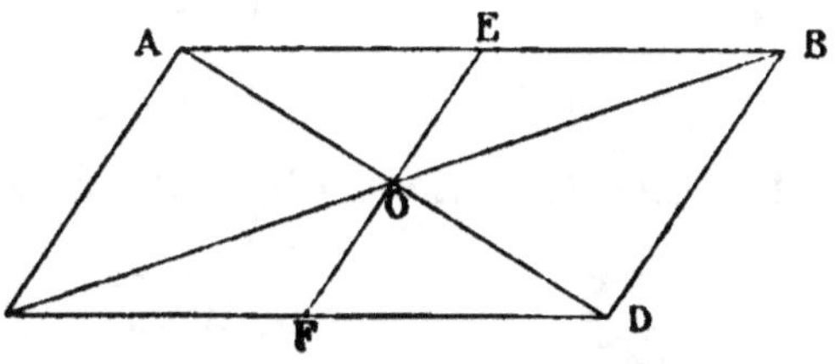

le centre du parallélogramme ABCD. En effet, si l'on trace une droite quelconque EOF, on aura OE = OF à cause des triangles égaux BOE, COF.

RECTANGLE

THÉORÈME

112. *Les diagonales d'un rectangle sont égales.*

H. On donne le rectangle ABCD.
D. AD = BC.

En effet, les triangles ADC, BDC sont égaux comme ayant un angle égal compris entre côtés égaux, savoir :

ACD = BDC (*droits*), AC = BD (104), CD est commun, donc

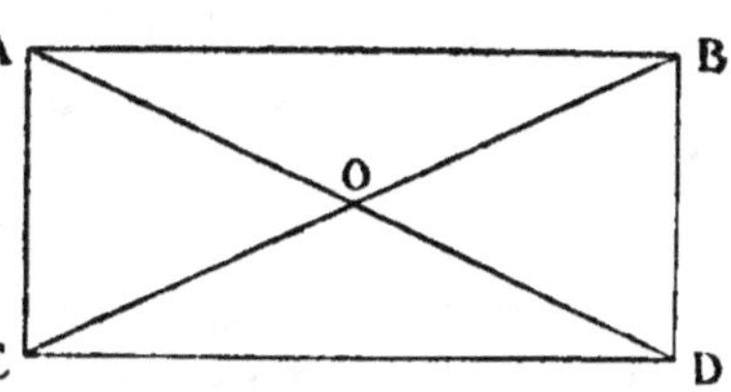

$$AD = BC.$$

113. Corollaire. — Les diagonales d'un rectangle étant égales, leurs moitiés sont égales et AO = OD = OC. Donc *dans un triangle rectangle ACD, le milieu O de l'hypoténuse est à égale distance des trois sommets.*

114. Remarque. — La réciproque de ce théorème est vraie :

Un parallélogramme dont les diagonales sont égales est un rectangle.

LOSANGE

THÉORÈME

115. *Les diagonales d'un losange se coupent à angles droits.*

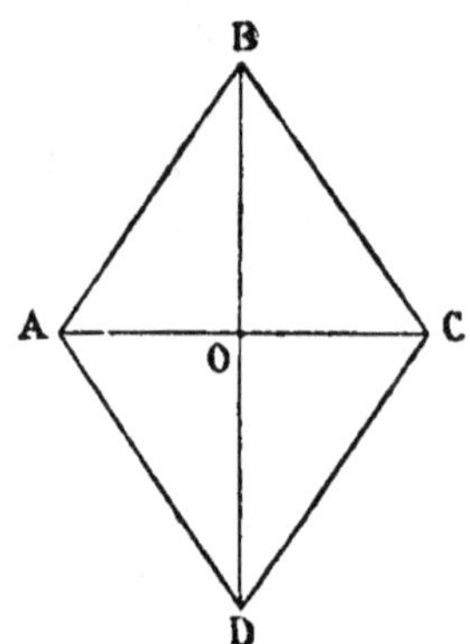

H. On donne le losange ABCD.

D. BD perpendiculaire sur AC.

En effet, le côté AB étant par définition égal à BC, le triangle ABC est isocèle, et la ligne BO, tombant sur le milieu de la base AC (109), est perpendiculaire sur cette base (66).

116. Remarque. — La réciproque de ce théorème est vraie :

Un parallélogramme dont les diagonales se coupent à angles droits est un losange.

Car, dans ce cas, les triangles AOB, BOC sont égaux comme ayant un angle égal

$$AOB = BOC$$

compris entre côtés égaux :

$$OB \text{ commun}, \ AO = OC \ (109).$$

Donc

$$AB = BC.$$

Ce parallélogramme serait un carré dans le cas particulier où les côtés eux-mêmes formeraient entre eux des angles droits.

CARRÉ

117. Le carré étant à la fois un rectangle et un losange, doit avoir et a en effet ses diagonales égales et se coupant à angles droits.

118. Remarque sur les rectangles, losanges et carrés. — Nous venons de parler de quelques propriétés particulières au rectangle, au losange et au carré. Ces propriétés ne sont pas les seules qui leur appartiennent. Par définition ces figures sont des parallélogrammes ; il faut donc de plus leur attribuer les propriétés des parallélogrammes.

EXERCICES SUR LE LIVRE I

Angles.

1. Les bissectrices de deux angles adjacents supplémentaires sont perpendiculaires (39).

2. Les bissectrices de deux angles opposés par le sommet sont en ligne droite (44).

3. Lorsque quatre lignes issues d'un même point forment des angles opposés égaux deux à deux, ces lignes sont droites deux à deux.

Triangles.

4. Dans un triangle une médiane est toujours plus petite que la demi-somme des côtés adjacents (52).

5. La somme des médianes d'un triangle est plus petite que son périmètre et plus grande que la moitié de son périmètre.

6. Un angle AOB étant donné, on prend sur les côtés des distances $OM = OM'$, $ON = ON'$, puis on joint en croix les points N et M', M et N'. Démontrer que le point P de rencontre de ces dernières droites se trouve sur la bissectrice de l'angle donné (57).

7. Lieu des points d'intersection des droites qui joignent en croix les extrémités de la base d'un triangle aux points pris sur les deux autres côtés à des distances du sommet égales deux à deux.

8. Lieu des points d'intersection des droites qui joignent en croix les points déterminés sur les côtés d'un triangle isocèle par les droites parallèles à la base.

9. La somme des droites menées d'un point intérieur d'un triangle aux trois sommets est comprise entre le périmètre et le demi-périmètre de ce triangle (52 et 54).

10. La somme des diagonales d'un quadrilatère convexe est comprise entre le périmètre et le demi-périmètre de ce quadrilatère.

11. Si dans un triangle rectangle l'hypoténuse est le double d'un des côtés de l'angle droit, un des angles aigus est double de l'autre (68).

12. Démontrer le troisième cas d'égalité des triangles en s'appuyant sur les propriétés des perpendiculaires (70).

Perpendiculaires, bissectrices et parallèles.

13. On donne deux points en dehors d'une droite. Démontrer que le plus court chemin pour aller d'un point à l'autre en touchant la droite est celui que l'on parcourt en faisant avec la droite des angles égaux (72).

14. Dans un triangle les perpendiculaires élevées sur les milieux des côtés concourent au même point (76).

15. Un chemin de fer passe à une certaine distance de deux villages, établir une gare également éloignée des deux.

16. Trouver un point également éloigné des trois sommets d'un triangle.

17. Les trois hauteurs d'un triangle concourent au même point.

18. Un triangle est isocèle lorsque la médiane est bissectrice ou hauteur et réciproquement (78 et 79).

19. Les perpendiculaires, les bissectrices, les médianes menées des extrémités de la base d'un triangle isocèle sur les côtés égaux sont égales deux à deux.

20. Deux triangles isocèles sont égaux :
1° Lorsqu'ils ont leurs bases égales et un angle égal opposé à ces bases;
2° Lorsqu'ils ont leurs bases égales ainsi que les perpendiculaires abaissées des extrémités de ces bases sur les côtés égaux.

21. Toute droite perpendiculaire sur la bissectrice d'un angle fait des segments égaux sur les côtés de cet angle.

22. Les bissectrices des trois angles d'un triangle se rencontrent en un même point (80).

23. Déterminer dans l'intérieur d'un triangle un point équidistant des trois côtés.

24. Les bissectrices des suppléments de deux angles d'un triangle et la bissectrice du troisième angle se coupent en un même point.

25. Trouver en dehors d'un triangle les points également distants des trois côtés.

26. Lieu des points équidistants de deux droites concourantes.

27. La droite menée parallèlement à l'un des côtés d'un triangle par le point de concours des bissectrices est égale à la somme des segments compris sur les deux autres côtés entre les deux parallèles (90).

28. Les bissectrices de deux angles dont les côtés sont parallèles sont elles-mêmes parallèles ou perpendiculaires (91 et 96).

29. Si deux angles ont leurs côtés perpendiculaires, leurs bissectrices sont perpendiculaires ou parallèles.

30. La rencontre des bissectrices des angles d'un quadrilatère forme un nouveau quadrilatère dont les angles opposés sont supplémentaires (94 et 100).

31. Les bissectrices de deux angles consécutifs d'un parallélogramme sont perpendiculaires.

32. Dans un triangle quelconque BAC quelle est, en fonction de deux angles B et C, la valeur de l'angle formé par la hauteur et la bissectrice issues du sommet du troisième A (94 et 99)?

33. Dans un triangle rectangle la différence des deux angles aigus est égale à l'angle formé par la médiane et la hauteur issues du sommet de l'angle droit.

34. Les angles opposés d'un trapèze isocèle sont supplémentaires (100).

35. Peut-on faire un carrelage avec des triangles équilatéraux égaux, des carrés égaux, des hexagones réguliers égaux (43 et 100)?

36. Peut-on faire un carrelage avec des pentagones réguliers égaux ou des octogones réguliers égaux?

37. Peut-on carreler avec des combinaisons de triangles équilatéraux et de pentagones réguliers ou de carrés et d'octogones réguliers?

38. Somme des angles d'un polygone de 27 côtés (100).

39. Trouver la valeur de l'angle d'un polygone régulier de 8 côtés, 12 côtés, 17 côtés.

40. Combien de côtés contient le polygone régulier dont les angles valent ensemble 22 droits?

41. Quel est le polygone régulier dont l'angle vaut 1 droit $\frac{11}{15}$?

42. Si d'un point pris dans l'intérieur d'un angle on abaisse des perpendiculaires sur les côtés, ces perpendiculaires forment un angle supplémentaire du premier.

43. Lieu des points situés à égale distance d'une droite (106).

44. Lieu des points situés à égale distance de deux droites parallèles.

45. Lieu des sommets des triangles de même hauteur dont les bases sont en ligne droite.

46. Déterminer dans l'intérieur d'un angle un point distant de chaque côté d'une longueur donnée.

47. Mener la bissectrice de l'angle de deux droites qu'on ne peut prolonger.

48. Trouver quatre points distants d'une longueur donnée de deux droites qui se coupent.

Parallélogramme.

49. La droite qui joint les milieux de deux côtés d'un triangle est parallèle au troisième côté et égale à la moitié de ce côté (108).

50. Lieu des milieux des droites issues d'un même point et aboutissant à une même droite.

51. Les droites qui joignent les milieux des côtés d'un triangle équilatéral forment un nouveau triangle équilatéral dont la surface est le quart du premier.

52. Si par les sommets d'un triangle on mène des droites parallèles aux côtés :

1º Le nouveau triangle formé par ces parallèles sera quadruple du premier;

2º Ses côtés seront divisés en parties égales par les sommets de l'autre.

53. Les droites qui joignent les milieux des côtés consécutifs d'un quadrilatère forment un parallélogramme.

54. Les droites qui joignent les milieux des côtés consécutifs d'un losange forment un rectangle.

55. Les droites qui joignent les points pris sur les côtés d'un carré à égale distance des sommets forment un carré.

56. Par les sommets d'un quadrilatère on mène des droites parallèles aux diagonales. Démontrer que le parallélogramme obtenu est le double du quadrilatère.

57. Les médianes d'un triangle se rencontrent au même point situé aux deux tiers de chacune d'elles à partir du sommet (108 et 109).

58. Dans un triangle la plus petite médiane correspond au plus grand côté.

59. Les bissectrices des angles d'un parallélogramme forment un rectangle.

60. Les bissectrices des angles d'un rectangle forment un carré.

61. Les bissectrices des angles d'un losange ou d'un carré se rencontrent au même point.

62. Toutes les droites qui passent par le point d'intersection des diagonales d'un parallélogramme sont divisées en deux parties égales par ce point. (Pour cette raison, ce point s'appelle le centre du parallélogramme.)

63. Lieu des centres des parallélogrammes de même hauteur dont les bases sont en ligne droite.

64. Toute droite menée par le centre d'un parallélogramme le partage en deux quadrilatères égaux.

65. Si d'un point pris sur la base d'un triangle isocèle on mène des parallèles aux côtés, on obtient un parallélogramme de périmètre constant.

66. La différence des distances d'un point quelconque du prolongement de la base d'un triangle isocèle aux deux autres côtés est constante.

67. La somme des perpendiculaires menées d'un point de la base d'un triangle isocèle sur les côtés est constante.

68. Lieu des points dont les distances à deux droites parallèles données font une somme donnée ou ont entre elles une différence donnée.

69. Lieu des points dont les distances à deux droites concourantes données font une somme donnée ou ont entre elles une différence donnée.

70. La somme des perpendiculaires menées sur les côtés d'un triangle équilatéral à partir d'un point pris dans l'intérieur de ce triangle est constante et égale à sa hauteur.

71. Dans un triangle rectangle le milieu de l'hypoténuse est à égale distance des trois sommets.

72. Réciproquement, si le milieu d'un côté d'un triangle est à égale distance des trois sommets, le triangle est rectangle.

73. Dans un parallélogramme ABCD on mène les bissectrices AF, CE de deux angles consécutifs et on joint EF. Démontrer que la figure AEFC est un losange.

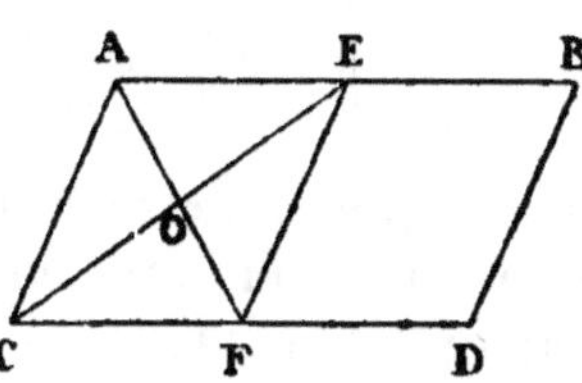

74. Deux parallélogrammes sont égaux lorsqu'ils ont une hauteur et une diagonale égales ainsi que la droite menée du centre au milieu de la base.

75. Soit un parallélogramme ABCD. On partage la diagonale AD en trois parties égales AE = EF = FD, et l'on mène les droites CE, BF jusqu'à leur rencontre en I et en O avec les côtés AB, CD. Démontrer que AI = IB = CO = OD.

LIVRE II

CIRCONFÉRENCE — CERCLE — MESURE DES ANGLES

—

DÉFINITIONS

119. Circonférence. — La *circonférence* est une ligne courbe et fermée dont tous les points sont à égale distance d'un point intérieur qu'on appelle centre.

120. Cercle. — Le *cercle* est la surface limitée par la circonférence.

Il est essentiel de ne pas confondre les mots *cercle* et *circonférence,* car ils représentent deux choses absolument différentes. Le cercle est une surface, la circonférence est une simple ligne.

121. Rayon et diamètre. — On nomme *rayon* toute ligne droite qui va du centre à la circonférence. Ex. : OE.

On appelle *diamètre* toute ligne droite qui joint deux points de la circonférence en passant par le centre. Ex. : AB.

D'après la définition de la circonférence, tous les rayons sont égaux. Les diamètres, étant doubles du rayon, sont aussi égaux.

De l'égalité de tous les rayons il résulte que la circonférence est *le lieu géométrique* de tous les points également éloignés du centre.

122. Arc. — Un *arc* est une portion quelconque de circonférence. Ex. : AME.

123. Corde. — On nomme *corde* ou *sous-tendante d'un arc* AME la ligne droite AE qui joint les extrémités de cet arc.

124. Segment. — Un *segment circulaire* est la partie du cercle comprise entre un arc et la corde qui le sous-tend.

Ex. : La surface AME.

125. Secteur. — Le *secteur circulaire* est la partie du cercle comprise entre deux rayons et l'arc qu'ils déterminent. Ex. : OAME.

126. Tangente. — La *tangente* est une ligne qui ne touche la circonférence qu'en un seul point qu'on appelle point de contact.

Ex. : CD dont le point de contact est O.

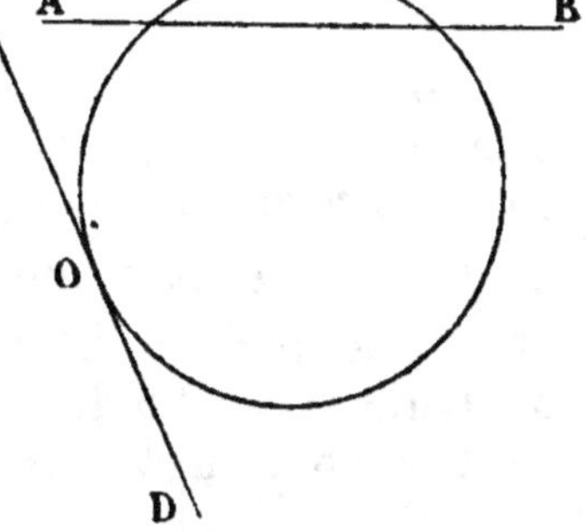

127. Sécante. — On appelle *sécante* une ligne qui coupe la circonférence en deux points. Ex.: AB.

Il est évident qu'une ligne ne peut couper la circonférence en plus de deux points, car on ne peut mener du centre sur la sécante plus de deux droites égales. (73).

CORDES ET ARCS

THÉORÈME

128. *Tout diamètre divise la circonférence et le cercle en deux parties égales.*

H. AB est diamètre.
D. Arc ADB = arc AEB.

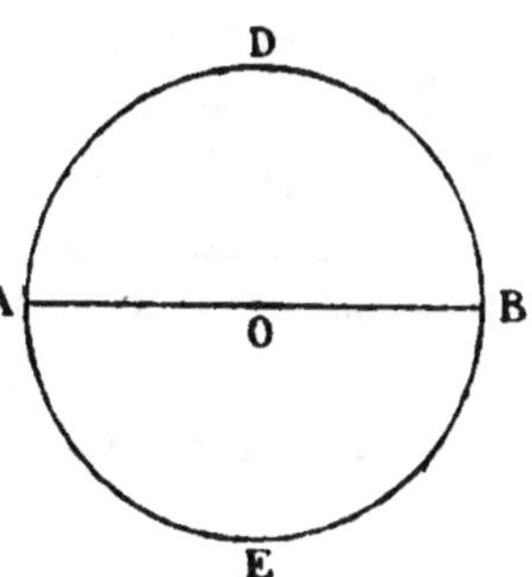

En effet, rabattons la portion de circonférence ADB sur AEB, il y aura coïncidence parfaite, car si cette coïncidence n'existait pas, on aurait des points inégalement éloignés du centre, ce qui est impossible.

THÉORÈME

129. *Une corde quelconque est plus petite que le diamètre.*

H. On donne la corde DE et le diamètre AB.
D. DE $<$ AB.

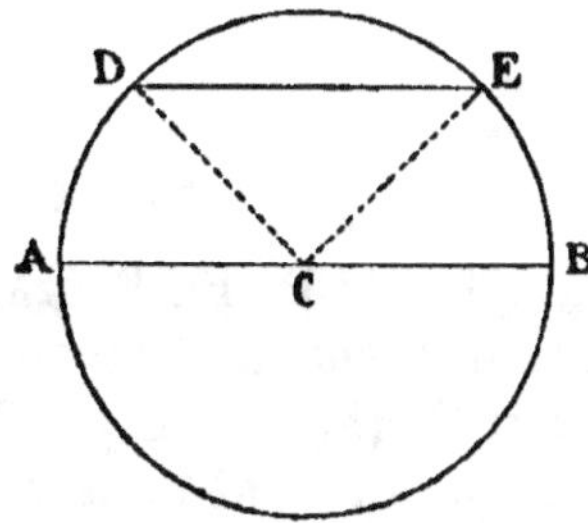

Menons les rayons CD, CE.
Nous aurons :
$$DE < CD + CE,$$
c'est-à-dire
$$DE < \text{deux rayons.}$$
Donc
$$DE < AB.$$

THÉORÈME

130. *Dans le même cercle ou dans des cercles égaux, les arcs égaux sont sous-tendus par des cordes égales, et réciproquement, des cordes égales sous-tendent des arcs égaux.*

1° *Les arcs égaux sont sous-tendus par des cordes égales.*

H. Arc AND = Arc EMF.

D. Corde AD = Corde EF.

Portons l'une sur l'autre les deux circonférences égales C et C′

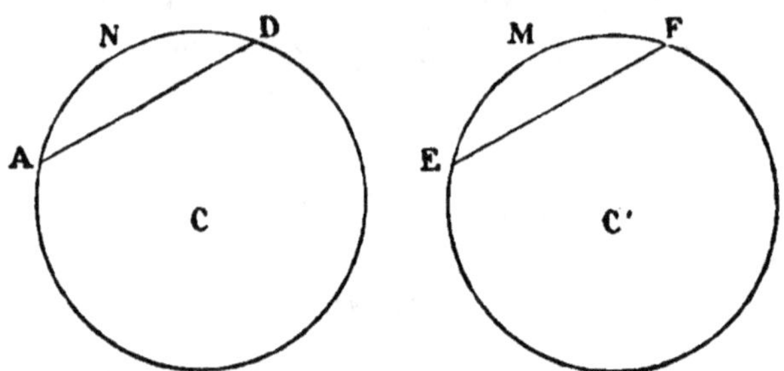

de façon que le point E corresponde au point A. Il est évident que l'arc EMF, étant égal à AND, le point F tombera au point D, et les cordes AD, EF, ayant mêmes extrémités, seront égales.

2° *Les cordes égales sous-tendent des arcs égaux.*

H. Corde AD = Corde EF.

D. Arc AND = Arc EMF.

Menons les rayons AC, DC, EC′, FC′. Nous formerons deux

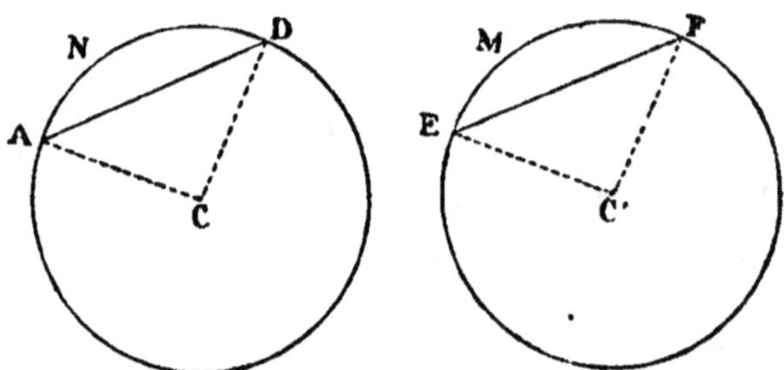

triangles ACD, EC′F égaux comme ayant leurs trois côtés égaux chacun à chacun, savoir :

AD = EF (*hyp.*), AC = EC′ = CD = C′F (*rayons de cercles égaux*).

Si maintenant nous portons la circonférence C′ sur la circonférence C, les deux triangles coïncideront, et les arcs AND, EMF, qui ont mêmes extrémités, seront égaux.

THÉORÈME

131. *Dans le même cercle ou dans des cercles égaux, le plus grand arc est sous-tendu par la plus grande corde, et réciproquement, la plus grande corde sous-tend le plus grand arc.*

1° *Le plus grand arc est sous-tendu par la plus grande corde.*

H. Arc ANB > arc DMF.

D. Corde AB > corde DF.

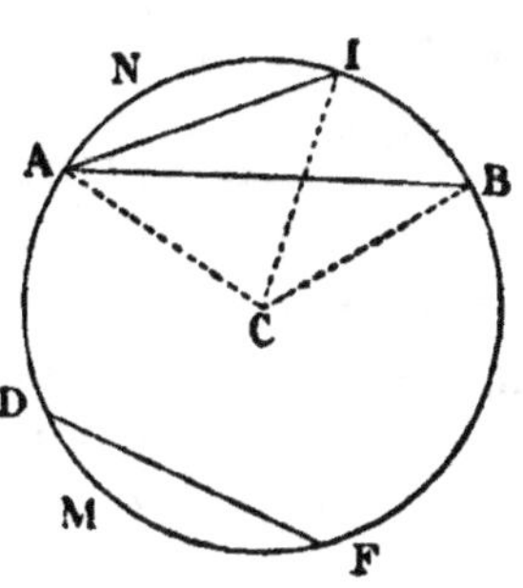

Dans l'arc ANB prenons ANI = DMF, la corde AI sera égale à DF (130) et il suffira de prouver AB > AI.

Joignons les points A, I, B au centre C. Nous formerons ainsi deux triangles ACI, ACB, qui ont deux côtés égaux chacun à chacun et un angle inégal compris entre ces côtés égaux.

En effet,

AC est commun, CI = AB et angle ACB > angle ACI; donc on a :

$$AB > AI \ (61).$$

2° *La plus grande corde sous-tend le plus grand arc.*

H. AB > AI.

D. Arc ANB > arc ANI.

En effet, l'arc ANB sera plus grand que l'arc ANI, s'il ne peut être par rapport à lui ni plus petit ni égal.

Or il ne peut être plus petit, car on aurait d'après le premier point : AI > AB, ce qui est contre l'hypothèse.

Il ne peut pas être égal, car on aurait AI = AB (130), ce qui est encore contre l'hypothèse.

Donc

$$\text{Arc ANB} > \text{arc ANI.}$$

132. Remarque. — L'énoncé du théorème précédent n'est exact que si les arcs sont plus petits qu'une demi-circonférence. Pour un arc plus grand la corde diminue à mesure que l'arc augmente.

THÉORÈME

133. *Le rayon perpendiculaire à une corde divise cette corde et l'arc qu'elle sous-tend en deux parties égales.*

H. CE perpendiculaire sur AB.

D. AD = DB, arc AE = arc EB.

En effet, les obliques AC et CB sont égales comme rayons, elles doivent donc s'écarter également du pied D de la perpendiculaire CD (75).

Donc :

$$AD = DB.$$

De plus, AD étant égale à DB, les obliques AE et EB s'écartent également du pied D de la perpendiculaire ED ; elles sont donc égales, et par suite les arcs AE et ED, qu'elles sous-tendent, sont égaux. (130).

134. Remarque. — On voit que la droite EF perpendiculaire sur une corde AB passe par le centre C du cercle, par le milieu D de la corde et par les milieux E et F des arcs que la corde sous-tend. Comme une droite est déterminée lorsqu'on connaît sa direction et un de ses points ou bien deux points sans la direction, toute ligne qui satisfera à deux des conditions énoncées ci-dessus satisfera toujours à toutes les autres. De là les propositions suivantes :

1º *Le rayon mené par le milieu d'une corde est perpendiculaire sur cette corde et passe par les milieux des arcs qu'elle sous-tend.*

2º *Le rayon mené par le milieu d'un arc est perpendiculaire sur le milieu de la corde qui sous-tend cet arc.*

3º *La perpendiculaire élevée sur le milieu d'une corde passe par le centre et par les milieux des arcs sous-tendus par la corde.*

4º *La perpendiculaire menée du milieu d'un arc sur sa corde passe par le milieu de la corde, le centre et le milieu de l'arc opposé.*

5º *La droite qui joint les milieux d'un arc et de sa corde est perpendiculaire sur la corde et passe par le centre.*

THÉORÈME

135. *Par trois points donnés non en ligne droite on peut toujours faire passer une circonférence, mais on n'en peut faire passer qu'une.*

1º *Par les trois points A, B, C, on peut faire passer une circonférence.*

Joignons entre eux les points A, B, C, puis menons la perpendiculaire DI sur le milieu de AB et la perpendiculaire EM sur le milieu de BC. Ces deux perpendiculaires ne sont pas parallèles, car la somme des angles internes OED + ODE, situés du même côté de la sécante DE, n'est pas égale à deux droits.

On a, en effet,

$$ODE < \text{un dr. et } OED < \text{un dr.}$$

donc

$$OED + ODE < 2 \text{ dr.}$$

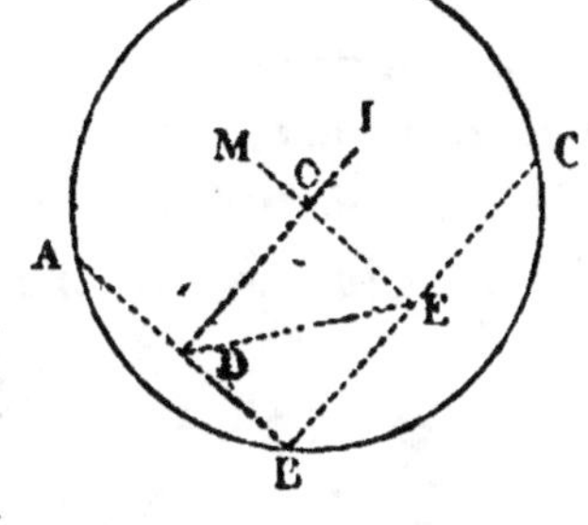

Dès lors les deux lignes DI et EM se rencontreront en un point quelconque O. Or ce point est à égale distance de A et de B comme appartenant à la perpendiculaire DI élevée au milieu de AB (**76**). Pour une raison semblable, il est à égale distance de B et de C. On a donc : AO = OB = OC, et du point O comme centre on peut tracer, avec un rayon AO, une circonférence passant par A, B et C.

2° *On ne peut faire passer qu'une circonférence par* A, B, C.

En effet, la ligne DI contient tous les points situés à égale distance de A et de B, la ligne EM contient tous ceux qui sont également distants de B et de C. Or ces deux lignes n'ont qu'un seul point commun, il n'y en a donc qu'un seul à égale distance de A, B et C.

THÉORÈME

136. *Dans le même cercle ou dans des cercles égaux, deux cordes égales sont également éloignées du centre, et réciproquement, deux cordes également éloignées du centre sont égales.*

1° *Deux cordes égales sont également éloignées du centre.*

H. Corde AB = corde CD.

D. OE = OF.

Menons AO et OC, nous aurons :

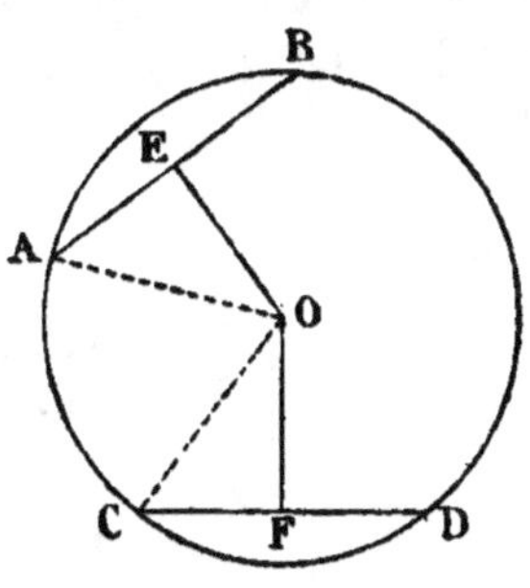

$$\text{Tr. AOE} = \text{Tr. OCF (78)}$$

En effet, ces triangles rectangles ont l'hypoténuse AO = OC et un côté AE = CF, car AE et CF sont des moitiés de cordes égales (**133**). Donc OE = OF.

2° *Deux cordes également éloignées du centre sont égales.*

H. OE = OF.

D. AB = CD.

Les triangles AOE et COF sont encore égaux, puisqu'ils ont

l'hypoténuse égale et un côté égal, donc AE = CF, et, par suite, AB = CD.

THÉORÈME

137. *De deux cordes inégales, la plus petite est la plus éloignée du centre, et réciproquement, la corde la plus éloignée du centre est la plus petite.*

1° *La plus petite corde est la plus éloignée du centre.*

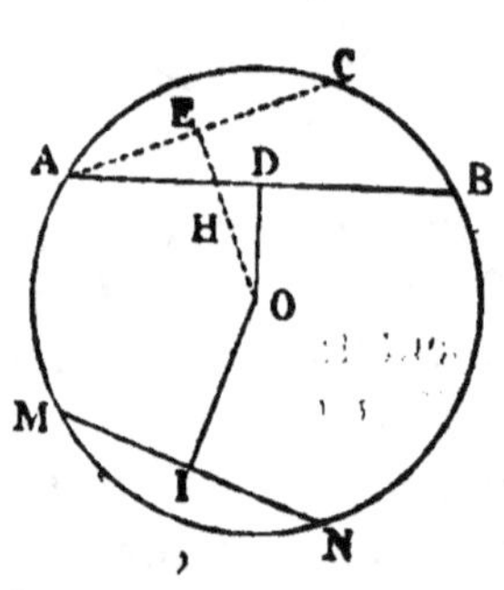

H. MN $<$ AB.

D.   OI $>$ OD.

La corde AB étant plus grande que la corde MN, l'arc AB sera plus grand que l'arc MN (131).

Prenons donc sur cet arc une quantité AC = MN. Nous aurons : corde AC = corde MN (130), et, par suite, OI = OE (136).

Mais OE est plus grand que OH, et OH oblique est plus grande que OD perpendiculaire (72).

On a ainsi :   OE ou OI $>$ OH $>$ OD.

2° *La corde la plus éloignée du centre est la plus petite.*

H. OI $>$ OD.

D. MN $<$ AB.

La corde MN sera plus petite que la corde AB, si elle ne peut être, par rapport à elle, ni plus grande ni égale.

Or elle ne peut être plus grande, car on aurait OI $<$ OD (1°), ce qui est contre l'hypothèse ; elle ne peut être égale, car on aurait OI = OD (136), ce qui est encore contre l'hypothèse.

Donc   MN $<$ AB.

TANGENTES ET SÉCANTES

THÉORÈME

138. *Toute droite perpendiculaire à l'extrémité d'un rayon est tangente à la circonférence.*

H. AB est perpendiculaire sur OC.

D. AB tangente au point C.

En effet, tout point D de AB, pris en dehors du point de contact C, sera plus éloigné que lui du centre O, car on aura toujours :

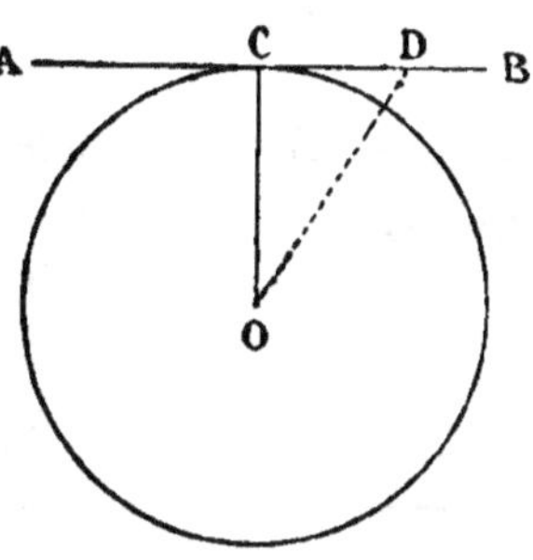

OD oblique $>$ OC perpendiculaire.

La ligne OD n'est donc pas un rayon, et le point D n'appartient pas à la circonférence. La droite AB, n'ayant par conséquent qu'un seul point commun avec la circonférence, est une tangente.

THÉORÈME

139. *Toute ligne tangente à la circonférence est perpendiculaire à l'extrémité du rayon du point de contact.*

H. AB tangente au point C à la circ. O.

D. AB est perpendiculaire à OC.

La ligne AB étant tangente n'a qu'un seul point C de contact avec la circonférence. Tout autre point D de cette ligne est donc en dehors de la circonférence et donne OD $>$ OC. La ligne OC étant ainsi la plus courte des lignes qui vont du centre à la tangente, est perpendiculaire à cette tangente (74).

140. **Corollaire.** — *Par un point donné sur une circonférence, on ne peut mener qu'une seule tangente à la circonférence.*

En effet, toute tangente à une circonférence est perpendiculaire à l'extrémité du rayon mené au point de contact. Si l'on pouvait mener deux tangentes au même point, on aurait en ce point deux perpendiculaires sur une même droite, ce qui est impossible.

THÉORÈME

141. *Deux lignes parallèles interceptent sur la circonférence des arcs égaux.*

Trois cas peuvent se présenter :

1° *Les deux parallèles sont sécantes.*

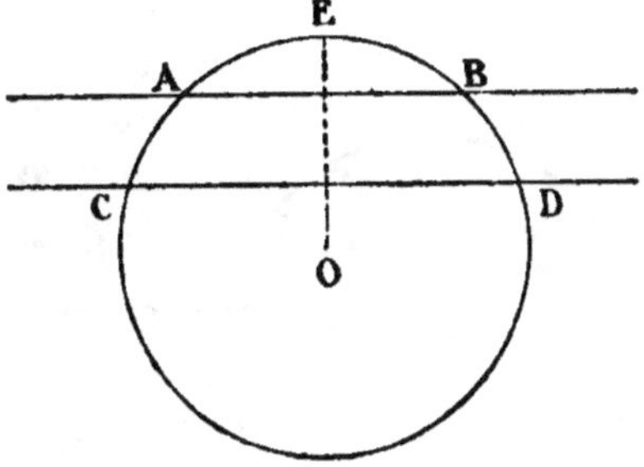

H. On donne AB et CD parallèles et sécantes.

D. Arc AC $=$ arc BD.

Menons le rayon OE perpendiculaire sur les parallèles. Nous aurons (133) : arc CE $=$ arc ED,

et   arc AE = arc EB.
Soustrayant   CE — AE = ED — EB,
ou   arc AC = arc BD.

2° *Une des parallèles est sécante, l'autre est tangente.*

H. AB est tangente au cercle O et parallèle à CD.
D. Arc CE = arc ED.

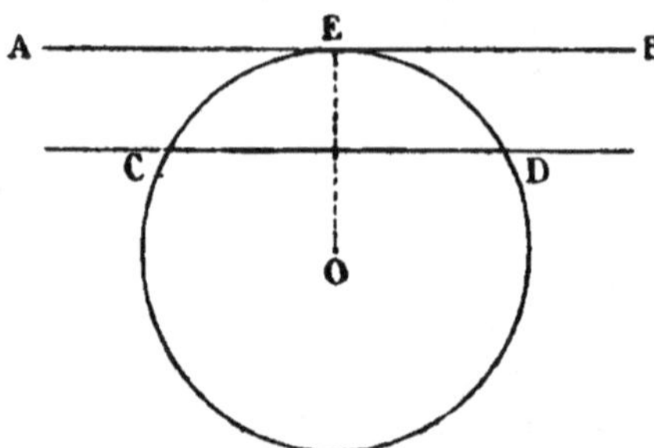

Menons le rayon OE du point de contact; ce rayon est perpendiculaire à AB (139), et, par suite, à CD parallèle à AB.

L'arc CED, sous-tendu par CD, se trouve ainsi partagé en deux parties égales (133), et on a :

$$CE = ED.$$

3° *Les deux parallèles sont tangentes.*

H. AB et CD parallèles et tangentes.
D. Arc EIF = arc EPF.
Menons la sécante GH parallèle à AB et le diamètre EF perpendiculaire à AB.

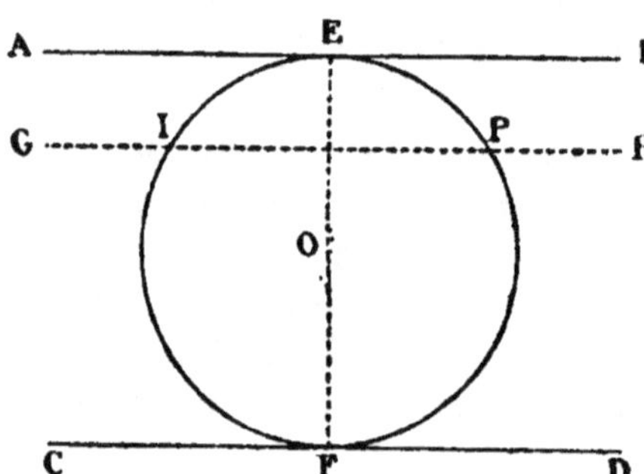

La ligne CD sera, comme la ligne AB, parallèle à GH (87) et perpendiculaire à EF (88).

On aura donc :

$$\text{arc IE} = \text{arc EP} ;$$

et

$$\text{arc IF} = \text{arc FP}.$$

Faisant la somme :

$$IE + IF = EP + FP$$

ou   arc EIF = arc EPF.

THÉORÈME

142. *La plus courte distance d'un point à la circonférence doit être mesurée sur le rayon passant par ce point.*

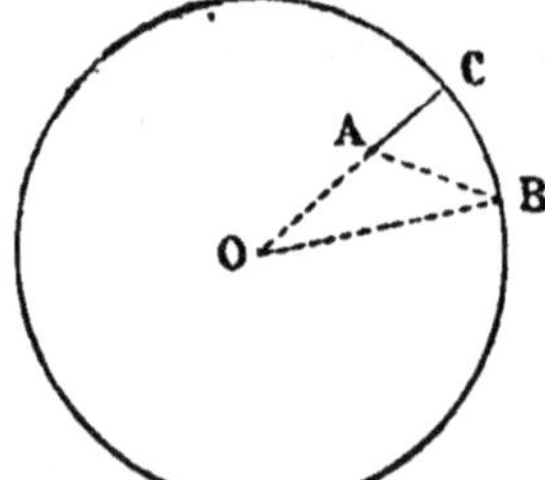

1° **H.** Le point est placé dans l'intérieur de la circonférence.

D. AC < AB.

Joignons le centre au point B.
Nous aurons :

$$OB < OA + AB.$$

Mais $\qquad OB = OC = OA + AC;$

donc $\qquad OA + AC < OA + AB;$

retranchant des deux membres la partie commune OA, il vient :

$$AC < AB.$$

2° **H.** Le point A est extérieur.

    D. $AC < AB.$

On a :

$$AO \text{ ou } AC + CO < AB + BO.$$

Retranchant dans les deux membres de l'inégalité les quantités CO, BO, égales comme rayons, on obtient :

$$AC < AB$$

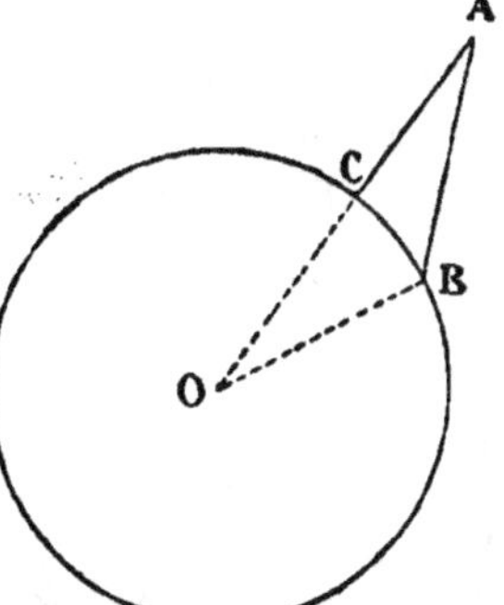

La droite AC, représentant la plus courte distance du point A à la courbe, est dite normale à la courbe. Toute autre droite, telle que AB, est une oblique.

CIRCONFÉRENCES TANGENTES ET SÉCANTES

THÉORÈME

143. *Lorsque deux circonférences ont un point commun en dehors de la ligne qui joint leurs centres, elles ont un second point commun situé de l'autre côté et à égale distance de cette ligne.*

H. Le point A pris hors de CO est commun aux deux circonférences C et O.

D. Ces deux circonférences ont un autre point commun.

Pour le prouver, menons sur CO la perpendiculaire AD et prolongeons-la d'une quantité DB = AD. Les obliques CA et CB, s'écartant également du pied D de la perpendiculaire CD, sont égales. Or CA est un rayon de la circonférence C, donc CB est aussi rayon de la même circonférence, et cette circonférence passe par le point B.

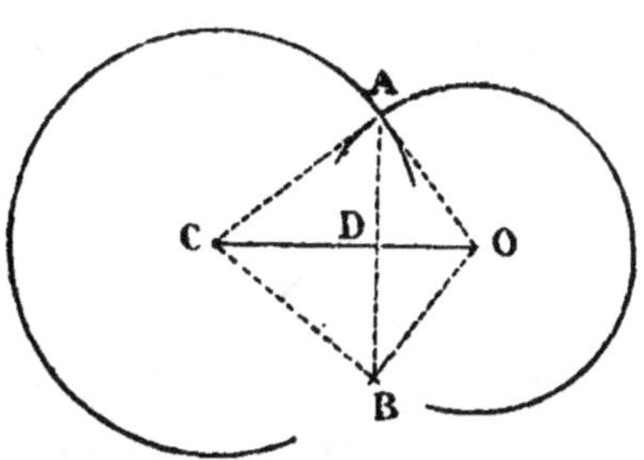

Le même raisonnement prouverait l'égalité des lignes OA et OB. Donc la circonférence O passe aussi par le point B.

144. **Corollaire.** — Lorsque deux circonférences sont tangentes, le point de contact se trouve sur la ligne des centres, car, s'il se

trouvait en dehors de cette ligne, il y aurait un second point commun, et les circonférences seraient sécantes.

THÉORÈME

145. *Lorsque deux circonférences se coupent, la ligne droite qui joint leurs centres est perpendiculaire sur la corde commune et la divise en deux parties égales.*

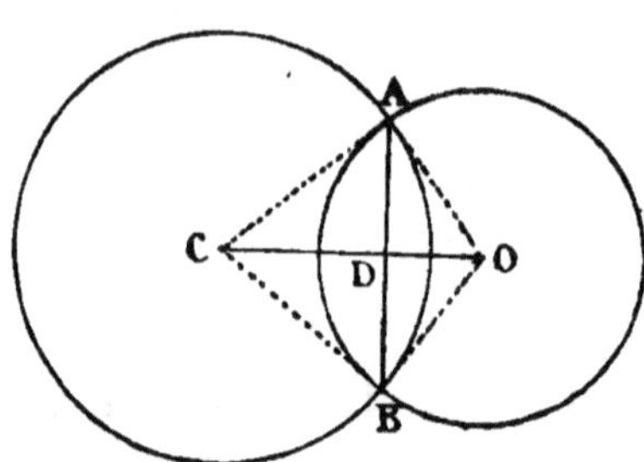

H. Les circonférences C et O se coupent en A et B.

D. CO est perpendiculaire sur le milieu de AB.

En effet, les droites CA et CB sont égales comme rayons, donc le point C appartient à la perpendiculaire élevée sur le milieu de AB (76).

On a de même OA = OB, et le point O appartient aussi à la perpendiculaire élevée sur le milieu de AB.

Par suite, cette perpendiculaire est la droite qui joint les points O et C.

POSITIONS OCCUPÉES PAR DEUX CIRCONFÉRENCES L'UNE PAR RAPPORT A L'AUTRE

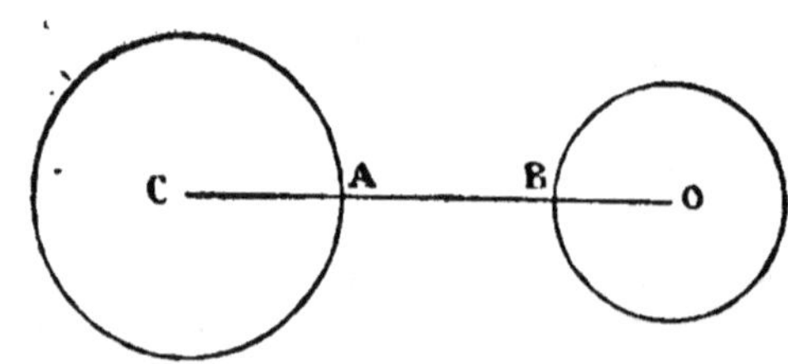

146. *Lorsque deux circonférences sont extérieures, la distance des centres est plus grande que la somme des rayons.*

En effet, on a :

$$CO > CA + OB.$$

Lorsque deux circonférences sont tangentes extérieurement, la distance des centres est égale à la somme des rayons.

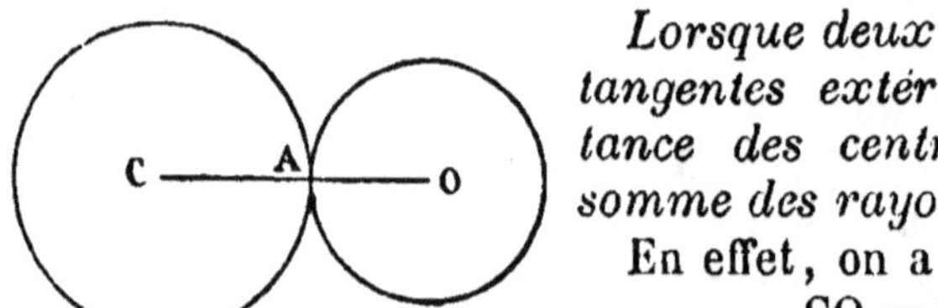

En effet, on a :

$$CO = CA + AO.$$

Lorsque deux circonférences se coupent, la distance des centres est plus petite que la somme des rayons et plus grande que leur différence.

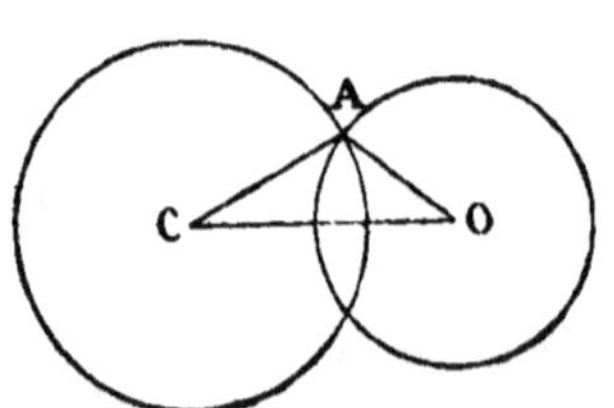

En effet, on a (52) : $CO < CA + AO$;

et $CO > CA - AO.$

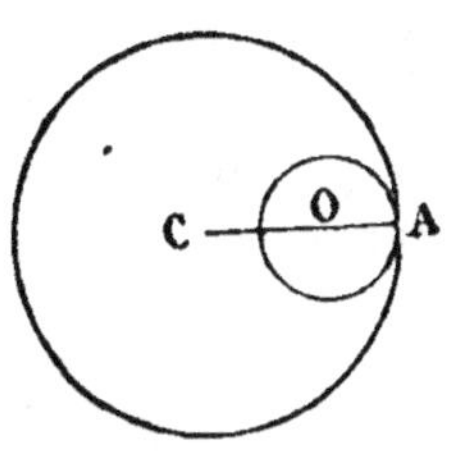

Lorsque deux circonférences sont tangentes intérieurement, la distance des centres est égale à la différence des rayons.

En effet, on a :

$$CO = CA - AO.$$

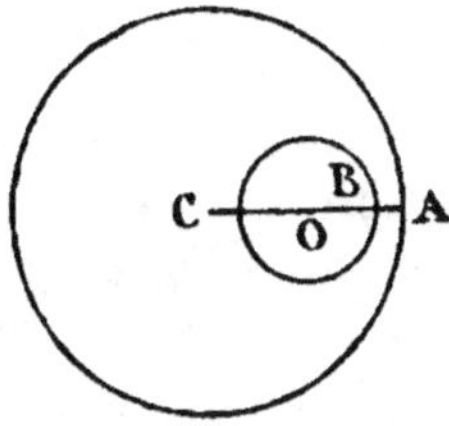

Lorsque deux circonférences sont intérieures l'une à l'autre, la distance des centres est plus petite que la différence des rayons.

En effet, on a :

$$CO < CA - OB.$$

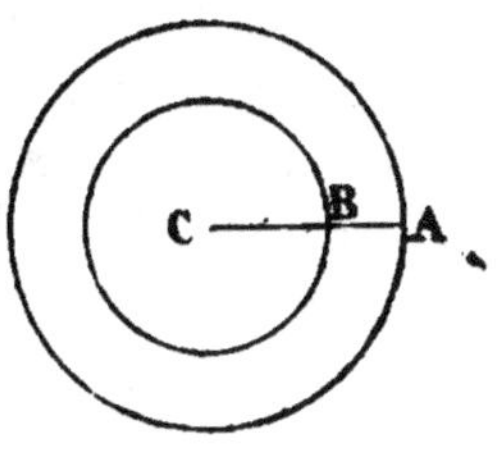

Lorsque deux circonférences sont concentriques, c'est-à-dire lorsque leurs centres se confondent, on appelle *couronne circulaire* l'espace qu'elles déterminent entre elles.

La largeur AB de la couronne est évidemment égale à la différence CA — CB des rayons.

RÉCIPROQUES

147. *Deux circonférences sont :*

1º *Extérieures, lorsque la distance des centres est plus grande que la somme des rayons.*

2º *Tangentes extérieurement, lorsque la distance des centres est égale à la somme des rayons.*

3º *Sécantes, lorsque la distance des centres est plus petite que la somme des rayons.*

4º *Tangentes intérieurement, lorsque la distance des centres est égale à la différence des rayons.*

5º *Intérieures, lorsque la distance des centres est plus petite que la différence des rayons.*

1º *Les circonférences sont extérieures lorsque la distance des centres est plus grande que la somme des rayons.*

En effet, elles ne peuvent être, dans ce cas, tangentes extérieurement ni intérieurement; elles ne peuvent pas non plus être intérieures ou sécantes, puisque aucune de ces positions ne donne pour les deux circonférences une distance des centres plus grande que la somme des rayons. Elles sont donc extérieures.

On démontre tous les autres points du théorème de la même manière.

MESURE DES ANGLES

THÉORÈME

148. *Dans le même cercle ou dans des cercles égaux, les angles égaux dont le sommet est au centre correspondent à des arcs égaux, et réciproquement, à des arcs égaux correspondent des angles au centre égaux.*

1° *Les angles au centre égaux correspondent à des arcs égaux.*

H. Angle AOB = angle DCE.

D. Arc AB = arc DE.

Menons les cordes AB et DE.

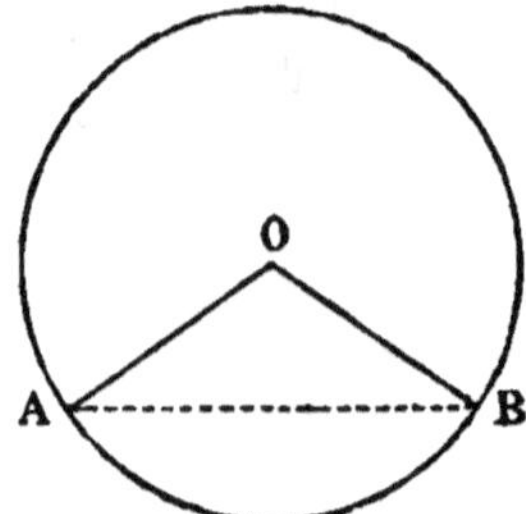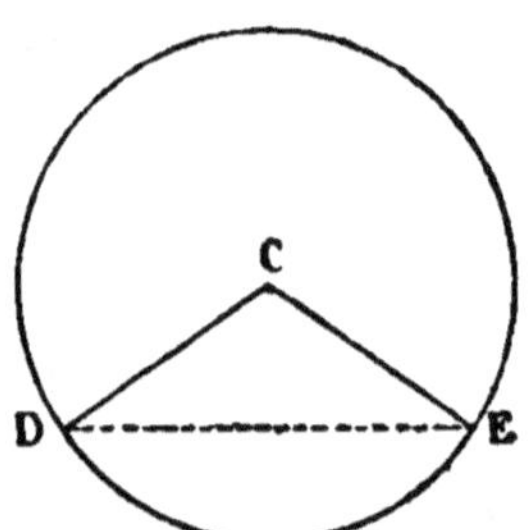

Nous aurons deux triangles AOB, DCE égaux, comme ayant un angle égal compris entre côtés égaux, savoir :

$$\text{angle AOB} = \text{angle DCE } (hyp.),$$
$$\text{AO} = \text{DC} = \text{OB} = \text{CE } (rayons\ de\ cercles\ égaux).$$

Donc
$$\text{corde AB} = \text{corde DE}$$

et, par suite,
$$\text{arc AB} = \text{arc DE } (130).$$

2° *Les arcs égaux correspondent à des angles au centre égaux.*

H. Arc AB = arc DE.

D. Angle AOB = angle DCE.

En effet, les arcs AB et DE étant égaux, leurs cordes sont égales, et les triangles AOB, DCE, ayant leurs trois côtés égaux, sont égaux. On a ainsi :

$$\text{angle AOB opposé à AB} = \text{angle DCE opposé à DE.}$$

THÉORÈME

149. *Dans le même cercle ou dans les cercles égaux, le rapport de deux angles au centre est égal à celui des arcs interceptés entre leurs côtés.*

H. Les cercles O et C sont égaux.

D. $\dfrac{AOB}{DCE} = \dfrac{AB}{DE}$.

1° Supposons que les angles AOB et DCE aient une commune

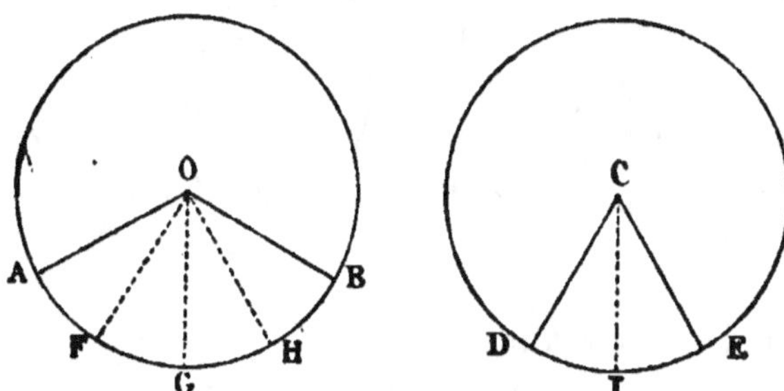

mesure contenue quatre fois dans AOB et deux fois dans DCE. Nous aurons :

$$\frac{AOB}{DCE} = \frac{4}{2} \ (1).$$

Mais, à des angles AOF, FOG, etc., au centre égaux, correspondent des arcs égaux (148). L'arc AB est donc partagé en quatre parties égales, l'arc DE en deux, et l'on a :

$$\frac{AB}{DE} = \frac{4}{2} \ (2).$$

Les rapports $\dfrac{AOB}{DCE}$ et $\dfrac{AB}{DE}$, étant égaux à un même rapport $\dfrac{4}{2}$, sont égaux. Donc

$$\frac{AOB}{DCE} = \frac{AB}{DE}.$$

2° La commune mesure des deux angles peut être aussi petite que l'on voudra, le théorème restera vrai. Il le sera donc encore quand cette commune mesure sera devenue plus petite que toute grandeur appréciable, c'est-à-dire quand il n'y aura pas de commune mesure.

THÉORÈME

150. *Dans le même cercle ou dans des cercles égaux, les sec-teurs sont proportionnels à leurs arcs.*

H. Cercle O = cercle C.

D. $\dfrac{\text{Secteur OAMB}}{\text{Secteur CDIE}} = \dfrac{\text{arc AB}}{\text{arc DE}}.$

Soit une commune mesure contenue quatre fois dans AOB et

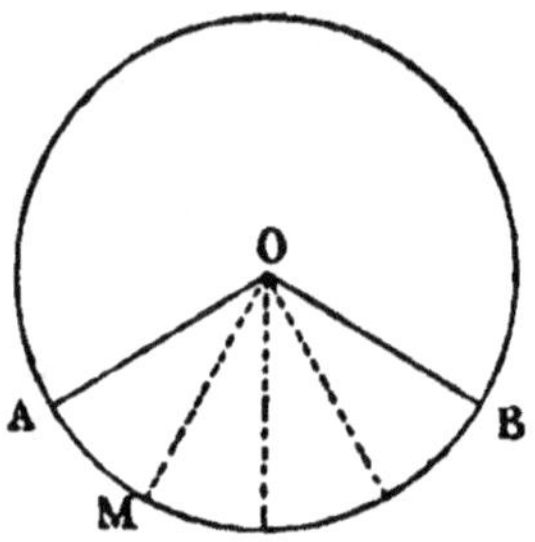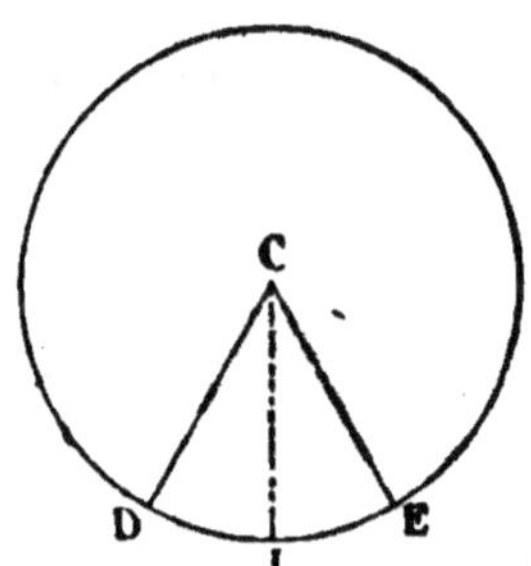

deux fois dans DCE. On aura :

$$\frac{\text{secteur OAMB}}{\text{secteur CDIE}} = \frac{4}{2}, \text{ et } \frac{\text{arc AB}}{\text{arc DE}} = \frac{4}{2};$$

donc

$$\frac{\text{secteur OAMB}}{\text{secteur CDIE}} = \frac{\text{arc AB}}{\text{arc DE}}.$$

151. **Corollaire.** — On aurait de même :

$$\frac{\text{surface du cercle}}{\text{surface du secteur}} = \frac{\text{circonférence}}{\text{arc du secteur}}.$$

MESURE DES ANGLES AU CENTRE

THÉORÈME

152. *Tout angle au centre a la même mesure que l'arc com-pris entre ses côtés.*

Soit un angle au centre AOB. Construisons un angle droit COD. On aura, d'après le théorème précédent :

$$\frac{\text{AOB}}{\text{COD}} = \frac{\text{AB}}{\text{CD}}$$

ou

$$\frac{\text{AOB}}{\text{un droit}} = \frac{\text{AB}}{\text{un quart de circonférence}}.$$

La valeur de l'angle AOB, comparée à un droit, est donc égale à la valeur de l'arc AB comparée à un quadrant. Si l'on prend l'angle droit pour unité des angles et le quadrant pour unité des arcs, on a :

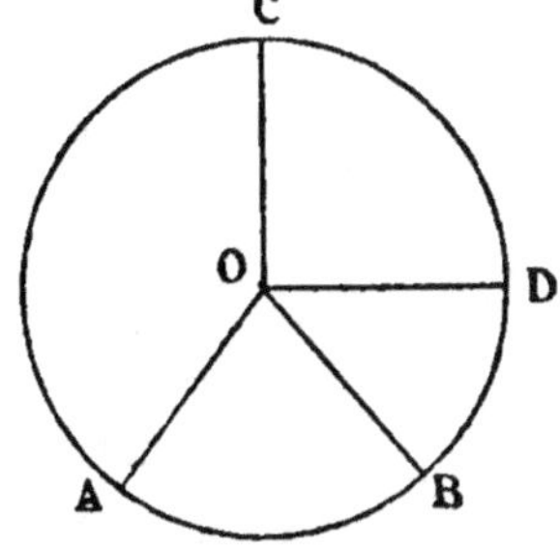

$$\frac{AOB}{1} = \frac{AB}{1}.$$

On exprime ce résultat d'une manière très simple, quoique un peu inexacte, en disant qu'*un angle au centre a pour mesure son arc.*

153. **Remarque.** — Pour faciliter la comparaison des arcs, et, par suite, celle des angles qu'ils mesurent, on a partagé la circonférence en 360 parties égales que l'on appelle degrés. Chaque degré se divise en 60 minutes et chaque minute en 60 secondes.

On nomme quadrant l'arc de 90 degrés.

On énonce un arc ou un angle en exprimant le nombre de degrés, minutes et secondes qu'il contient. Ainsi on dit qu'un arc a 38 degrés 45 minutes 27 secondes, ce qui s'écrit comme il suit : 38° 45′ 27″.

ANGLES INSCRITS

DÉFINITIONS

154. **Angle inscrit.** — On appelle *angle inscrit* dans un cercle un angle dont le sommet est sur la circonférence et dont les côtés forment des cordes.

Ex. : Angle AOB.

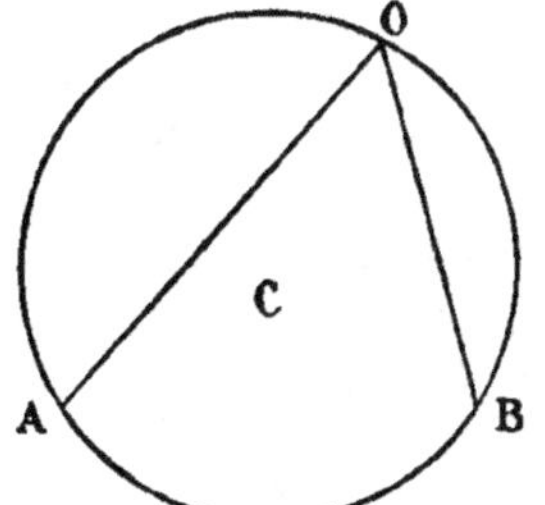

155. **Polygone inscrit.** — *Un polygone est inscrit* dans un cercle lorsque tous ses sommets sont sur la circonférence.

Ex. : Polygone ABCDEF.

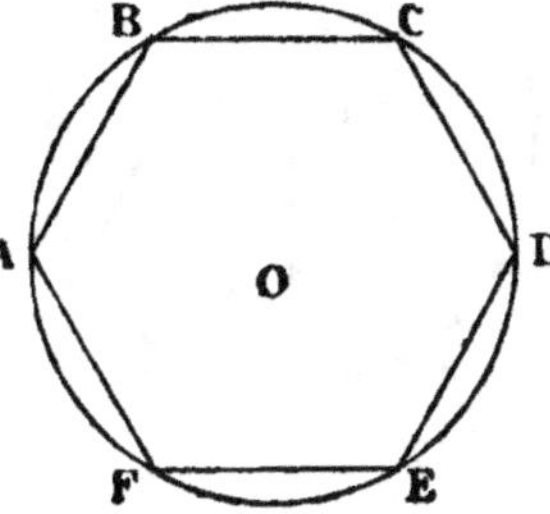

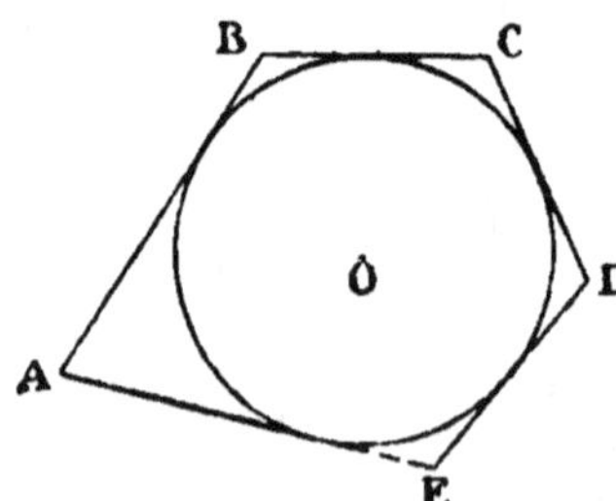

156. Polygone circonscrit. — *Un polygone est circonscrit* à un cercle lorsque tous ses côtés sont tangents à la circonférence de ce cercle.

Ex. : Polygone ABCDE.

THÉORÈME

157. *Un angle inscrit a pour mesure la moitié de l'arc compris entre ses côtés.*

H. L'angle BAC est inscrit.

D. BAC a pour mesure $\dfrac{BC}{2}$.

Trois cas peuvent se présenter :

1° *Un des côtés de l'angle passe par le centre du cercle.*

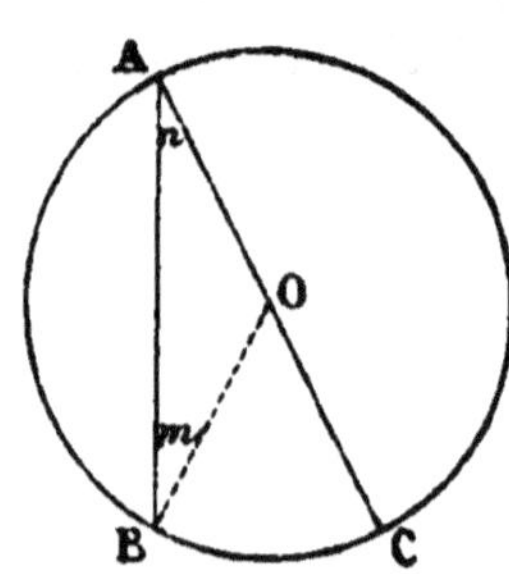

Menons BO.

L'angle BOC, extérieur au triangle BOA, est égal à la somme $m + n$ des angles qui ne lui sont pas adjacents (99).

On a ainsi :
$$m + n = BOC.$$
Or $m = n$, car le triangle AOB est isocèle ; donc
$$2\,n = BOC$$
ou $\quad n$, c'est-à-dire $BAC = \dfrac{BOC}{2}$,

et comme BOC, angle au centre, a pour mesure BC, on aura :
$$BAC = \dfrac{BC}{2}.$$

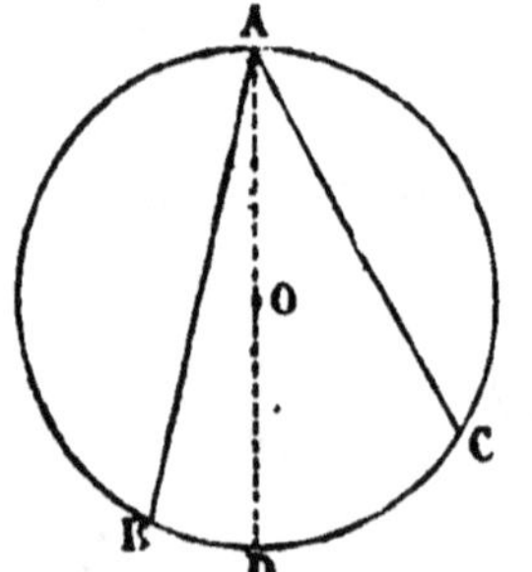

2° *Le centre est placé entre les deux côtés de l'angle.*

Menons le diamètre AD.

D'après le premier cas :

BAD a pour mesure $\dfrac{BD}{2}$;

DAC a pour mesure $\dfrac{DC}{2}$;

donc

BAD + DAC a pour mesure $\dfrac{BD + DC}{2}$,

ou $\qquad$ BAC a pour mesure $\dfrac{BC}{2}$.

3° *Le centre est placé en dehors des côtés de l'angle.*

Menons le diamètre AD.

D'après le premier cas :

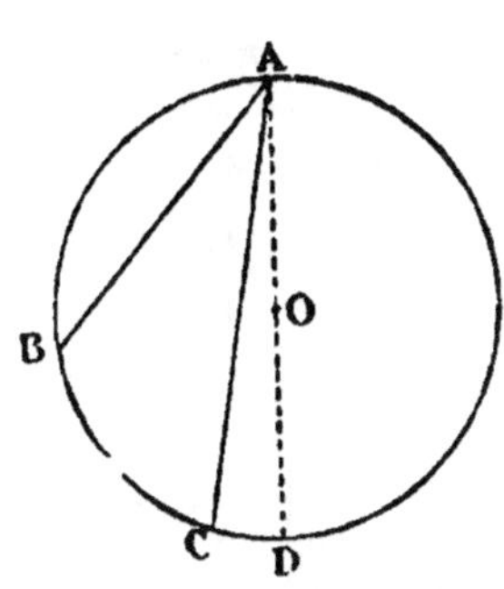

$$\text{BAD a pour mesure } \frac{BD}{2};$$

$$\text{CAD a pour mesure } \frac{CD}{2};$$

donc

$$\text{BAD} - \text{CAD a pour mesure } \frac{BD - CD}{2},$$

ou $\qquad$ BAC a pour mesure $\dfrac{BC}{2}$.

158. Corollaire I. — Tous les angles C, D, E, inscrits dans le même segment AMB, sont égaux, puisqu'ils ont tous même mesure $\dfrac{ANB}{2}$.

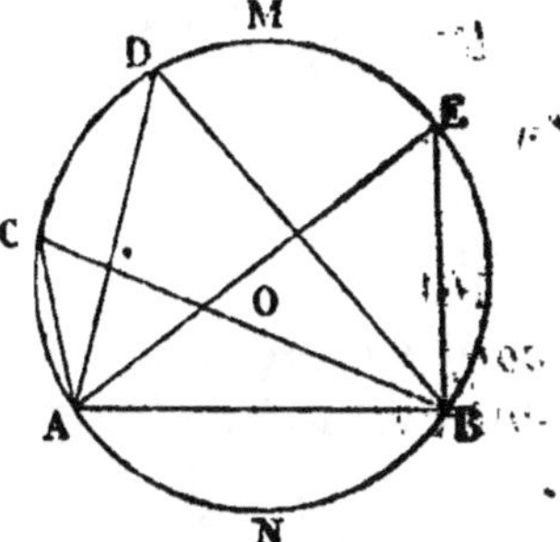

159. Corollaire II. — Tout angle BAC inscrit dans un demi-cercle est droit.

Tout angle DNF inscrit dans un segment plus grand qu'un demi-cercle est aigu.

Tout angle DEF inscrit dans un seg-ment plus petit qu'un demi-cercle est obtus.

En effet, ces différents angles ont pour mesure :

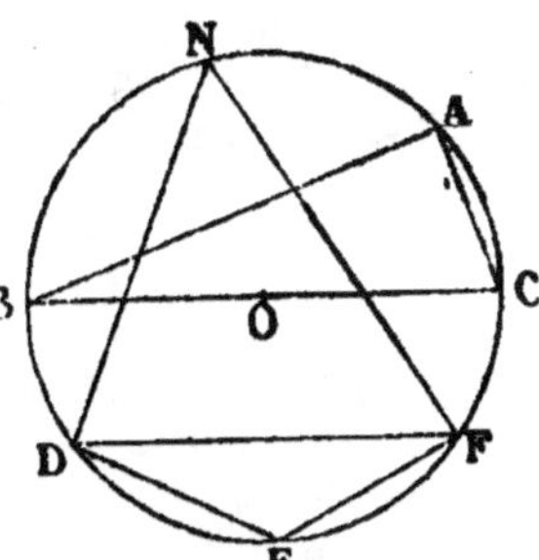

Dans le 1er cas, la moitié d'une demi-circonférence BEC ;

Dans le 2e cas, la moitié de l'arc DEF plus petit qu'une demi-circonférence ;

Dans le 3e cas, la moitié de l'arc DNF plus grand qu'une demi-circonférence.

THÉORÈME

160. *Un angle formé par une tangente et une corde a pour mesure la moitié de l'arc compris entre ses côtés.*

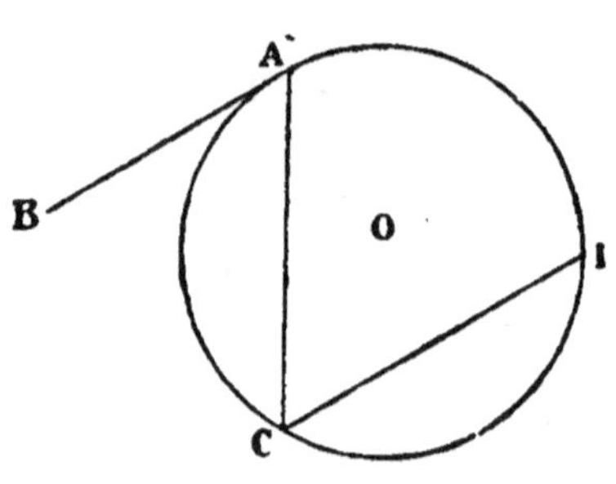

H. On donne la tangente BA et la corde AC.

D. L'angle BAC a pour mesure l'arc $\dfrac{AC}{2}$.

Du point C menons CI parallèle à AB.

On a BAC = ACI (*alt-int.*).

Or ACI a pour mesure $\dfrac{AI}{2}$ ou $\dfrac{AC}{2}$, car AI = AC (141).

Donc l'angle BAC a pour mesure $\dfrac{AC}{2}$.

THÉORÈME

161. *Un angle qui a son sommet entre le centre et la cir-conférence a pour mesure la demi-somme des arcs compris entre ses côtés et le prolongement de ses côtés.*

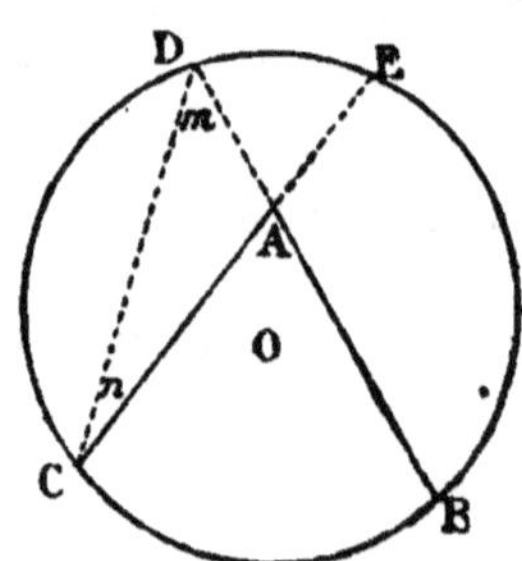

H. BAC a son sommet A entre le centre et la circonférence.

D. BAC a pour mesure $\dfrac{BC + DE}{2}$.

Menons CD. Nous aurons :
$$\text{angle BAC} = m + n \quad (99).$$

Or $\qquad m$ a pour mesure $\dfrac{BC}{2}$ (157);

$\qquad\qquad n$ a pour mesure $\dfrac{DE}{2}$;

donc $\qquad m + n$ ou BAC a pour mesure $\dfrac{BC + DE}{2}$.

THÉORÈME

162. *Un angle qui a son sommet hors du cercle a pour me-sure la demi-différence des arcs qu'il intercepte entre ses côtés.*

H. Soit l'angle BAC, dont le sommet A est hors du cercle.

D. BAC a pour mesure $\dfrac{BC - DE}{2}$.

Menons BE. Nous aurons :

$$BAC + n = m \quad (99)$$

ou

$$BAC = m - n.$$

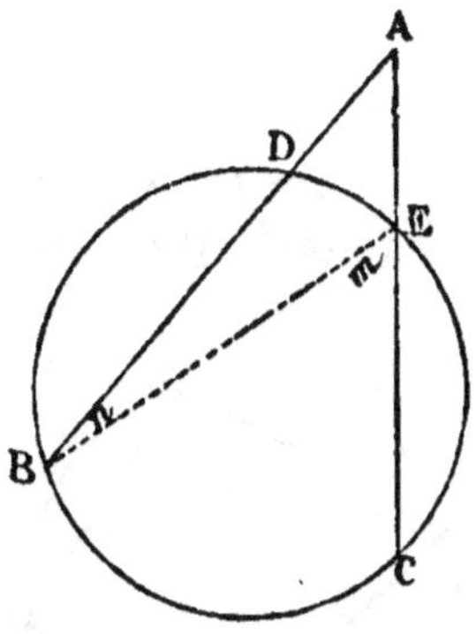

Or m a pour mesure $\dfrac{BC}{2}$ (157);

n a pour mesure $\dfrac{DE}{2}$;

donc $m - n$ ou $BAC = \dfrac{BC - DE}{2}$.

THÉORÈME

163. *Un angle formé par deux tangentes a pour mesure la demi-différence des arcs compris entre les points de contact.*

H. Soit l'angle BAC formé par les tangentes BA et AC.

D. BAC a pour mesure $\dfrac{BMC - BNC}{2}$:

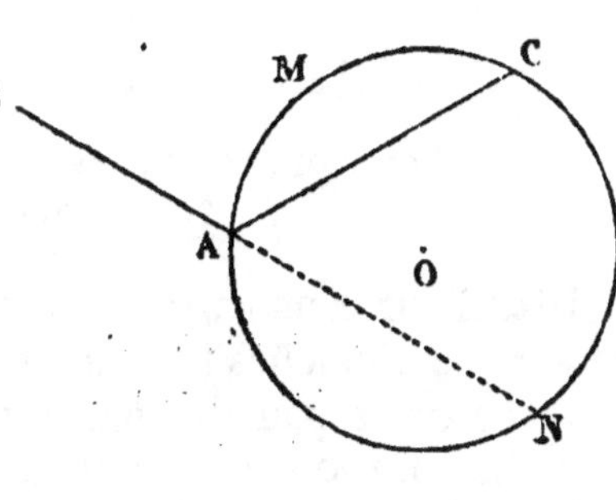

Joignons les points de contact B et C.

Nous aurons :

$$BAC + n = m$$

ou

$$BAC = m - n.$$

Or m a pour mesure l'arc $\dfrac{BMC}{2}$ (160);

n a pour mesure l'arc $\dfrac{BNC}{2}$;

donc $m - n$ ou BAC a pour mesure $\dfrac{BMC - BNC}{2}$.

164. Remarque. — On peut trouver facilement la mesure d'un angle BAC formé par une corde et une sécante.

En effet :

$$BAC + CAN = 2 \text{ droits} = \frac{circ.}{2}$$

ou

$$BAC + \frac{CN}{2} = \frac{AMC + CN + AN}{2}$$

ou enfin $BAC = \dfrac{AMC + AN}{2}$.

Ce résultat est facile à énoncer.

THÉORÈME

165. *Les angles opposés d'un quadrilatère inscrit dans un cercle sont supplémentaires.*

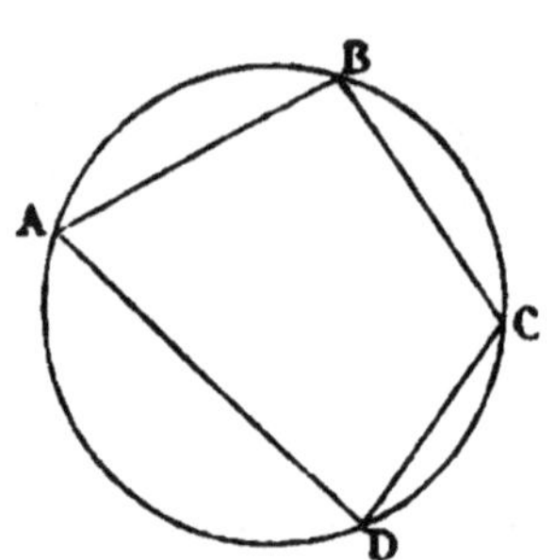

H. Soit le quadrilatère inscrit ABCD.

D. $B + D = 2$ droits.

En effet, l'angle B a pour mesure l'arc
$$\frac{ADC}{2}.$$

De même, l'angle D a pour mesure l'arc
$$\frac{ABC}{2}.$$

Leur somme $B + D$ a donc pour mesure
$$\frac{ADC + ABC}{2},$$

c'est-à-dire une demi-circonférence, et, par suite, cette somme vaut deux droits.

RÉCIPROQUE

166. *Tout quadrilatère dont les angles opposés sont supplémentaires est inscriptible.*

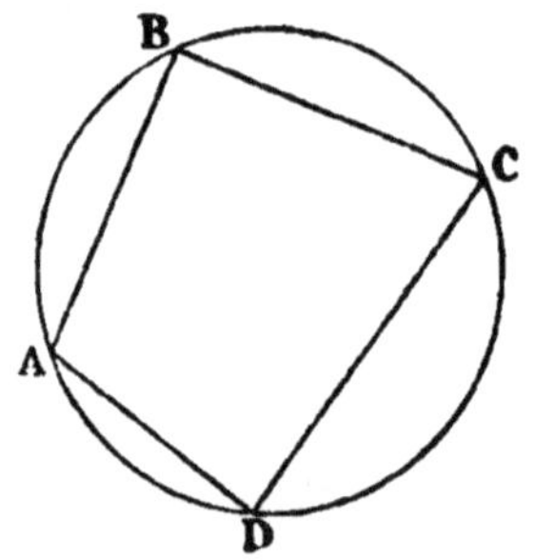

H. $B + D = 2$ droits.

D. Le quadrilatère ABCD est inscriptible.

En effet, la circonférence menée par les trois points A, B, C passera par le sommet D; sans cela, la somme des angles B et D serait plus grande (161) ou plus petite (162) que deux droits, ce qui est contre l'hypothèse.

PROBLÈMES SUR LA LIGNE DROITE ET LE CERCLE

Instruments nécessaires pour les constructions graphiques.

167. Pour construire sur le papier les figures de géométrie, on se sert de plusieurs instruments :

1º La *règle* pour la construction des lignes droites;

2º Le *compas* pour la construction des lignes courbes;

3º L'*équerre* pour la construction des perpendiculaires;

5º Le *rapporteur* pour la construction des angles quelconques.

168. Règle. — La manière de se servir de la règle est connue. Aussi nous nous contenterons d'une simple remarque. Avant d'employer une règle, il faut la vérifier, c'est-à-dire constater si elle est bien droite. Pour cela, on se sert de la règle pour tracer une ligne, puis on la fait tourner autour de cette ligne comme charnière et on la place de l'autre côté. Si la règle est bonne, la trace que l'on obtiendra dans ces conditions avec un crayon ou un tire-ligne se confondra exactement avec la première ligne. Si elle ne se confond pas avec elle, l'instrument est défectueux et doit être rejeté.

169. Compas. — Le *compas* est un instrument formé de deux branches mobiles autour d'une charnière. Il sert à tracer des arcs ou des circonférences.

170. Équerre. L'*équerre* est formée d'un triangle rectangle en

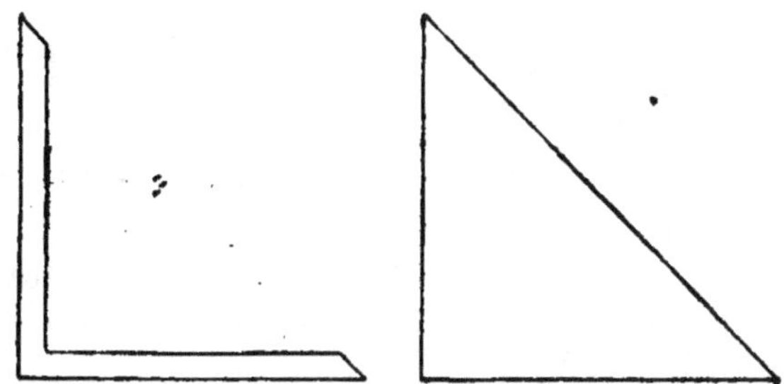

bois ou de deux règles en fer qui se rejoignent en formant entre elles un angle droit.

Pour vérifier une équerre, on trace d'abord avec elle un angle droit CAB, puis on la retourne sur AC comme charnière, de façon

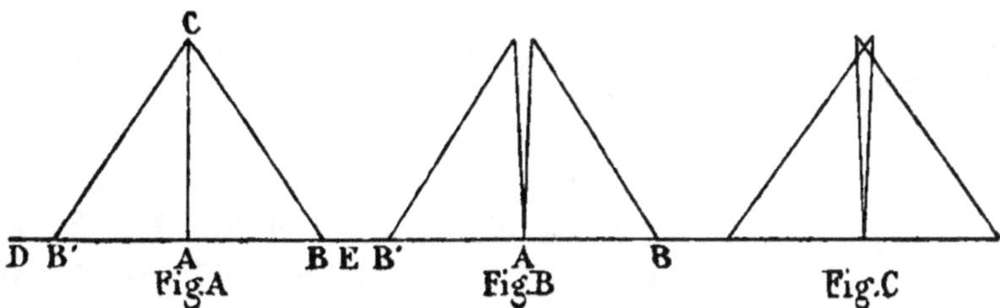

que son côté AB reste sur la droite DE, et on trace une nouvelle ligne AC. La figure que l'on obtient peut alors avoir une des trois formes suivantes :

Si l'on a obtenu la figure A, l'équerre est bonne.

Si l'on a la figure B, l'angle de l'équerre est aigu.

Si on a la figure C, l'angle de l'équerre est obtus.

171. Rapporteur. — Le *rapporteur* est un demi-cercle gradué destiné à mesurer les angles ou à les construire.

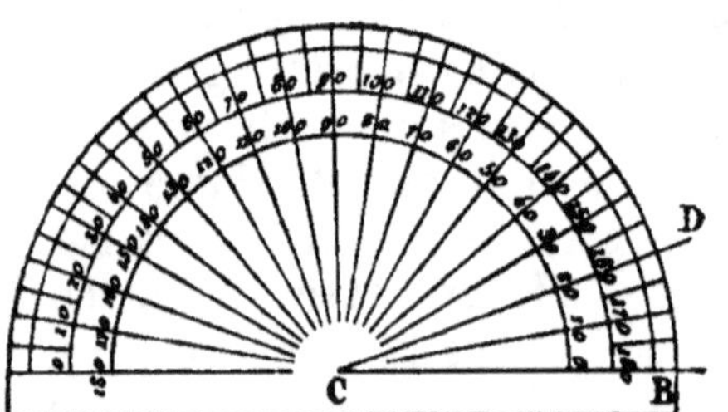

Pour mesurer un angle avec le rapporteur, il suffit de placer son centre C au sommet de l'angle, de telle sorte que le rayon CB coïncide avec l'un des côtés de l'angle. L'autre côté CD indique alors sur le rapporteur le nombre de degrés que l'angle contient.

Pour construire un angle avec le rapporteur, on trace une ligne droite AB avec la règle, on place ensuite le rapporteur le long de cette ligne droite, de manière que son centre se trouve au point qui doit être le sommet de l'angle, on trace ensuite un trait au point O, où arrive le chiffre marquant la graduation donnée pour l'angle; enfin au moyen de la règle on joint CO, et on a en BCI l'angle demandé.

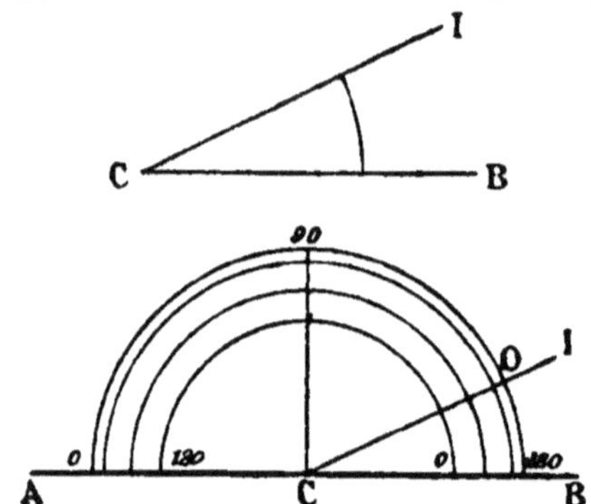

CONSTRUCTION DES PERPENDICULAIRES

PROBLÈME

172. *Par un point pris sur une droite, élever une perpendiculaire sur cette droite.*

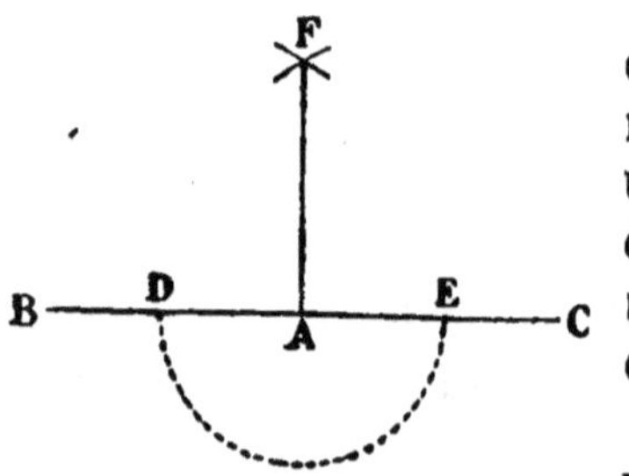

Du point A, avec un rayon quelconque, on décrit une demi-circonférence, puis des points D et E, avec un rayon plus grand que AD, on trace des arcs qui se coupent en F et on mène AF. C'est la perpendiculaire demandée.

En effet, les points A et F, étant par construction à égale distance de D et de E, appartiennent à la perpendiculaire élevée sur le milieu de DE (76). Donc AF est cette perpendiculaire.

173. Remarque. — On pourrait facilement construire la même perpendiculaire AF au moyen de l'équerre.

Un simple coup d'œil sur la figure suffit pour comprendre la manière d'opérer par cette méthode.

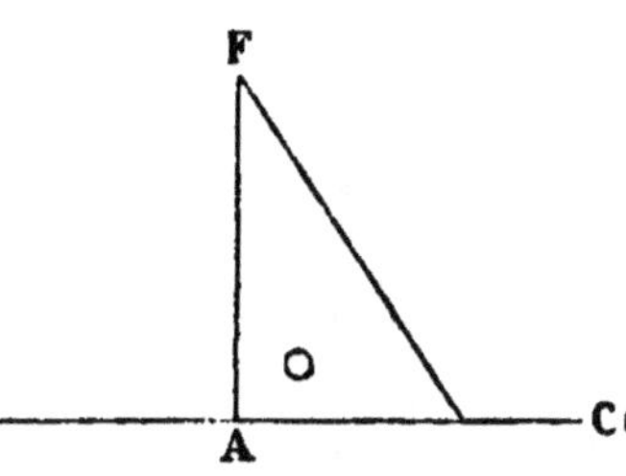

PROBLÈME

174. *D'un point donné hors d'une droite, abaisser une perpendiculaire sur cette droite.*

Du point A avec un rayon convenable on décrit un arc de cercle qui coupe la ligne BC aux points D et E. Ensuite, de chacun de ces points, avec un rayon plus grand que la moitié de DE, on décrit deux arcs qui se coupent en F, et on mène AF. C'est la perpendiculaire demandée, car les points A et F sont à égale distance de D et E.

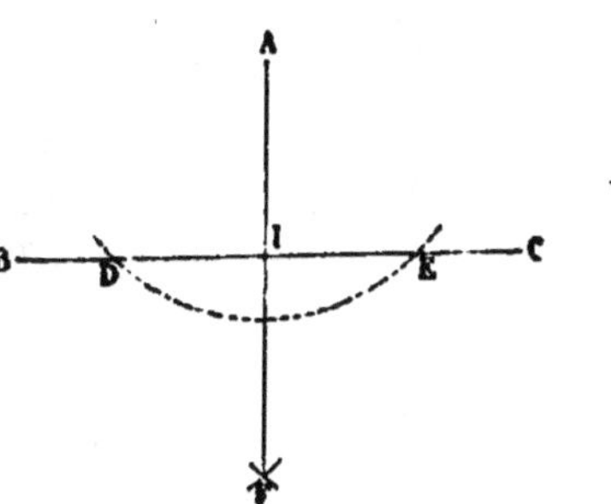

On pourrait construire la ligne AF avec l'équerre, en ayant soin de placer le point A sur un des côtés de l'angle droit, l'autre côté coïncidant avec BC.

PROBLÈME

175. *Diviser une droite donnée en deux parties égales.*

Des points A et B de la droite donnée AB, on décrit avec un rayon plus grand que la moitié de AB, des arcs qui se coupent en C et en D. Les points C et D sont également éloignés de A et de B. Ils appartiennent donc à la perpendiculaire élevée sur le milieu de AB (76), et l'on a AE $=$ EB.

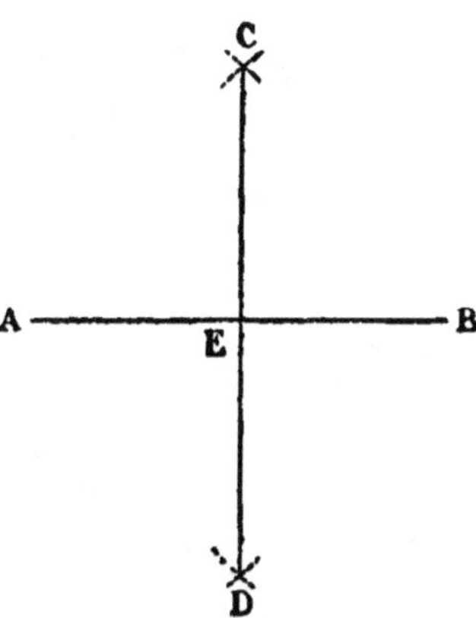

PROBLÈME

176. *Partager un arc ou un angle en deux parties égales.*

1° Partager un arc MN en deux parties égales.

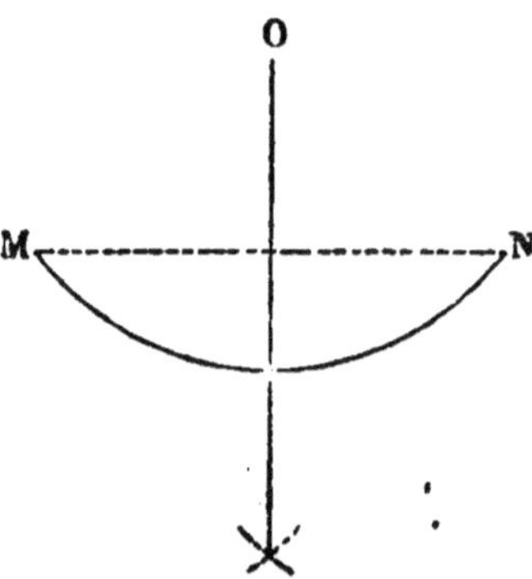

Pour partager en deux parties égales l'arc MN, il suffit de mener sa corde et de la couper en deux parties égales, d'après la méthode donnée au n° 175. L'arc MN sera lui-même divisé en deux parties égales par la perpendiculaire (133).

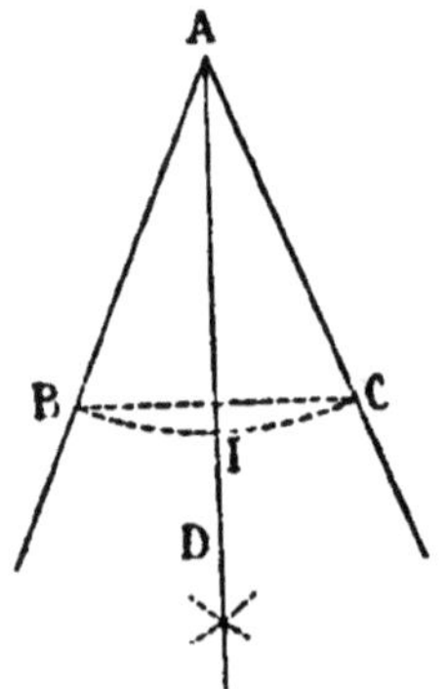

2° Partager un angle BAC en deux parties égales.

Du point A comme centre, avec un rayon quelconque, on décrit l'arc BC, qui mesure l'angle BAC, puis on partage cet arc en deux parties égales. On aura évidemment BAI = IAC comme ayant pour mesure des arcs égaux BI et IC (152).

CONSTRUCTION DES ANGLES ET DES TRIANGLES

PROBLÈME

177. *Construire, en un point donné d'une droite, un angle égal à un angle donné.*

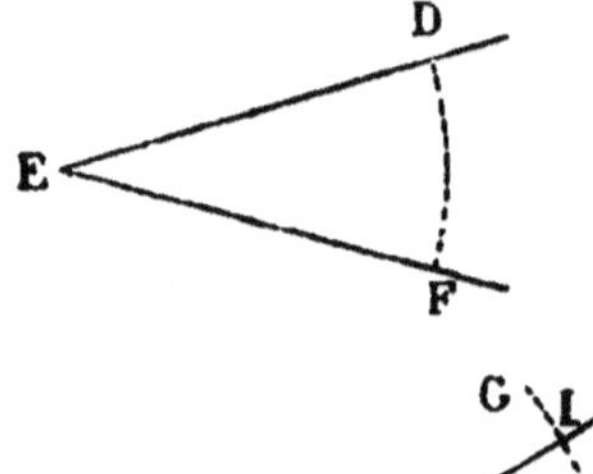

H. On donne l'angle DEF.

Construire un angle égal en un point C pris sur AB.

Du point E comme centre, avec un rayon quelconque, décrivons un arc DF, puis du point C, avec le même rayon, décrivons l'arc GH. Prenons sur GH une longueur HI = DF, et menons CI. L'angle ICH est l'angle demandé.

En effet, DEF et ICH sont égaux comme ayant même mesure DF = HI.

178. *Deux angles d'un triangle étant donnés, déterminer le troisième.*

Soient les angles A et B donnés.

En un point C d'une droite indéfinie EF, on construit d'abord

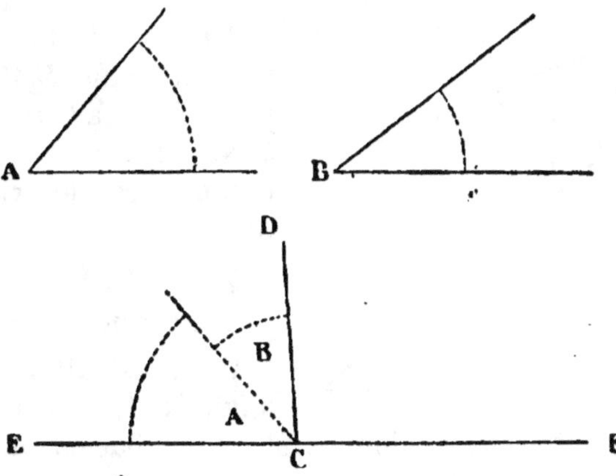

un angle égal à A, puis un autre angle égal à B. Le troisième angle demandé sera DCF; car cet angle est le supplément de la somme A + B des deux autres (39 et 94).

PROBLÈME.

179. *Deux côtés d'un triangle et l'angle qu'ils comprennent étant donnés, construire le triangle.*

H. On donne les côtés AB et AC d'un triangle ainsi que leur angle A.

Construire le triangle BAC.

Au point A du côté AB on construit un angle égal à l'angle A, puis on prend sur la ligne AE une longueur égale à AC, on mène CB et on a le triangle demandé ABC.

Le problème est toujours possible.

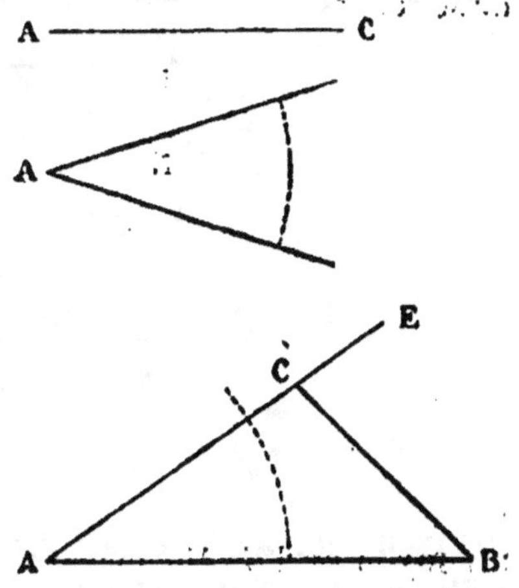

PROBLÈME

180. *Un côté et deux angles d'un triangle étant donnés, construire le triangle.*

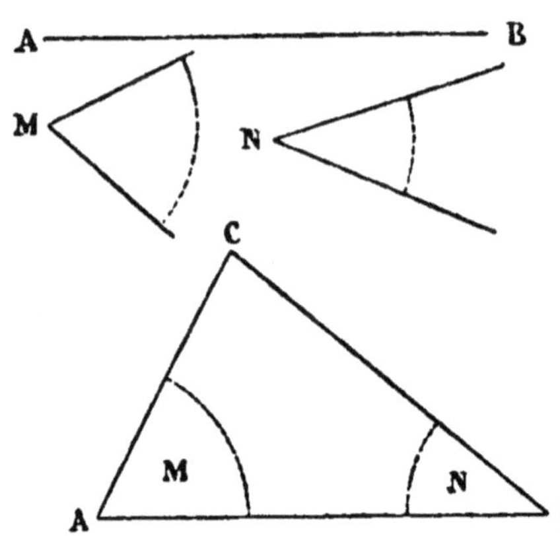

1° Les deux angles sont adjacents au côté donné.

Au point A du côté AB on fait un angle égal à M, au point B on fait un angle égal à N. Le triangle ABC, ainsi obtenu, est le triangle demandé.

2° Les deux angles ne sont pas adjacents au côté donné.

On construit le troisième angle (178) et, avec cet angle et celui des deux angles donnés qui est adjacent au côté AB, on construit le triangle comme dans le premier cas.

Le problème n'est possible que si l'on a : $M + N < 2$ droits.

PROBLÈME

181. *Construire un triangle connaissant deux côtés* A *et* B *et l'angle* D *opposé à l'un d'eux* A. *(Fig. A.)*

Construisons un angle BAC égal à l'angle donné D (fig. B), sur un de ses côtés prenons une longueur AB = N, puis du point B, avec

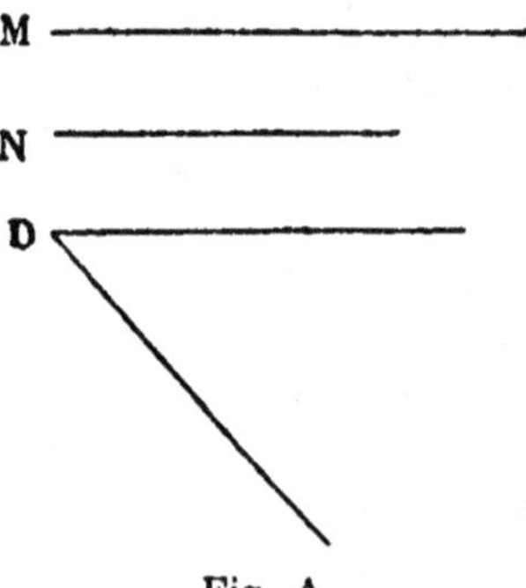

Fig. A.

un rayon égal à M, décrivons un arc de cercle qui rencontrera la droite AC en un ou deux points ou qui ne la rencontrera pas du tout, d'après la longueur du côté donné M.

Si M est plus grand que N (fig. B), on aura deux points d'intersection C et E, mais une seule solution en BAC; car l'angle A du triangle BAE n'est pas l'angle donné, mais son supplément.

Si M = N (fig. C), on a encore une solution, et le triangle obtenu est isocèle. Sa construction n'est possible que si l'angle donné est aigu (65 et 95).

Si M est plus petit que N et plus grand que la distance BI du point B à la droite AC (fig. D), on a deux solutions en BAC et BAC', mais si M < N est égal à BI, on n'a plus qu'une seule solution en BAI. Le problème n'est possible dans ces deux cas que si l'angle donné est aigu.

Enfin si M est plus petit que BI, on n'a plus de solution.

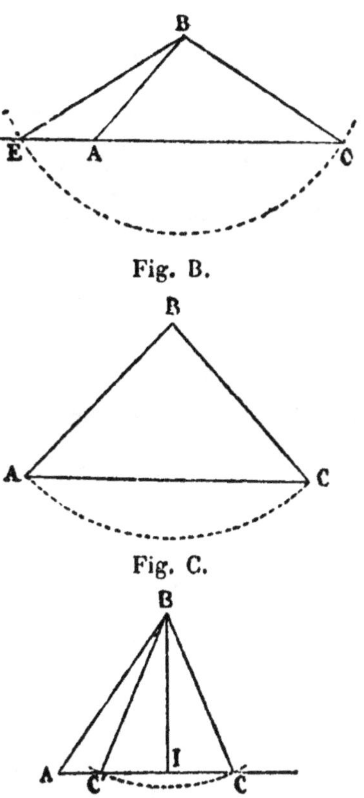

Fig. B.

Fig. C.

Fig. D.

PROBLÈME

182. *Construire un triangle, connaissant ses trois côtés* AB, M *et* N.

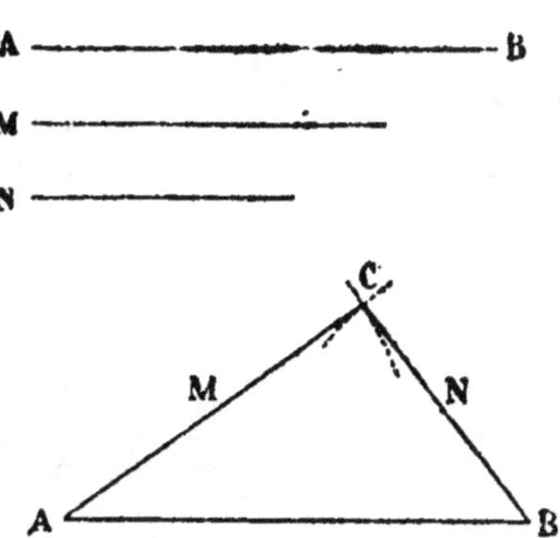

Du point A de AB comme centre, avec un rayon égal à M, on décrit un arc de cercle, du point B de la même droite, avec un rayon égal à N, on décrit un second arc qui coupe le premier en C. Menant ensuite CA et CB, on a le triangle demandé.

Le problème n'est possible que si l'on a : AB < M + N et AB > M − N (53).

CONSTRUCTION DES PARALLÈLES

PROBLÈME

183. Par un point donné D, mener une parallèle à une droite donnée BC.

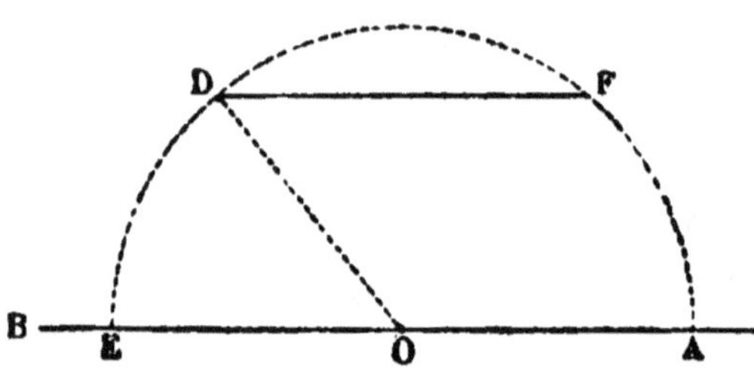

1re Méthode. — Du point D on abaisse sur BC la perpendiculaire DA, puis sur AD on élève au point D la perpendiculaire DE. Les deux droites DE et BC sont parallèles comme perpendiculaires à une même droite AD.

2e Méthode. — Du point D on mène une droite quelconque DO, puis du point O comme centre avec OD pour rayon on décrit une demi - circonférence, on prend un arc AF = DE et on joint DF. Les deux lignes DF et BC sont parallèles comme interceptant sur la circonférence des arcs egaux.

3e Méthode. — Emploi de l'équerre. On place un des côtés de l'angle droit de l'équerre sur BC, puis on fixe une règle MN sur l'autre côté. On fait ensuite glisser l'équerre jusqu'à ce que le côté de l'équerre qui coïncidait avec BC rencontre le point D. On trace DF et on a la parallèle demandée.

CONSTRUCTION DES CIRCONFÉRENCES, TANGENTES, ETC.

PROBLÈME

184. Décrire une circonférence qui passe par trois points donnés A, B, D, non en ligne droite.

On joint par des lignes droites les points A et B, B et D, puis sur le milieu de chacune de ces lignes on élève les perpendiculaires GE et HF. Le point O de rencontre est le centre de la circonférence demandée ; il suffira donc de la décrire de ce point comme centre avec OA pour rayon (135).

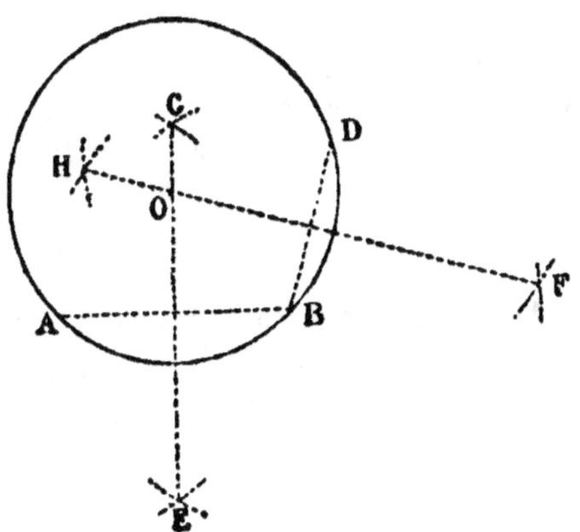

PROBLÈME

185. *Circonscrire un cercle à un triangle donné.*

Les trois sommets du triangle devront se trouver sur la circonférence. Le problème revient donc à faire passer une circonférence par trois points donnés non en ligne droite.

186. **Remarque.** — Le point O étant équidistant des extrémités des côtés AB, AC et BC, appartient aux perpendiculaires élevées sur les milieux de ces côtés. De là cette conclusion :

Les perpendiculaires élevées sur les milieux des côtés d'un triangle concourent en un même point qui est le centre du cercle circonscrit à ce triangle.

THÉORÈME

187. *Les trois hauteurs d'un triangle se coupent en un même point.*

H. Soit le triangle ABC.

D. Les hauteurs se coupent au même point O.

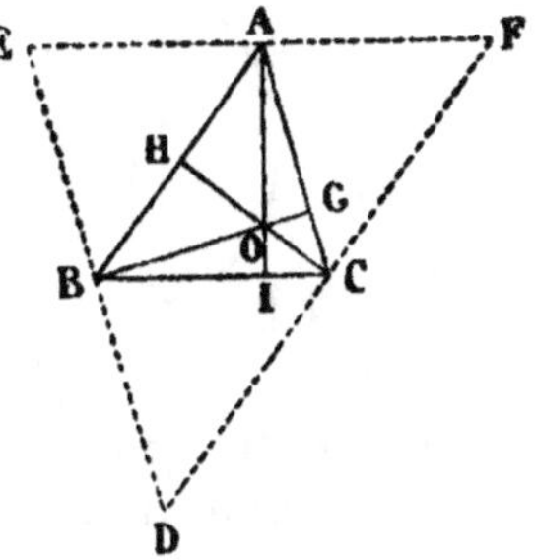

Par les sommets du triangle donné menons les droites EF, ED, DF respectivement parallèles aux côtés BC, AB et AC.

Les milieux de ces parallèles seront en A, B et C ; car les figures EABC, ABCF, etc. étant des parallélogrammes, on a : EA = BC et BC = AF, d'où EA = AF. Si des points A, B, C, milieux des côtés du triangle DEF, nous élevons des perpendiculaires sur ces côtés, ces perpendiculaires se rencontreront en un même point (186). Or ces perpendiculaires seront précisément les hauteurs du triangle donné ABC dont les côtés sont parallèles aux côtés du triangle DEF.

PROBLÈME

188. *Inscrire un cercle dans un triangle donné.*

Menons les bissectrices des angles B et C. Elles se coupent en

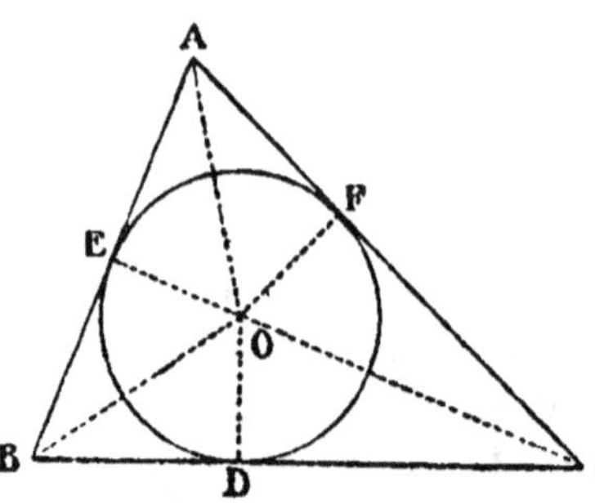

un point O équidistant des côtés des angles B et C (80). On a ainsi : OE = OD = OF et le point O est le centre du cercle inscrit. Son rayon est OE.

189. Remarque. — Les perpendiculaires OE et OF étant égales, le point O appartient aussi à la bissectrice de l'angle A (81). De là cette conclusion :

Les bissectrices des angles d'un triangle concourent en un même point qui est le centre du cercle inscrit dans le triangle.

190. Définition. — On dit qu'*un cercle est ex-inscrit* à un triangle lorsqu'il est tangent à un de ses côtés et aux prolongements des deux autres.

PROBLÈME

191. *Décrire les trois cercles ex-inscrits à un triangle.*

Menons les bissectrices des angles ABD, ACE extérieurs au

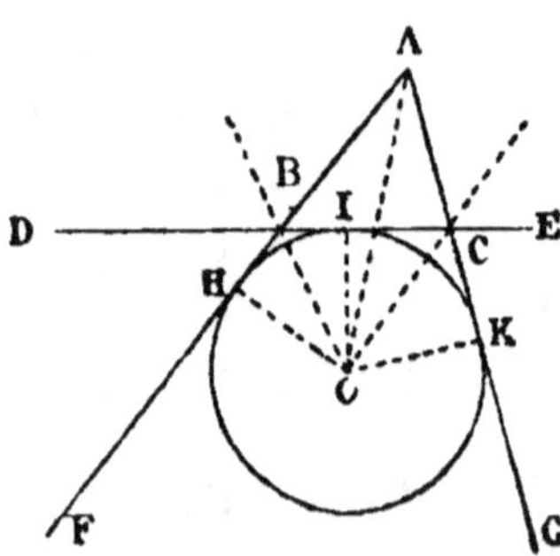

triangle donné ABC. Leur point d'intersection O sera à égale distance des côtés prolongés des angles ABD, ACE, c'est-à-dire que l'on aura : OH = OI = OK. Le centre du cercle ex-inscrit sera donc en O. Son rayon sera OH.

Une construction semblable donnerait facilement les centres des deux autres cercles ex-inscrits au triangle ABC.

192. Remarque. — Le point O étant équidistant des côtés AF et AG de l'angle A, appartient à la bissectrice de cet angle (81). De là cette conclusion :

Les bissectrices des suppléments de deux angles d'un trian-

gle et la bissectrice du troisième angle concourent au même point.

PROBLÈME

193. *Par un point A donné sur une circonférence, mener une tangente à cette circonférence.*

On mène le rayon OA, puis en ce point on élève une perpendiculaire DE sur OA. Cette perpendiculaire est la tangente demandée (138).

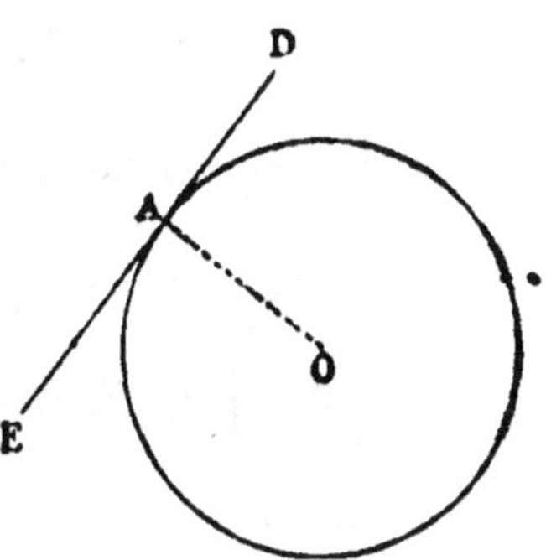

PROBLÈME

194. *Par un point A donné en dehors d'une circonférence O, mener une tangente à cette circonférence.*

Sur OA comme diamètre, on décrit une circonférence, puis on joint le point A aux points B et C d'intersection des deux circonférences. Les lignes AB et AC ainsi obtenues sont les tangentes demandées.

En effet, l'angle OBA est droit comme inscrit dans une demi-circonférence. Dès lors, la ligne AB est perpendiculaire à l'extrémité du rayon OB, et, par suite, tangente à la petite circonférence (136).

Il en est évidemment de même pour AC.

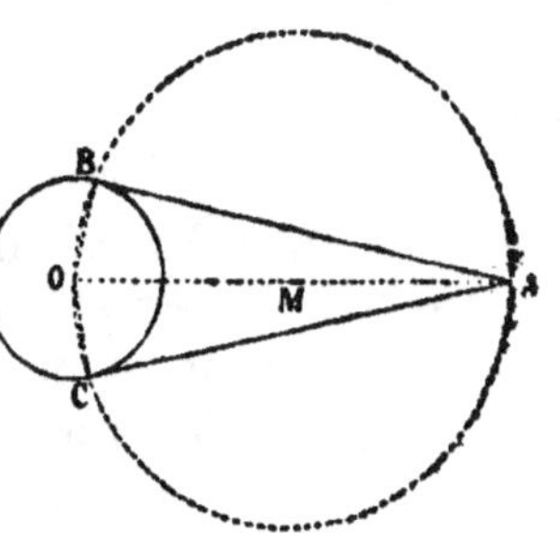

THÉORÈME

195. *Les tangentes issues d'un même point sont égales.* (Fig. n° 194.)

H. On donne les tangentes AB et AC.

D. AB = AC.

En effet, les triangles ABO et ACO sont égaux parce qu'étant rectangles, ils ont l'hypoténuse AO commune et les côtés OB, OC égaux comme rayons du cercle O. Donc AB = AC.

PROBLÈME

196. *Mener une tangente extérieure commune à deux cercles.*

Avec un rayon égal à la différence des rayons des circonfé-

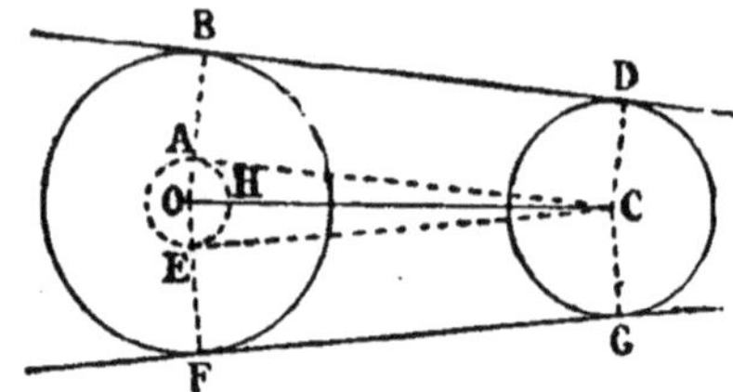

rences OB et CD données, on décrit une nouvelle circonférence OA; on mène ensuite la tangente CA et le rayon OA que l'on prolonge jusqu'en B; enfin on trace CD parallèle à AB et on joint BD. Cette dernière ligne est la tangente demandée. En effet, la figure ABDC est un parallélogramme (108); car la ligne BA est parallèle et égale à DC.

Elle est parallèle par construction;

Elle est égale; car on a :
$$OB = OA + CD \text{ par construction};$$
d'ailleurs, dans la figure,
$$OB = OA + AB;$$
donc
$$OA + CD = OA + AB \text{ ou } CD = AB.$$

La figure ABCD n'est pas seulement un parallélogramme, elle est un rectangle. En effet, l'angle OAC est droit comme formé par une tangente et le rayon mené au point de contact (139), et, par suite, tous les angles de ABCD sont droits : donc la ligne BD, perpendiculaire aux extrémités des rayons OB et CD, est tangente aux deux circonférences.

Pour que le problème soit possible, il faut que les circonférences données ne soient pas intérieures l'une à l'autre. Il leur reste donc l'une des quatre positions suivantes : elles peuvent être extérieures, tangentes extérieurement, sécantes ou tangentes intérieurement. Dans les trois premiers cas, on a : $OC > OB - CD$ (146) ou $OC > OH$. Le point C est alors situé en dehors du cercle auxiliaire OA, et de ce point on peut mener deux tangentes à ce cercle (194). Par suite, on a deux tangentes extérieures communes aux deux cercles donnés.

Si les deux circonférences données sont tangentes intérieurement, on a : $OC = OB - CD$ (146). Le point C est alors sur la circonférence OA. On ne peut donc mener de ce point qu'une seule tangente à cette circonférence (193) et, par suite, les deux cercles donnés n'ont qu'une seule tangente commune extérieure.

PROBLÈME

197. *Mener une tangente intérieure. commune à deux cercles.*

Avec un rayon égal à la somme OB + CD des rayons des circonférences données, on décrit une nouvelle circonférence OA ; on mène ensuite la tangente CA et le rayon OA; enfin, on trace CD parallèle à AB et on joint BD. Cette ligne est la tangente demandée.

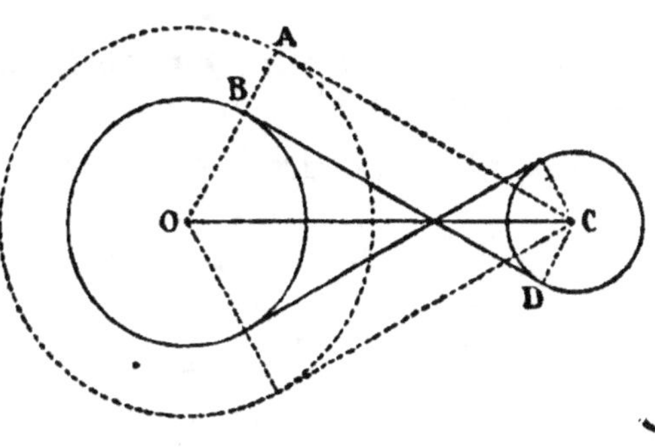

En effet, la figure ABDC est un parallélogramme, (108) parce que la ligne AB est égale et parallèle à CD.

Elle est parallèle par construction.

Elle est égale, car on a :

$$OA = OB + CD;$$

et

$$OA = OB + AB;$$

donc

$$OB + CD = OB + AB \text{ ou } CD = AB.$$

La figure ABCD n'est pas seulement un parallélogramme, elle est un rectangle. En effet, l'angle OAC est droit, puisqu'il est formé par une tangente et le rayon OA mené au point de contact. Par suite, tous les autres angles du parallélogramme ABCD sont droits, et la ligne BD, perpendiculaire aux extrémités des rayons OB et CD, est tangente aux deux conférences.

Pour que le problème soit possible, les deux cercles ne peuvent être ni sécants ni tangents intérieurement ni intérieurs l'un à l'autre. Il ne reste donc que deux cas à examiner :

1° Les cercles proposés sont extérieurs l'un à l'autre. On a alors OC > OB + CD (146) ou OC > OA. Le point C étant situé en dehors du cercle auxiliaire, on peut mener de ce point deux tangentes à ce cercle et, par suite, deux tangentes intérieures communes aux deux cercles.

2° Les cercles proposés sont tangents extérieurement. On a, dans ce cas : OC = OB + CD (146), et le point C est sur le cercle auxiliaire. On ne peut donc mener de ce point qu'une seule tan-

gente à ce cercle, et, par suite, il n'y a qu'une tangente intérieure
commune aux deux cercles donnés.

198. Définition. Un segment est dit *capable d'un angle donné*
lorsque tous les angles inscrits dans ce segment sont égaux à cet
angle.

PROBLÈME

199. *Construire sur une droite donnée un segment capable*
d'un angle donné.

Au point B de la droite donnée AB, construisons un angle ABC

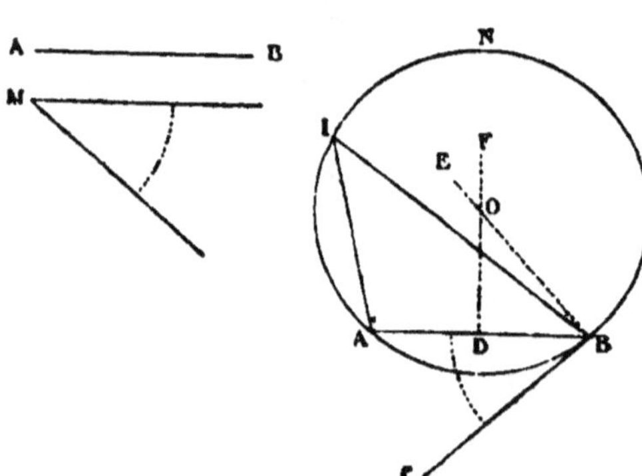

égal à l'angle donné M;
puis menons les perpen-
diculaires BE sur BC et
DF sur le milieu de AB;
enfin, du point O de ren-
contre de ces perpendi-
culaires, décrivons une
circonférence avec un
rayon OB. Le segment
ANB sera le segment de-
mandé.

En effet, l'angle ABC,
formé par une corde et une tangente, a pour mesure la moitié de
l'arc AB; et tout angle I, inscrit dans le segment ANB, a exactement la même mesure.

200. — Remarque. — Le lieu géométrique des points d'où l'on
peut voir une droite sous un angle donné est l'arc du segment
capable de cet angle.

PROBLÈME

201. *Trouver un point d'où l'on puisse voir deux droites*
sous un angle égal à un angle donné.

Soient les droites AB et CD que l'on veut voir sous un angle
égal à p.

On construit sur les deux droites un segment capable de l'angle p. Les points I et K d'intersection des deux circonférences
seront les points demandés.

En effet :

$$CID = p \text{ et } AIB = p;$$

de même, si nous supposons menées les lignes CK, DK, AK, KB, nous aurons : $CKD = p$ et $AKB = p$.

On voit immédiatement qu'on aura deux solutions si les

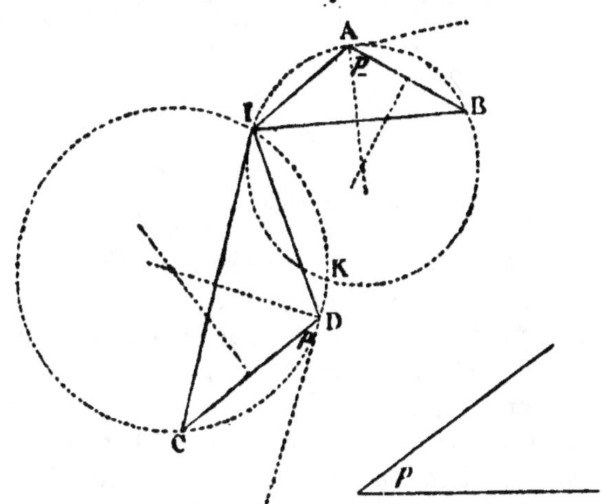

circonférences sont sécantes; une solution, si elles sont tangentes intérieurement ou extérieurement. On n'en aurait aucune, si elles étaient intérieures ou extérieures l'une à l'autre.

EXERCICES SUR LE LIVRE II

76. Lieu des points également éloignés d'un même point (119).

77. De toutes les droites menées d'un point à une circonférence, la plus courte et la plus longue passent par le centre (52 et 121).

78. Lorsque deux circonférences extérieures ou intérieures n'ont aucun point commun, les deux points de ces circonférences les plus éloignés ou les plus rapprochés sont sur la ligne des centres.

79. Des extrémités d'un même diamètre, on mène deux cordes parallèles et on joint leurs points d'intersection avec la circonférence. Démontrer qu'on obtient ainsi deux triangles égaux (130).

80. Les rayons qui passent par les points de division d'une corde partagée en trois parties égales partagent l'arc en trois parties dont deux sont égales et l'autre plus grande (131).

81. Des extrémités d'une corde parallèle à un diamètre, on abaisse des perpendiculaires sur celui-ci. Prouver que les segments du diamètre extérieurs à ces perpendiculaires sont égaux (133).

82. Lieu des milieux des cordes parallèles dans un cercle.

83. Lieu des milieux des cordes également éloignées du centre.

84. Lieu des points d'intersection des droites qui joignent en croix les cordes parallèles entre elles.

Tangentes et sécantes.

85. Lieu des points d'où les tangentes menées à un même cercle sont égales à une longueur donnée.

86. Déterminer sur une circonférence un point d'où l'on peut mener à un cercle des tangentes d'une longueur donnée.

87. Lieu des points d'où l'on voit un cercle sous un angle donné.

88. Déterminer sur une droite ou sur une circonférence le point d'où l'on voit un cercle sous un angle donné.

89. Par un point situé hors d'un cercle, mener une sécante telle que la corde formée dans le cercle ait une longueur donnée (136).

90. Un point étant donné dans l'intérieur d'un cercle, démontrer que la plus grande des cordes qui passent par ce point est un diamètre et que la plus petite est perpendiculaire à ce diamètre (137).

91. Tracer, avec un rayon donné, une circonférence qui intercepte sur deux droites des cordes d'une longueur donnée.

92. Décrire une circonférence qui intercepte, sur les côtés d'un quadrilatère circonscrit, des cordes égales à une longueur donnée.

93. Décrire, avec un rayon donné, une circonférence passant par un point donné et formant avec une autre circonférence une corde commune parallèle à une droite donnée.

94. Lieu des centres des circonférences de même rayon tangentes à une droite donnée (138).

95. Lieu des centres des circonférences de même rayon qui interceptent sur une droite des cordes égales à une longeur donnée.

96. Décrire, avec un rayon donné, une circonférence tangente à une droite et à une circonférence données (139).

97. Décrire une circonférence passant par un point et tangent à une droite en un point donné.

98. Lieu des points situés à une distance donnée d'une circonférence donnée (142).

99. Décrire, avec un rayon donné, une circonférence passant à égale distance de trois points donnés non en ligne droite.

100. Décrire une circonférence passant à égale distance de quatre points donnés non en ligne droite.

101. Décrire, avec un rayon donné, une circonférence passant par un point donné, et telle que son centre soit à une distance donnée du centre d'une autre circonférence.

102. Décrire, avec un rayon donné, une circonférence passant par un point donné et distante d'une longueur donnée d'une autre circonférence.

103. Lieu des centres des circonférences de même rayon tangentes à une circonférence donnée (146).

104. Décrire, avec un rayon donné, une circonférence qui intercepte sur deux droites des longueurs données.

105. Décrire une circonférence qui intercepte sur trois droites des longueurs égales à une longueur donnée.

106. Décrire une circonférence passant par un point et tangente à un cercle ou à une droite en un point donné.

107. Décrire, avec un rayon donné, une circonférence tangente à deux circonférences ou à deux droites données.

108. Décrire une circonférence tangente à une ligne droite donnée et à un cercle en un point donné (137 et 144).

109. Décrire une circonférence tangente à un cercle et à une droite en un point donné sur cette droite.

110. Un cercle étant donné, combien faut-il de cercles de même rayon pour l'entourer?

Mesure des angles.

111. Trouver le complément d'un arc de 25° 48′ 53″, 2 (153).

112. Trouver le supplément d'un arc de 108° 55′ 39″, 4.

113. Ajouter les arcs suivants :   33° 42′ 53″, 8
                                    51° 38′ 29″, 7
                                    77° 59′ 48″, 9.

114. Soustraire 49° 54′ 58″, 9 de 54° 39′ 41″, 8.

115. Quatre angles sont situés du même côté d'une droite. Le 1er vaut 45° 58′ 33″, 6; le 2e 59° 48′, 55″, 7; le 3e 62° 25′ 37″, 9. On demande la valeur du quatrième.

116. Autour d'un point on a formé treize angles. Cinq de ces angles, égaux entre eux, valent chacun 39° 38′ 53″, 8; quatre autres, égaux entre eux, valent chacun 14° 46′ 15″, 9. On demande la valeur de chacun des quatre derniers en les supposant aussi égaux entre eux.

117. Par le point de contact de deux cercles tangents, on mène deux sécantes communes se terminant aux circonférences. Prouver que les cordes qui joignent leurs extrémités sont parallèles (158).

118. Par l'un des points d'intersection de deux circonférences sécantes, on mène trois cordes communes. Démontrer que les droites menées par leurs points d'intersection avec les circonférences forment deux triangles équiangles.

119. Dans un cercle O, on prolonge un rayon OA d'une quantité 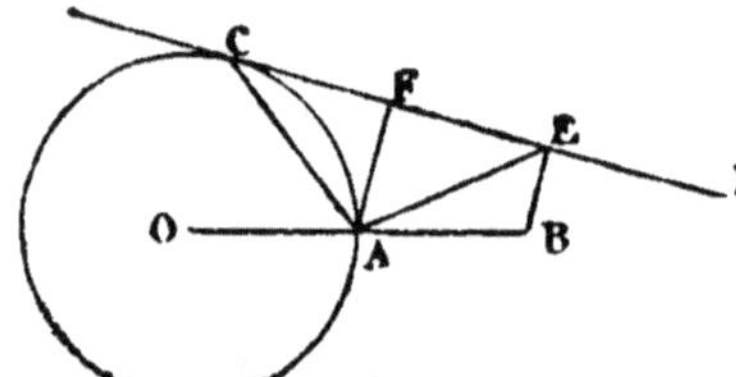 AB = OA, puis, des points A et B, on élève des perpendiculaires AF, BE sur une tangente CD; enfin on joint le point de contact C au point A. Démontrer que les angles OCA, OAC, CAF, FAE et AEB sont égaux.

120. Par l'un des points d'intersection de deux circonférences qui se coupent, on mène une corde commune, puis on joint les deux extrémités de cette corde à l'autre point d'intersection. Démontrer que l'angle obtenu en ce dernier point est constant.

121. Lieu des sommets de l'angle droit des triangles rectangles qui ont la même hypoténuse (159).

122. On mène deux diamètres par l'un des points d'intersection de deux circonférences qui se coupent. Démontrer que la ligne droite qui joint les extrémités de ces diamètres passe par le second point d'intersection.

123. L'hypoténuse d'un triangle rectangle est le diamètre du cercle circonscrit à ce triangle.

124. Lieu des milieux des cordes déterminées par les sécantes menées d'un même point à une circonférence donnée.

125. Lieu des points extrêmes des droites obtenues en prolongeant de quantités égales à elles-mêmes les cordes issues d'un même point pris sur une circonférence donnée.

126. Lieu décrit par le milieu d'une hypoténuse de longueur constante glissant sur les côtés de l'angle droit.

127. Par l'un des points d'intersection de deux circonférences données, mener une sécante commune interceptant dans chacun des cercles une corde différente et de longueur donnée.

128. Deux cordes AB, CD qui se coupent à angle droit en un point O interceptent sur la circonférence des arcs AC, DB ou AD, CB dont la somme est constante (161).

129. Dans un quadrilatère inscrit, les bissectrices des angles que forment entre eux les côtés opposés convenablement prolongés, se coupent à angle droit (165).

130. Les pieds des perpendiculaires abaissées d'un point d'une circonférence circonscrite à un triangle sur les côtés du triangle sont en ligne droite (158 et 166).

131. Par le point M, milieu d'un arc AMB, on mène deux cordes MN et MP qui coupent la corde AB aux points D et E. Démontrer que les triangles MDE et MNP sont équiangles; et que le quadrilatère NDEP est inscriptible.

132. Le point où se coupent les bissectrices des suppléments de deux angles d'un triangle, le centre du cercle inscrit et le sommet du troisième angle sont en ligne droite.

133. Tout trapèze isocèle est inscriptible (166).

134. Il n'y a que deux parallélogrammes inscriptibles et leurs diagonales sont les diamètres des cercles dans lesquels on les inscrit.

135. Étant donnés un cercle O et une droite OC partant du centre, on élève au point C une perpendiculaire AB, puis on mène la sécante CDE et les tangentes EA, DB. Démontrer que le point C est également éloigné de A et de B.

136. Les hauteurs d'un triangle sont bissectrices des angles du triangle qui a pour sommets les pieds de ces hauteurs.

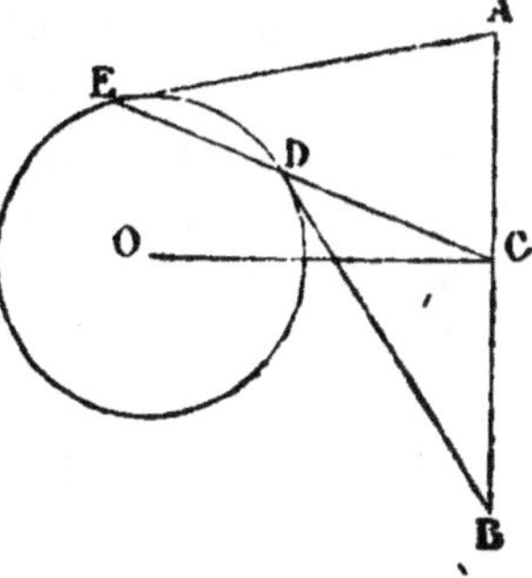

Exercices sur les constructions graphiques.

(167-201)

137. Trouver en dehors d'un angle un point situé à des distances données de ses côtés (183).

138. Par un point donné, mener une droite également distante de deux points donnés.

139. Par un point donné, mener une droite telle que la partie comprise entre deux droites parallèles soit d'une longueur donnée.

140. Par un point situé dans l'intérieur d'un angle, mener une droite ayant ce point pour milieu et se terminant aux côtés de l'angle.

141. Circonscrire un cercle à un triangle rectangle donné (185).

142. Inscrire un cercle dans un triangle rectangle donné (188).

143. Deux droites issues d'un même point sont tangentes à un cercle ; si l'on mène une nouvelle tangente au plus petit des deux arcs qu'elles interceptent, on forme un triangle dont le périmètre est constant. De plus, l'angle sous lequel on voit du centre la troisième tangente est aussi constant (195).

144. La circonférence inscrite dans un triangle partage son périmètre en six segments égaux deux à deux.

145. Tout segment d'un triangle circonscrit à un cercle est égal à l'excès du demi-périmètre sur le côté non adjacent.

146. Le point de contact d'un côté d'un triangle et du cercle ex inscrit est situé à une distance de l'extrémité de ce côté égale à l'excès du demi-périmètre sur ce même côté.

147. Le diamètre du cercle inscrit dans un triangle rectangle est égal à l'excès de la somme des côtés de l'angle droit sur l'hypoténuse.

148. Le parallélogramme circonscrit à un cercle est un losange.

149. Combien de parallélogrammes peut-on circonscrire à un cercle ?

150. Dans tout quadrilatère circonscrit, les côtés opposés ajoutés deux à deux donnent des sommes égales.

151. Deux cercles extérieurs ou intérieurs étant donnés, mener une sécante commune interceptant dans chacun de ces cercles une corde différente et de longueur donnée (196).

152. Lieu des sommets des angles égaux dont les côtés passent par les extrémités d'une même droite (199).

153. Deux points sont distants d'une longueur donnée D, mener par ces points deux parallèles distantes de M.

154. Par un point donné sur la bissectrice d'un angle droit, mener une sécante formant une hypoténuse de longueur donnée.

Construction des polygones.

Construire un triangle isocèle, connaissant :

155. — La base et l'angle du sommet.

156. — La base et la hauteur adjacente.

157. — Les côtés égaux et la hauteur abaissée de leur point de rencontre.

Construire un triangle équilatéral, connaissant :

158. — Son côté.

159. — Sa médiane.

160. — Sa bissectrice.

161. — Le rayon du cercle inscrit.

162. — Le rayon du cercle circonscrit.

Construire un triangle rectangle, connaissant :

163. — L'hypoténuse et la hauteur correspondante.

164. — L'hypoténuse et un côté adjacent.

165. — Un côté de l'angle droit et le rayon du cercle circonscrit.

166. — Un côté de l'angle droit et le rayon du cercle inscrit.

167. — Un angle aigu et un côté quelconque.

168. — Un angle aigu et le rayon du cercle inscrit.

169. — Un angle aigu et le rayon du cercle circonscrit.

170. — Le rayon du cercle inscrit et le rayon du cercle circonscrit.

Construire un triangle quelconque, connaissant :

171. — Deux côtés et la hauteur qui tombe sur l'un d'eux.

172. — Un côté, un angle et une hauteur (cinq cas).

173. — Le rayon du cercle circonscrit, un côté et une hauteur.

174. — Deux côtés et une hauteur.

175. — Un côté, l'angle opposé et la somme des deux autres côtés.

176. — Un côté, l'angle opposé et la différence des deux autres côtés.

177. — La médiane, la hauteur et la bissectrice issues du même sommet.

178. — Un côté, la hauteur adjacente et la somme des deux autres côtés.

179. — Un côté, la hauteur adjacente et la différence des deux autres côtés.

180. — Un côté, un angle adjacent et la médiane du côté donné.

181. — Le périmètre et deux angles.

182. — Les pieds des trois hauteurs.

183. — Les centres des cercles ex-inscrits.

184. Construire un quadrilatère, connaissant ses côtés et l'une des médianes.

185. Construire un trapèze, connaissant ses côtés.

186. Construire un parallélogramme, connaissant sa base, sa hauteur et un angle quelconque.

187. Construire un losange, connaissant ses diagonales.

188. Construire un carré, connaissant sa diagonale.

189. Construire le pentagone dont on donne les milieux des côtés.

LIVRE III

LIGNES PROPORTIONNELLES — FIGURES SEMBLABLES

POLYGONES RÉGULIERS

—

DÉFINITIONS

202. Rapport. — On nomme *rapport* le résultat de la comparaison de deux grandeurs par division.

On peut donc avoir des rapports de lignes comme on a des rapports de nombres.

203. Proportion. — Une *proportion* est l'expression de l'égalité de deux rapports.

Ex. : $\dfrac{6}{2} = \dfrac{12}{4}$ ou, s'il s'agit de lignes : $\dfrac{AB}{BC} = \dfrac{CD}{DE}$.

Chaque rapport étant formé de deux termes, on voit qu'une proportion en contient toujours quatre. On nomme extrêmes le premier et le dernier terme, on appelle moyens les deux autres.

204. Quatrième proportionnelle. — Une ligne est dite *quatrième proportionnelle*, lorsqu'elle forme une proportion avec trois autres lignes.

205. Moyenne proportionnelle. — Une ligne est *moyenne proportionnelle*, lorsque, dans une proportion, elle est répétée deux fois comme terme moyen ou comme terme extrême.

206. Troisième proportionnelle. Lorsqu'une proportion contient une *moyenne proportionnelle*, l'un des deux autres termes s'appelle *troisième proportionnelle*.

207. Les propriétés des proportions et des rapports sont démontrées en arithmétique. Nous nous contenterons donc ici d'énoncer les plus importantes.

I. *Dans une proportion, le produit des extrêmes est égal au produit des moyens.*

Ex. : $\dfrac{2}{3} = \dfrac{4}{6}$; on pourra écrire : $2 \times 6 = 3 \times 4$.

II. Dans une suite de rapports égaux, la somme des numérateurs divisée par la somme des dénominateurs forme un rapport égal à chacun des rapports donnés.

Ex. : $\dfrac{2}{3} = \dfrac{4}{6} = \dfrac{8}{12}$; donc $\dfrac{2+4+8}{3+6+12} = \dfrac{2}{3} = \dfrac{4}{6} = \dfrac{8}{12}$.

III. Dans toute proportion, la somme des deux premiers termes ou leur différence divisée par le premier ou le second forme un rapport égal à celui que fournit la somme des deux derniers termes ou leur différence divisée par le troisième ou le quatrième.

Ex. : $\dfrac{2}{3} = \dfrac{4}{6}$; donc $\dfrac{2+3}{3} = \dfrac{4+6}{6}$ ou $\dfrac{2+3}{2} = \dfrac{4+6}{4}$.

De même $\dfrac{3-2}{3} = \dfrac{6-4}{6}$ et $\dfrac{3-2}{2} = \dfrac{6-4}{4}$.

IV. Si l'on multiplie ou si l'on divise deux proportions terme par terme, on obtient une nouvelle proportion.

Ex. : $\qquad \dfrac{4}{8} = \dfrac{12}{24}$ et $\dfrac{5}{3} = \dfrac{10}{6}$;

donc $\qquad \dfrac{4 \times 5}{8 \times 3} = \dfrac{12 \times 10}{24 \times 6}$;

et $\qquad \dfrac{4}{8} : \dfrac{5}{3} = \dfrac{12}{24} : \dfrac{10}{6}$.

LIGNES PARALLÈLES A LA BASE D'UN TRIANGLE

THÉORÈME

208. *Toute ligne menée parallèlement à l'un des côtés d'un triangle divise les deux autres en parties proportionnelles.*

H. DE est parallèle à AC.

D. $\dfrac{BD}{AD} = \dfrac{BE}{EC}$.

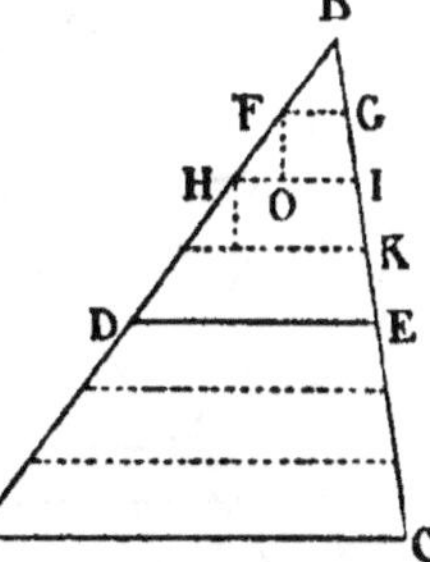

1° Supposons que les lignes BD et DA aient une commune mesure contenue, par exemple, 4 fois dans BD et 3 fois dans AD.

Nous aurons : $\dfrac{BD}{AD} = \dfrac{4}{3}$ (1).

Par les points de division F, H, etc., menons les parallèles FG, HI, etc., à la base du triangle. Le côté BC sera divisé en parties égales. En effet, si l'on mène FO parallèle à BC, on obtient deux triangles BFG, HFO, égaux comme

ayant un côté égal adjacent à deux angles égaux, savoir : $BF = FH$
(*constr.*), $FBG = HFO$ (*corresp.*), $BFG = FHO$ (*corresp.*);

$$\text{donc} \qquad FO = BG;$$

mais $FO = GI$ (*parallèles comprises entre parallèles*),

$$\text{par suite,} \qquad BG = GI.$$

On démontrerait de même : $GI = IK$, $IK = KE$, etc.

Le côté BE est donc partagé en 4 parties égales, le côté EC
en 3, et l'on a :
$$\frac{BE}{EC} = \frac{4}{3} \ (2).$$

Des relations (1) et (2) il résulte, à cause du rapport commun, que $\dfrac{BD}{AD} = \dfrac{BE}{EC}$.

2° Les lignes BD et AD n'ont pas de commune mesure.

Le théorème reste vrai. Pour le prouver, partageons BD en un
certain nombre de parties égales, 100 par exemple, et portons
l'une de ces parties sur AD. Elle pourra y être contenue un certain nombre de fois; mais, comme les lignes BD et AD n'ont pas
de commune mesure, il y aura nécessairement un reste dont la
valeur sera plus petite que un centième de BD. Si nous conti-
nuons la même opération en partageant BD en un nombre toujours plus grand de parties égales, le reste diminuera au delà de
toute limite. Le théorème est donc vrai, même lorsque les lignes
BD et AD n'ont pas de commune mesure.

209. Corollaire I. — De la proportion :
$$\frac{BD}{AD} = \frac{BE}{EC},$$
on peut tirer, d'après les propriétés connues des proportions :
$$\frac{BD + AD}{BD} = \frac{BE + EC}{BE} \quad \text{ou} \quad \frac{AB}{BD} = \frac{BC}{BE};$$
$$\frac{BD + AD}{AD} = \frac{BE + EC}{EC} \quad \text{ou} \quad \frac{AB}{AD} = \frac{BC}{EC}.$$

210. Corollaire II. — Si l'on mène plusieurs parallèles à la base
d'un triangle, on obtient la série de
rapports égaux :
$$\frac{AD}{AE} = \frac{DF}{EG} = \frac{FH}{GI} = \frac{HB}{IC}.$$

En effet, il résulte du corollaire précédent que

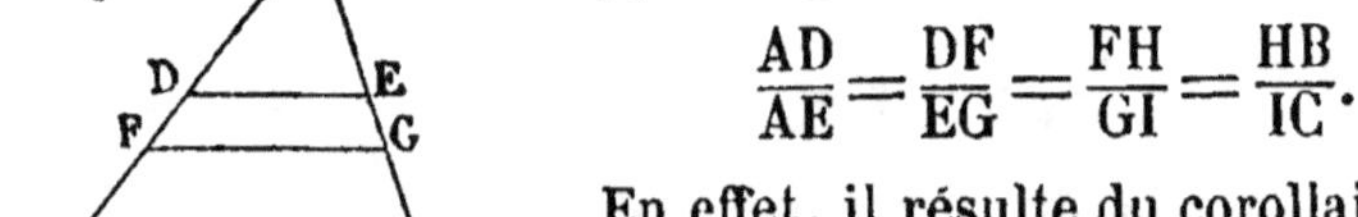

$$\frac{AD}{AE} = \frac{DF}{EG} = \frac{AH}{AI} = \frac{FH}{GI} = \frac{AB}{AC} = \frac{HA}{IC}$$

ou, en supprimant les rapports

$$\frac{AH}{AI}, \quad \frac{AB}{AC},$$

$$\frac{AD}{AE} = \frac{DF}{EG} = \frac{FH}{GI} = \frac{HB}{IC}.$$

THÉORÈME

211. *Toute ligne qui divise deux côtés d'un triangle en parties proportionnelles est parallèle au troisième côté.*

H. $\dfrac{AD}{BD} = \dfrac{AE}{EC}.$

D. DE parallèle à BC.

Par le point D on peut mener une parallèle à BC (85). Si DE n'est pas cette parallèle, supposons que ce soit une autre droite DF issue du point D. On aura alors (208) :

$$\frac{AD}{BD} = \frac{AF}{FC};$$

Mais, par hypothèse,

$$\frac{AD}{BD} = \frac{AE}{EC};$$

donc

$$\frac{AF}{FC} = \frac{AE}{EC},$$

ou

$$\frac{AF}{AF + FC} = \frac{AE}{AE + EC},$$

c'est à dire

$$\frac{AF}{AC} = \frac{AE}{AC};$$

les dénominateurs étant égaux, les numérateurs le sont, ce qui ne peut exister que si le point F se confond avec le point E. La droite DE est donc parallèle à BC.

POLYGONES SEMBLABLES

DÉFINITIONS

212. Polygones semblables. — *Deux polygones sont semblables* lorsqu'ils ont leurs angles égaux chacun à chacun et leurs côtés homologues proportionnels.

On nomme *côtés homologues* dans les polygones semblables, les côtés qui ont la même position relative ou, si l'on veut, ceux qui sont adjacents à des angles égaux.

213. Dans les triangles semblables, les côtés homologues sont opposés aux angles égaux.

Pour que la similitude de deux triangles soit certaine, il faut que ces triangles remplissent toutes les conditions exigées par la définition des polygones semblables. Cependant il suffit ordinairement de constater la présence de quelques-unes d'entre elles pour que la présence des autres soit mise hors de doute. De là les cas de similitude des triangles dont nous parlerons plus loin (215).

THÉORÈME

214. *Toute parallèle à l'un des côtés d'un triangle détermine un second triangle semblable au premier.*

H. DE est parallèle à BC.

D. Tr. DAE semblable au tr. BAC.

Pour que les triangles DAE, BAC soient semblables il faut (212)

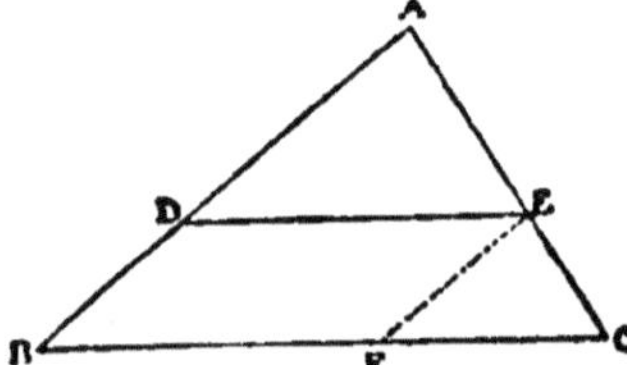

qu'ils aient leurs angles égaux et leurs côtés homologues proportionnels. Or,

1º Leurs angles sont égaux ; car A est commun ; ADE = B ; AED = C ; comme correspondants deux à deux.

2º Leurs côtés sont proportionnels.

En effet, DE étant parallèle à BC, on a (209) :

$$\frac{AB}{AD} = \frac{AC}{AE} \quad (1).$$

Si l'on mène EF parallèle à AB, on obtient aussi :

$$\frac{AC}{AE} = \frac{BC}{BF} \ (209), \ \text{ou} \ \frac{AC}{AE} = \frac{BC}{DE} \ (2);$$

car   BF = DE (*côtés opposés d'un parallélogramme*).

Les proportions (1) et (2), ayant un rapport commun, donnent enfin :

$$\frac{AB}{AD} = \frac{AC}{AE} = \frac{BC}{DE};$$

et les triangles BAC, DAE ayant leurs angles égaux et leurs côtés homologues proportionnels sont semblables.

215. Deux triangles sont semblables :

1º *Lorsqu'ils sont équiangles;*

2º *Lorsqu'ils ont les côtés homologues proportionnels;*

3º *Lorsqu'ils ont un angle égal compris entre côtés proportionnels;*

4º *Lorsqu'ils ont les côtés parallèles ou perpendiculaires chacun à chacun.*

THÉORÈME

216. *Deux triangles sont semblables lorsqu'ils ont leurs angles égaux chacun à chacun.*

H. A = E, B = D, C = F.

D. Tr. DEF semblable au tr. BAC.

Sur AB prenons une longueur AG = DE et menons GI parallèle à BC. Cette parallèle détermine un triangle AGI semblable au triangle BAC (214). Or les deux triangles DEF et AGI sont égaux parce qu'ils ont un côté égal adjacent à deux angles égaux, savoir :

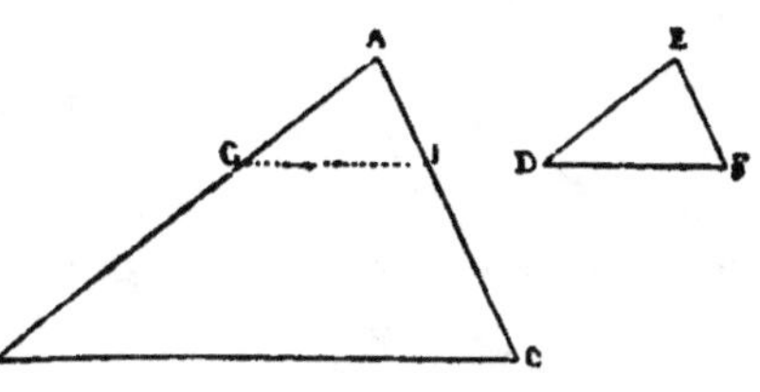

AG = DE (*construction*); A = E (*hyp.*); AGI = B (*correspondants*) et B = D (*hyp.*); d'où AGI = D.

Donc le triangle DEF, égal au triangle AGI, est comme lui semblable au triangle BAC.

THÉORÈME

217. *Deux triangles sont semblables lorsqu'ils ont les côtés homologues proportionnels.*

H. $\dfrac{AB}{DE} = \dfrac{AC}{EF} = \dfrac{BC}{DF}.$

D. Tr. DEF semblable au tr. BAC.

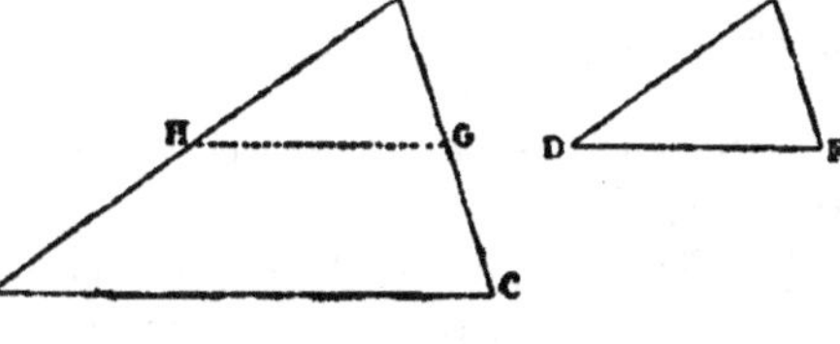

Prenons AH = DE et menons HG parallèle à BC. Le triangle AHG est semblable au triangle BAC (214), démontrons qu'il est égal au triangle DEF.

On a (209) : $\dfrac{AB}{AH} = \dfrac{AC}{AG}$, ou, comme AH = DE,

$$\frac{AB}{DE} = \frac{AC}{AG}, \text{ c'est-à-dire, } AB \times AG = AC \times DE \quad (1).$$

Mais, par hypothèse, $\dfrac{AB}{DE} = \dfrac{AC}{EF}$, c'est-à-dire AB × EF = AC × DE (2).

Des égalités (1) et (2), il résulte, à cause du terme commun, que AB × AG = AB × EF ou AG = EF.

On a de même dans la figure :

$$\frac{AB}{AH} = \frac{BC}{HG} \text{ ou } \frac{AB}{DE} = \frac{BC}{HG} \text{ ou } AB \times HG = BC \times DE \ (3),$$

et, par hypothèse : $\frac{AB}{DE} = \frac{BC}{DF}$, c'est-à-dire, $AB \times DF = BC \times DE \ (4)$.

Des égalités (3) et (4), il résulte que $AB \times HG = AB \times DF$ ou $HG = DF$.

Les deux triangles AHG et DEF, ayant ainsi les trois côtés égaux chacun à chacun, sont égaux et DEF, aussi bien que AHG, est semblable à ABC.

THÉORÈME

218. *Deux triangles sont semblables lorsqu'ils ont un angle égal compris entre côtés proportionnels.*

H. $A = E$, $\frac{AB}{DE} = \frac{AC}{EF}$.

D. Tr. DEF semblable au tr. BAC.

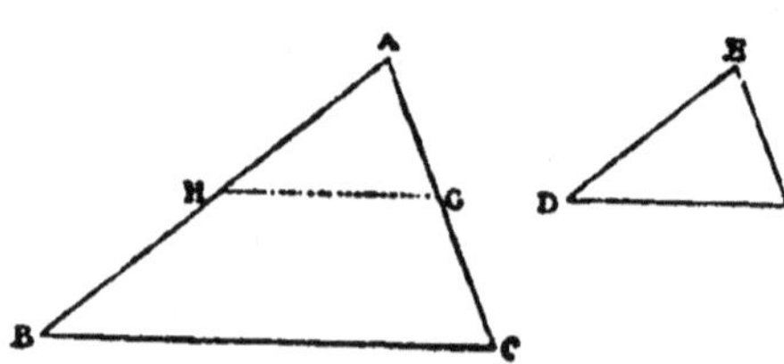

Prenons sur AB une longueur AH = ED et menons HG parallèle à BC. Le triangle AHG est semblable au triangle BAC; démontrons qu'il est égal au triangle DEF.

A cause des parallèles HG et BC, on a :

$$\frac{AB}{AH} = \frac{AC}{AG} \text{ ou } \frac{AB}{DE} = \frac{AC}{AG} \text{ ou } AB \times AG = AC \times DE \ (1);$$

mais, par hypothèse, $\frac{AB}{DE} = \frac{AC}{EF}$, c'est-à-dire, $AB \times EF = AC \times DE \ (2)$.

Des égalités (1) et (2), il résulte que $AB \times AG = AB \times EF$ ou $AG = EF$.

D'ailleurs AH = DE par construction, et $A = E$ par hypothèse. Les deux triangles AHG et DEF, ayant ainsi un angle égal compris entre côtés égaux, sont égaux et le triangle DEF est semblable au triangle BAC.

219. Remarque. — Dans les triangles semblables, les côtés homologues sont toujours opposés aux angles égaux.

THÉORÈME

220. *Deux triangles sont semblables lorsqu'ils ont leurs côtés parallèles ou perpendiculaires.*

En effet, leurs angles, dans ce cas, sont nécessairement ou égaux ou supplémentaires (92 et 93). Or ils ne peuvent pas être supplémentaires. Pour le prouver, appelons A, B, C les trois angles de l'un des triangles; A', B', C', les angles de l'autre. Nous pourrons faire trois hypothèses :

1° A + A' = 2 droits; B + B' = 2 droits; C + C' = 2 droits.
2° A = A';   B + B' = 2 droits; C + C' = 2 droits.
3° A = A';   B = B', et alors C = C' (97).

Les deux premières hypothèses doivent être rejetées parce qu'elles supposent que la somme des angles de deux triangles est plus grande que quatre droits.

La troisième seule est admissible.

Donc les triangles sont équiangles et, par suite, semblables.

221. Remarque. — Dans les triangles qui ont les côtés perpendiculaires ou parallèles, les côtés homologues sont précisément les côtés perpendiculaires entre eux, ou parallèles entre eux. Ces côtés, en effet, sont opposés à des angles égaux.

THÉORÈME

222. *Deux polygones semblables peuvent être décomposés en un même nombre de triangles semblables et semblablement placés.*

H. Soit le polygone ABCDE semblable au polygone A'B'C'D'E'.

D. Tr. ABC semblable au tr. A'B'C'.
    Tr. ACD semblable au tr. A'C'D'.
    Tr. ADE semblable au tr. A'D'E'.

Les deux polygones, étant donnés semblables, ont leurs angles égaux chacun à chacun et leurs côtés homologues proportionnels. Ceci posé, démontrons le théorème.

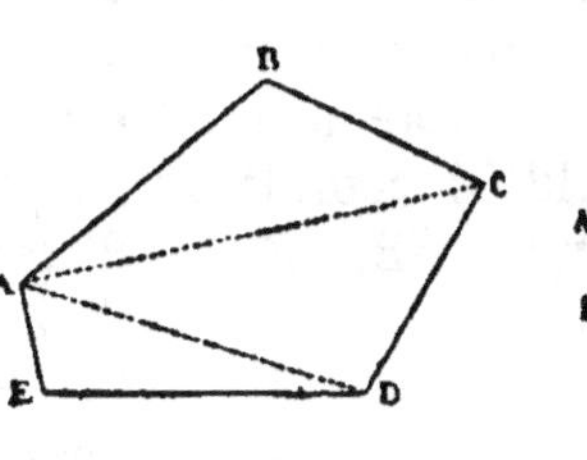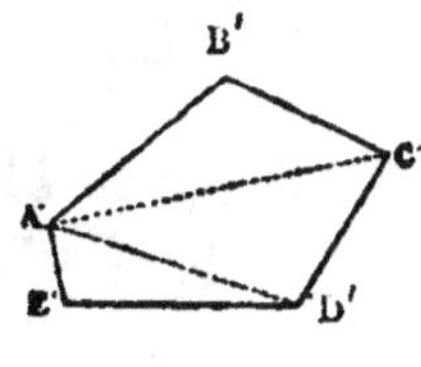

1° Le triangle ABC est semblable au triangle A'B'C'; car ces deux triangles ont un angle égal compris entre côtés proportionnels, savoir : B = B', par hypothèse, et $\dfrac{AB}{A'B'} = \dfrac{BC}{B'C'}$, par hypothèse.

2° Le triangle ACD est semblable au triangle A'C'D'; car ils ont aussi un angle égal compris entre côtés proportionnels.

En effet : BCD = B'C'D' par hypothèse; BCA = B'C'A' comme opposés aux côtés homologues AB, A'B' dans les triangles semblables ABC, A'B'C';

3*

Donc $$BCD - BCA = B'C'D' - B'C'A',$$
ou $$ACD = A'C'D'.$$

D'ailleurs on a, à cause des polygones semblables :
$$\frac{BC}{B'C'} = \frac{CD}{C'D'} ;$$

et, à cause des triangles semblables ABC, A'B'C', on a aussi :
$$\frac{BC}{B'C'} = \frac{AC}{A'C'}.$$

Les deux rapports $\frac{AC}{A'C'}$ et $\frac{CD}{C'D'}$, étant égaux à un même rapport $\frac{BC}{B'C'}$, sont égaux entre eux, et l'on a :
$$\frac{AC}{A'C'} = \frac{CD}{C'D'}.$$

Les triangles ACD et A'C'D' sont donc semblables (218).

3° Le triangle ADE est semblable au triangle A'D'E'; car ils ont :
les angles E et E' égaux par hypothèse,

et $\frac{AE}{A'E'} = \frac{ED}{E'D'}$ (*hyp.*), c'est-à-dire, un angle égal compris entre côtés proportionnels.

THÉORÈME

223. *Deux polygones formés d'un même nombre de triangles semblables et semblablement placés sont semblables.*

H. Tr. ABC semblable au tr. A'B'C';
    Tr. ACD semblable au tr. A'C'D';
    Tr. ADE semblable au tr. A'D'E'.

D. Polygone ABCDE semblable au polygone A'B'C'D'E'.

Les deux polygones ABCDE et A'B'C'D'E' sont semblables, parce qu'ils ont les angles égaux et les côtés homologues proportionnels.

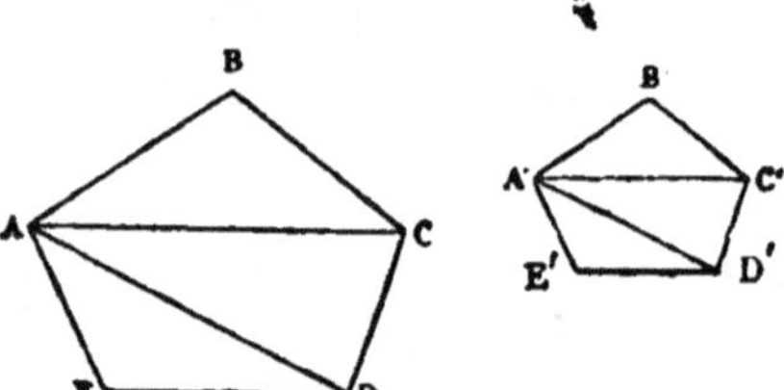

1° Leurs angles sont égaux. En effet, les angles des polygones non partagés par les diagonales, comme B et B', sont égaux parce qu'ils appartiennent à des triangles semblables ABC, A'B'C' ; les autres, BAE, B'A'E'; BCD, B'C'D' ... sont égaux, parce qu'ils sont formés deux à deux d'un même nombre d'angles partiels égaux chacun à chacun à cause des triangles semblables donnés.

2° Leurs côtés sont proportionnels. En effet, les triangles semblables donnent :

$$\frac{AB}{A'B'} = \frac{BC}{B'C'} = \frac{AC}{A'C'} = \frac{CD}{C'D'} = \frac{AD}{A'D'} = \frac{ED}{E'D'} = \frac{AE}{A'E'} \,,$$

ou, en supprimant les rapports des diagonales :

$$\frac{AB}{A'B'} = \frac{BC}{B'C'} = \frac{CD}{C'D'} = \frac{ED}{E'D'} = \frac{AE}{A'E'} \,;$$

donc les deux polygones ABCDE et A'B'C'D'E' sont semblables.

THÉORÈME

224. *Le rapport des périmètres de deux polygones semblables est égal à celui des deux côtés homologues quelconques.* (Figure précédente.)

H. Polygone ABCDE semblable au polygone A'B'C'D'E'.

D. $\dfrac{AB + BC + CD + DE + AE}{A'B' + B'C' + C'D' + D'E' + A'E'} = \dfrac{AB}{A'B'} = \dfrac{BC}{B'C'}$ etc.

Les deux polygones étant donnés semblables, on a :

$$\frac{AB}{A'B'} = \frac{BC}{B'C'} = \frac{CD}{C'D'} = \frac{DE}{D'E'} = \frac{AE}{A'E'}$$

Or on a vu (207) que, dans une série de rapports égaux, le rapport de la somme des numérateurs à la somme des dénominateurs est égal à l'un des rapports donnés. Donc

$$\frac{AB + BC + CD + DE + AE}{A'B' + B'C' + C'D' + D'E' + A'E'} = \frac{AB}{A'B'} = \frac{BC}{B'C'}$$ etc.

THÉORÈME

225. *Les parallèles coupées par plusieurs sécantes issues d'un même point sont partagées par ces sécantes en parties proportionnelles.*

H. Les parallèles EF et AC sont rencontrées par les sécantes BA, BI etc.

D. $\dfrac{EG}{AI} = \dfrac{GH}{IK} = \dfrac{HF}{KC}.$

Les triangles semblables BEG, BAI donnent la proportion :

$$\frac{EG}{AI} = \frac{BG}{BI} \quad (1).$$

Les triangles BGH et BIK donnent aussi :

$$\frac{BG}{BI} = \frac{GH}{IK} \quad (2).$$

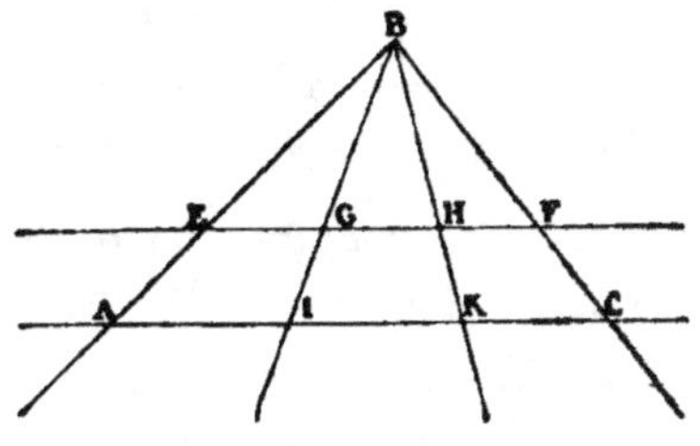

Les proportions (1) et (2) ayant un rapport commun $\dfrac{BG}{BI}$, on obtient :
$$\dfrac{EG}{AI} = \dfrac{GH}{IK}.$$

On démontrerait de la même manière que $\dfrac{GH}{IK} = \dfrac{HF}{KC}$, et on aurait ainsi :
$$\dfrac{EG}{AI} = \dfrac{GH}{IK} = \dfrac{HF}{KC}.$$

RÉCIPROQUE

226. *Si deux parallèles sont partagées par des sécantes en parties proportionnelles, ces sécantes suffisamment prolongées se rencontrent au même point.*

H. Les droites EH, AK sont parallèles, et de plus $\dfrac{EG}{AI} = \dfrac{GH}{IK}$.

D. ME, NG et PH se rencontreront en un même point.

Prolongeons les sécantes ME et NG qui se rencontrent en B, et menons BH et BK.

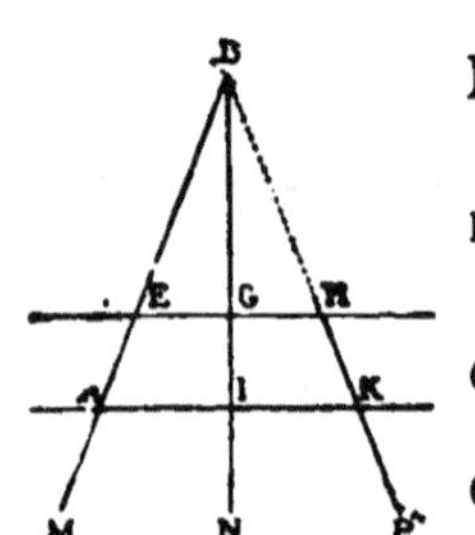

Nous aurons :
$$\dfrac{EG}{AI} = \dfrac{BG}{BI};$$

mais, par hypothèse, $\dfrac{EG}{AI} = \dfrac{GH}{IK};$

donc $\dfrac{BG}{BI} = \dfrac{GH}{IK},$

et comme l'angle BGH est égal à son correspondant BIK, les triangles BGH et BIK ont un angle égal compris entre côtés proportionnels et, par suite, sont semblables. Leurs angles en B sont donc égaux, et BH se confond avec BK; donc la sécante PH prolongée aboutit aussi en B.

THÉORÈME

227. *Si du sommet de l'angle droit d'un triangle rectangle on abaisse une perpendiculaire sur l'hypoténuse :*

1° Cette perpendiculaire partage le triangle total en deux triangles partiels semblables entre eux et au grand triangle;

2° Cette perpendiculaire est moyenne proportionnelle entre les deux segments de l'hypoténuse;

3° Chaque côté de l'angle droit est moyen proportionnel entre l'hypoténuse entière et le segment adjacent.

H. Tr. BAC rectangle en A; AD perpendiculaire sur BC.

D. 1° Tr. BAC semblable à BAD et à DAC.

$$2° \quad \frac{BD}{AD} = \frac{AD}{DC}.$$

$$3° \quad \frac{BC}{AB} = \frac{AB}{BD} \quad \text{et} \quad \frac{BC}{AC} = \frac{AC}{DC}.$$

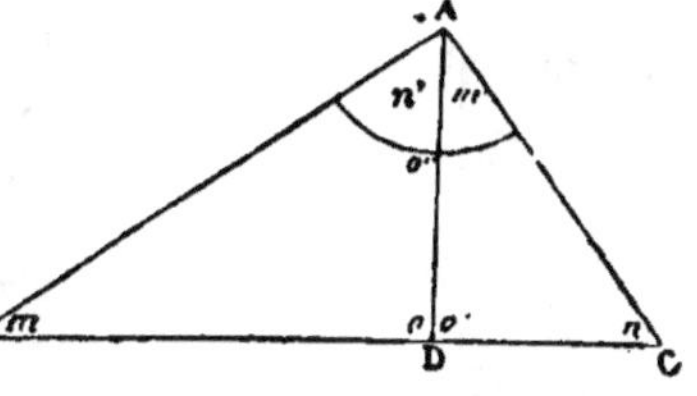

1° Les triangles BAC et BAD sont semblables, parce qu'ils sont équiangles. En effet : m est commun, $o = o''$ (*droits*), donc $n = n'$.

De même les triangles BAC et DAC sont semblables ; car n est commun, $o' = o''$ (*droits*), donc $m = m'$.

Les triangles BAD et DAC, semblables tous deux à BAC, sont évidemment semblables entre eux.

2° Les triangles semblables BAD et DAC donnent la proportion

$$\frac{BD \text{ opposé à } n' \text{ dans le 1}^{er}}{AD \text{ opposé à son égal } n \text{ dans le 2}^{e}} = \frac{AD \text{ opposé à } m \text{ dans le 1}^{er}}{CD \text{ opposé à son égal } m' \text{ dans le 2}^{e}}.$$

3° Les triangles semblables BAC et BAD donnent la proportion :

$$\frac{BC \text{ opposé à } o'' \text{ dans le 1}^{er}}{AB \text{ opposé à } o \text{ dans le 2}^{e}} = \frac{AB \text{ opposé à } n \text{ dans le 1}^{er}}{BD \text{ opposé à } n' \text{ dans le 2}^{e}}.$$

De même, à cause de la similitude des triangles BAC, DAC, on a :

$$\frac{BC \text{ opposé à } o'' \text{ dans le 1}^{er}}{AC \text{ opposé à } o' \text{ dans le 2}^{e}} = \frac{AC \text{ opposé à } m \text{ dans le 1}^{er}}{DC \text{ opposé à } m' \text{ dans le 2}^{e}}.$$

THÉORÈME

228. *Le carré du nombre qui exprime la valeur de l'hypoténuse est égal à la somme des carrés des nombres qui expriment les valeurs des côtés de l'angle droit.*

En effet, d'après le théorème précédent (3°), on a : (Fig. précédente.)

$$\frac{BC}{AB} = \frac{AB}{BD} \quad \text{ou} \quad \overline{AB}^2 = BC \times BD,$$

$$\frac{BC}{AC} = \frac{AC}{DC} \quad \text{ou} \quad \overline{AC}^2 = BC \times DC.$$

Faisant la somme, on obtient : $\overline{AB}^2 + \overline{AC}^2 = BC \times BD + BC \times DC,$

ou $\qquad \overline{AB}^2 + \overline{AC}^2 = BC\,(BD + DC) = BC \times BC;$

donc $\qquad \overline{AB}^2 + \overline{AC}^2 = \overline{BC}^2.$

229. Corollaire I. — De la formule $\overline{AB}^2 + \overline{AC}^2 = \overline{BC}^2$ on peut tirer $\overline{AB}^2 = \overline{BC}^2 - \overline{AC}^2$, c'est-à-dire : *Le carré d'un côté de l'angle droit d'un triangle rectangle est égal à la différence des carrés de l'hypoténuse et de l'autre côté.*

230. Corollaire II. — Si l'on divise membre par membre les égalités $\qquad \overline{AB}^2 = BC \times BD$ et $\overline{AC}^2 = BC \times DC,$

on obtient :
$$\frac{\overline{AB}^2}{\overline{AC}^2} = \frac{BC \times BD}{BC \times DC},$$

ou
$$\frac{\overline{AB}^2}{\overline{AC}^2} = \frac{BD}{BC}.$$

Les carrés des côtés de l'angle droit sont donc proportionnels aux segments faits par la perpendiculaire abaissée du sommet de cet angle sur l'hypoténuse.

231. Corollaire III. La diagonale d'un carré et son côté n'ont pas de commune mesure.

On a en effet :
$$\overline{BC}^2 = \overline{AB}^2 + \overline{AC}^2$$

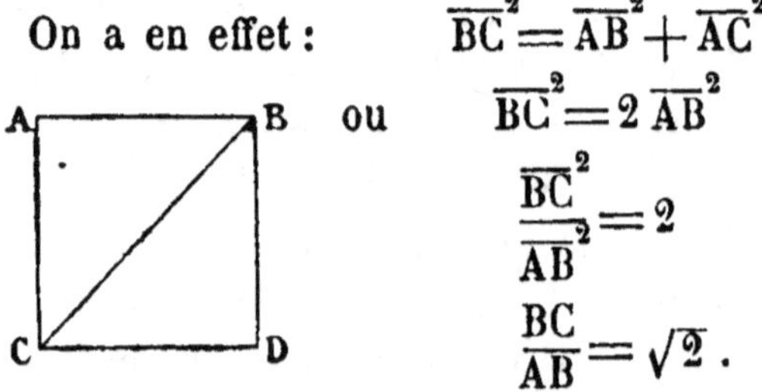

ou
$$\overline{BC}^2 = 2\,\overline{AB}^2$$

$$\frac{\overline{BC}^2}{\overline{AB}^2} = 2$$

$$\frac{BC}{AB} = \sqrt{2}.$$

La racine de 2 ne pouvant s'extraire exactement, les lignes BC et AB sont incommensurables.

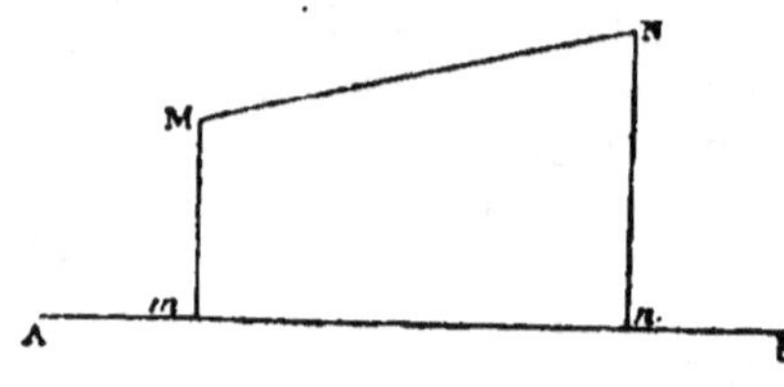

232. Définition. — Projection. — On nomme *projection* d'une droite MN sur une autre droite AB, la partie *mn* de celle-ci comprise entre les perpendiculaires abaissées des extrémités de MN.

THÉORÈME

233. *Le carré du côté opposé à un angle aigu dans un triangle quelconque est égal à la somme des carrés des deux autres côtés, moins deux fois le produit de l'un de ces côtés par la projection de l'autre sur celui-ci.*

H. AC est opposé à un angle aigu B.

D. $\overline{AC}^2 = \overline{AB}^2 + \overline{BC}^2 - 2\,BC \times BD$.

Menons la perpendiculaire AD. Le triangle rectangle ADC donne (228) :

$$\overline{AC}^2 = \overline{AD}^2 + \overline{DC}^2 \quad (1).$$

Mais dans le triangle rectangle ABD, on a :

$$\overline{AD}^2 = \overline{AB}^2 - \overline{BD}^2 \quad (229);$$

d'ailleurs,

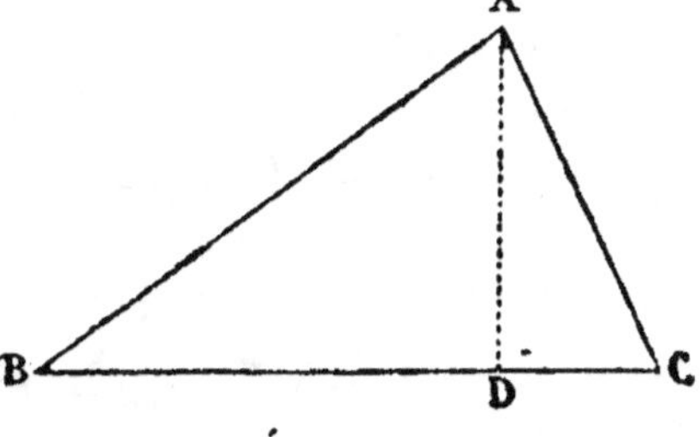

$$DC = BC - BD, \text{ d'où } \overline{DC}^2 = (BC - BD)^2 = \overline{BC}^2 + \overline{BD}^2 - 2\,BC \times BD.$$

Remplaçant, dans l'équation (1), $\overline{AD}^2$ et $\overline{DC}^2$ par leurs valeurs,

on obtient : $\overline{AC}^2 = \overline{AB}^2 - \overline{BD}^2 + \overline{BC}^2 + \overline{BD}^2 - 2\,BC \times BD$,

c'est-à-dire, $\overline{AC}^2 = \overline{AB}^2 + \overline{BC}^2 - 2\,BC \times BD$.

Si le triangle BAC contenait un angle obtus, on aurait encore la même valeur pour tout côté opposé à un angle aigu.

En effet : $\overline{AC}^2 = \overline{AD}^2 + \overline{DC}^2 \quad (1)$;

or, $\overline{AD}^2 = \overline{AB}^2 - \overline{BD}^2$

et $\overline{DC}^2 = (BD - BC)^2$

ou $\overline{DC}^2 = \overline{BD}^2 + \overline{BC}^2 - 2\,BC \times BD$.

En remplaçant, dans l'équation (1), $\overline{AD}^2$ et $\overline{DC}^2$ par leurs valeurs, on

obtient : $\overline{AC}^2 = \overline{AB}^2 - \overline{BD}^2 + \overline{BD}^2 + \overline{BC}^2 - 2\,BC \times BD$

ou $\overline{AC}^2 = \overline{AB}^2 + \overline{BC}^2 - 2\,BC \times BD$.

THÉORÈME

234. *Le carré du côté opposé à un angle obtus dans un triangle quelconque est égal à la somme des carrés des autres côtés, plus deux fois le produit de l'un de ces côtés par la projection de l'autre sur celui-ci.*

H. AB est opposé à un angle obtus ACB.

D. $\overline{AB}^2 = \overline{AC}^2 + \overline{BC}^2 + 2\,BC \times CD$.

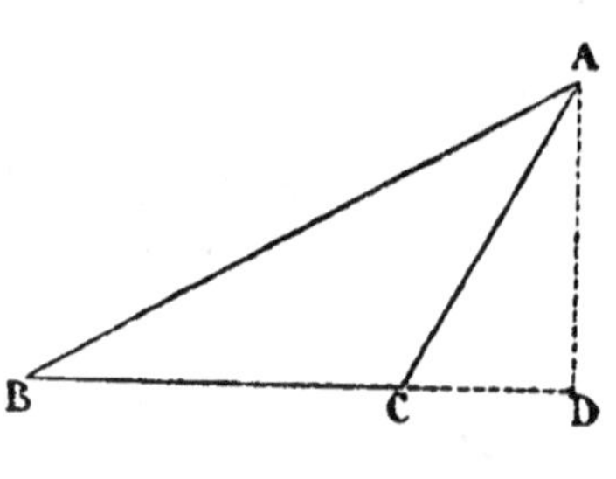

Le triangle BAD donne :

$$\overline{AB}^2 = \overline{AD}^2 + \overline{BD}^2 \quad (1);$$

or
$$\overline{AD}^2 = \overline{AC}^2 - \overline{CD}^2;$$

et
$$BD = BC + CD,$$

d'où $\overline{BD}^2 = \overline{BC}^2 + \overline{CD}^2 + 2\,BC \times CD$.

Remplaçant, dans l'équation (1), $\overline{AD}^2$ et $\overline{BD}^2$ par leurs valeurs, il vient :

$$\overline{AB}^2 = \overline{AC}^2 - \overline{CD}^2 + \overline{BC}^2 + \overline{CD}^2 + 2\,BC \times CD,$$

ou
$$\overline{AB}^2 = \overline{AC}^2 + \overline{BC}^2 + 2\,BC \times CD.$$

THÉORÈME

235. *Le produit de deux côtés d'un triangle est égal au produit que forment la hauteur abaissée sur le troisième côté et le diamètre du cercle circonscrit.*

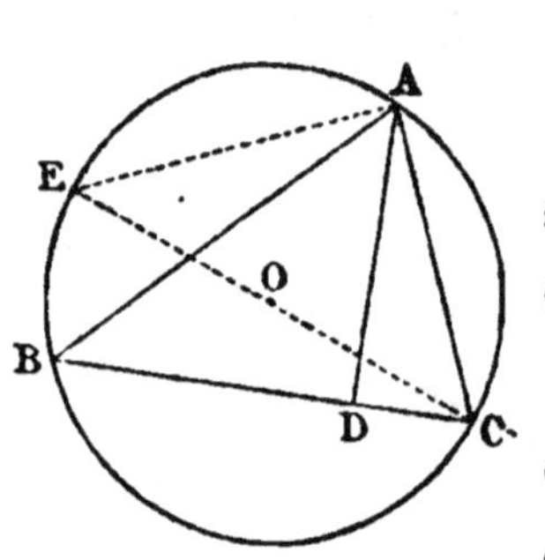

H. Soit le triangle BAC.

D. $AB \times AC = AD \times EC$.

Joignons AE. Nous aurons deux triangles ABD, AEC, semblables entre eux ;

car $\quad E = B \left(\textit{même mesure } \dfrac{AC}{2} \right),$

$$ADB = EAC \ (\textit{droits});$$

donc
$$\frac{AB}{EC} = \frac{AD}{AC},$$

ou
$$AB \times AC = AD \times EC.$$

236. Remarque. — Appelons a, b, c, les côtés BC, AC et AB du triangle BAC et h la hauteur AD. On aura, d'après le théorème précédent :

$$bc = 2\,Rh$$

ou, en multipliant les deux membres de l'équation par a,

$$abc = 2\,Rha$$

Donc
$$R = \frac{abc}{2\,ah}.$$

Soit S la surface du triangle. On démontrera plus loin que cette surface est égale à $\dfrac{ah}{2}$. On a ainsi : $S = \dfrac{ah}{2}$, ou $2\,S = ah$, ou $4\,S = 2\,ah$, et la formule $R = \dfrac{abc}{2\,ah}$ devient $R = \dfrac{abc}{4\,S}$.

CORDES, TANGENTES ET SÉCANTES

THÉORÈME

237. *Si, d'un point pris dans le plan d'un cercle, on mène des sécantes à ce cercle, le produit des distances de ce point aux deux points d'intersection de chaque sécante avec la circonférence est constant.*

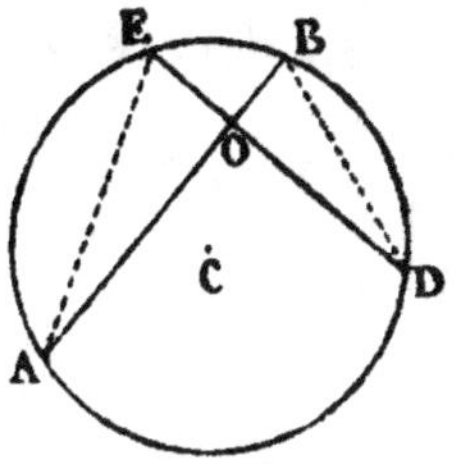

H. Soit le point O dans le plan d'un cercle C.

D. $OA \times OB = OE \times OD$.

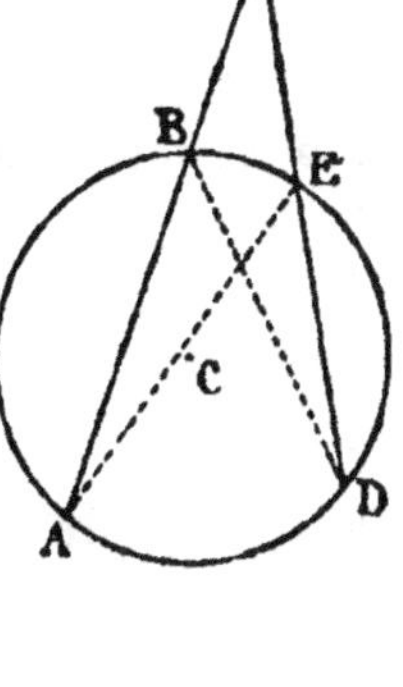

1er Cas. — Le point est donné dans l'intérieur du cercle.

Par le point donné, menons les cordes AB, ED, et joignons les points A et E, B et D. Nous aurons deux triangles semblables AOE et BOD.

En effet $A = D$ $\left(\textit{même mesure } \dfrac{BE}{2}\right)$, et $E = B$ $\left(\textit{même mesure } \dfrac{AD}{2}\right)$;

donc $\quad \dfrac{OA}{OD} = \dfrac{OE}{OB}$ ou $OA \times OB = OE \times OD$.

2e Cas. — Le point est donné hors du cercle.

Par le point donné O, menons les sécantes OA, OD, et joignons les points B et D, A et E. Nous aurons ainsi deux triangles semblables AOE et BOD, car ils ont un angle O commun, et $A = D$

$$\left(\textit{même mesure } \dfrac{BE}{2}\right) ;$$

donc $\quad \dfrac{OA}{OD} = \dfrac{OE}{OB}$ ou $OA \times OB = OE \times OD$.

THÉORÈME

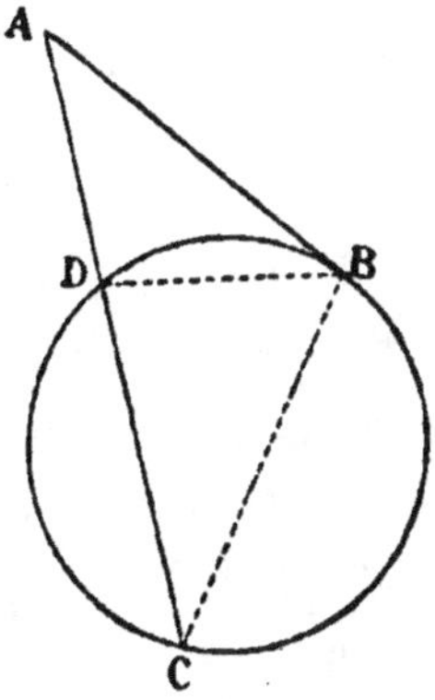

238. *La tangente AB à un cercle est moyenne proportionnelle entre la sécante AC issue du même point A et sa partie extérieure AD.*

H. Soient la tangente AB et la sécante AC.

D. $\dfrac{AC}{AB} = \dfrac{AB}{AD}$ ou $\overline{AB}^2 = AC \times AD$.

Menons BC et BD, nous aurons deux triangles semblables BAC et BAD. En effet, ils ont un angle A commun et $C = ABD$

$$\left(\textit{même mesure } \dfrac{BD}{2}\right) ;$$

donc $\dfrac{\text{AC opposé à ABC dans le 1}^{\text{er}}}{\text{AB opposé à ADB dans le 2}^{\text{e}}} = \dfrac{\text{AB opposé à C dans le 1}^{\text{er}}}{\text{AD opposé à ABD dans le 2}^{\text{e}}}.$

BISSECTRICES

THÉORÈME

239. *La bissectrice de l'angle d'un triangle divise le côté opposé en deux segments proportionnels aux côtés adjacents.*

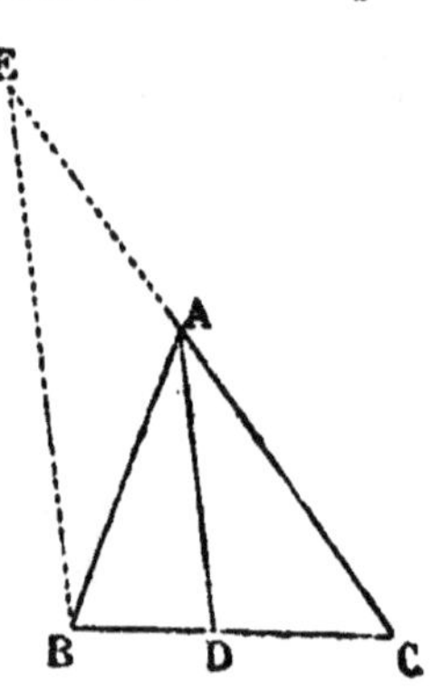

H. AD est bissectrice de l'angle BAC.

D. $\dfrac{\text{AB}}{\text{AC}} = \dfrac{\text{BD}}{\text{DC}}$.

Menons BE parallèle à AD, et prolongeons AC jusqu'en E. Nous aurons, dans le triangle BCE, la proportion suivante :

$$\frac{\text{AE}}{\text{AC}} = \frac{\text{BD}}{\text{DC}} \quad (208).$$

Or le triangle BAE est isocèle ; car
$$\text{E} = \text{DAC} \; (correspondants),$$
$$\text{EBA} = \text{BAD} \; (alternes\text{-}internes);$$
mais DAC = BAD par hypothèse ; donc E = EBA et, par suite,

---

* Lorsque deux droites, AC, DE, menées dans un angle B (fig. 1 et 2) forment, l'une avec AB, l'autre avec BC, deux angles BAC, BED égaux, les deux droites sont dites *anti-parallèles* par rapport à l'angle donné.

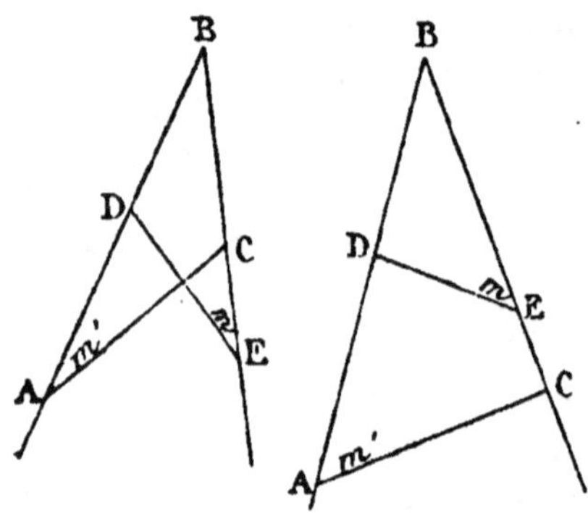

Fig. 1.   Fig. 2.

Les triangles BDE, ABC, formés par deux anti-parallèles, sont semblables puisqu'ils ont leurs angles égaux, donc $\dfrac{\text{AB}}{\text{BE}} = \dfrac{\text{BC}}{\text{BD}}$ ou $\text{AB} \times \text{BD} = \text{BC} \times \text{BE}$.

On voit que *le produit* $\text{AB} \times \text{BD}$ *des distances du sommet d'un angle aux points où ses côtés sont rencontrés par deux anti-parallèles, est constant.*

Si le point C se confond avec le point E, la relation $\text{AB} \times \text{BD} = \text{BC} \times \text{BE}$ devient $\text{AB} \times \text{BD} = \overline{\text{BE}}^2$.

Réciproquement si $\text{AB} \times \text{BD} = \text{BC} \times \text{BE}$, *les droites* AC, DE *sont anti-parallèles.*

En effet, dans ce cas $\dfrac{\text{AB}}{\text{BC}} = \dfrac{\text{BE}}{\text{BD}}$, et, par suite, les triangles ABC, BDE ayant un angle égal compris entre côtés proportionnels, sont semblables. Donc $m' = m$, et les lignes AC, DE sont anti-parallèles.

Les n°s 237 et 238, ainsi que le 3e point du n° 227, peuvent être tirés comme conclusions de ce qui vient d'être dit sur les anti-parallèles. (Voir la *Géométrie élémentaire de Rouché et Comberousse.*)

AE $=$ AB. Si l'on remplace AE par AB dans la proportion précédente on obtient :

$$\frac{AB}{AC} = \frac{BD}{DC}.$$

RÉCIPROQUE

240. *Toute ligne qui, partant du sommet d'un triangle, divise le côté opposé en segments proportionnels aux côtés adjacents, est bissectrice de l'angle du triangle.* (Fig. précédente.)

H. $\dfrac{AB}{AC} = \dfrac{BD}{DC}.$

D. AD est bissectrice, c'est-à-dire BAD $=$ DAC.

On a, par hypothèse, $\dfrac{AB}{AC} = \dfrac{BD}{DC}$;

On a aussi dans la fig. $\dfrac{AE}{AC} = \dfrac{BD}{DC}$;

donc $\dfrac{AB}{AC} = \dfrac{AE}{AC}.$

Les dénominateurs de cette dernière proportion étant égaux, les numérateurs le sont aussi et AB $=$ AE, donc le triangle BAE est isocèle et l'angle E est égal à l'angle ABE, or

E $=$ DAC (*correspondants*),

ABE $=$ BAD (*alternes-internes*);

donc   DAC $=$ BAD et la ligne AD est bissectrice.

THÉORÈME

241. *Le produit de deux côtés d'un triangle est égal au carré de la bissectrice de leur angle, plus le produit des deux segments déterminés par cette bissectrice sur le troisième côté.*

H. AD est bissectrice de l'angle BAC ou $m = m'$.

D. AB $\times$ AC $= \overline{AD}^{2} + $ BD $\times$ DC.

Menons une circonférence par les sommets B, A, C, du triangle, prolongeons la bissectrice AD jusqu'en E et joignons EC. Nous aurons deux triangles semblables BAD, EAC;

car   B $=$ E $\left(\textit{même mesure } \dfrac{AC}{2}\right)$, $m = m'$ par hypothèse;

donc
$$\frac{AB}{AE}=\frac{AD}{AC},$$

ou
$$AB\times AC=AE\times AD \;(1).$$

Or
$$AE\times AD=(AD+DE)\,AD=\overline{AD}^2+DE\times AD$$

et, comme
$$DE\times AD=BD\times DC\;(237),$$

$$AE\times AD=\overline{AD}^2+BD\times DC.$$

Remplaçant, dans l'équation (1), $AE\times AD$ par sa valeur, il vient :

$$AB\times AC=\overline{AD}^2+BD\times DC.$$

VALEUR DE LA BISSECTRICE D'UN ANGLE D'UN TRIANGLE EN FONCTION DES CÔTÉS DU TRIANGLE

242. Représentons par a, b, c, les côtés du triangle, par l une de ses bissectrices, et par m, n les segments qu'elle détermine sur un côté. Nous aurons les équations suivantes :

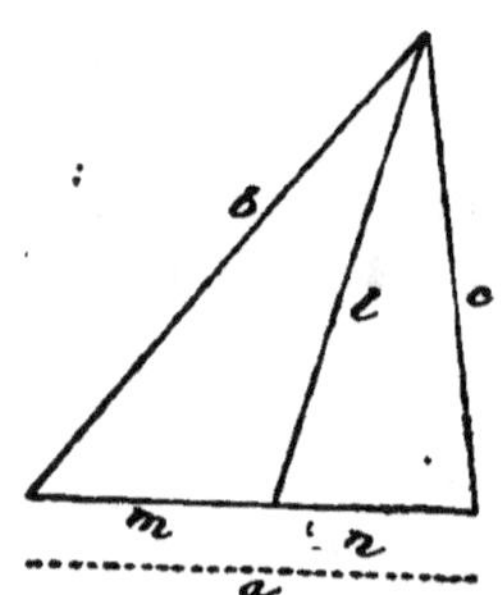

$$m+n=a$$
$$\frac{b}{c}=\frac{m}{n}\;(239)$$
$$bc=l^2+mn\;(241)$$

Résolvant, on trouve :

$$l^2=\frac{bc\,[(b+c)^2-a^2]}{(b+c)^2}$$

ou
$$l^2=\frac{bc\,(b+c+a)\,(b+c-a)}{(b+c)^2}\;(1).$$

Faisons le périmètre $b+c+a=2p$. On aura :

$$b+c+a-2a=2p-2a \text{ ou } b+c-a=2\,(p-a)$$

et la formule (1) deviendra :

$$l^2=\frac{bc\times 2p\times 2\,(p-a)}{(b+c)^2},$$

donc
$$l=\frac{2\sqrt{bc\,(p-a)\,p}}{b+c}$$

THÉORÈME

243. *La bissectrice d'un angle extérieur à un triangle rencontre le prolongement du côté opposé en un point dont les distances aux extrémités de ce côté sont proportionnelles aux côtés adjacents.*

H. AO est bissectrice de l'angle BAE, ou $m=n$.

D. $\dfrac{OB}{OC}=\dfrac{AB}{AC}.$

Menons BD parallèle à OA. Nous aurons :

$\dfrac{OB}{OC} = \dfrac{AD}{AC}$ (209).

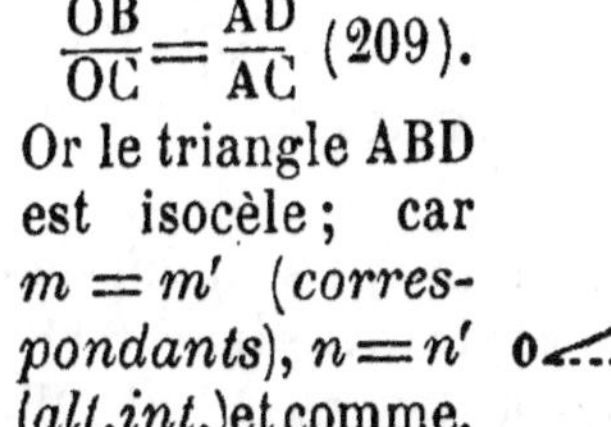
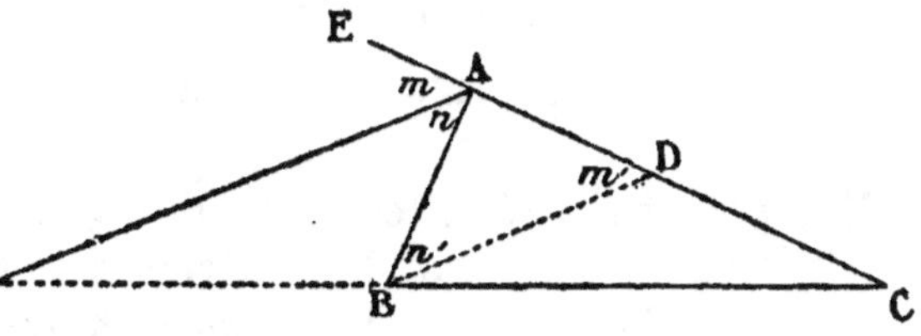

Or le triangle ABD est isocèle ; car $m = m'$ (*correspondants*), $n = n'$ (*alt. int.*) et comme, par hypothèse $m = n$, il s'ensuit que $m' = n'$, et par conséquent que AB = AD. La proportion obtenue précédemment devient donc $\dfrac{OB}{OC} = \dfrac{AB}{AC}$.

244. Remarque. — Si l'on donne la proportion $\dfrac{OB}{OC} = \dfrac{AB}{AC}$, la droite AO est bissectrice de l'angle extérieur BAE. Cette réciproque se démontre de la même manière que la réciproque donnée au n° 240.

THÉORÈME

245. *Si dans un triangle* BAC *on mène la bissectrice extérieure* AO, *le produit* AB $\times$ AC *sera égal à l'excès du produit* OC$\times$OB *sur le carré de cette bissectrice.*

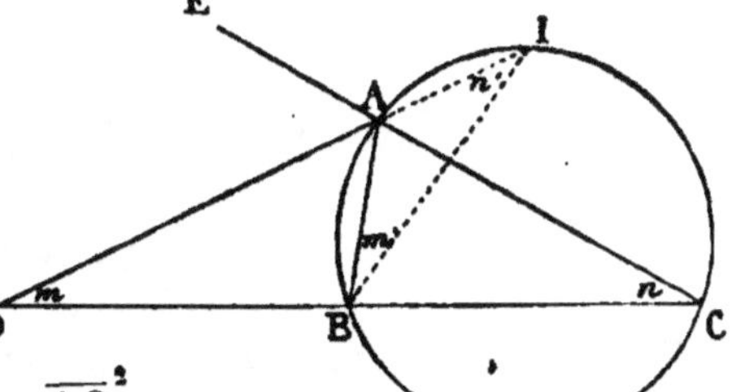

H. AO est bissectrice de l'angle BAE.

D. AB $\times$ AC $= OC \times OB - \overline{AO}^2$.

Inscrivons le triangle BAC dans une circonférence, et joignons B et I. Les triangles OAC, BAI sont semblables ; en effet, $C = I \left(\text{même mesure } \dfrac{AB}{2}\right)$, OAC $=$ BAI, puisque ces angles sont formés d'une partie commune BAC et d'une autre partie BAO $=$ CAI ; car, à cause de la bissectrice AO, les angles BAO, CAI sont tous deux égaux à OAE : donc

$\dfrac{AC}{AI} = \dfrac{AO}{AB}$ ou AC $\times$ AB $=$ AO $\times$ AI, et comme AI $=$ OI $-$ AO,

$$AC \times AB = AO \,(OI - AO),$$

ou $\qquad AC \times AB = AO \times OI - \overline{AO}^2$.

Enfin $\qquad$ AO $\times$ OI étant égal à OC $\times$ OB (237),

on obtient : $\qquad AC \times AB = OC \times OB - \overline{AO}^2$.

4

VALEUR DE LA BISSECTRICE D'UN ANGLE EXTÉRIEUR A UN TRIANGLE, EN FONCTION DES CÔTÉS DE CE TRIANGLE

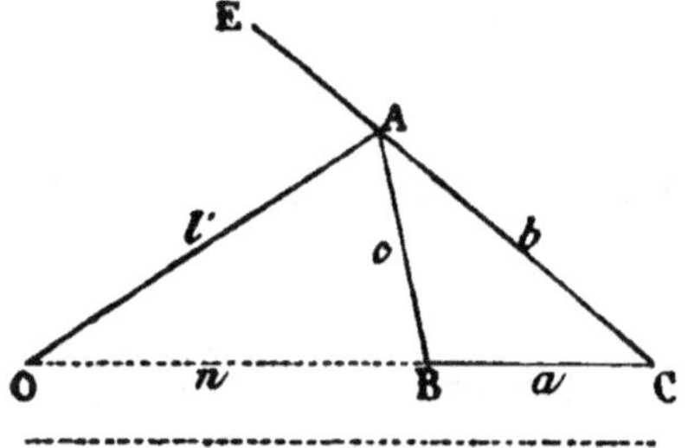

246. Soient a, b, c, les côtés d'un triangle ABC, l' la bissectrice de l'angle extérieur BAE, m et n les distances OC et OB. Nous aurons les équations suivantes :

$$m - n = a,$$
$$\frac{m}{n} = \frac{b}{c} \ (243),$$
$$bc = mn - l'^2 \ (245).$$

Résolvant on trouve :

$$l'^2 = \frac{bc\,[a^2 - (b-c)^2]}{(b-c)^2} \quad \text{ou} \quad l'^2 = \frac{bc\,(a+b-c)\,(a-b+c)}{(b-c)^2}$$

Si nous faisons $b + c + a = 2\,p$, nous aurons :

$$a + b - c = 2\,(p - c); \quad a - b + c = 2\,(p - b)$$

ce qui donnera

$$l' = \frac{2\sqrt{bc\,(p-b)\,(p-c)}}{b-c}$$

MÉDIANES

THÉORÈME

247. *La somme des carrés des côtés d'un triangle est égale à deux fois le carré de la médiane du troisième côté, plus deux fois le carré de la moitié de ce côté.*

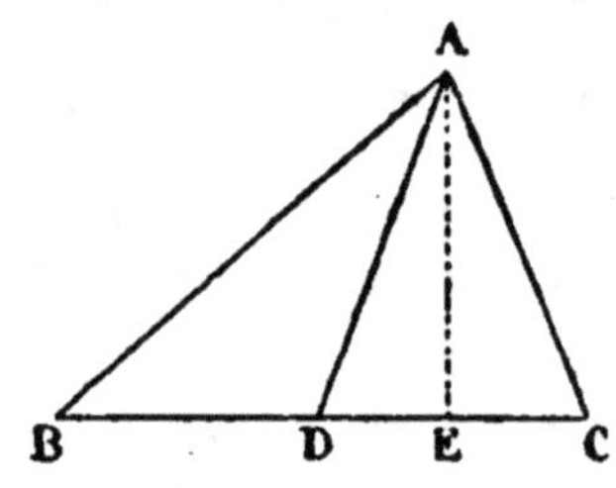

H. $BD = DC$.

D. $\overline{AB}^2 + \overline{AC}^2 = 2\,\overline{AD}^2 + 2\,\overline{DC}^2$.

Menons la perpendiculaire AE. On voit que l'angle ADC est aigu et l'angle ADB obtus. On a donc (233 et 234) :

$$\overline{AC}^2 = \overline{AD}^2 + \overline{DC}^2 - 2\,DC \times DE$$
$$\text{et} \quad \overline{AB}^2 = \overline{AD}^2 + \overline{BD}^2 + 2\,BD \times DE.$$

Si l'on ajoute ces deux égalités, en remarquant que $BD = DC$, on obtient :

$$\overline{AB}^2 + \overline{AC}^2 = 2\,\overline{AD}^2 + 2\,\overline{DC}^2$$

THÉORÈME

248. *Les trois médianes d'un triangle se coupent en un même point situé aux deux tiers de chacune d'elles à partir du sommet.*

H. On donne les médianes AF, DC, BE.

D. 1° $CO = \dfrac{2\,CD}{3}$, $BO = \dfrac{2}{3}\,BE$, etc.

2° Les trois médianes se coupent au point O.

Joignons DE. On a par hypothèse :
$$AD = DB \quad \text{et} \quad AE = EC\,;$$

donc $\dfrac{AD}{AE} = \dfrac{DB}{EC}$, et DE est parallèle à BC (211).

Par suite, le triangle DAE est semblable au triangle BAC (214);

ce qui donne : $\dfrac{AD}{AB} = \dfrac{DE}{BC}$,

Or
$$AB = 2\,AD,$$

donc
$$BC = 2\,DE.$$

D'un autre côté, le triangle DOE étant semblable au tr. BOC, on a la proportion $\dfrac{DE}{BC} = \dfrac{DO}{CO}$, et comme $BC = 2\,DE$, il est évident que $CO = 2\,DO$ ou $CD = 3\,DO$.

Donc $OD = \dfrac{CD}{3}$ et $CO = \dfrac{2\,CD}{3}$.

On démontrerait de même que $BO = \dfrac{2\,BE}{3}$ et que $AO = \dfrac{2\,AF}{3}$.

Dès lors les trois médianes passent par le point O.

VARIATIONS DU RAPPORT DES DISTANCES D'UN POINT MOBILE A DEUX POINTS FIXES

249. Soient les deux points fixes A et B et le point mobile C. Le rapport en question est $\dfrac{CA}{CB}$. Ce rapport est plus grand ou plus petit que l'unité, suivant que C est à droite de B ou à gauche de A. Il est égal à zéro si C est en A, car alors $\dfrac{CA}{CB} = \dfrac{0}{CB} = 0$; il devient l'infini quand C arrive en B, puisque dans ce cas, $\dfrac{CA}{CB} = \dfrac{CA}{0} = \infty$.

Il y a donc toujours une position entre A et B pour laquelle le point mobile fournit un rapport $\dfrac{CA}{CB}$ égal à un rapport donné $\dfrac{m}{n}$.

Il en existe une autre à droite de B, ou à gauche de A, suivant que $\dfrac{m}{n}$ est plus grand ou plus petit que l'unité.

En effet, il est facile de constater que, à gauche de A, le rapport $\dfrac{C'A}{C'B}$ croît de 0 à 1; tandis que, à droite de B, il descend de ∞ à 1.

Quel que soit le rapport $\dfrac{m}{n}$, on peut donc toujours avoir les deux relations suivantes :

$$\frac{C'A}{C'B} = \frac{m}{n} \quad \text{et} \quad \frac{CA}{CB} = \frac{m}{n};$$

donc
$$\frac{C'A}{C'B} = \frac{CA}{CB} \quad (1).$$

On voit que le rapport des distances du point C' aux points A et B est égal au rapport des distances du point C à ces mêmes points A et B.

De la proportion (1), on déduit immédiatement la proportion suivante : $\dfrac{AC'}{AC} = \dfrac{BC'}{BC}$.

Le rapport des distances du point A aux points C et C' est donc aussi égal au rapport des distances du point B aux mêmes points C et C'.

Les points C, C' sont dits points conjugués par rapport aux points A, B, et réciproquement.

PROBLÈME

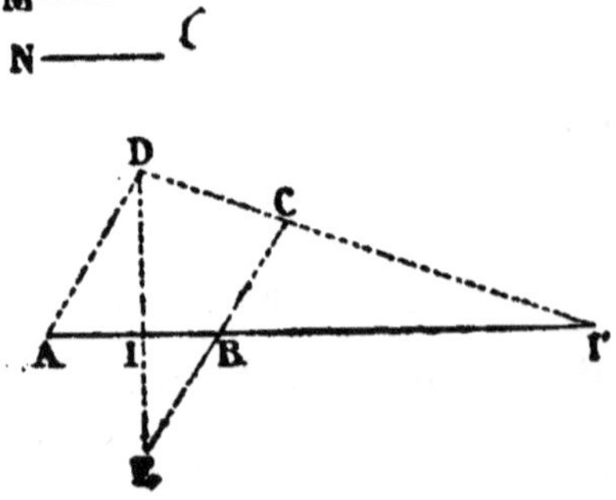

250. *Trouver, sur la direction d'une droite donnée, les deux points conjugués dont les distances aux extrémités de cette droite sont proportionnelles à deux longueurs données M et N.*

Au point A de la droite donnée AB, menons AD = M; puis au point B menons une droite paral-

lèle à AD sur laquelle nous prendrons BC = BE = N ; joignons D, C
et prolongeons DC jusqu'en I' ; joignons aussi D, E. Les deux
points conjugués demandés seront I et I' ; car les triangles semblables AID, EIB donnent :

$$\frac{AI}{IB} = \frac{AD}{BE} = \frac{M}{N}$$

et les triangles semblables AI'D, BI'C donnent :

$$\frac{AI'}{I'B} = \frac{AD}{BC} = \frac{M}{N} \cdot$$

THÉORÈME

251. *Le lieu géométrique des points dont les distances à
deux points sont proportionnelles à deux longueurs données
est une circonférence.*

Soient la droite AB et les
longueurs M et N données.
Déterminons sur la direction
de AB deux points C et C' dont
les distances à A et B sont dans
le rapport donné. Ces points
font partie du lieu demandé.

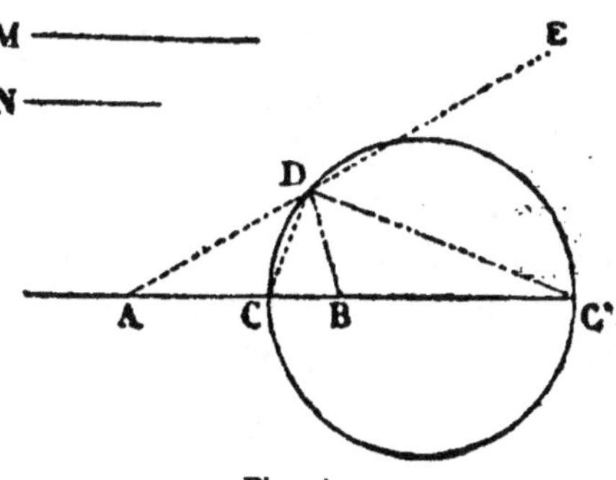

Prenons un autre point quelconque D de ce lieu, et joignons-le aux points A, B, C, C'.
On aura :

Fig. A.

$$\frac{AD}{DB} = \frac{M}{N} ; \text{ mais on a aussi } \frac{AC}{CB} = \frac{M}{N} ; \text{ donc } \frac{AD}{DB} = \frac{AC}{CB},$$

et la droite DC est bissectrice de l'angle ADB (240).

On a de même $\frac{AC'}{BC'} = \frac{M}{N}$; donc $\frac{AC'}{BC'} = \frac{AD}{DB}$,

et la droite DC' est bissectrice de l'angle extérieur BDE (244).

L'angle CDC', formé par les bissectrices de deux angles adjacents, vaut la moitié de la somme de ces angles. Il est donc droit,
et le point D appartient à la circonférence décrite sur CC' comme
diamètre.

Réciproquement (Fig. B), tout point P de cette circonférence fait
partie du lieu demandé.

Joignons PA, PC, PB, PC', et du point B menons BE et BI respectivement parallèles à PC et à PC'.

L'angle IBE est droit, puisqu'il a les côtés parallèles aux côtés de
l'angle CPC' inscrit dans une demi-circonférence.

A cause des parallèles on a dans les triangles ABE, APC′ :

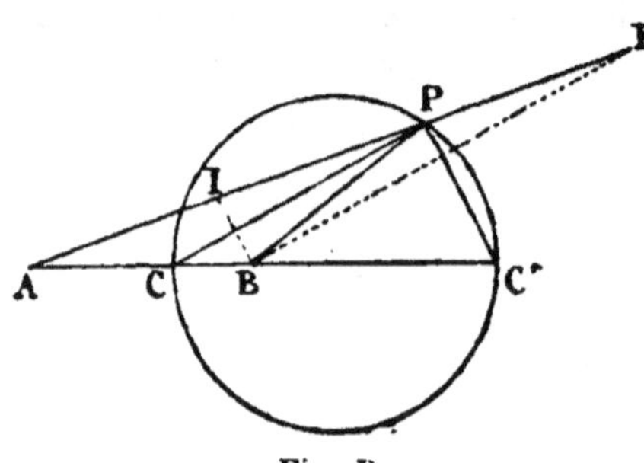

$$\frac{BC}{CA}=\frac{PE}{PA}\ (1),\ \text{et}\ \frac{BC'}{AC'}=\frac{PI}{PA}.$$

Or les deux premiers rapports de ces proportions sont égaux, puisque chacun d'eux vaut $\frac{M}{N}$;

donc $\frac{PE}{PA}=\frac{PI}{PA}$, ou $PE=PI$.

Le point P, étant le milieu de l'hypoténuse EI, est à égale distance des trois sommets du triangle IBE, et l'on a $PE=PB$ (113).

Fig. B.

La proportion (1) peut donc s'écrire :

$$\frac{BC}{CA}=\frac{PB}{PA}$$

et comme $\frac{BC}{CA}=\frac{M}{N}$, on obtient enfin $\frac{PB}{PA}=\frac{M}{N}.$

Le point P appartient donc au lieu demandé, qui n'est autre que la circonférence décrite sur CC′ comme diamètre.

252. Définition. — On dit qu'une droite AB est partagée *en moyenne et extrême raison*, lorsqu'elle est divisée en deux parties telles que la plus grande est moyenne proportionnelle entre la ligne totale et la plus petite, c'est-à-dire lorsqu'on a :

$$\frac{AB}{AD}=\frac{AD}{DB}\ \text{ou}\ AD^2=AB\times DB.$$

PROBLÈME

253. *Partager une ligne donnée en moyenne et extrême raison.*

On élève au point B la perpendiculaire $BO=\frac{AB}{2}$, puis, avec

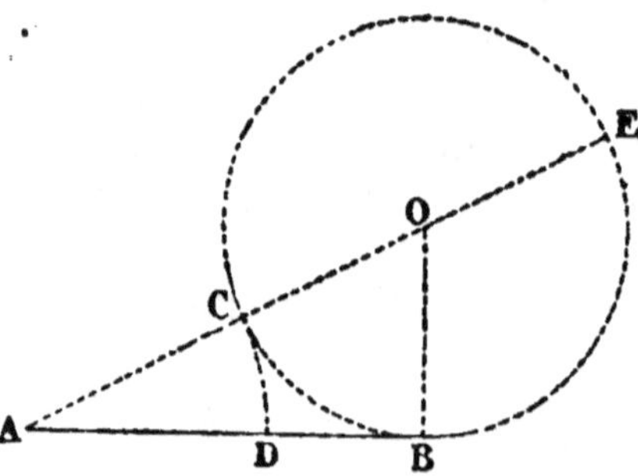

BO comme rayon, on décrit une circonférence; on mène ensuite la sécante AE qui passe par le centre, et on prend $AD=AC$. Le point D partage la ligne AB en moyenne et extrême raison.

Pour le prouver, remarquons que la tangente AB et la sécante AE partent du même point et donnent par conséquent la proportion (238) :

$$\frac{AE}{AB} = \frac{AB}{AC},$$

ou, d'après une propriété connue des proportions (207) :

$$\frac{AE - AB}{AB} = \frac{AB - AC}{AC} \quad (A).$$

Or AB, par construction, est égale à CE, diamètre du cercle O ; donc

$$AE - AB = AC \text{ ou } AD ; \text{ de plus } AB - AC = DB.$$

La proportion (A) devient ainsi :

$$\frac{AD}{AB} = \frac{DB}{AD}, \quad \text{ou} \quad AD^2 = AB \times DB.$$

AD étant moyenne proportionnelle entre AB et DB, la ligne AB est partagée en moyenne et extrême raison.

RECHERCHE DE LA VALEUR DES DEUX PARTIES D'UNE LIGNE PARTAGÉE EN MOYENNE ET EXTRÊME RAISON

254. 1° *Recherche de la valeur de la plus grande partie de la ligne.*

On vient de démontrer que $\overline{AD}^2 = AB \times DB$.

Si nous représentons AB par a, la droite DB vaudra $a - AD$, et la formule $\overline{AD}^2 = AB \times DB$ deviendra $\overline{AD}^2 = a\,(a - AD)$.

Développant et résolvant, on obtient successivement :

$$\overline{AD}^2 = a^2 - a \times AD,$$

$$\overline{AD}^2 + a \times AD - a^2 = 0,$$

$$AD = \frac{-a \pm \sqrt{a^2 + 4\,a^2}}{2},$$

$$AD = \frac{-a \pm \sqrt{5\,a^2}}{2},$$

$$AD = \frac{-a \pm a\sqrt{5}}{2},$$

La valeur de AD devant être réelle, il faut rejeter le signe négatif.

Donc :
$$AD = \frac{-a + a\sqrt{5}}{2}$$

ou enfin
$$AD = \frac{a}{2}\,(\sqrt{5} - 1).$$

2° *Recherche de la valeur de la plus petite partie de la ligne.*

$$DB = AB - AD,$$

$$DB = a - \frac{a}{2}(\sqrt{5} - 1).$$

Réduisant au même dénominateur :

$$DB = \frac{2a - a(\sqrt{5} - 1)}{2};$$

Développant
$$DB = \frac{2a - a\sqrt{5} + a}{2};$$

simplifiant
$$DB = \frac{3a - a\sqrt{5}}{2};$$

ou enfin
$$DB = \frac{a}{2}(3 - \sqrt{5}).$$

POLYGONES RÉGULIERS

DÉFINITION

255. Polygone régulier. — *Un polygone est régulier* lorsqu'il a ses angles égaux et ses côtés égaux.

Un polygone régulier est donc équiangle et équilatéral.

THÉORÈME

256. *Deux polygones réguliers d'un même nombre de côtés sont des figures semblables.*

Pour que les deux polygones donnés soient semblables, il faut qu'ils aient leurs angles égaux et leurs côtés homologues proportionnels. Or

1° Leurs angles sont égaux.

En effet, en représentant par n le nombre de côtés des polygones donnés, chaque angle vaudra $\dfrac{(n-2)\,2\ \text{dr.}}{n}$ (94).

Ils sont donc tous égaux entre eux.

2° Leurs côtés sont proportionnels.

Représentons par A, B, C, D, etc., les côtés du premier polygone, et par $a, b, c....$ les côtés du second. On aura pour le premier :

$$A = B = C = D...$$

et pour le second :

$$a = b = c = d...$$

Mettant ces égalités en proportion :

$$\frac{A}{a} = \frac{B}{b} = \frac{C}{c} = \frac{D}{d} \cdots$$

Donc les polygones donnés sont semblables.

THÉORÈME

257. *Tout polygone régulier peut être :*

1° *Inscrit dans un cercle;*
2° *Circonscrit à un cercle.*

H. ABCDEF est polygone régulier.
D. 1° ABCDEF peut être inscrit dans un cercle.
  2° ABCDEF peut être circonscrit à un cercle.

1° Décrivons une circonférence passant par les points D, E, F, et démontrons qu'elle passera successivement par les sommets A, B et C.

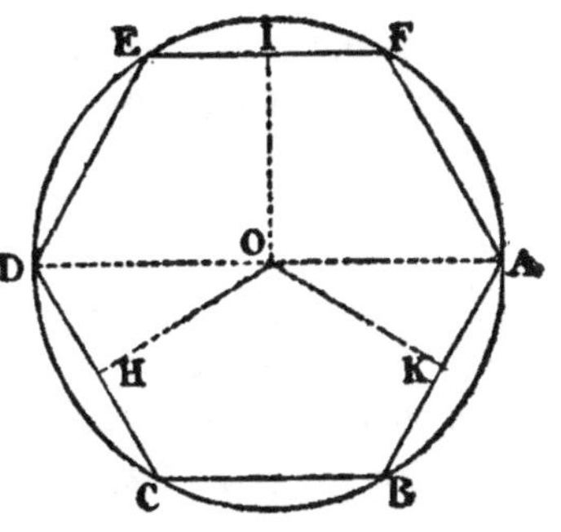

Pour cela, menons OI perpendiculaire sur EF, puis, autour de OI comme charnière, faisons tourner la figure DOIE sur AOIF. Les angles en I étant droits, IE tombe sur IF, et, comme IE = IF, le point E se confond avec le point F. La ligne ED suit alors la direction FA ; car l'angle IED est égal à l'angle IFA par hypothèse ; d'ailleurs ED = FA, le point D aboutit donc en A. Dans ce mouvement de rotation, le point O est resté fixe. La ligne OD, ayant alors les mêmes extrémités que OA, se confond avec OA, et comme OD est un rayon, OA doit l'être aussi ; la circonférence passe donc par le sommet A. On démontrerait de la même manière qu'elle doit passer par les sommets B et C.

Le polygone peut donc être inscrit dans un cercle.

2° Le polygone peut être circonscrit à un cercle.

En effet, les côtés du polygone régulier sont égaux par définition ; or ce sont des cordes du cercle O : donc ces côtés sont également distants du centre et l'on a : OI = OH = OK, etc. Si, du point O comme centre, on décrit une circonférence avec un rayon OI, cette circonférence passera par les points H, K, etc., et sera tangente aux côtés du polygone, qui sera ainsi circonscrit au cercle.

258. Corollaire. — Les angles au centre d'un polygone régulier

AOB, BOC, COD, etc., sont égaux, car les arcs AB, BC, CD, etc., qui les mesurent sont égaux comme sous-tendus par des cordes égales.

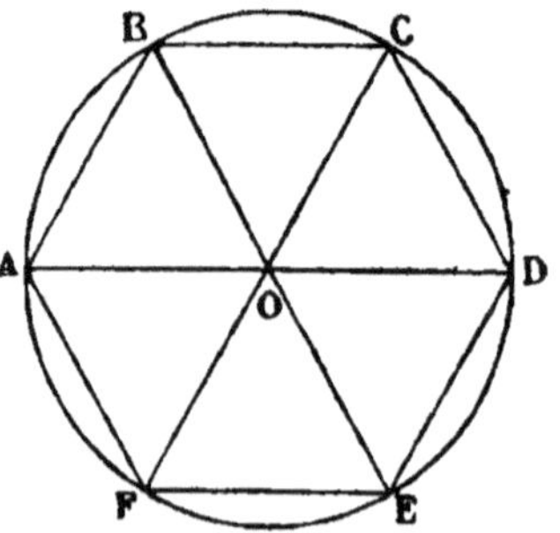

DÉFINITIONS

259. Centre d'un polygone régulier. — On voit par la démonstration précédente que, dans un polygone régulier, les centres des cercles inscrits et circonscrits se confondent toujours en un seul point. On appelle ce point *centre du polygone*.

260. Rayon. — On appelle *rayon* d'un polygone régulier le rayon du cercle circonscrit à ce polygone.

Les rayons d'un polygone régulier sont donc tous égaux entre eux.

261. Apothème. — L'*apothème* d'un polygone régulier n'est pas autre chose que le rayon du cercle inscrit.

THÉORÈME

262. *Le rapport des périmètres de deux polygones réguliers d'un même nombre de côtés est égal au rapport des rayons des cercles circonscrits ou à celui des cercles inscrits.*

H. ABCDEF et *abcdef* sont des hexagones réguliers.

D. $\dfrac{\text{Périmètre ABCDE}}{\text{Périmètre } abcde} = \dfrac{OB}{o'b} = \dfrac{OH}{o'h}.$

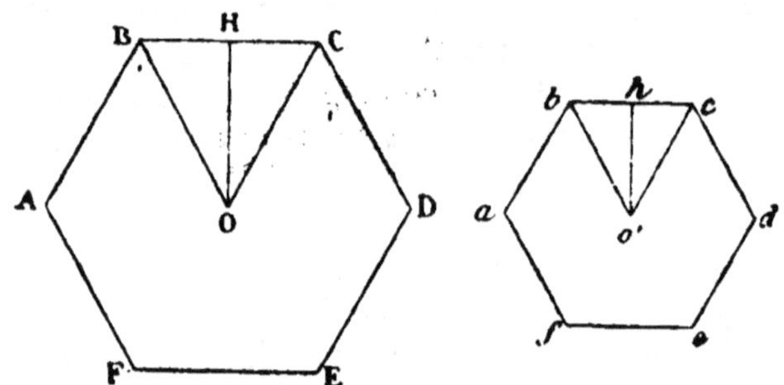

Les triangles BOH et *bo'h* sont semblables;

car   BHO $=$ *bho* (*droits*),

de plus   BOC $=$ *bo'c* (258);

or BOH $= \dfrac{\text{BOC}}{2}$, car dans le triangle isocèle BOC, la ligne OH, perpendiculaire sur la base, est bissectrice de l'angle du sommet (66). De même l'angle $bo'h = \dfrac{bo'c}{2}$, donc les angles BOH et $bo'h$ sont égaux, et les triangles BOH, $bo'h$, ayant deux angles égaux, sont semblables ; ce qui donne :

$$\frac{BH}{bh} = \frac{OB}{o'b} = \frac{OH}{o'h} ;$$

mais
$$\frac{BH}{bh} = \frac{2\,BH}{2\,bh} = \frac{BC}{bc} = \frac{6\,BC}{6\,bc} ;$$

donc
$$\frac{6\,BC}{6\,bc} = \frac{OB}{o'b} = \frac{OH}{o'h} ,$$

ou
$$\frac{\text{Périmètre ABCDEF}}{\text{Périmètre } abcdef} = \frac{OB}{o'b} = \frac{OH}{o'h} .$$

PROBLÈME

263. *Inscrire un carré dans un cercle donné.*

Menons les diamètres AB et CD perpendiculaires l'un à l'autre, et joignons
leurs extrémités. La figure ACBD, ainsi
obtenue, est un carré.

En effet, les cordes AC, AD, BD, BC sont
égales comme cordes sous-tendant des
arcs égaux, car chacun de ces arcs vaut
le quart de la circonférence. De plus, les
angles A, C, B et D sont droits, comme
inscrits dans un demi-cercle (159).

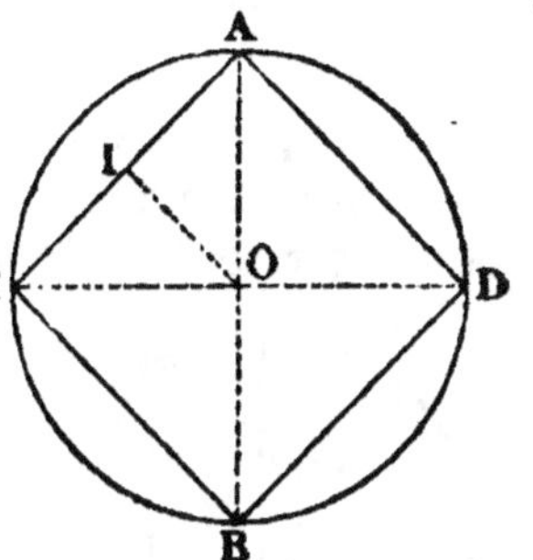

CALCUL DU CÔTÉ ET DE L'APOTHÈME DU CARRÉ
INSCRIT DANS UN CERCLE DE RAYON R

264. Le triangle AOC, rectangle en O, donne immédiatement :

$$\overline{AC}^2 = \overline{AO}^2 + \overline{OC}^2 ,$$
$$\overline{AC}^2 = R^2 + R^2 ,$$
$$\overline{AC}^2 = 2\,R^2 ,$$
$$AC = R\sqrt{2} .$$

On voit immédiatement que l'apothème OI du carré égale
$\dfrac{BC}{2}$ ou $\dfrac{R\sqrt{2}}{2}$.

PROBLÈME

265. *Inscrire un hexagone régulier et un triangle équilatéral dans un cercle donné.*

1° Inscription de l'hexagone régulier.

Supposons le problème résolu. Menons les rayons AO et BO.

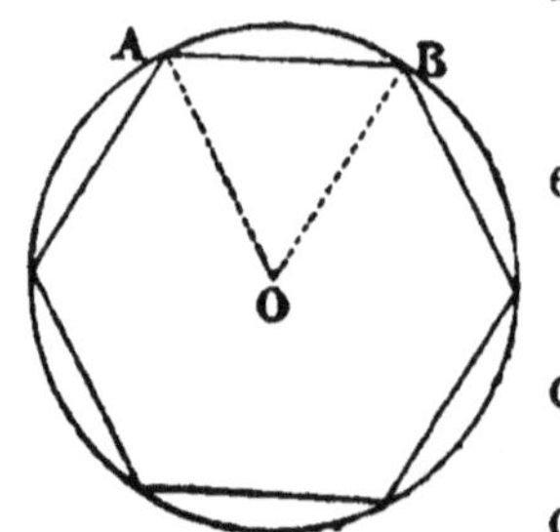

Nous aurons dans le triangle AOB :

$$\text{Angle } O = \frac{360^o}{6} = 60^o$$

et

$$OAB + OBA = 180^o - 60^o = 120^o$$

Mais OAB = OBA ; car le tr. OAB est isocèle. On a ainsi :

$$2\,OBA = 120^o$$

ou

$$OBA = 60^o$$

Le triangle AOB est donc équiangle et, par suite, équilatéral.
Le côté de l'hexagone régulier étant égal au rayon, il suffit,
pour inscrire le polygone dans un cercle, de porter six fois le
rayon de ce cercle sur la circonférence
et de joindre les points déterminés par
ce moyen.

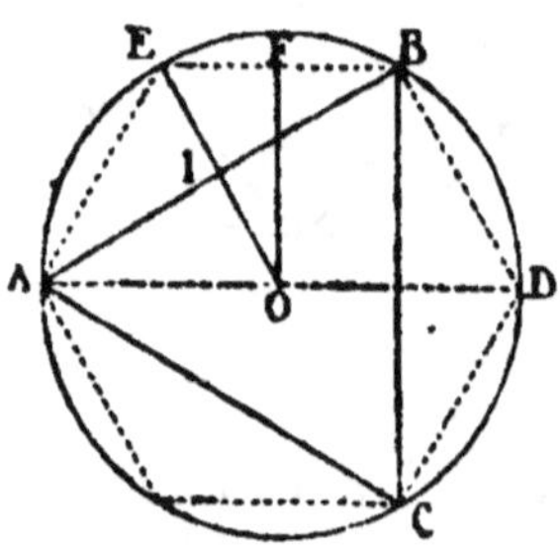

2° Inscription du triangle équilatéral.

On inscrit le triangle équilatéral ABC
en joignant deux à deux les arcs déterminés par les côtés de l'hexagone régulier inscrit:

**266. Valeurs des côtés et apothèmes de l'hexagone régulier
inscrit et du triangle équilatéral inscrit, en fonction du rayon.**

HEXAGONE INSCRIT

1° Côté. — Nous avons vu que ce côté est égal à R.

2° Apothème. — Dans le triangle OEF (Fig. précédente), on a ·

$$\overline{OF}^2 = \overline{EO}^2 - \overline{EF}^2 ;$$

mais
$$EF = \frac{EB}{2} = \frac{R}{2} \quad \text{et} \quad \overline{EF}^2 = \frac{R^2}{4} ;$$

donc
$$\overline{OF}^2 = R^2 - \frac{R^2}{4} = \frac{4\,R^2 - R^2}{4} = \frac{3\,R^2}{4},$$

et
$$OF \text{ ou } a = \frac{R}{2}\sqrt{3}.$$

TRIANGLE ÉQUILATÉRAL INSCRIT

1º Côté. — Le triangle ABD rectangle en B donne :
$$\overline{AB}^2 = \overline{AD}^2 - \overline{BD}^2,$$
$$\overline{AB}^2 = 4\,R^2 - R^2,$$
$$\overline{AB}^2 = 3\,R^2,$$
$$AB = R\sqrt{3}.$$

2º Apothème. — Le triangle AOI rectangle en I donne :
$$\overline{OI}^2 = \overline{AO}^2 - \overline{AI}^2 ;$$

or
$$AI = \frac{AB}{2} = \frac{R\sqrt{3}}{2} \text{ et } \overline{AI}^2 = \frac{3\,R^2}{4} ;$$

donc
$$\overline{OI}^2 = R^2 - \frac{3\,R^2}{4} = \frac{4\,R^2 - 3\,R^2}{4} = \frac{R^2}{4}$$

et
$$OI \text{ ou } a = \frac{R}{2}.$$

PROBLÈME

267. *Inscrire un décagone et un pentagone régulier dans un cercle donné.*

1º Inscription du décagone régulier.

Supposons le problème résolu, et soit AB le côté du décagone régulier inscrit. Menons les rayons AC et CB. Nous aurons :

$$C = \frac{4 \text{ droits}}{10} = \frac{2}{5} \text{ d'un droit.}$$

$$A + ABC = 2 \text{ dr.} - \frac{2}{5} = \frac{10}{5} - \frac{2}{5} = \frac{8}{5}.$$

Or A = ABC ; car le triangle ACB est isocèle.

Donc $A = \dfrac{4}{5}$ et $ABC = \dfrac{4}{5}.$

Menons la bissectrice BD de l'angle ABC. On voit que :

$$ADB = 2 \text{ droits} - (A + ABD) = \frac{10}{5} - \left(\frac{4}{5} + \frac{2}{5}\right) = \frac{4}{5}.$$

Les triangles ABD et BDC étant ainsi isocèles, on obtient :

$$AB = BD = CD.$$

D'ailleurs la bissectrice de l'angle ABC nous donne la proportion (239) :

$$\frac{BC}{AB} = \frac{CD}{AD} \quad \text{ou} \quad \frac{R}{CD} = \frac{CD}{AD}.$$

On voit que le côté AB du décagone régulier inscrit, côté qui est égal à CD, n'est pas autre chose que le plus grand segment du rayon partagé en moyenne et extrême raison. De là cette règle :

Pour inscrire un décagone régulier dans un cercle, il suffit de porter dix fois sur la circonférence le plus grand segment du rayon partagé en moyenne et extrême raison.

2° Inscription du pentagone régulier.

Il suffit de joindre deux à deux les arcs déterminés par les côtés du décagone régulier inscrit.

268. Valeurs du côté et de l'apothème du décagone régulier inscrit dans une circonférence de rayon R.

1° Côté. — Le côté du décagone régulier inscrit étant égal au plus grand segment du rayon partagé en moyenne et extrême raison, on a immédiatement sa valeur en appliquant la formule trouvée au n° 254.

Donc
$$c = \frac{R}{2}\left(\sqrt{5} - 1\right).$$

2° Apothème. — Le triangle ACI rectangle en I donne :

$$\overline{CI}^2 = \overline{AC}^2 - \overline{AI}^2,$$

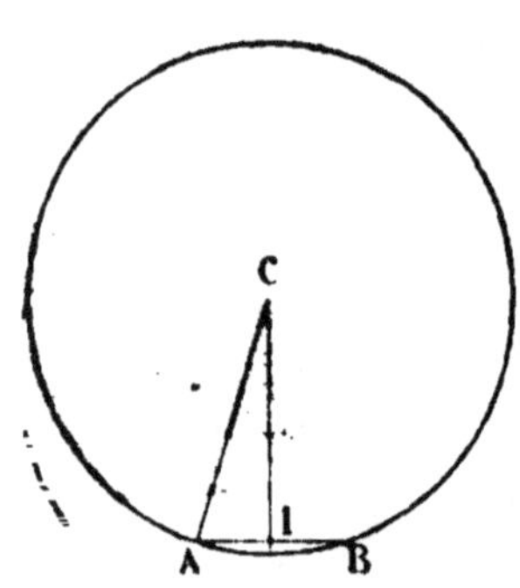

mais
$$AI = \frac{AB}{2} \quad \text{et} \quad \overline{AI}^2 = \frac{\overline{AB}^2}{4};$$

donc
$$\overline{CI}^2 = \overline{AC}^2 - \frac{\overline{AB}^2}{4}.$$

Pour simplifier, appelons a l'apothème CI et c le côté AB du décagone. On aura alors :

$$a^2 = R^2 - \frac{c^2}{4}.$$

Or
$$c = \frac{R}{2}\left(\sqrt{5} - 1\right)$$

et
$$c^2 = \left[\frac{R}{2}(\sqrt{5}-1)\right]^2 = \left(\frac{R}{2}\sqrt{5} - \frac{R}{2}\right)^2 =$$
$$\frac{5\,R^2}{4} + \frac{R^2}{4} - \frac{2\,R^2\sqrt{5}}{4} = \frac{6\,R^2 - 2\,R^2\sqrt{5}}{4};$$

donc
$$a^2 = R^2 - \left(\frac{6\,R^2 - 2\,R^2\sqrt{5}}{16}\right) = \frac{16\,R^2 - 6\,R^2 + 2\,R^2\sqrt{5}}{16} =$$
$$\frac{10\,R^2 + 2\,R^2\sqrt{5}}{16} = \frac{R^2}{16}(10 + 2\sqrt{5})$$

et
$$a = \frac{R}{4}\sqrt{10 + 2\sqrt{5}}.$$

269. Remarque. — On trouvera plus loin (275) les valeurs du côté et de l'apothème du pentagone régulier inscrit.

PROBLÈME

270. *Inscrire un pentédécagone régulier dans un cercle donné.*

Il suffit de prendre une longueur égale à la différence des arcs qui correspondent aux côtés de l'hexagone régulier inscrit et du décagone régulier inscrit, et de porter cette différence quinze fois sur la circonférence.

En effet, cette différence est égale à $\dfrac{1}{6} - \dfrac{1}{10} = \dfrac{10 - 6}{60} = \dfrac{4}{60} = \dfrac{1}{15}$.

PROBLÈME

271. *Un polygone régulier étant inscrit dans un cercle, inscrire un polygone régulier d'un nombre double de côtés.*

Il suffit de diviser en deux parties égales les arcs sous-tendus par les côtés du premier polygone, et de joindre par des lignes droites les points d'intersection.

En effet, soit le carré ABCD; si nous formons par la méthode indiquée le polygone AEBFCHDI, nous aurons un octogone régulier; car les côtés AE, EB... sont égaux comme sous-tendant des arcs égaux, et les angles AEB, EBF... sont aussi égaux, puisqu'ils ont même mesure.

PROBLÈME

272. *Étant donné le côté d'un polygone régulier inscrit, trouver, en fonction du rayon, les formules générales qui permettent de calculer le côté et l'apothème du polygone régulier inscrit d'un nombre double de côtés.*

Représentons par R le rayon du cercle, par c le côté AB du polygone donné, par c' le côté AD du polygone qui a un nombre de côtés double, et par a' l'apothème de ce dernier polygone.

1° Calcul du côté AD ou c'.

Le triangle MAD rectangle en A donne (227) :

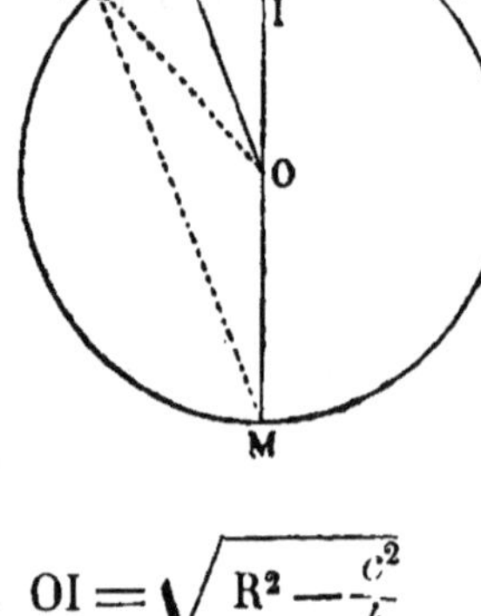

$$\overline{AD}^2 = DM \times DI,$$

ou

$$c'^2 = 2\,R \times DI.$$

Or

$$DI = OD - OI = R - OI,$$

donc

$$c'^2 = 2\,R\,(R - OI).$$

Mais

$$\overline{OI}^2 = \overline{AO}^2 - AI^2 = R^2 - \frac{AB^2}{4}; \quad \text{d'où} \quad OI = \sqrt{R^2 - \frac{c^2}{4}}$$

donc

$$c'^2 = 2\,R\left(R - \sqrt{R^2 - \frac{c^2}{4}}\right)$$

$$c'^2 = 2\,R^2 - 2\,R\sqrt{\frac{4\,R^2 - c^2}{4}}$$

$$c'^2 = 2\,R^2 - R\sqrt{4\,R^2 - c^2}$$

et

$$c' = \sqrt{2\,R^2 - R\sqrt{4\,R^2 - c^2}}.$$

2° Calcul de l'apothème OH ou a'.

Le triangle rectangle OAH donne :

$$\overline{OH}^2 = \overline{AO}^2 - \overline{AH}^2 \quad \text{ou} \quad a'^2 = R - \frac{c'^2}{4}.$$

c' étant connu, on trouvera facilement l'apothème.

273. Remarque I. — On peut mettre R en facteur commun dans la formule trouvée pour c'. On aura ainsi :

$$c' = \sqrt{R\left(2\,R - \sqrt{4\,R^2 - c^2}\right)}.$$

274. Remarque II. — Si l'on veut trouver le côté d'un polygone régulier inscrit dont le nombre de côtés est moitié moindre que celui d'un autre polygone régulier donné, il suffit de prendre la formule du problème précédent en regardant c' comme terme connu, et en dégageant le terme inconnu c.

APPLICATIONS

275. *Calcul du côté et de l'apothème des principaux polygones réguliers, en fonction du rayon du cercle circonscrit.*

I. Pentagone régulier.

CALCUL DU CÔTÉ

On a (272, 1°) :
$$c' = \sqrt{2r^2 - r\sqrt{4r^2 - c^2}} \text{ ou } c'^2 = 2r^2 - r\sqrt{4r^2 - c^2}$$

c' étant le côté du décagone régulier, il faut trouver c (274).
Or
$$c' = \frac{r}{2}(\sqrt{5}-1) \text{ et } c'^2 = \frac{r^2}{4}(5+1-2\sqrt{5}) = \frac{6r^2 - 2r^2\sqrt{5}}{4} = \frac{3r^2 - r^2\sqrt{5}}{2},$$
donc
$$\frac{3r^2 - r^2\sqrt{5}}{2} = 2r^2 - r\sqrt{4r^2 - c^2};$$

résolvant l'équation, on trouve :
$$c = \frac{r}{2}\sqrt{10 - 2\sqrt{5}}.$$

CALCUL DE L'APOTHÈME

On a (272, 2°) :
$$a^2 = r^2 - \frac{\left(\frac{r}{2}\sqrt{10-2\sqrt{5}}\right)^2}{4} = r^2 - \frac{\frac{r^2}{4}(10-2\sqrt{5})}{4}$$

$$a^2 = r^2 - \frac{r^2}{16}(10-2\sqrt{5})$$

Simplifiant, on obtient :
$$a = \frac{r}{4}\sqrt{6 + 2\sqrt{5}}.$$

Cette formule peut encore être simplifiée, car
$$6 + 2\sqrt{5} = 1 + 2\sqrt{5} + 5 = (1 + \sqrt{5})^2,$$
donc
$$a = \frac{r}{4}\sqrt{(1 + \sqrt{5})^2},$$

$$a = \frac{r}{4}(1 + \sqrt{5}).$$

II. Octogone régulier.

Le côté du carré inscrit est égal à $r\sqrt{2}$, on aura pour le côté de l'octogone :

$$c'=\sqrt{2r^2-r\sqrt{4r^2-c^2}}=\sqrt{2r^2-r\sqrt{4r^2-2r^2}}=\sqrt{2r^2-r\sqrt{2r^2}}=\sqrt{2r^2-r^2\sqrt{2}}$$
$$c'=r\sqrt{2-\sqrt{2}}.$$

Et pour l'apothème, on sait que :

$$a'^2=r^2-\frac{c'^2}{4}\ (272,\ 2^o),\ \text{ et comme }\ c'^2=r^2\left(2-\sqrt{2}\right),$$

$$a'^2=r^2-\frac{r^2\left(2-\sqrt{2}\right)}{4}=\frac{4r^2-2r^2+r^2\sqrt{2}}{4}=\frac{2r^2+r^2\sqrt{2}}{4},$$

$$a'^2=\frac{r^2}{4}\left(2+\sqrt{2}\right),$$

$$a'=\frac{r}{2}\sqrt{2+\sqrt{2}}.$$

III. Dodécagone régulier.

En appliquant les formules trouvées au n° 272, on aura :

1° pour le côté : $\qquad c'=r\sqrt{2-\sqrt{3}}$;

2° pour l'apothème : $\qquad a'=\frac{r}{2}\sqrt{2+\sqrt{3}}.$

PROBLÈME

276. — *Un polygone régulier inscrit dans un cercle étant donné, circonscrire à ce cercle un polygone régulier de même nombre de côtés.*

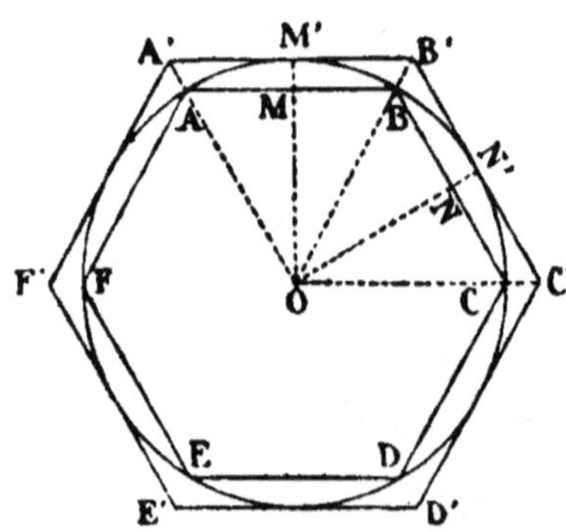

Soit le polygone régulier ABCDEF inscrit dans le cercle O. Menons les perpendiculaires OM, ON sur les côtés AB, BC... Ces perpendiculaires prolongées rencontrent le cercle aux points M' et N' par lesquels nous pouvons mener les tangentes A'B', B'C'... etc., qui seront respectivement parallèles à AB, BC... Le polygone A'B'C'D'E'F' est le polygone cherché.

Il a évidemment le même nombre de côtés que ABCDEF. Prouvons qu'il est régulier. D'abord ses angles sont égaux entre eux comme égaux aux angles du polygone régulier ABCDEF. De plus, ses côtés sont égaux. En effet, si nous menons OB′, nous aurons deux triangles rectangles OM′B′, OB′N′ égaux comme ayant l'hypoténuse commune et un côté égal (OM′ = ON′). Il s'ensuit que l'angle M′OB′ égale l'angle N′OB′, et que la droite OB′ passe par le point B milieu de l'arc M′N′.

La droite OA′ passera de même par A et la droite OC′ par C.

Les triangles semblables OA′B′, OAB donnent alors la proportion :

$$\frac{A'B'}{AB} = \frac{OB'}{OB},$$

et les triangles semblables B′OC′, BOC donnent :

$$\frac{OB'}{OB} = \frac{B'C'}{BC};$$

donc
$$\frac{A'B'}{AB} = \frac{B'C'}{BC},$$

et comme
$$AB = BC$$

on aura :
$$A'B' = B'C'.$$

On démontrerait de même $B'C' = C'D' = D'E'$, etc.

Le polygone A′B′C′D′E′F′, ayant ses côtés égaux et ses angles égaux, est régulier.

PROBLÈME

277. *Étant donnés le côté d'un polygone régulier inscrit et son rayon, trouver le côté du polygone régulier circonscrit d'un même nombre de côtés.*

Représentons par c' le côté CD du polygone circonscrit, par c le côté AB du polygone inscrit, et par r le rayon OF.

Les triangles COD et AOB étant semblables, on a :

$$\frac{CD}{AB} = \frac{OF}{OE} \quad \text{ou} \quad \frac{c'}{c} = \frac{r}{OE} \quad \text{ou} \quad c' = \frac{c'r}{OE}.$$

Or
$$\overline{OE}^2 = r^2 - \overline{AE}^2 = r^2 - \frac{c^2}{4} = \frac{4r^2 - c^2}{4}$$

et
$$OE = \frac{\sqrt{4r^2 - c^2}}{2},$$

donc
$$c' = \frac{cr}{\dfrac{\sqrt{4r^2 - c^2}}{2}} = \frac{2cr}{\sqrt{4r^2 - c^2}}.$$

APPLICATIONS

278. *Calcul du côté des principaux polygones réguliers en fonction de leur apothème, c'est-à-dire du rayon du cercle inscrit.*

I. Triangle équilatéral circonscrit.

$$c' = \frac{2rc}{\sqrt{4r^2 - c^2}} = \frac{2r \times r\sqrt{3}}{\sqrt{4r^2 - 3r^2}} = \frac{2r^2\sqrt{3}}{r} = 2r\sqrt{3}.$$

On voit que le côté du triangle équilatéral circonscrit est le double du côté du triangle équilatéral inscrit.

II. Carré circonscrit.

Son côté est évidemment égal au diamètre.

III. Pentagone régulier circonscrit.

$$c' = \frac{2rc}{\sqrt{4r^2 - c^2}} = \frac{2r \times \frac{r}{2}\sqrt{10 - 2\sqrt{5}}}{\sqrt{4r^2 - \frac{r^2}{4}(10 - 2\sqrt{5})}}.$$

En faisant les opérations et en simplifiant, on trouve :

$$c' = \frac{2r\sqrt{10 + 2\sqrt{5}}}{3 + \sqrt{5}} \quad \text{ou} \quad \frac{2r\sqrt{10 - 2\sqrt{5}}}{1 + \sqrt{5}}.$$

IV. Hexagone régulier circonscrit.

$$c' = \frac{2rc}{\sqrt{4r^2 - c^2}} = \frac{2r \times r}{\sqrt{4r^2 - r^2}} = \frac{2r^2}{\sqrt{3r^2}} = \frac{2r^2}{r\sqrt{3}} = \frac{2r\sqrt{3}}{3}.$$

V. Octogone régulier circonscrit.

$$c' = \frac{2rc}{\sqrt{4r^2 - c^2}} = \frac{2r \times r(\sqrt{2} - \sqrt{2})}{\sqrt{4r^2 - r^2(2 - \sqrt{2})}}.$$

On trouve en simplifiant :

$$c' = \frac{2r\sqrt{2}}{2 + \sqrt{2}} \quad \text{ou } c' = 2r(\sqrt{2} - 1).$$

VI. Décagone régulier circonscrit.

$$c' = \frac{2rc}{\sqrt{4r^2 - c^2}} = \frac{2r \times \frac{r}{2}(\sqrt{5} - 1)}{\sqrt{4r^2 - \frac{r^2}{4}(\sqrt{5} - 1)^2}} \quad \text{d'où } c' = \frac{2r(\sqrt{5} - 1)}{\sqrt{10 + 2\sqrt{5}}}.$$

VII. **Dodécagone régulier circonscrit.**

$$c' = \frac{2rc}{\sqrt{4r^2 - c^2}} = \frac{2r \times r\left(\sqrt{2-\sqrt{3}}\right)}{\sqrt{4r^2 - r^2\left(2-\sqrt{3}\right)}}.$$

d'où l'on tire

$$c' = \frac{2r}{2+\sqrt{3}} \qquad \text{ou } c' = 2r\left(2-\sqrt{3}\right).$$

RAPPORT DE LA CIRCONFÉRENCE AU DIAMÈTRE

NOTIONS PRÉLIMINAIRES

279. La circonférence peut être considérée comme la limite vers laquelle tend le périmètre d'un polygone régulier inscrit dont on double indéfiniment le nombre des côtés.

Elle n'est donc pas autre chose qu'un polygone régulier d'un nombre illimité de côtés.

THÉORÈME

280. *Le rapport de la circonférence au diamètre est un nombre constant.*

H. On donne les circonférences R et r.

D. $\dfrac{\text{Circ. R}}{2\,\text{R}} = \dfrac{\text{circ. } r}{2\,r}.$

En appelant P et p les périmètres de deux polygones réguliers

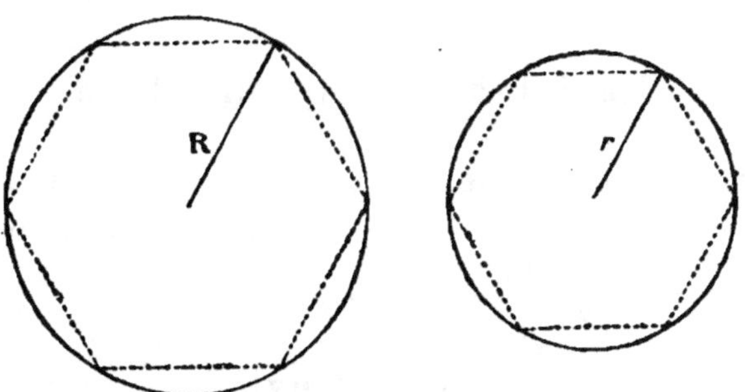

ayant le même nombre de côtés et inscrits dans les circonférences données, nous aurons (262) :

$$\frac{P}{p} = \frac{R}{r}.$$

Si l'on double le nombre de leurs côtés, les nouveaux polygones auront toujours leurs périmètres proportionnels à leurs rayons R et r qui ne changent pas. A la limite, c'est-à-dire quand on arrivera à la circonférence, on aura encore :

$$\frac{\text{Circ. R}}{\text{Circ. } r} = \frac{R}{r}$$

ou, en doublant le dernier rapport :

$$\frac{\text{Circ. R}}{\text{Circ. } r} = \frac{2\,R}{2\,r}, \quad \text{c'est-à-dire} \quad \frac{\text{circ. R}}{2\,R} = \frac{\text{circ. } r}{2\,r}.$$

281. Définition. — On appelle π le rapport de la circonférence au diamètre.

Ce rapport étant constant, on a donc :

$$\frac{\text{Circ.}}{2\,R} = \pi \quad \text{ou} \quad \text{circ.} = 2\,\pi R.$$

CALCUL DE π

282. On voit par la formule générale circ. $= 2\,\pi R$ qu'il serait possible de déterminer la longueur d'une circonférence quelconque, au moyen de son rayon, si la valeur constante π était connue avec une approximation convenable. Deux méthodes principales sont employées pour la trouver ; l'une est appelée méthode des isopérimètres ; l'autre, méthode des périmètres.

283. Définition. — Polygones isopérimètres. — On appelle *polygones isopérimètres* des polygones qui ont le même périmètre, quelque soit d'ailleurs le nombre de leurs côtés.

MÉTHODE DES ISOPÉRIMÈTRES

284. Dans cette méthode, on donne la longueur d'une circonférence, on cherche son rayon, et on détermine π au moyen de la formule $\pi = \dfrac{\text{circonférence}}{2\,R}$.

PROBLÈME

285. *Étant donnés le rayon R et l'apothème r d'un polygone régulier, trouver le rayon et l'apothème d'un polygone régulier qui a le même périmètre et un nombre double de côtés.*

H. On donne OA ou R, et OF ou r du polygone régulier dont le côté est AB.

Trouver R′ et r′.

Prolongeons l'apothème OF jusqu'en E, joignons ensuite le point E aux points A et B; menons OC perpendiculaire sur AE, et CD parallèle à AB.

1° La ligne CD sera le côté du polygone isopérimètre d'un nombre double de côtés.

2° Les lignes CE et EI seront, la première le rayon, la seconde l'apothème du nouveau polygone.

Démontrons successivement ces deux points.

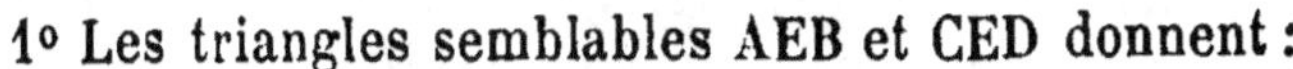

1° Les triangles semblables AEB et CED donnent :

$$\frac{CD}{AB} = \frac{CE}{AE}.$$

Mais $CE = \frac{AE}{2}$ (133); donc $CD = \frac{AB}{2}$, et CD représente la longueur du côté du polygone isopérimètre d'un nombre double de côtés.

2° Le nouveau polygone, ayant deux fois plus de côtés que l'ancien, aura un angle au centre égal à la moitié de AOB. Or $CED = \frac{AOB}{2}$; car CED a pour mesure l'arc $\frac{AB}{2}$, tandis que AOB a pour mesure l'arc AB. Le point E est donc le centre du polygone dont le côté est CD, et, par suite, son rayon est CE et son apothème EI.

Calculons CE et EI, que nous désignerons par R′ et par r′.

Les triangles ECI et EAF, étant semblables, donnent :

$$\frac{EI}{EF} = \frac{EC}{EA};$$

mais $\qquad EC = \frac{EA}{2}$, donc $EI = \frac{EF}{2} = \frac{EO + OF}{2},$

ou $\qquad\qquad r' = \frac{R + r}{2}.$

Le triangle ECO, étant rectangle en C, donne de son côté (227) :

$$\overline{EC}^2 = EO \times EI,$$

ou $\qquad\qquad R'^2 = R \times r',$

et $\qquad\qquad R' = \sqrt{R \times r'}.$

286. Remarque. — On vient de voir que

$$r' = \frac{R + r}{2} \quad \text{et} \quad R' = \sqrt{Rr'}.$$

On aurait évidemment aussi :

$$r'' = \frac{R' + r'}{2} \qquad R'' = \sqrt{R'r''}$$

$$r''' = \frac{R'' + r''}{2} \qquad R''' = \sqrt{R''r'''}$$

$$r'''' = \frac{R''' + r'''}{2} \qquad R'''' = \sqrt{R'''r''''}$$

. . . .

D'où il suit que *la série des apothèmes et des rayons des poly-gones isopérimètres dont le nombre des côtés se double indé-finiment, s'obtient en prenant alternativement la moyenne arithmétique et la moyenne géométrique des deux termes qui précèdent immédiatement celui que l'on cherche.*

THÉORÈME

287. *Lorsqu'on double indéfiniment le nombre des côtés d'un polygone régulier, le périmètre restant constant, la diffé-rence entre le rayon et l'apothème tend vers zéro.*

Démontrons d'abord que la différence entre le rayon et l'apo-thème diminue, lorsque le polygone double le nombre de ses côtés, en conservant le même périmètre.

Pour cela, reprenons les polygones isopérimètres dont les côtés sont CD et AB.

La différence EC — EI du rayon et de l'apothème du premier est plus petite que la différence AO — OF du rayon et de l'apothème du second.

En effet, dans le triangle ECO, EC < EO ; car un côté de l'angle droit est plus petit que l'hypoté-nuse.

De plus EI, étant égal à IF, est plus grand que OF.

On a ainsi pour deux raisons EC — EI < AO — OF.

Ceci posé, le triangle AOF donne :

$$AO - OF < AF \quad \text{ou} \quad AO - OF < \frac{AB}{2}.$$

Lorsqu'on double le nombre des côtés du polygone, chacun de ces côtés AB diminue, puisque le périmètre reste constant. Si l'on double indéfiniment ce nombre, AB devenant de plus en plus petit tend vers zéro. La différence AO — OF du rayon et de l'apothème tend donc aussi vers zéro.

THÉORÈME

288. *La différence entre le rayon et l'apothème d'un polygone régulier est plus petite que le quart de la différence entre le rayon et l'apothème du polygone régulier isopérimètre dont le nombre de côtés est moitié moindre.*

H. Soient les polygones réguliers isopérimètres AB et CD.

D. $EC - EI < \dfrac{AO - OF}{4}$

ou $R' - r' < \dfrac{R - r}{4}$.

Du point E comme centre, décrivons l'arc CD et menons CH. La ligne CH est bissectrice de l'angle OCD; car les angles OCH et HCD ont même mesure $\dfrac{CH}{2}$ ou $\dfrac{HD}{2}$. On a donc $\dfrac{CI}{CO} = \dfrac{IH}{OH}$, et comme CI côté de l'angle droit est plus petit que OC hypoténuse, IH sera plus petit que OH et, par suite, plus petit que $\dfrac{OI}{2}$.

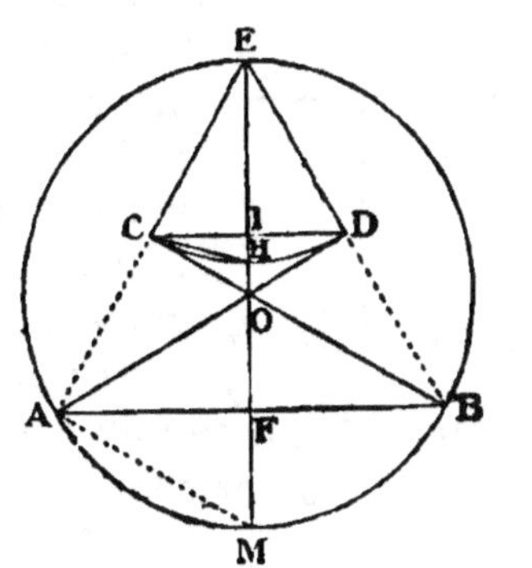

Si nous démontrons maintenant que $IH = R' - r'$ et que $\dfrac{OI}{2} = \dfrac{R - r}{4}$, nous aurons $R' - r' < \dfrac{R - r}{4}$, c'est-à-dire ce qu'il faut démontrer.

Or : $\qquad IH = EH - EI = R' - r'$.

D'ailleurs les triangles semblables COI, AFM donnent :

$\dfrac{CI}{AF} = \dfrac{OI}{FM}$, et comme $CI = \dfrac{AF}{2}$, on a $OI = \dfrac{FM}{2}$,

d'où $\quad \dfrac{OI}{2} = \dfrac{FM}{4}$ c'est-à-dire $\dfrac{OI}{2} = \dfrac{OM - OF}{4} = \dfrac{R - r}{4}$.

L'inégalité $IH < \dfrac{OI}{2}$ devient ainsi $R' - r' < \dfrac{R - r}{4}$.

4*

CALCUL DE π

289. Les formules $R' = \sqrt{Rr'}$ et $r' = \dfrac{R+r}{2}$, trouvées au n° 285, permettent de calculer facilement π. Pour cela, soit un carré de 4 mètres de contour. Cherchons son rayon et son apothème.

1° Apothème.

$$AC = 1 = IE \text{ ; donc } OI = \frac{1}{2} = 0{,}5.$$

2° Rayon.

$$\overline{AO}^2 + \overline{OB}^2 = \overline{AB}^2 \quad \text{ou} \quad 2\,R^2 = 1.$$

$$R = \sqrt{\frac{1}{2}} = \frac{1}{\sqrt{2}} = \frac{\sqrt{2}}{2} = 0{,}707\,106.$$

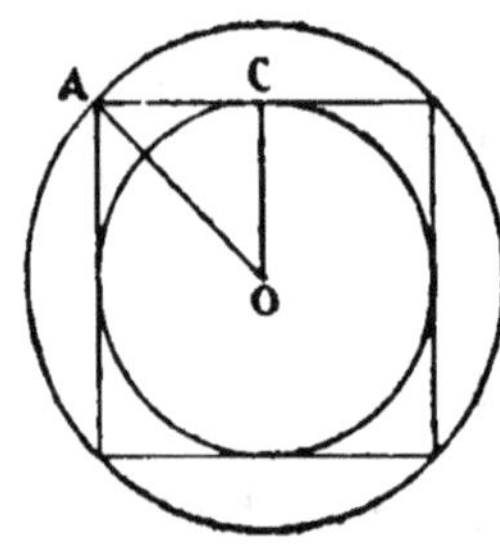

Connaissant R et r nous calculerons, au moyen des formules trouvées pour R' et r', les valeurs successives des rayons et apothèmes des polygones isopérimètres de 8, 16, 32, etc. côtés. La différence entre le rayon et l'apothème de chacun de ces polygones diminue à mesure que le nombre des côtés augmente (287); elle finit donc par disparaître pour un certain nombre de décimales.

Or si l'on prend une circonférence de 4 mètres, son rayon sera toujours compris entre le rayon et l'apothème d'un polygone régulier de même contour ; car la circonférence AO décrite avec le rayon de ce polygone est plus grande que lui, et la circonférence CO décrite avec son apothème est plus petite.

Il est donc évident que si le rayon et l'apothème d'un polygone régulier se confondent pour plusieurs décimales, ces décimales appartiennent aussi au rayon de la circonférence de même longueur.

C'est ainsi qu'on trouve que le rayon d'une circonférence de 4 mètres est égal à 0,636 619, valeur commune du rayon et de l'apothème du polygone de 2048 côtés, et comme $\pi = \dfrac{\text{circ.}}{2\,R}$

on a :
$$\pi = \frac{4}{2 \times 0{,}636\,619} = 3{,}14\,159.$$

PROBLÈME

290. *Trouver par la méthode des isopérimètres la valeur de π avec une approximation représentée par $\dfrac{1}{10^k}$, k représentant le nombre de décimales exactes que l'on désire.*

Supposons que la circonférence dont on doit chercher le rayon soit égale à 4 mètres. Dans ce cas, π vaut $\dfrac{4}{2R}$ ou $\dfrac{2}{R}$. Nous avons vu que le rayon R est compris entre le rayon et l'apothème de chacun des polygones réguliers isopérimètres dont le nombre de côtés va se doublant indéfiniment. Si l'on représente par m et n le rayon et l'apothème de celui de ces polygones qui répond à l'approximation demandée, la valeur de π sera $\dfrac{2}{m}$, par défaut, car le rayon m est trop grand ; et $\dfrac{2}{n}$, par excès, car l'apothème n est trop petit. On devra donc avoir :

$$\frac{2}{n} - \frac{2}{m} < \frac{1}{10^k},$$

ou $\qquad\qquad 2\,m - 2\,n < \dfrac{mn}{10^k}\,(1),$

$$m - n < \frac{mn}{2\times 10^k}.$$

Mais les longueurs m et n sont plus grandes chacune que l'apothème du carré, c'est-à-dire que $\dfrac{1}{2}$. En effet on a (fig. du n° 287) :

$\qquad$ CE ou $m >$ EI ou IF ; et, à fortiori, $m >$ OF.

De même, $\qquad\qquad$ EI ou $n =$ IF $>$ OF.

Le produit mn est donc plus grand que $\dfrac{1}{4}$ et, à fortiori, que $\dfrac{1}{5}$. Si l'on remplace mn par $1/5$ dans l'inégalité (1), cette inégalité devient :

$$m - n < \frac{1}{10\times 10^k},$$

ou $\qquad\qquad m - n < \dfrac{1}{10^{k+1}}.$

On aura donc l'approximation demandée en poursuivant le calcul jusqu'au polygone dont le rayon et l'apothème forment une différence moindre que $\dfrac{1}{10^{k+1}}$, c'est-à-dire se confondent pour K $+$ 1 décimales.

MÉTHODE DES PÉRIMÈTRES

291. Dans cette méthode, on donne le rayon d'une circonférence, et on calcule la longueur de cette circonférence. On obtient ensuite la valeur de π par la formule : $\pi = \dfrac{\text{circonférence}}{2\,R}$.

292. Pour calculer la longueur d'une circonférence dont le rayon est donné, il suffit de se rappeler (279) que la circonférence est la limite vers laquelle tend un polygone régulier inscrit, lorsqu'on double indéfiniment le nombre de ses côtés. Si donc on calcule successivement les périmètres des polygones de 4, 8, 16, 32, 64, etc. côtés, on pourra regarder le périmètre du dernier polygone comme représentant la longueur approchée de la circonférence, et la valeur trouvée sera d'autant plus exacte que le polygone aura un plus grand nombre de côtés. On aura ainsi une approximation aussi grande que l'on voudra.

Ceci posé, soit un carré inscrit dans un cercle de un mètre de rayon. Calculons son côté.

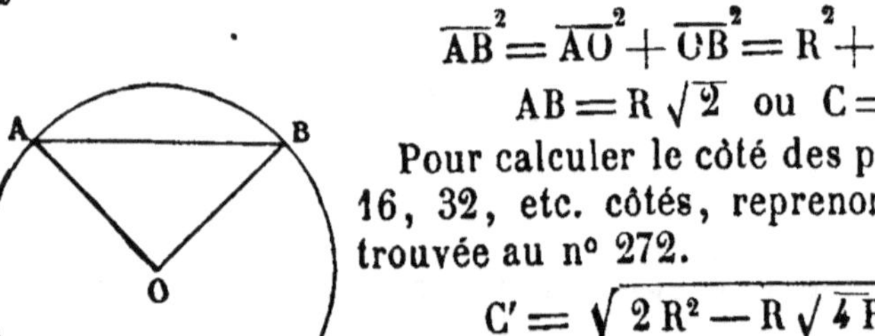

$$\overline{AB}^2 = \overline{AO}^2 + \overline{OB}^2 = R^2 + R^2 = 2\,R^2,$$
$$AB = R\sqrt{2} \text{ ou } C = \sqrt{2}.$$

Pour calculer le côté des polygones de 8, 16, 32, etc. côtés, reprenons la formule trouvée au n° 272.

$$C' = \sqrt{2R^2 - R\sqrt{4R^2 - C^2}}.$$

Dans le cas présent, R étant égal à 1, cette formule devient :

$$C' = \sqrt{2 - \sqrt{4 - C^2}}.$$

Or $C = \sqrt{2}$; donc $C^2 = 2$, et on obtient :

Côté de l'octogone
$$C' = \sqrt{2 - \sqrt{4 - C^2}} = \sqrt{2 - \sqrt{4 - 2}} = \sqrt{2 - \sqrt{2}}.$$

Côté du polygone de 16 côtés :
$$C'' = \sqrt{2 - \sqrt{4 - C'^2}} = \sqrt{2 - \sqrt{4 - 2 + \sqrt{2}}} = \sqrt{2 - \sqrt{2 + \sqrt{2}}}.$$

Côté du polygone de 32 côtés :
$$C''' = \sqrt{2 - \sqrt{4 - C''^2}} = \sqrt{2 - \sqrt{4 - 2 + \sqrt{2 + \sqrt{2}}}} =$$
$$\sqrt{2 - \sqrt{2 + \sqrt{2 + \sqrt{2}}}}$$

En général, on voit que les radicaux superposés précédés du signe négatif sont en nombre égal à l'indice de C. Si donc on veut s'arrêter, comme précédemment, au polygone de 2,048 côtés et regarder son périmètre comme représentant la circonférence, il suffit de prendre

$$C^{ix} = \sqrt{2 - \sqrt{2 + \sqrt{2 + \sqrt{2 + \sqrt{2 + \sqrt{2 + \sqrt{2 + \sqrt{2 + \sqrt{2 + \sqrt{2}}}}}}}}}}$$

On trouve C^{ix} en extrayant, avec telle approximation que l'on veut, la racine carrée du dernier 2; en ajoutant ensuite cette racine au 2 qui précède, pour extraire de nouveau la racine, etc, etc. On termine en soustrayant le résultat du premier 2, et en extrayant la racine du reste.

On trouve ainsi $C^{ix} = 0,0030678$.

Le périmètre du polygone de 2048 côtés est alors

$$2048 \text{ fois } C^{ix} = 2048 \times 0,003678 = 6,2831754$$

et comme
$$\pi = \frac{\text{circonférence}}{2\,R},$$

on obtient :
$$\pi = \frac{6,2831754}{2} = 3,141587\ldots$$

ou
$$\pi = 3,14159.$$

293. Remarque. — Le rapport de la circonférence au diamètre trouvé par Archimède était $\frac{22}{7}$ ou 3,14285. On voit qu'il diffère de la valeur réelle de π dès la troisième décimale. Celui d'Adrien Métius est plus approché. Il est égal à $\frac{355}{113}$ ou 3,1415920.

PROBLÈMES SUR LE LIVRE III

PROBLÈME

294. *Diviser une ligne droite en un certain nombre de parties égales.*

Soit la droite AB à diviser en quatre parties égales. Menons, au point A, une ligne AI faisant avec AB un angle quelconque; prenons ensuite sur AI, à partir du point A, quatre longueurs égales

AD = DC = CE = EF ; joignons les points F, B, et menons à FB les parallèles EI, CO, DM. Nous aurons :

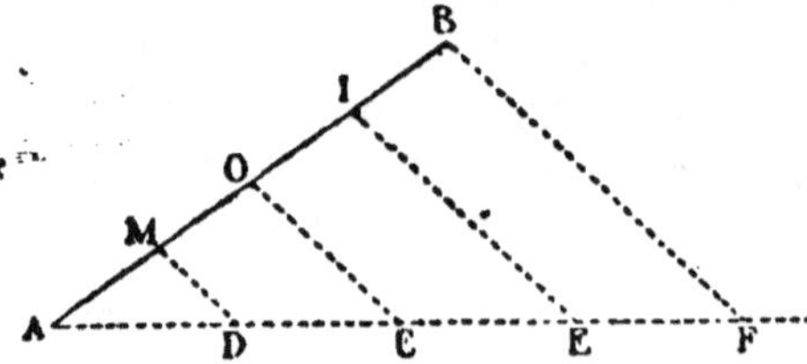

$$\frac{AD}{AM} = \frac{DC}{MO} = \frac{CE}{OI} = \frac{EF}{IB} \ (210),$$

et comme les numérateurs sont égaux par construction, les dénominateurs le seront aussi. Donc :

$$AM = MO = OI = IB.$$

PROBLÈME

295. *Diviser une ligne droite en parties proportionnelles à plusieurs lignes données.*

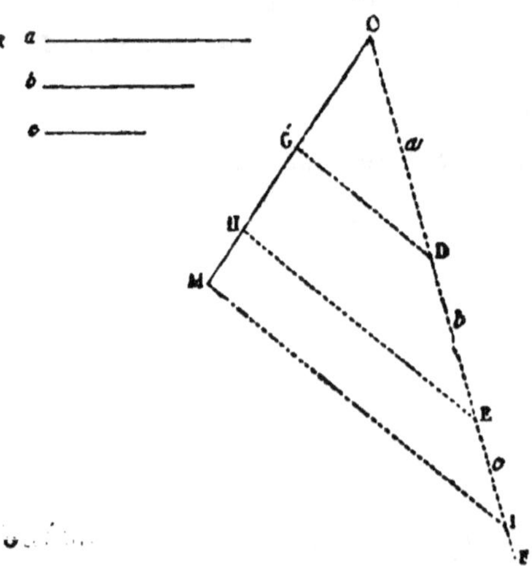

Soit la ligne OM à partager en trois parties proportionnelles aux lignes a, b, c.

Menons au point O une droite indéfinie OF formant avec OM un angle quelconque, puis prenons sur OF à partir du point O des longueurs OD $= a$, DE $= b$, EI $= c$, et joignons le point I au point M. Enfin menons à IM les parallèles HE et DG. Nous aurons évidemment :

$$\frac{OG}{OD \text{ ou } a} = \frac{GH}{DE \text{ ou } b} = \frac{HM}{EI \text{ ou } c} \ (210).$$

PROBLÈME

296. *Trouver une quatrième proportionnelle à trois droites données a, b, c.*

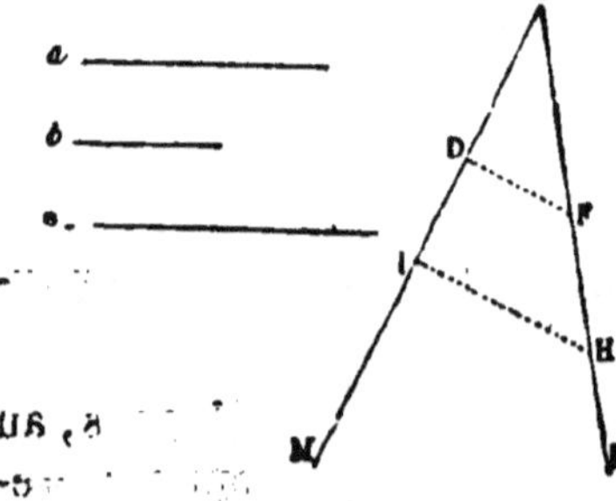

On devra avoir $\dfrac{a}{b} = \dfrac{c}{x}$, x représentant la quatrième proportionnelle demandée.

Sur les côtés d'un angle quelconque MOP, prenons OI $= a$, OD $= b$, OH $= c$; joignons ensuite I, H, et menons DF parallèle à IH. Nous aurons :

$$\frac{\text{OI ou } a}{\text{OD ou } b} = \frac{\text{OH ou } c}{\text{OF ou } x}.$$

OF est donc la quatrième proportionnelle demandée.

297. Remarque. — La proportion $\frac{a}{b} = \frac{c}{x}$ donne $x = \frac{bc}{a}$. L'expression $\frac{bc}{a}$ représente donc une quatrième proportionnelle aux lignes b, c, a.

PROBLÈME

298. — *Trouver une moyenne proportionnelle à deux droites données a et b.*

On devra avoir $\frac{a}{x} = \frac{x}{b}$, x représentant la moyenne proportionnelle demandée.

Sur une droite indéfinie XY, prenons $MP = a$ et $PN = b$.

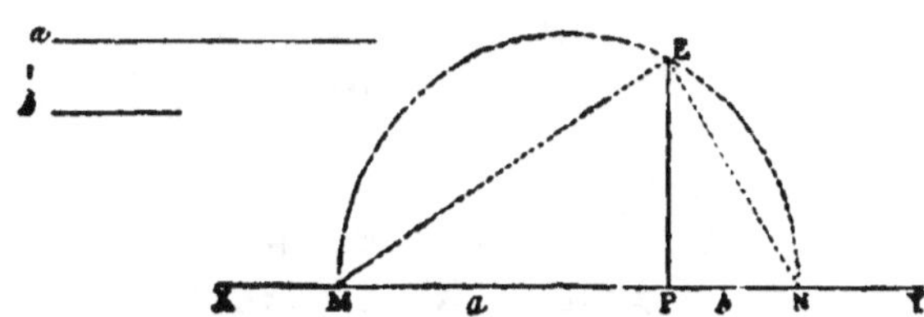

Construisons ensuite, sur MN comme diamètre, le demi-cercle MEN, enfin, menons au point P la perpendiculaire PE sur MN et joignons le point E aux points M et N. L'angle E, inscrit dans une demi-circonférence, est droit. Donc la ligne EP menée du sommet E sur l'hypoténuse est moyenne proportionnelle entre les deux segments MP et NP. On obtient ainsi :

$$\frac{MP}{EP} = \frac{EP}{NP}, \quad \text{ou} \quad \frac{a}{EP} = \frac{EP}{b}$$

La moyenne proportionnelle demandée est EP.

299. Remarque. — La relation $\frac{a}{EP} = \frac{EP}{b}$ donne $\overline{EP}^2 = a \times b$.

L'expression $a \times b$ est donc une moyenne proportionnelle entre les facteurs a et b.

PROBLÈME

300. *Mener une tangente commune à deux cercles.*

1° *La tangente commune est extérieure.*

Supposons le problème résolu, et cherchons à quelle distance de C′ aura lieu la rencontre de la tangente et de la ligne des centres; car, cette distance C′O étant connue, la tangente menée

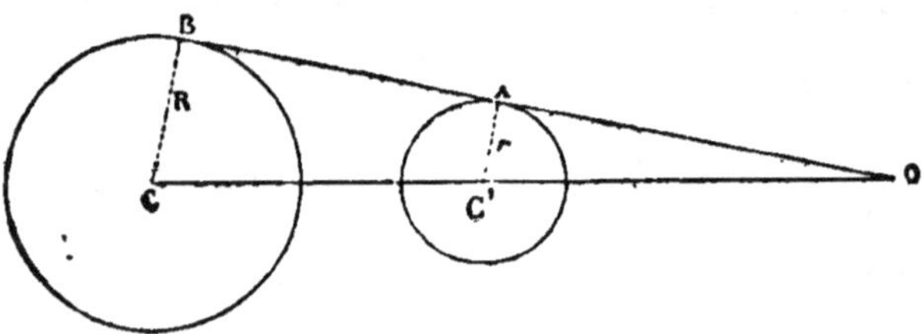

du point O au cercle C′ sera en même temps tangente au cercle C.

Le parallélisme des rayons CB et C′A donne :

$$\frac{C'O}{CO} = \frac{C'A}{CB}, \quad \text{ou} \quad \frac{C'O}{CO} = \frac{r}{R}.$$

Si nous représentons par d la distance CC′ des centres, nous aurons :

$$\frac{C'O}{C'O + d} = \frac{r}{R}.$$

Résolvons cette équation :

$$C'O \times R = C'O \times r + dr$$
$$C'O \times R - C'O \times r = dr$$
$$C'O\,(R - r) = dr$$
$$C'O = \frac{dr}{R - r}.$$

C′O est donc une quatrième proportionnelle entre d, r et $R - r$. On la déterminera en appliquant la méthode donnée au n° 296.

2° *La tangente commune est intérieure.*

Supposons encore le problème résolu.

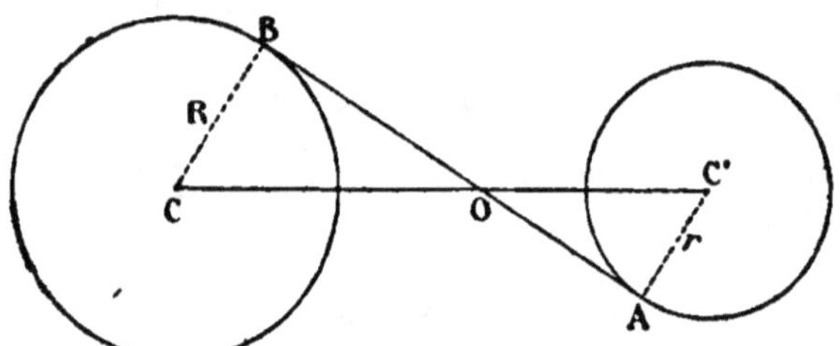

Les triangles semblables BOC et AOC′ donnent :

$$\frac{OC'}{OC} = \frac{r}{R}, \quad \text{et comme } OC = d - OC',$$

$$\frac{OC'}{d - OC'} = \frac{r}{R},$$
$$R \times OC' = rd - r \times OC',$$
$$R \times OC' + r \times OC' = rd,$$
$$OC'\,(R + r) = rd,$$
$$OC' = \frac{rd}{R + r}$$

La distance OC' est donc une quatrième proportionnelle entre r, d et $R + r$. On la trouvera par la méthode donnée au n° 296.

Le point O étant connu, il suffit de mener de ce point une ligne tangente à l'un des cercles. Cette ligne prolongée sera tangente à l'autre.

301. **Remarque.** — Dans le cas particulier où les rayons sont égaux, les formules deviennent :

1° Pour la tangente extérieure,

$$OC' = \frac{rd}{R - r} = \frac{rd}{0} = \infty.$$

Ce qui veut dire que le point de rencontre de la tangente et de la ligne des centres sera situé à l'infini. Donc la tangente commune sera parallèle à la ligne des centres.

2° Pour la tangente intérieure,

$$OC' = \frac{rd}{R + r} = \frac{rd}{2r} = \frac{d}{2}.$$

On voit que, dans ce cas, le point d'où l'on doit tirer la tangente intérieure partage en deux parties égales la ligne des centres.

PROBLÈME

302. *Construire sur une droite donnée un polygone semblable à un polygone donné.*

H. On donne le polygone ABCDE et la droite *ab.*

Construire sur *ab* un polygone *abcde* semblable à ABCDE.

Menons les diagonales AC, AD.

Aux points *a* et *b* de la droite *ab*, construisons

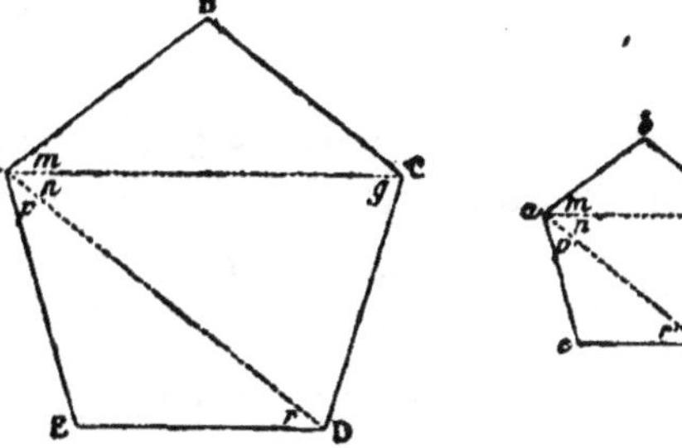

des angles égaux le premier *m'* à *m*, le second *b* à B, nous aurons ainsi deux triangles abc et ABC semblables comme ayant leurs angles égaux.

Construisons ensuite les angles $n' = n$, $g' = g$, nous formerons encore deux triangles semblables acd et ACD.

Enfin faisant encore $p' = p$ et $r' = r$, nous aurons de nouveau des triangles aed et AED semblables entre eux, et les deux polygones ABCDE, $abcde$, formés d'un même nombre de triangles semblables et semblablement placés, seront semblables (223).

SUPPLÉMENT AU LIVRE III

PRINCIPE DES SIGNES

303. Une droite AB peut être parcourue dans le sens AB ou dans le sens BA. Dans les deux cas, les segments AB, BA sont égaux en grandeur absolue, mais ils n'ont ni la même origine ni le même sens. C'est pour indiquer cette origine et ce sens que l'on a recours à l'emploi des signes.

On convient d'affecter du signe $(+)$ les segments comptés dans un sens d'ailleurs arbitraire, et du signe $(-)$ les segments comptés dans l'autre sens. C'est ainsi que l'on écrit : $AB = - BA$.

Si l'on considère le rapport de deux segments de même sens, par exemple $\dfrac{AC}{AB}$, on voit qu'il est positif, car ses deux termes sont positifs.

De même $\dfrac{BC}{BA}$ est positif, puisque ses termes sont tous deux négatifs. Enfin $\dfrac{CA}{CB}$ est négatif; car un seul de ses termes est négatif.

En appliquant ces règles aux relations trouvées au n° 249, ces relations deviennent en réalité :

$$\frac{C'A}{C'B} = - \frac{CA}{CB}, \quad \text{et} \quad - \frac{AC'}{AC} = \frac{BC'}{BC}.$$

304. La règle des signes peut s'appliquer utilement à tous les théorèmes qui ont rapport aux segments.

TRANSVERSALES

305. Définition. — On nomme *transversale* toute droite qui rencontre un système de plusieurs autres droites.

THÉORÈME

306. *Toute transversale détermine sur les côtés d'un triangle six segments tels que le produit de trois d'entre eux non consécutifs est égal au produit des trois autres.*

H. Soit le tr. BAC rencontré par la transversale DEF.

D. $AE \times CD \times BF = CE \times BD \times AF$.

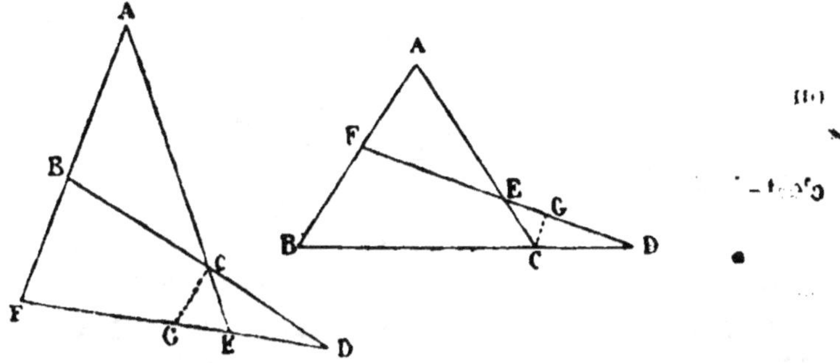

Menons la droite CG parallèle à AB.
Les triangles AFE, EGC sont semblables, donc

$$\frac{AE}{CE} = \frac{AF}{CG} \quad \text{ou} \quad AE \times CG = CE \times AF \ (1).$$

On a aussi, grâce aux triangles semblables CDG et BDF,

$$\frac{CD}{BD} = \frac{CG}{BF} \quad \text{ou} \quad CD \times BF = CG \times BD \ (2).$$

Multipliant entre elles les égalités (1) et (2), il vient :

$$AE \times CG \times CD \times BF = CE \times AF \times BD \times CG,$$

ou

$$AE \times CD \times BF = CE \times BD \times AF.$$

307. Remarque. — Le résultat du théorème qui vient d'être démontré peut se mettre sous la forme :

$$\frac{AE}{CE} \times \frac{CD}{BD} \times \frac{BF}{AF} = +1$$

car si l'on applique la règle des signes donnée au n° 303, le premier et le dernier rapport sont négatifs dans la première figure et positifs dans la seconde, tandis que le rapport moyen est toujours positif. Dans les deux cas, le résultat doit donc être positif.

THÉORÈME

308. *Trois points pris sur les côtés d'un triangle sont en ligne droite, lorsqu'ils déterminent des segments tels que le produit de trois d'entre eux non consécutifs soit égal au produit des trois autres.*

H. $AE \times CD \times BF = CE \times BD \times AF$.

D. Les points D, E, F sont en ligne droite.

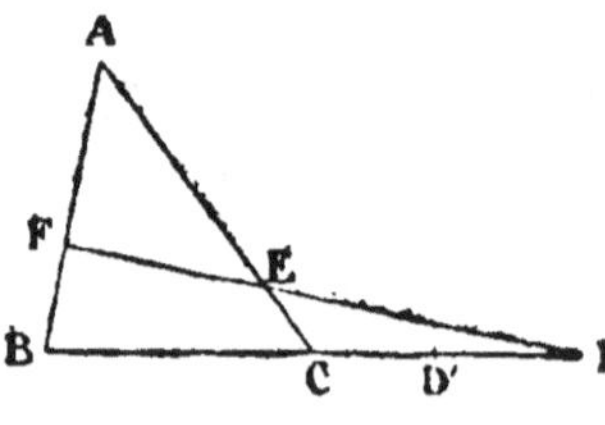

Supposons que la droite EF rencontre le côté BC en un point D′ différent de D. On aura, d'après le théorème précédent :
$$AE \times CD' \times BF = CE \times BD' \times AF.$$
Mais par hypothèse
$$AE \times CD \times BF = CE \times BD \times AF,$$
ce qui donne en divisant les deux égalités et en simplifiant :
$$\frac{CD'}{CD} = \frac{BD'}{BD}$$

ou
$$\frac{CD'}{CD} = \frac{BD'-CD'}{BD-CD}$$

c'est-à-dire
$$\frac{CD'}{CD} = \frac{BC}{BC}$$

ce qui exige que le point D′ se confonde avec le point D.

309. Remarque I. — La relation donnée dans l'hypothèse peut s'écrire :
$$\frac{AE}{CE} \cdot \frac{CD}{BD} \cdot \frac{BF}{AF} = + 1.$$

Or, les segments pris sur les côtés donnent des rapports négatifs, tandis que les segments pris sur leurs prolongements donnent des rapports positifs. Pour que le résultat soit positif, il faut donc que le nombre des rapports fournis par les segments faits sur les côtés soit toujours pair.

310. Remarque II. Les deux théorèmes précédents servent surtout à prouver que trois points sont en ligne droite. Ils sont de plus d'un usage fréquent dans les démonstrations. Nous allons en donner quelques exemples.

APPLICATIONS

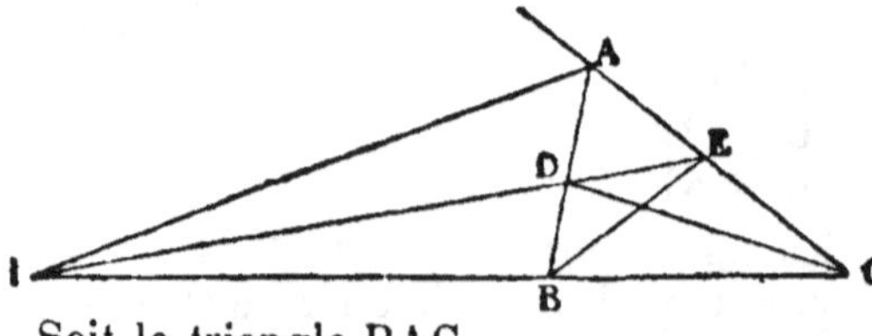

311. I. *Dans un triangle, les pieds de deux bissectrices intérieures et le pied de la bissectrice extérieure du troisième angle sont en ligne droite.*

Soit le triangle BAC.

Les bissectrices AI, CD, BE donnent les trois proportions suivantes :

$$\frac{IB}{IC} = \frac{AB}{AC}\,;\ \frac{AD}{DB} = \frac{AC}{BC}\,;\ \frac{EC}{AE} = \frac{BC}{AB}\cdot$$

Si on les multiplie terme par terme on obtient :

$$\frac{IB}{IC} \times \frac{AD}{DB} \times \frac{EC}{AE} = \frac{AB}{AC} \times \frac{AC}{BC} \times \frac{BC}{AB} = 1,$$

ou

$$IB \times AD \times EC = IC \times DB \times AE.$$

Les trois points I, D, E sont donc en ligne droite.

312. II. *Toute droite menée parallèlement à une des bissectrices d'un triangle partage le côté opposé en deux segments proportionnels aux segments qui leur sont adjacents sur les autres côtés.*

II. La transversale DF est parallèle à la bissectrice CG.

D. $\dfrac{BF}{AF} = \dfrac{BD}{AE}\cdot$

En effet, on a (306) :
$$AE \times CD \times BF = CE \times BD \times AF$$
et, comme $EC = CD$, car le triangle ECD est isocèle, on obtient :
$$AE \times BF = BD \times AF,$$

ou $\quad \dfrac{BF}{AF} = \dfrac{BD}{AE}\,;\quad$ C. Q. F. D.

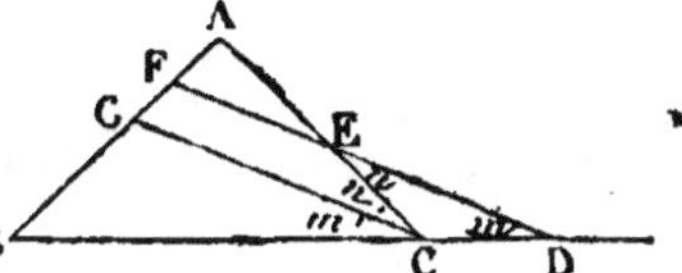

Si la parallèle DF se confond avec la bissectrice CG, la proportion devient :

$$\frac{BG}{AG} = \frac{BC}{AC},$$

ce qui prouve cette vérité déjà démontrée (241) : *Dans un triangle, la bissectrice d'un angle intérieur divise le côté opposé en parties proportionnelles aux côtés adjacents.*

313. **Remarque.** — Il est bon de constater les signes des relations que l'on obtient. Pour cela, regardons comme positifs dans le triangle ABC les côtés pris dans le sens ABCA, et comme négatifs ceux qui vont dans le sens ACBA. On voit qu'en partant du point C, le rapport $\dfrac{BC}{CA}$ sera formé d'un terme BC négatif et d'un autre terme CA positif; il sera donc négatif. Le rapport $\dfrac{BG}{AG}$ étant d'ailleurs lui-même négatif (303), la relation $\dfrac{BG}{AG} = \dfrac{BC}{AC}$ aura ses deux membres affectés du même signe négatif.

314. III. *Toute FD droite parallèle à la bissectrice AG d'un angle extérieur à un triangle BAC, rencontre le prolongement du côté opposé en un point D dont les distances DC, DB aux extrémités de ce côté sont proportionnelles aux segments CE, BF qui leur sont adjacents sur les deux autres côtés.*

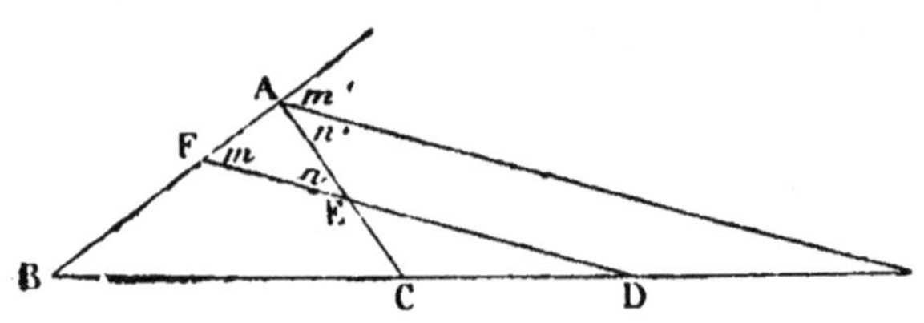

H. La transversale DF est parallèle à la bissectrice extérieure AG.

D. $\dfrac{CD}{BD} = \dfrac{CE}{BF}.$

On a (304)

$$AE \times CD \times BF = CE \times BD \times AF.$$

Or AF = AE ; car le triangle AFE est isocèle : donc

$$CD \times BF = CE \times BD,$$

ou $\qquad \dfrac{CD}{BD} = \dfrac{CE}{BF} ; \qquad\qquad$ C. Q. F .D.

Si la parallèle FD se confond avec la bissectrice AG, la proportion devient $\dfrac{CG}{BG} = \dfrac{AC}{AB}$; ce qui confirme le théorème suivant déjà démontré (243) : *La bissectrice d'un angle extérieur à un triangle rencontre le prolongement du côté opposé en un point dont les distances aux extrémités de ce côté sont proportionnelles aux côtés adjacents.*

En suivant la règle des signes donnée au n° 303 et complétée au n° 313, on voit que le premier rapport est positif tandis que le second est négatif, de sorte que la relation est en réalité :

$$\frac{CG}{BG} = - \frac{AC}{AB}.$$

THÉORÈME

315. *Les droites issues d'un même point et menées aux trois sommets d'un triangle déterminent sur les côtés opposés six segments tels que le produit de trois d'entre eux non consécutifs est égal au produit des trois autres, et de signe contraire.*

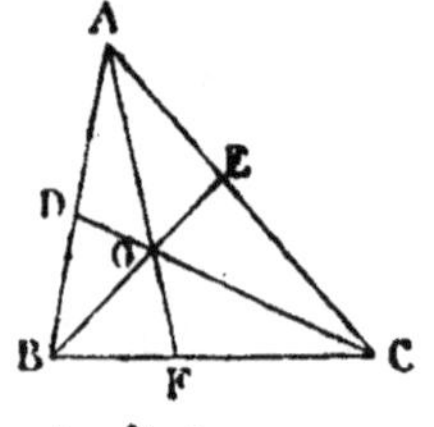

H. Soient trois droites isssues du point O et menées aux sommets A, B, C.

D. $AD \times FB \times CE = - BD \times FC \times AE.$

Le triangle ABF est rencontré par une transversale CD : donc

$$AD \times BC \times FO = BD \times FC \times AO.$$

De plus, le triangle AFC rencontré par la transversale BE donne :

$$AO \times FB \times CE = AE \times CB \times FO.$$

Si l'on multiplie ces deux égalités, on obtient en simplifiant et en tenant compte des signes de BC et de CB, qui sont contraires :

$$AD \times FB \times CE = - BD \times FC \times AE.$$

THÉORÈME

316. *Si trois points* D, E, F *d'un triangle forment avec les côtés d'un triangle six segments tels que le produit de trois d'entre eux non consécutifs est égal au produit des trois autres, et de signe contraire, les droites menées par ces points aux sommets opposés se rencontrent au même point.*

H. $AD \times FB \times CE = - AE \times FC \times BD.$

D. Les droites AF, BE, CD concourent en un même point O.

Supposons que les droites BE et CD, menées aux sommets B et C par deux des points donnés, se rencontrent en un point O, et que la troisième AO aboutisse en F' et non en F. Nous aurons alors (310) :

$$AD \times F'B \times CE = - AE \times F'C \times BD;$$

Or, par hypothèse :

$$AD \times FB \times CE = - AE \times FC \times BD;$$

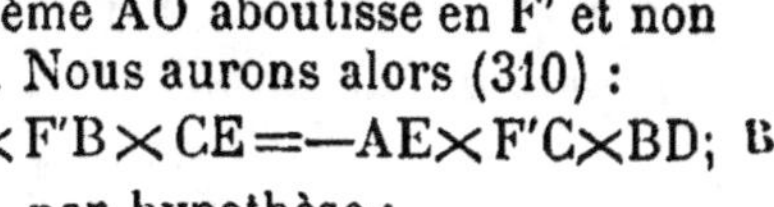

Ce qui donne en divisant les deux égalités l'une par l'autre :

$$\frac{F'B}{FB} = \frac{F'C}{FC},$$

ou

$$\frac{F'B + F'C}{F'C} = \frac{FB + FC}{FC},$$

c'est-à-dire

$$\frac{BC}{F'C} = \frac{BC}{FC}.$$

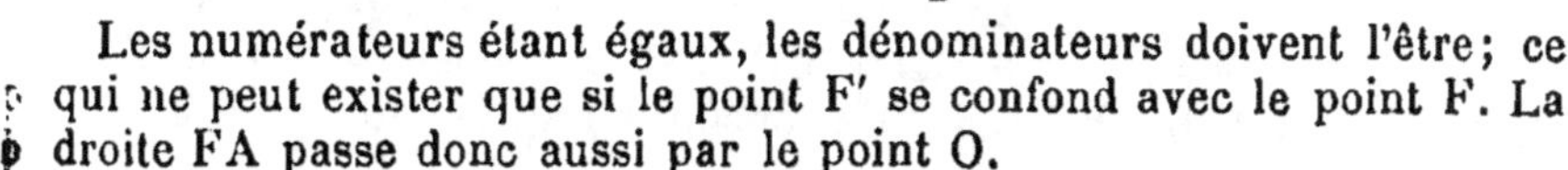

Les numérateurs étant égaux, les dénominateurs doivent l'être; ce qui ne peut exister que si le point F' se confond avec le point F. La droite FA passe donc aussi par le point O.

317. Remarque. — Les deux théorèmes qui précèdent servent à démontrer que trois droites concourent au même point.

APPLICATIONS

318. I. *Les bissectrices des angles d'un triangle passent par un même point.*

En effet, ces bissectrices donnent :

$$\frac{BC}{AB} = \frac{CE}{AE}; \frac{AB}{AC} = \frac{BF}{FC}; \frac{AC}{BC} = \frac{AD}{BD}.$$

Si l'on multiplie ces relations entre elles, il vient :

$$\frac{BC}{AB} \times \frac{AB}{AC} \times \frac{AC}{BC} = \frac{CE}{AE} \times \frac{BF}{CF} \times \frac{AD}{BD},$$

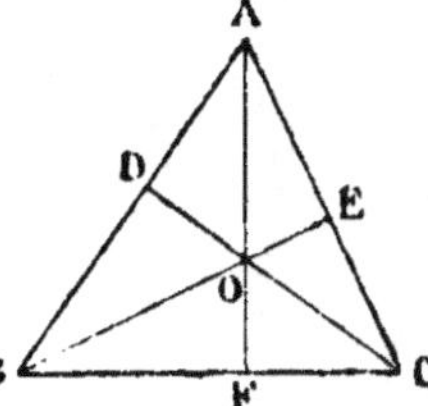

et comme les trois premiers rapports sont négatifs,

$$\frac{CE}{AE} \times \frac{BF}{CF} \times \frac{AD}{BD} = -1 \quad \text{ou} \quad CE \times BF \times AD = -AE \times CF \times BD.$$

Donc les trois bissectrices passent par un même point (316).

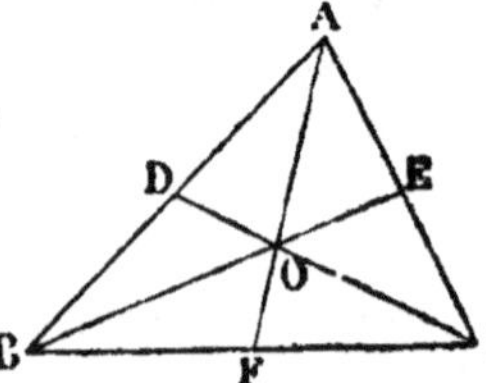

319. II. *Les médianes d'un triangle passent par un même point.*

On a par hypothèse $AD = BD$; $BF = FC$; $CE = AE$.

Donc $AD \times BF \times CE = AE \times CF \times BD$.

Et comme les segments sont dirigés les premiers dans le sens ABCA, les autres dans le sens ACBA, on a enfin :

$$AD \times BF \times CE = -AE \times CF \times BD.$$

Donc les trois médianes concourent au même point (316).

320. III. *Les hauteurs d'un triangle passent par un même point.*

Les triangles semblables BAE, DAC donnent : $\quad \dfrac{AC}{AB} = \dfrac{AD}{AE}$;

Les triangles BDC et BAF donnent aussi : $\quad \dfrac{AB}{BC} = \dfrac{BF}{BD}$;

et les triangles BCE, ACF : $\quad \dfrac{BC}{AC} = \dfrac{CE}{CF}$.

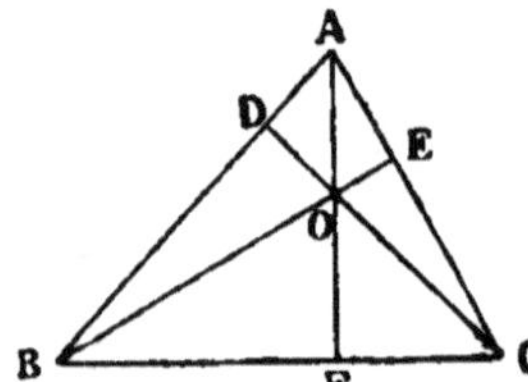

Si l'on multiplie ces trois relations, on obtient :

$$\frac{AC}{AB} \times \frac{AB}{BC} \times \frac{BC}{AC} = \frac{AD}{AE} \times \frac{BF}{BD} \times \frac{CE}{CF},$$

ou $\quad \dfrac{AD}{AE} \times \dfrac{BF}{BD} \times \dfrac{CE}{CF} = -1,$

car le premier membre est égal à -1,

ou enfin $\quad AD \times BF \times CE = -AE \times BD \times CF.$

Donc les hauteurs d'un triangle concourent au même point (316).

EXERCICES SUR LE LIVRE III

190. Calculer le rapport de deux arcs dont le premier vaut 83° 48′ 57″, 8 et le second 87° 57′ 3″, 9 (202).

191. Quelle fraction de circonférence représente un arc de 48° 42′ 4″, 7 ?

192. Partager 328, 32 en parties proportionnelles aux arcs suivants : 42° 25′ 3″, 5; 12° 45′ 6″, 3; 9° 56′ 42″, 7 (203).

193. Partager un arc de 55° 45′ 10″, 2 en parties proportionnelles aux nombres 3, 7 et 9.

194. Toute droite qui joint les milieux de deux côtés d'un triangle est parallèle au troisième côté. Elle est de plus égale à la moitié de ce côté (209).

195. Du point O, milieu de la diagonale d'un quadrilatère MNPQ rectangle en N et Q, on abaisse les perpendiculaires OA et OB sur NP et PQ. Démontrer que

$$\frac{OA}{MN} + \frac{OB}{MQ} = I.$$

196. Toute droite qui partage en parties proportionnelles les côtés non parallèles d'un trapèze est parallèle aux bases (210).

197. Les médianes d'un quadrilatère se coupent mutuellement en deux parties égales (211).

198. La droite qui joint les milieux des côtés non parallèles d'un trapèze est égale à la demi-somme des bases; celle qui joint les milieux de ses diagonales est égale à la demi-différence des bases (214).

199. Lieu des points qui partagent en parties proportionnelles les sécantes issues d'un même point pris dans le plan d'un cercle (215).

200. Dans un triangle donné, inscrire un rectangle dont les côtés forment un rapport donné.

201. Construire un triangle connaissant ses trois angles et son périmètre.

202. Lieu des points d'où l'on peut voir deux circonférences données sous des angles égaux.

203. Inscrire dans un cercle un triangle semblable à un triangle donné.

204. Lieu des points extérieurs à un cercle dont le produit des distances à la circonférence est constamment égal à une quantité donnée.

205. Dans un trapèze on donne deux côtés adjacents AB, AD et la diagonale BD ; on demande le lieu du quatrième sommet et celui des milieux de l'autre côté.

206. Soit un trapèze ABCD. Trouver les distances aux bases d'une droite de longueur donnée et parallèle à leur direction.

207. Calculer la longueur d'une droite menée parallèlement aux bases d'un trapèze, et partageant les côtés non parallèles dans un rapport donné.

208. Lieu des points dont les distances à deux droites parallèles sont dans un rapport donné.

209. Trouver en fonction des côtés d'un triangle le périmètre du carré inscrit dans ce triangle.

210. Quelle est la hauteur du triangle formé par le prolongement des côtés non parallèles d'un trapèze dont les bases valent 5^m et 8^m, et dont la hauteur est égale à 2^m?

211. Le produit des diagonales d'un quadrilatère inscrit est égal à la somme des produits des côtés opposés (216).

212. Le produit des diagonales d'un quadrilatère non inscriptible est plus petit que la somme des produits des côtés opposés.

213. Les perpendiculaires abaissées d'un point de la diagonale d'un parallélogramme sur les côtés sont inversement proportionnelles à ces côtés.

214 On mène dans un cercle un diamètre AB, une droite CD perpendiculaire sur AB et une corde AE qui rencontre CD au point F. Démontrer que le produit $AE \times AF$ est constant.

215. Si par le point de contact de deux circonférences tangentes on mène une sécante quelconque, le rapport des cordes qu'elle détermine est égal au rapport des diamètres des deux cercles.

216. Par l'un des points d'intersection de deux circonférences données, mener une sécante telle que le rapport des cordes qu'elle forme soit égal à un rapport donné.

217. Lieu des milieux des droites qui joignent un même point aux différents points d'une autre droite (225).

218. Les différentes droites qui joignent un point à une droite donnée sont partagées en parties proportionnelles ; on demande le lieu des points de division.

219. Les côtés non parallèles d'un trapèze et la droite qui joint les milieux des côtés parallèles concourent en un même point (224).

220. Les côtés non parallèles d'un trapèze et la droite qui partage les côtés parallèles en parties proportionnelles concourent au même point.

221. La distance du milieu de la médiane d'un quadrilatère à un

axe situé dans le même plan est moyenne arithmétique entre les distances des quatre sommets à ce même axe.

222. Deux droites sont parallèles. On prend sur la première AB les distances AC $= 2$; CD $= 1, 5$; DB $= 1, 7$; et sur la seconde A′B′, on fait A′C′ $= 4, 5$; C′D′ $= 1, 2$ et D′B′ $= 6$. Les droites AA′, BB′, etc., qui joignent ces systèmes de points concourent-elles toutes au même point?

223. Inscrire dans un cercle un triangle isocèle dont la base est égale à la hauteur (227).

224. Inscrire dans un cercle un triangle isocèle dont la base est le double de la hauteur.

225. Circonscrire à un cercle un triangle isocèle dont le côté vaut m fois la base.

226. Les côtés de l'angle droit d'un triangle rectangle valent 5^m et 4^m; trouver l'hypoténuse, la hauteur correspondante et les segments qu'elle détermine sur l'hypoténuse (227).

227. L'hypoténuse d'un triangle rectangle vaut $\dfrac{8\sqrt{7}}{\sqrt{2}}$ et la hauteur correspondante égale $\dfrac{3}{\sqrt{2}}$. Trouver les segments de l'hypoténuse et les côtés de l'angle droit.

228. Trouver les côtés d'un triangle rectangle, sachant que son périmètre vaut $38\sqrt{2}$ et un côté de l'angle droit $5\sqrt{3}$ (228).

229. Trouver les segments déterminés sur l'hypoténuse d'un triangle rectangle, sachant que son hypoténuse égale 5, et la somme des côtés de l'angle droit 7.

230. Calculer la hauteur abaissée sur l'hypoténuse d'un triangle rectangle, sachant que le rapport des côtés de l'angle droit est $\dfrac{2}{3}$, et leur produit 12.

231. Calculer les segments déterminés sur l'hypoténuse d'un triangle rectangle, sachant que cette hypoténuse vaut $9\sqrt{5}$, et que le rapport des côtés de l'angle droit est égal à $\sqrt{3}$.

232. Dans un triangle rectangle, on donne la hauteur 3^m abaissée sur l'hypoténuse, et la somme 15^m de cette hauteur et de l'hypoténuse. Trouver les côtés de l'angle droit.

233. Trouver les hauteurs d'un triangle rectangle dont l'hypoténuse égale 7, et dont le produit des côtés de l'angle droit vaut la différence des carrés de ces mêmes côtés.

234. La différence des côtés de l'angle droit d'un triangle rectangle est $3\sqrt{2}$, la somme des segments est $8\sqrt{3}$. Trouver ces segments.

235. Trouver les côtés d'un triangle rectangle, sachant que leur somme vaut $8\sqrt{3}$, et la somme de leurs carrés 32.

236. Les côtés d'un triangle quelconque valent $32\sqrt{2}$, $45\sqrt{3}$, et $8\sqrt{5}$. Trouver ses trois hauteurs et les segments qu'elles déterminent.

237. Calculer le rayon et l'apothème d'un triangle équilatéral en fonction de son côté.

238. La diagonale d'un rectangle vaut 15 ^{m}, la différence des dimensions égale 3 ^{m}. Trouver ces dimensions.

239. Quelle est la hauteur d'un trapèze isocèle dont les côtés parallèles valent 308 ^{m} et 250 ^{m}, et les autres côtés, 54 ^{m} chacun?

240. La somme des carrés des segments de deux cordes perpendiculaires est constante et égale au carré du diamètre (230).

241. La différence des carrés de deux côtés d'un triangle est égale au produit du troisième côté par la différence des segments que déterminent sur ce côté les projections des deux autres.

242. Construire un triangle rectangle, connaissant un côté de l'angle droit, et sachant que l'hypoténuse et l'autre côté font ensemble une somme double du côté donné.

243. Trouver les côtés d'un triangle rectangle, sachant qu'ils sont représentés par des nombres consécutifs.

244. Trouver les côtés d'un triangle rectangle, sachant qu'ils forment trois termes consécutifs d'une progression arithmétique ou géométrique dont la raison est donnée.

245. La diagonale et le côté du carré sont deux quantités incommensurables.

246. Lieu des points, tels que la somme ou la différence des carrés de leurs distances aux extrémités d'une droite, soit égale au carré de cette droite.

247. Lieu des points d'intersection des tangentes perpendiculaires deux à deux.

248. Par un point intérieur à un cercle ou à un angle, mener une droite telle que le produit des deux segments déterminés par le point soit égal à un carré donné (237).

249. Deux cordes AB et CD se coupent dans un cercle en un point O. Trouver les distances AO et BO, sachant que $AB = 1,52$, $CO = 0,75$ et $OD = 1,25$.

250. Deux cordes AB et CD de longueur 3,2 et 2,3 se coupent dans un cercle en un point O. Le premier segment de la seconde vaut 1,20. Quels sont les segments de la première ?

251. Couper une tangente à un cercle donné par une sécante telle que la partie extérieure soit égale à la partie intérieure (238).

252. Par un point donné sur une circonférence, mener une tangente égale au double d'une sécante passant par le centre.

253. Soit un point pris dans l'intérieur d'un cercle de rayon donné et situé à une distance a de son centre. On demande de mener par ce point :

1° Une corde telle que la différence des segments que détermine le point soit maximum ;

2° Une corde telle que la somme de ces segments soit minimum.

254. On mène une tangente à l'extrémité d'un diamètre d'une circonférence donnée. On demande de mener par l'autre extrémité du même diamètre une sécante telle que sa partie extérieure soit égale au diamètre. Calculer la longueur de la corde déterminée par cette sécante.

255. Dans un triangle rectangle l'hypoténuse vaut $20\sqrt{2}$, l'un des côtés de l'angle droit égale 7. Trouver les segments déterminés par les bissectrices de l'angle droit et des angles aigus (239).

256. Les côtés d'un triangle valent 3, 5 et 2. Trouver les bissectrices intérieures et les segments qu'elles déterminent (242).

257. Les côtés d'un triangle valent 8, 9 et 11. Trouver la distance qui sépare les sommets du point de rencontre de la bissectrice extérieure et d'un côté (243).

258. Les côtés de l'angle droit d'un triangle rectangle valent 4 et 3. Calculer les bissectrices extérieures et les segments qu'elles déterminent sur les côtés (246).

259. La somme des carrés des distances à la circonférence de deux points pris sur un diamètre à égale distance du centre est constante (247).

260. Dans un triangle quelconque, le carré d'une médiane est égal à l'excès de la demi-somme des carrés des côtés qui partent du même sommet sur le quart du carré du troisième côté.

261. La somme des carrés des diagonales d'un parallélogramme est égale à la somme des carrés des côtés.

262. Dans un quadrilatère, la somme des carrés des côtés est égale à la somme des carrés des diagonales augmentée du quadruple carré de la droite qui joint les milieux des diagonales.

263. Dans un trapèze, la somme des carrés des diagonales est égale à la somme des carrés des côtés non parallèles augmentée de deux fois le produit des bases.

264. Dans un quadrilatère, la somme des carrés des diagonales est égale au double de la somme des carrés des droites menées par les milieux des côtés opposés.

265. Trouver les formules qui donnent les hauteurs d'un triangle en fonction des côtés.

266. Les médianes d'un triangle valent 3, 2 et 5. Trouver les côtés.

267. Les perpendiculaires abaissées des sommets d'un triangle sur une droite extérieure valent 3, 5 et 7. Trouver la distance de cette droite au point de rencontre des médianes du triangle.

268. Trouver les hauteurs, les médianes et les bissectrices d'un triangle dont les côtés valent $2\sqrt{3}$, $3\sqrt{2}$ et 5.

269. Lieu des points tels que la somme ou la différence des carrés de leurs distances à deux points donnés soit égale à un carré donné.

270. Lieu des points d'où les tangentes menées à deux cercles sont égales.

Construire un triangle, connaissant (251) :

271. — Un côté, la hauteur adjacente et le rapport des deux autres côtés.

272. — Un côté, l'angle opposé et le rapport des deux autres côtés.

273. — Un côté, la hauteur correspondante et le rapport des deux autres côtés.

274. Inscrire, dans un triangle donné, un triangle semblable à un triangle donné.

275. Construire un triangle semblable à un triangle donné, et dont les sommets soient sur trois parallèles ou sur trois circonférences concentriques.

276. Construire un triangle, connaissant deux côtés et la bissectrice de leur angle.

277. Trouver la valeur des segments d'une droite de 15 mètres partagée en moyenne et extrême raison (254).

278. Trouver la longueur d'une droite qui, partagée en moyenne et extrême raison, donne un grand segment égal à $3\sqrt{2}$, ou un petit égal à $2\sqrt{3}$.

279. Quel polygone obtient-on en joignant par des lignes droites les sommets des carrés construits sur les côtés de l'hexagone régulier (255)?

280. Deux pentagones réguliers ont pour côtés 3 et 5. Trouver le rayon et l'apothème d'un troisième pentagone régulier ayant un périmètre égal à la somme ou à la différence des deux autres (262).

281. La diagonale d'un carré inscrit vaut $3\sqrt{2}$. Trouver son apothème (264).

282. La plus petite des diagonales d'un hexagone régulier inscrit est égale à 3 mètres. Trouver l'apothème de cet hexagone et celui du triangle équilatéral inscrit dans le même cercle (266).

283. Le carré du côté du pentagone régulier inscrit est égal à la somme des carrés du rayon et du côté du décagone régulier inscrit (228, 253 et 267).

284. Les diagonales d'un pentagone régulier se coupent mutuellement en moyenne et extrême raison.

285. Le côté d'un carré inscrit vaut $2\sqrt{3}$. Trouver les côtés de l'octogone et du dodécagone réguliers inscrits dans le même cercle (272 et 275).

286. Le côté d'un triangle équilatéral inscrit étant égal à 2, on demande de trouver le côté du pentagone régulier inscrit dans le même cercle.

287. Quelles sont les valeurs des diagonales d'un hexagone régulier inscrit dans un cercle, sachant que l'apothème du dodécagone régulier inscrit vaut 2?

288. Chercher, en fonction du côté du décagone régulier, les côtés et apothèmes du pentagone, de l'hexagone et du dodécagone réguliers inscrits dans le même cercle.

289. Trouver le côté d'un polygone régulier circonscrit, connaissant son rayon et le côte du polygone inscrit qui lui est semblable (277).

290. Soit a le côté du décagone régulier circonscrit à un cercle. Trouver les côtés du décagone régulier inscrit et du pentagone régulier circonscrit au même cercle.

291. Si l'on fait rouler un cercle dans un autre cercle fixe et de rayon double, un point quelconque de la circonférence du premier décrit un diamètre du second (280).

292. Trouver la longueur d'une circonférence, connaissant la longueur d'une corde et celle de la flèche de l'un des arcs qu'elle sous-tend.

293. Que vaut le rayon d'une circonférence qui égale :
1° La somme ou la différence de deux ou plusieurs autres ;
2° La moitié ou le tiers de trois autres données (289) ?

294. Trouver la longueur d'un arc de $35°\ 35'\ 38''$, 3, si la circonférence à laquelle il appartient est égale à $25\sqrt{3}$.

295. Quelle est la longueur d'un arc de $8°\ 45'\ 9''$, 7, si son rayon vaut 2^m ?

296. Une circonférence a 3^m de rayon, que vaut en mètres l'arc de $25°\ 3'\ 8''$, 2 ?

297. Combien de degrés occuperont $3^m\ 25$ sur une circonférence dont un arc de $3°\ 28'\ 45''$, 7 vaut $2^m\ 30$?

298. Si l'on double le nombre des côtés de deux polygones réguliers semblables, inscrit et circonscrit au même cercle, leurs surfaces se rapprochent de celle du cercle et leurs périmètres de celui de la circonférence. Déduire de là deux moyens de trouver π, chercher les formules nécessaires et opérer les calculs jusqu'au polygone de 16 côtés. On supposera le rayon égal à l'unité.

299. Démontrer que la valeur de π est comprise entre 3 et 4 par la simple considération de la valeur du périmètre du carré circonscrit et de celui de l'hexagone régulier inscrit.

300. Par l'un des points d'intersection de deux circonférences sécantes, mener une droite qui donne des cordes formant entre elles un rapport donné (295).

301. Partager une droite en parties proportionnelles :
1° à 2, 3, 5, 7 ;

2° à $\frac{1}{2}$, $\frac{2}{3}$, $3\ ^1/_4$;

3° à $b\sqrt{2}$, $\dfrac{c\sqrt{3}}{2}$, $\dfrac{d}{2}(\sqrt{5}-1)$.

302. Construire un triangle, connaissant un côté et les deux segments faits par une bissectrice menée sur l'un des deux autres.

303. Construire un triangle, connaissant sa hauteur, sa base, et sur sa base le pied d'une bissectrice.

304. Trouver une droite répondant à l'équation $x = \sqrt{ab}$, a et b étant donnés (298).

305. Trouver la distance de deux circonférences, sachant que la tangente intérieure commune fait un angle de 30° avec la ligne des centres (300).

306. Le point de contact des tangentes intérieures communes à deux cercles est sur la ligne des centres. Il en est de même des tangentes extérieures, à moins que les cercles ne soient égaux.

307. Où se trouvent les points de rencontre avec la ligne des centres des tangentes communes à deux circonférences dont les rayons sont 5 et 3 et la distance des centres 4?

308. Trouver les longueurs des tangentes extérieures ou intérieures à deux cercles de rayon $3\sqrt{2}$ et $2\sqrt{3}$, sachant que la distance des centres est 13.

309. Quelle doit être la distance des centres de deux cercles de rayon 2 et 5 : 1° pour qu'une tangente commune extérieure fasse avec la ligne des centres un angle de 60°; 2° pour qu'une tangente intérieure commune fasse avec la même ligne un angle de 45°?

310. Inscrire un carré dans un triangle (302).

311. Inscrire un carré dans un demi-cercle.

312. Construire un carré, connaissant la somme de la diagonale et du côté.

313. Construire un carré, connaissant la différence entre la diagonale et le côté.

314. Le point de concours des hauteurs d'un triangle, celui des médianes et le centre du cercle circonscrit sont en ligne droite (308).

315. Si d'un point pris sur la circonférence circonscrite à un triangle on abaisse des perpendiculaires sur les côtés, les pieds de ces perpendiculaires sont en ligne droite.

316. Les bissectrices des suppléments de deux angles d'un triangle et la bissectrice du troisième angle concourent au même point.

LIVRE IV

MESURES DES SURFACES

DÉFINITIONS

321. Aire ou Surface. — Nous avons vu (2) qu'on nomme *aire* ou *surface* d'un corps la limite qui le sépare de l'espace environnant.

Assez souvent on modifie cette définition en appelant simplement aire ou surface d'une figure le nombre d'unités de surface qu'elle contient.

322. Unité de surface. — L'unité de surface est le mètre carré, c'est-à-dire le carré de un mètre de côté.

323. Base. — On appelle *base* d'un rectangle, d'un parallélogramme ou d'un triangle, un côté quelconque du rectangle, du parallélogramme ou du triangle.

Dans un trapèze on donne le nom de bases aux deux côtés parallèles.

324. Hauteur. — On nomme *hauteur* d'un triangle, d'un rectangle, d'un parallélogramme et d'un trapèze, la distance comprise entre la base et un sommet opposé.

325. Surfaces égales. — On a déjà vu (7) que deux surfaces sont *égales* lorsque, superposées, elles coïncident dans toute leur étendue.

326. Surfaces équivalentes. — Deux surfaces sont dites *équivalentes* lorsqu'elles contiennent le même nombre d'unités de surface.

THÉORÈME

327. *Deux rectangles de même hauteur sont proportionnels à leurs bases, et réciproquement deux rectangles de même base sont proportionnels à leurs hauteurs.*

1° *Deux rectangles de même hauteur sont proportionnels à leurs bases.*

H. Les rectangles ABDC et AEFC ont même hauteur AC.

D. $\dfrac{\text{ABDC}}{\text{AEFC}} = \dfrac{\text{CD}}{\text{CF}}.$

Supposons que les bases aient une commune mesure contenue 6 fois dans CD et 4 fois dans CF. Nous aurons :

$$\frac{\text{CD}}{\text{CF}} = \frac{6}{4} \ (1).$$

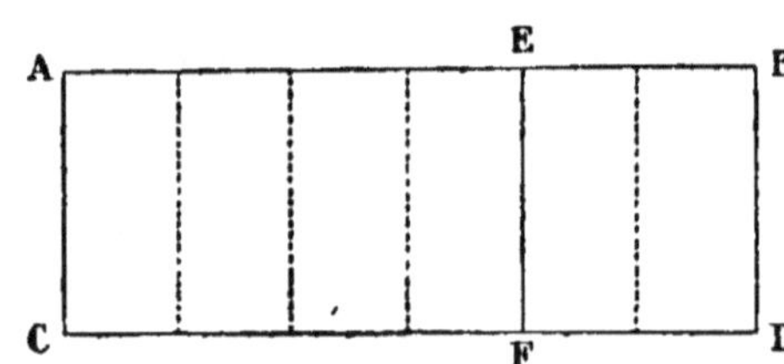

Par les points de division menons des lignes parallèles à AC, nous formerons ainsi six rectangles égaux et nous aurons :

$$\frac{\text{Rect. ABDC}}{\text{Rect. AEFC}} = \frac{6}{4} \quad (2).$$

Les proportions (1) et (2) ayant un rapport commun $\frac{6}{4}$, on obtient :

$$\frac{\text{ABDC}}{\text{AEFC}} = \frac{\text{CD}}{\text{CF}} = \frac{\text{B}}{b}.$$

Si les bases CD et CF n'ont pas de commune mesure, le théorème n'en est pas moins exact. Pour le prouver, partageons CD en un certain nombre de parties égales, 100 par exemple, et portons l'une de ces parties sur CF. Elle pourra y être contenue un certain nombre de fois ; mais, comme les lignes CD et CF n'ont pas de commune mesure, il y aura nécessairement un reste dont la valeur sera plus petite que un centième de CD. Si nous opérons de la même manière en partageant CD en un nombre toujours plus grand de parties égales, le reste diminuera au delà de toute limite. Le théorème reste donc vrai, même lorsque les bases n'ont pas de commune mesure.

2° *Deux rectangles de même base sont proportionnels à leurs hauteurs.*

Cette réciproque est évidente ; puisque, dans les rectangles ABDC et AEFC, on peut prendre pour base un côté quelconque AC (323), et pour hauteurs CD et CF ; ce qui donnerait :

$$\frac{\text{ABDC}}{\text{AEFC}} = \frac{\text{CD}}{\text{CF}} = \frac{\text{H}}{h}.$$

THÉORÈME

328. *Deux rectangles quelconques sont proportionnels aux produits de leurs bases par leurs hauteurs.*

H. On donne les rectangles R et R'.

D. $\dfrac{R}{R'} = \dfrac{B \times H}{b \times h}.$

Construisons un troisième rectangle R'' qui aura pour dimensions la base B de R et la hauteur h de R'.

Les rectangles R et R″ ayant même base, on a (332) :

$$\frac{R}{R''} = \frac{H}{h} \ (1).$$

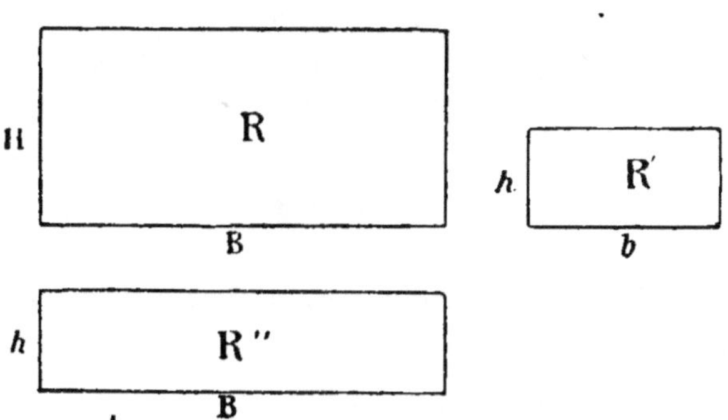

Les rectangles R′ et R″ ayant même hauteur, on a aussi :

$$\frac{R''}{R'} = \frac{B}{b} \ (2).$$

Multipliant terme par terme les proportions (1) et (2), on obtient :

$$\frac{R \times R''}{R' \times R''} = \frac{B \times H}{b \times h}, \ \text{ou} \ \frac{R}{R'} = \frac{B \times H}{b \times h}$$

THÉORÈME

329. *L'aire d'un rectangle est égale au produit de sa base par sa hauteur, pourvu que l'on prenne pour unité de surface le carré ayant pour côté l'unité de longueur.*

H. C est l'unité de surface.

D. $R = B \times H$.

Le carré étant un rectangle, on a d'après le théorème précédent :

$$\frac{R}{C} = \frac{B \times H}{1 \times 1}.$$

Mais C étant regardé par hypothèse comme l'unité de surface, la proportion devient :

$$\frac{R}{1} = \frac{B \times H}{1 \times 1}, \ \text{ou} \ R = B \times H.$$

330. Corollaire. — En représentant par a le côté d'un carré, la mesure de sa surface sera $a \times a = a^2$; car le carré est un rectangle dont les côtés sont égaux.

331. Remarque. — Le mètre carré étant ordinairement pris comme unité de surface, le produit de la hauteur d'un rectangle par sa base donne en mètres carrés l'aire de ce rectangle.

THÉORÈME

332. *L'aire d'un parallélogramme est égale au produit de sa base par sa hauteur.*

H. ABCD est un parallélogramme.

D. $ABCD = CD \times AE$.

Des sommets A et B du parallélogramme, menons sur la base CD les perpendiculaires AE et BF. Nous aurons deux triangles rectangles ACE, BDF égaux, parce qu'ils ont l'hypoténuse $AC = BD$, et un côté de l'angle droit $AE = BF$.

Donc :

$$ABFC - \text{tr. } BDF = ABFC - \text{tr. } ACE$$

ou

$$\text{Parallélogramme } ABCD = \text{rectangle } ABEF,$$

et comme le rectangle ABEF a pour mesure $AB \times AE$ ou, ce qui revient au même, $CD \times AE$, on obtient :

$$\text{Parallélogramme } ABCD = CD \times AE, \text{ ou } B \times H.$$

333. Corollaire I. — *Deux parallélogrammes quelconques sont proportionnels aux produits de leurs bases par leurs hauteurs.*

En effet, on a (332) :

$$P = B \times H,$$
$$P' = B' \times H';$$

donc
$$\frac{P}{P'} = \frac{B \times H}{B' \times H'}.$$

334. Corollaire II. — Si $B = B'$, la proportion devient : $\dfrac{P}{P'} = \dfrac{H}{H'}$,

donc :

Deux parallélogrammes de même base sont proportionnels à leurs hauteurs.

335. Corollaire III. — Si $H = H'$, la proportion devient : $\dfrac{P}{P'} = \dfrac{B}{B'}$, donc :

Deux parallélogrammes de même hauteur sont proportionnels à leurs bases.

THÉORÈME

336. *L'aire d'un triangle est égale à la moitié du produit de sa base par sa hauteur.*

H. Soit le triangle BAC.

D. $BAC = \dfrac{BC \times AD}{2}$ ou $\dfrac{bh}{2}$.

Des sommets A et C menons les lignes AE parallèle à BC et CE parallèle à BA. Nous formerons ainsi un parallélogramme ABCE partagé en deux triangles égaux BAC et ACE (104), et par conséquent double du triangle BAC. Or on a :

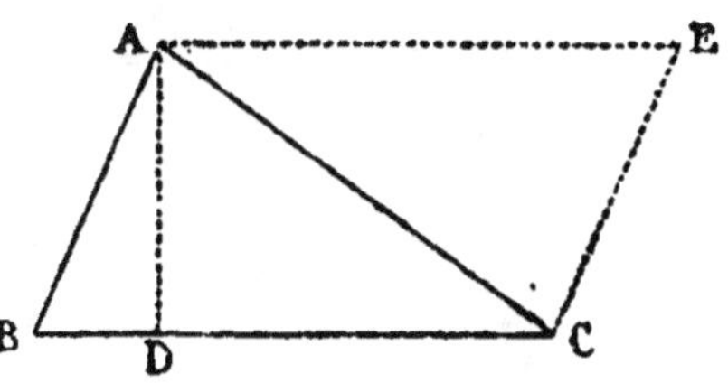

$$\text{Parallélogramme } ABCE = BC \times AD,$$

donc le triangle $\quad BAC = \dfrac{BC \times AD}{2} = \dfrac{bh}{2}$.

337. Corollaire I. — *Deux triangles quelconques sont proportionnels aux produits de leurs bases par leurs hauteurs.*

En effet, on a : $\qquad T = \dfrac{bh}{2}$,

$$T' = \dfrac{b'h'}{2},$$

donc $\qquad \dfrac{T}{T'} = \dfrac{\dfrac{bh}{2}}{\dfrac{b'h'}{2}}$ ou $\dfrac{T}{T'} = \dfrac{bh}{b'h'}$.

338. Corollaire II. — Si $b = b'$, la proportion devient : $\dfrac{T}{T'} = \dfrac{h}{h'}$, donc :

Deux triangles de même base sont proportionnels à leurs hauteurs.

339. Corollaire III. — Si $h = h'$, la proportion devient : $\dfrac{T}{T'} = \dfrac{b}{b'}$, donc :

Deux triangles de même hauteur sont proportionnels à leurs bases.

340. Remarque. — *La surface d'un triangle est aussi égale au produit de son demi-périmètre par le rayon du cercle inscrit.*

En effet, on a : Tr. $ABC = AOC + AOB + BOC$

Or, d'après le théorème précédent :

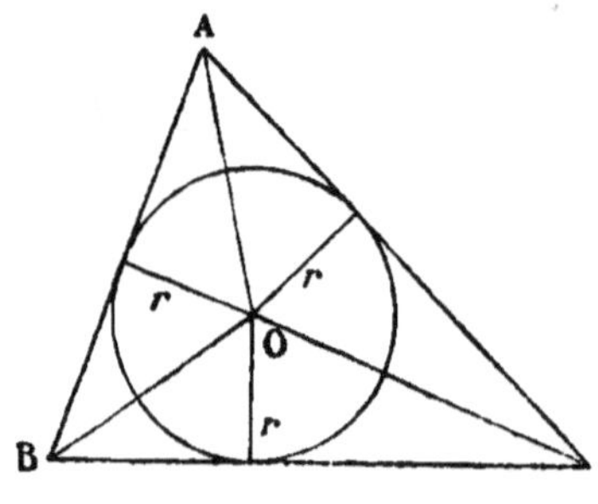

$$AOC = AC \times \frac{r}{2},$$

$$AOB = AB \times \frac{r}{2},$$

$$BOC = BC \times \frac{r}{2}$$

donc $ABC = \dfrac{r}{2}(AC + AB + BC)$

Si nous appelons $2p$ le périmètre, nous aurons :

$$ABC = \frac{r}{2} \times 2p = pr.$$

THÉORÈME

341. — *L'aire d'un losange est égale à la moitié du produit de ses diagonales.*

H. Soit le losange ABCD.

D. $ABCD = \dfrac{AD \times BC}{2}.$

Les diagonales d'un losange se coupent à angles droits (115);

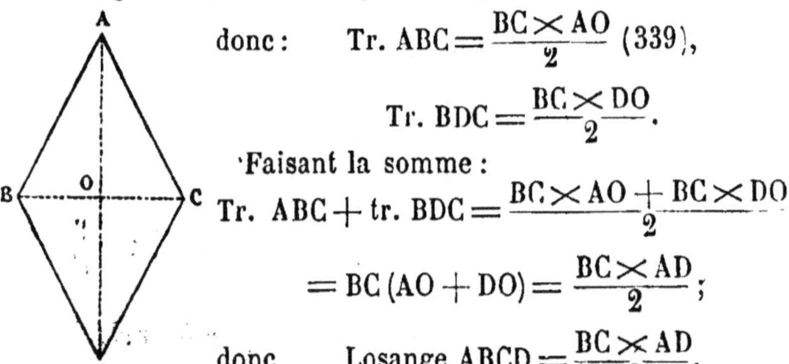

donc :   Tr. $ABC = \dfrac{BC \times AO}{2}$ (339),

Tr. $BDC = \dfrac{BC \times DO}{2}.$

Faisant la somme :

Tr. $ABC + $ tr. $BDC = \dfrac{BC \times AO + BC \times DO}{2}$

$$= BC(AO + DO) = \frac{BC \times AD}{2};$$

donc   Losange $ABCD = \dfrac{BC \times AD}{2}.$

THÉORÈME

342. *L'aire d'un trapèze est égale au produit de sa hauteur par la demi-somme de ses bases.*

H. Soit le trapèze ABCD.

D. $ABCD = BE \left(\dfrac{AD + BC}{2} \right)$ ou $H \left(\dfrac{B + b}{2} \right)$.

Menons la diagonale BD. Nous aurons :

$$\text{Tr. } ABD = \frac{AD \times BE}{2},$$

$$\text{Tr. } BDC = \frac{BC \times BE}{2},$$

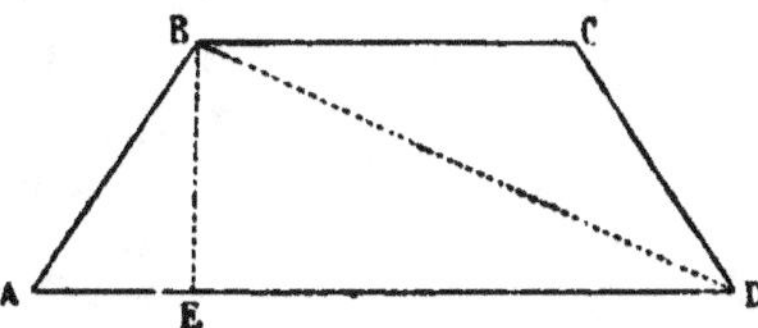

donc

$$\text{Tr. } ABD + \text{tr. } BDC = \frac{AD \times BE + BC \times BE}{2} = BE \left(\frac{AD + BC}{2} \right)$$

ou $\qquad$ Trapèze $ABCD = BE \left(\dfrac{AD + BC}{2} \right) = H \left(\dfrac{B + b}{2} \right)$

343. Corollaire. — On peut dire aussi que *la surface d'un trapèze est égale au produit de sa hauteur par la ligne qui joint les milieux des côtés non parallèles.*

Du milieu M de CD menons la parallèle MH à AD. Les triangles semblables COM et CDF donneront :

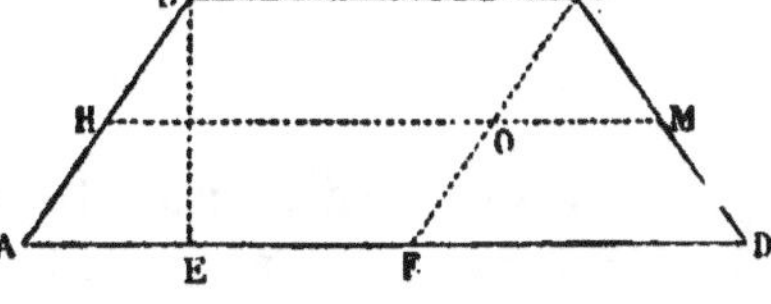

$$\frac{OM}{FD} = \frac{CM}{CD}.$$

Or par construction $CM = \dfrac{CD}{2}$,

donc $OM = \dfrac{FD}{2}$.

D'ailleurs $OH = BC$. La somme $OH + OM$ vaut dès lors $BC + \dfrac{FD}{2}$, et comme $OH + OM = HM$, on a :

$$HM = BC + \frac{FD}{2} = \frac{2\,BC + FD}{2} = \frac{BC + AF + FD}{2} = \frac{BC + AD}{2}$$

Or, le trapèze $ABCD$ vaut $BE \left(\dfrac{BC + AD}{2} \right)$; il est donc aussi égal à $BE \times HM$.

PROBLÈME

Trouver l'aire d'un polygone quelconque.

344. Première méthode.

On décompose le polygone en triangles en menant des diagonales. L'aire du polygone est alors égale à la somme des surfaces des triangles.

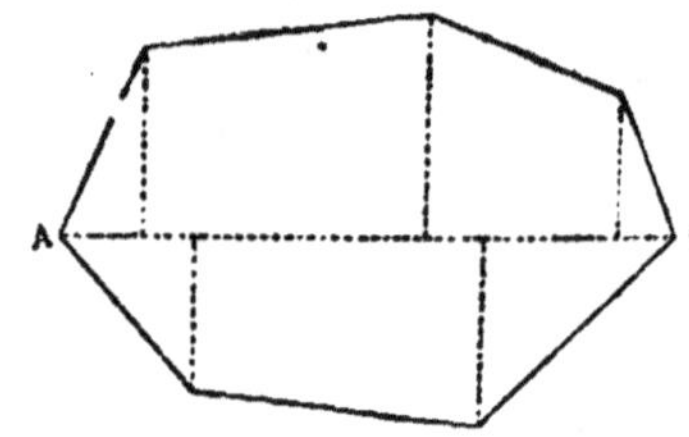

345. Seconde méthode.

On mène une diagonale AC, ordinairement la plus grande, puis des différents sommets du polygone on abaisse des perpendiculaires sur cette diagonale. On obtient ainsi des trapèzes et des triangles qu'il est facile de mesurer.

PROBLÈME

346. *Trouver l'aire d'un terrain limité par des lignes courbes.*

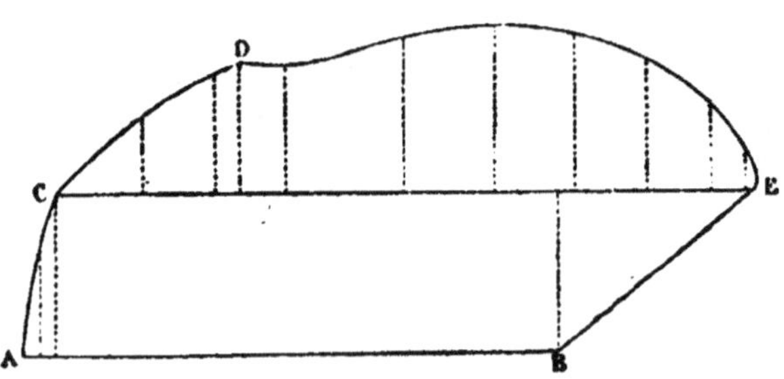

On mène encore la plus grande diagonale CE, puis on forme un certain nombre de trapèzes, de triangles ou de rectangles que l'on mesure d'après les règles ordinaires. La somme de leurs surfaces donne approximativement l'aire du terrain.

THÉORÈME

347. *L'aire d'un polygone régulier est égale au produit de son périmètre par la moitié de son apothème.*

H. Soit le polygone régulier ABCDEF.

D. Surface ABCDEF $= 6\,BC \times \dfrac{OI}{2}$, ou périm. $\times \dfrac{OI}{2}$.

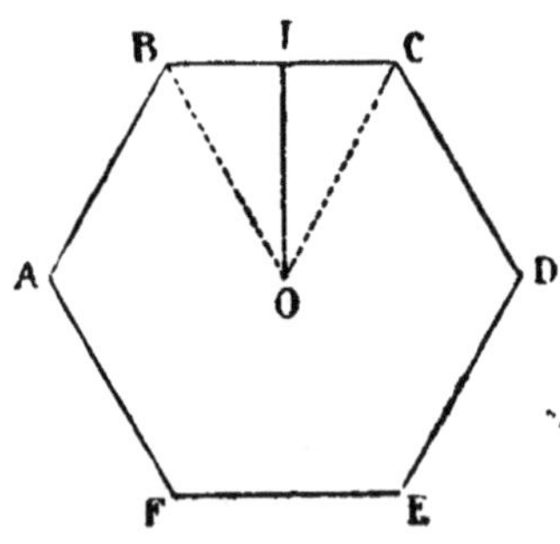

Le polygone régulier ABCDEF est formé de six triangles égaux à BOC (258).

Or le triangle BOC vaut $BC \times \dfrac{OI}{2}$;

donc le polygone est égal à $6\,BC \times \dfrac{OI}{2}$,

ou au produit de son périmètre par la moitié de son apothème.

PROBLÈME

348. *Trouver la formule qui donne la surface d'un polygone régulier en fonction de son côté et de son rayon.*

Représentons par a le côté AB du polygone et par n le nombre de sés côtés. Nous aurons :

$$\text{Surf. du polygone régulier} = n \times a \times \frac{\text{OD}}{2}$$

(347).

Or

$$\overline{\text{OD}}^2 = \overline{\text{AO}}^2 - \overline{\text{AD}}^2 = \text{R}^2 - \frac{a^2}{4},$$

et

$$\text{OD} = \sqrt{\text{R}^2 - \frac{a^2}{4}} = \sqrt{\frac{4\,\text{R}^2 - a^2}{4}} = \frac{\sqrt{4\,\text{R}^2 - a^2}}{2} ;$$

donc

$$\text{S} = na \times \frac{\sqrt{4\,\text{R}^2 - a^2}}{2 \times 2} = \frac{na}{4} \sqrt{4\,\text{R}^2 - a^2}.$$

APPLICATIONS

349. Calculer les surfaces des polygones suivants en fonction de leur rayon.

I. Triangle équilatéral.

On sait (266) que le côté du triangle équilatéral inscrit est égal à $\text{R}\sqrt{3}$. On a donc :

$$\text{S} = \frac{3 \times \text{R}\sqrt{3}\,\sqrt{4\text{R}^2 - 3\text{R}^2}}{4} = \frac{3\text{R}^2\sqrt{3}}{4}.$$

II. Carré.

Le côté du carré inscrit est égal à $\text{R}\sqrt{2}$ (264) ; sa surface a^2 vaut donc 2R^2.

III. Pentagone régulier.

Son côté est égal à $\dfrac{\text{R}}{2}\sqrt{10 - 2\sqrt{5}}$ (275).

$$\text{S} = \frac{5 \times \frac{\text{R}}{2}\sqrt{10 - 2\sqrt{5}}\,\sqrt{4\text{R}^2 - \frac{\text{R}^2}{4}(10 - 2\sqrt{5})}}{4} = \frac{5\text{R}^2}{8}\sqrt{10 + 2\sqrt{5}}.$$

IV. Hexagone régulier.

Son côté est égal au rayon (266).

$$\text{S} = \frac{6\text{R}\,\sqrt{4\text{R}^2 - \text{R}^2}}{4} = \frac{3\text{R}^2\sqrt{3}}{2}.$$

V. Octogone régulier.

Son côté est égal à $R\sqrt{2-\sqrt{2}}$ (275).

$$S = \frac{8 \times R\sqrt{2-\sqrt{2}}}{4}\sqrt{4R^2 - R^2(2-\sqrt{2})} = 2R^2\sqrt{2}.$$

VI. Décagone régulier.

Son côté est égal à $\dfrac{R}{2}(\sqrt{5}-1)$ (268).

$$S = \frac{10}{4} \times \frac{R}{2}(\sqrt{5}-1)\sqrt{4R^2 - \frac{R^2}{4}(\sqrt{5}-1)^2}.$$

$$S = \frac{5R^2}{4}\sqrt{10 - 2\sqrt{5}}.$$

VII. Dodécagone régulier.

Son côté est égal à $R\sqrt{2-\sqrt{3}}$ (275).

$$S = \frac{12 \times R\sqrt{2-\sqrt{3}}}{4}\sqrt{4R^2 - R^2(2-\sqrt{3})} = 3R^2.$$

350. Calculer les surfaces des mêmes polygones en fonction de leur côté.

Il suffit pour cela de remplacer R, dans les formules trouvées au n° 349, par sa valeur en fonction du côté de chaque polygone.

I. Triangle équilatéral.

Son rayon est égal à $\dfrac{a}{\sqrt{3}}$ (266).

$$S = \frac{a^2\sqrt{3}}{4}.$$

II. Pentagone régulier.

Son rayon est égal à $\dfrac{2a}{\sqrt{10-2\sqrt{5}}}$ (275), et $S = \dfrac{5a^2\sqrt{10+2\sqrt{5}}}{2(10-2\sqrt{5})}$.

III. Hexagone régulier.

Son côté est égal à R, donc $S = \dfrac{3a^2\sqrt{3}}{2}$

IV. Octogone régulier.

$$R = \frac{a}{\sqrt{2-\sqrt{2}}} \text{ (275), et } S = 2a^2(1+\sqrt{2}).$$

V. **Décagone régulier.**

$$R = \frac{2a}{\sqrt{5}-1} \ (268), \quad \text{et} \quad S = \frac{5a^2\sqrt{10-2\sqrt{5}}}{6-2\sqrt{5}}.$$

VI. **Dodécagone régulier.**

$$R = \frac{a}{\sqrt{2-\sqrt{3}}} \ (275), \quad \text{et} \quad S = 3a^2\,(2+\sqrt{3}).$$

THÉORÈME

351. *L'aire d'un cercle est égale au produit de sa circonfé-rence par la moitié de son rayon.*

H. Soit le cercle O.

D. Cercle $O =$ circonférence $O \times \dfrac{OB}{2}$.

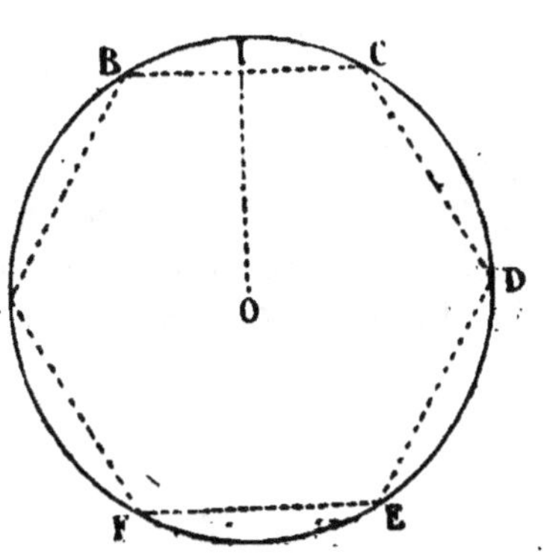

Inscrivons un polygone régulier dans le cercle O. Sa surface aura pour mesure le produit de son pé-rimètre par la moitié de son apo-thème (347). Si nous doublons le nombre des côtés, le périmètre s'ap-proche de la circonférence et l'a-pothème du rayon. A la limite, l'aire du polygone se confond avec l'aire du cercle, son périmètre avec la circonférence, et son apo-thème avec le rayon. On a donc :

$$\text{Cercle} = \text{circonférence} \times \frac{R}{2}.$$

FORMULE DU CERCLE

352. On a : $\qquad \text{Cercle} = \text{circ.} \times \dfrac{R}{2}$;

Or $\qquad \text{circ.} = 2\,\pi R \ (281)$,

donc $\qquad \text{cercle} = 2\,\pi R \times \dfrac{R}{2}$,

ou $\qquad \text{cercle} = \pi R^2.$

THÉORÈME

353. *L'aire d'un secteur est égale à la longueur de son arc multipliée par la moitié du rayon.*

H. Soit le secteur OAMB.

D. Surface $\text{OAMB} = \text{arc AMB} \times \dfrac{R}{2}$.

Inscrivons dans l'arc AMB une portion de polygone régulier en 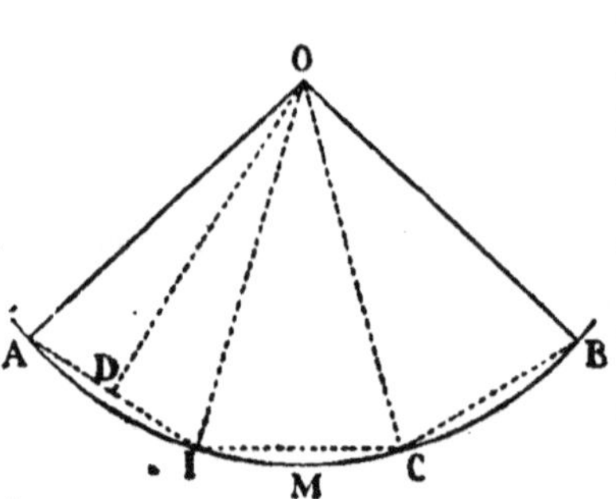 partageant cet arc en plusieurs parties égales et en joignant les points de division. Nous aurons un secteur polygonal OAICB formé de trois triangles égaux. Or l'un d'eux AOI vaut $\text{AI} \times \dfrac{\text{OD}}{2}$, donc le secteur OAICB est égal à

$$3 \text{ AI} \times \dfrac{\text{OD}}{2}$$

ou au périmètre $\text{AICB} \times \dfrac{\text{OD}}{2}$.

Or, si nous doublons indéfiniment le nombre des côtés de ce secteur polygonal régulier, il finira par se confondre avec le secteur circulaire OAMB, son périmètre se confondra avec l'arc AMB et son apothème avec le rayon ; on aura ainsi :

$$\text{Secteur OAMB} = \text{arc AMB} \times \dfrac{R}{2}.$$

FORMULE DE L'AIRE DU SECTEUR

354. L'arc de 1° vaut $\dfrac{2\pi R}{360}$, ou $\dfrac{\pi R}{180°}$, un arc de $n°$ vaut donc $\dfrac{\pi R n}{180°}$.

On obtient ainsi pour l'aire du secteur : $\dfrac{\pi R n}{180} \times \dfrac{R}{2}$; c'est-à-dire $\dfrac{\pi R^2 n}{360}$.

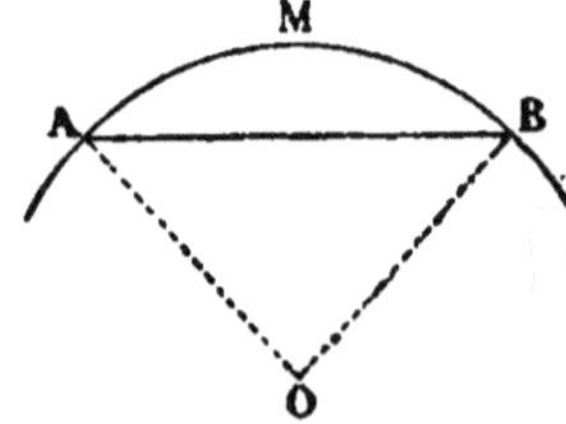

355. Corollaire. — Aire d'un segment.

L'aire d'un segment AMB est égale à l'aire du secteur OAMB moins l'aire du triangle OAB.

CARRÉ CONSTRUIT SUR LA SOMME ET SUR LA DIFFÉRENCE DE DEUX LIGNES

THÉORÈME

356. *Le carré construit sur la somme de deux lignes est égal à la somme des carrés construits sur ces lignes plus deux fois le rectangle dont ces lignes seraient les côtés.*

H. On donne les lignes a et b.

D. $(a + b)^2 = a^2 + b^2 + 2\,ab.$

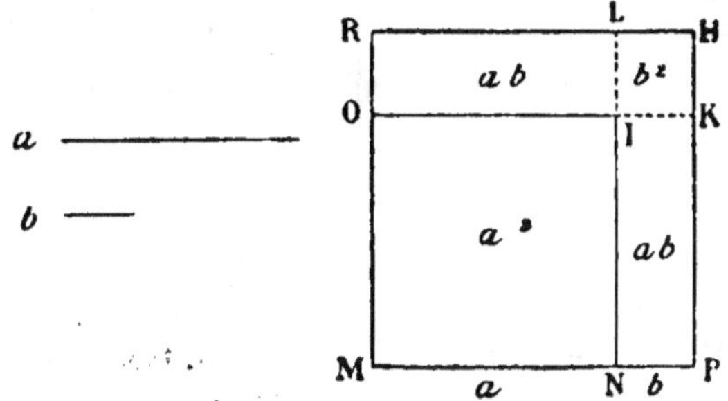

Cela résulte de la construction même de la figure. On a en effet :

$$\text{MPHR} = \text{MOIN} + \text{ILHK} + \text{ORLI} + \text{NIKP},$$

ou $\quad (a + b)^2 = a^2 + b^2 + ab + ab,$

ou enfin $\quad (a + b)^2 = a^2 + b^2 + 2\,ab.$

THÉORÈME

357. *Le carré construit sur la différence de deux lignes est égal à la somme des carrés construits sur ces lignes moins deux fois le rectangle dont ces lignes seraient les côtés.*

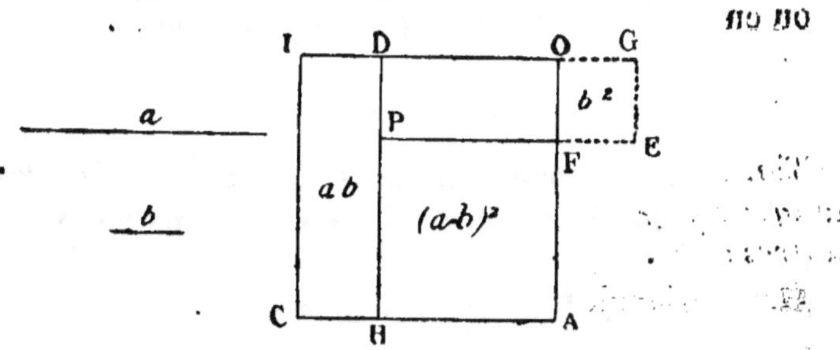

H. On donne les lignes a et b.

D. $(a - b)^2 = a^2 + b^2 - 2\,ab.$

Prenons $\text{AC} = a$, $\text{CH} = b$, et construisons la figure.

On a d'après cette figure elle-même :

Carré AHPF $=$ carré ACIO $+$ carré EFOG $-$ (rectangles CIDH et DGEP), ou $(a-b)^2 = a^2 + b^2 - 2\,ab$.

THÉORÈME

358. *Le rectangle construit sur la somme et la différence de deux lignes est égal à la différence des carrés de ces lignes.*

H. On donne a et b.

D. $(a+b)(a-b) = a^2 - b^2$.

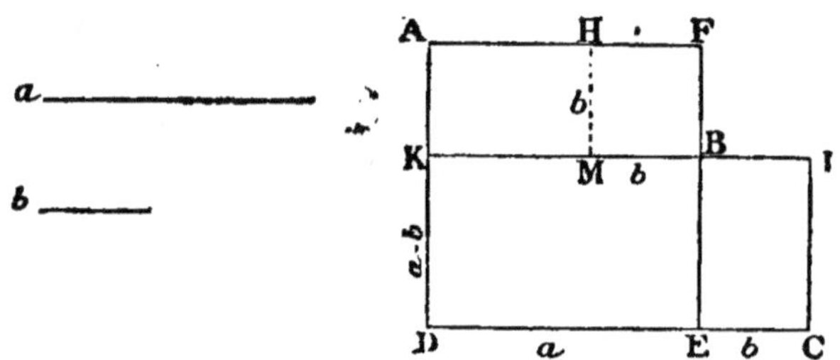

Prenons DE $= a$, EC $= b$, DK $= a - b$. Construisons la figure en formant le rectangle DCIK, le carré AFED $= a^2$ et le carré BFHM $= b^2$.

On aura :

　　　　Rectangle DCIK $= (a+b)(a-b) =$ DEBK $+$ BECI (1).

Or BECI $=$ AHMK, car ces deux rectangles ont les mêmes dimensions.

　　　En effet, 　　　　HM $=$ EC,

　　et 　　　　KM $=$ KB $-$ MB $= (a-b) =$ BE.

En remplaçant dans l'égalité (1) le rectangle BECI par son égal AHMK, on a : 　　　　DCIK $=$ DEBK $+$ AHMK,

　　　ou 　　　　DCIK $=$ AFED $-$ BFHM,

ou enfin : 　　　　$(a+b)(a-b) = a^2 - b^2$.

THÉORÈME

359. *Le carré construit sur l'hypoténuse d'un triangle rectangle est égal à la somme des carrés construits sur les deux autres côtés.*

H. Le triangle BAC est rectangle en A.

D. $\overline{BC}^2 = \overline{AB}^2 + \overline{AC}^2$.

Du sommet A de l'angle droit, menons la perpendiculaire AI sur l'hypoténuse et joignons les points E et C, A et H.

Appelons C le carré, ABED, C' le carré AFGC, R le rectangle BLIH et R' le rectangle GLIN.

Les triangles EBC, ABH sont égaux, parce qu'ils ont un angle égal compris entre côtés égaux, savoir : EBC = ABH ; car ces angles sont formés d'une partie commune ABC et d'un angle droit EBA ou CBH ; EB = BA, et BC = BH comme côtés de carrés.

Or le triangle EBC est égal à la moitié du carré C, parce qu'ils ont tous deux même base BE et même hauteur AB.

De même le triangle ABH vaut la moitié du rectangle R, comme ayant même base BH et même hauteur BL.

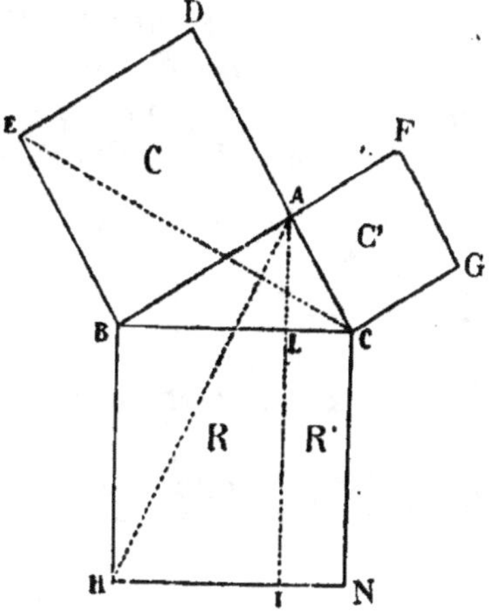

$$\text{Donc} \qquad R = C.$$

On démontrerait de même que

$$R' = C' ;$$

$$\text{par suite} \qquad R + R' = C + C',$$

$$\text{ou} \qquad \overline{BC}^2 = \overline{AB}^2 + \overline{AC}^2.$$

THÉORÈME

360. *Les carrés construits sur les côtés de l'angle droit d'un triangle rectangle sont proportionnels aux segments adjacents de l'hypoténuse.* (Même figure.)

H. La même que dans le théorème précédent.

$$\textbf{D.} \quad \frac{\overline{AB}^2}{\overline{AC}^2} = \frac{BL}{LC}.$$

Les rectangles R et R', ayant même hauteur, sont entre eux comme leurs bases (327) :

$$\frac{R}{R'} = \frac{BL}{LC},$$

$$\text{et comme} \qquad R = C \quad \text{et} \quad R' = C',$$

$$\frac{C}{C'} = \frac{BL}{LC} \quad \text{ou} \quad \frac{\overline{AB}^2}{\overline{AC}^2} = \frac{BL}{LC}.$$

THÉORÈME

361. *Les carrés construits sur l'un des côtés de l'angle droit et sur l'hypoténuse d'un triangle rectangle sont entre eux dans le même rapport que le segment adjacent à ce côté et l'hypoténuse.* (Même figure.)

H. La même.

D. $\dfrac{\overline{AB}^2}{\overline{BC}^2} = \dfrac{BL}{BC}.$

On a d'après le théorème précédent :

$$\frac{C}{C'} = \frac{BL}{LC}, \quad \text{donc} \quad \frac{C}{C+C'} = \frac{BL}{BL+LC}, \quad \text{ou} \quad \frac{\overline{AB}^2}{\overline{BC}^2} = \frac{BL}{BC}.$$

THÉORÈME

362. *Dans un triangle, le carré construit sur le côté opposé à un angle aigu est égal à la somme des carrés élevés sur les deux autres côtés moins deux fois le produit de l'un de ces côtés par la projection de l'autre sur celui-ci.*

H. L'angle BAC est aigu.

D. $\overline{BC}^2 = \overline{AB}^2 + \overline{AC}^2 - 2\,AB \times AD.$

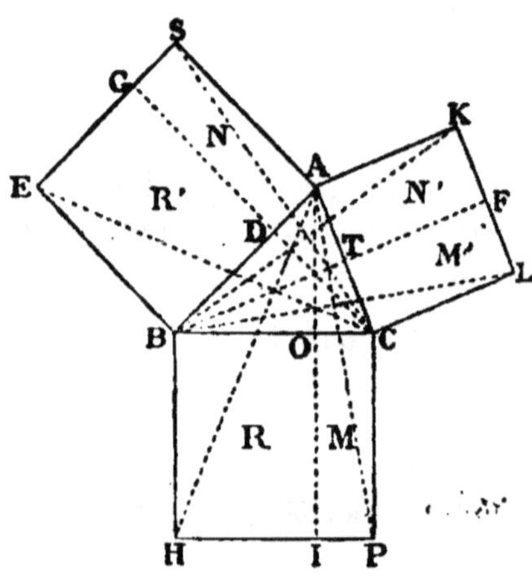

Des sommets A, B, C, menons sur les côtés du triangle les perpendiculaires AI, BF et CG.

Appelons R et R' les rectangles BOIH et BDGE, M et M' les rectangles COIP et CLFT, N et N' les rectangles ADGS et ATFK.

Joignons les points E et C, A et H.

Nous avons vu (359) que les triangles EBC et ABH sont égaux, et de plus que

$$EBC = \frac{R'}{2}, \quad \text{et} \quad ABH = \frac{R}{2}; \quad \text{donc} \quad R = R'.$$

On démontrerait de même M = M' et N = N';

Donc $$R + M = R' + M'.$$

Mais $$R + M = \overline{BC}^2, \quad R' = \overline{AB}^2 - N \quad \text{et} \quad M' = \overline{AC}^2 - N'.$$

On obtient ainsi : $\overline{BC}^2 = \overline{AB}^2 - N + \overline{AC}^2 - N'$,

et comme $N = N'$ on a : $\overline{BC}^2 = \overline{AB}^2 + \overline{AC}^2 - 2N$;

or, $\qquad N = DG \times AD$ ou $AB \times AD$.

Donc enfin : $\qquad \overline{BC}^2 = \overline{AB}^2 + \overline{AC}^2 - 2AB \times AD$.

THÉORÈME

363. *Dans un triangle, le carré construit sur le côté opposé à un angle obtus est égal à la somme des carrés construits sur les autres côtés plus deux fois le produit de l'un de ces côtés par la projection de l'autre sur celui-ci.*

H. L'angle BAC est obtus.

D. $\overline{BC}^2 = \overline{AB}^2 + \overline{AC}^2 + 2AB \times AO$.

Des sommets A, B et C, menons sur les côtés du triangle les perpendiculaires AF, BL et CK.

Appelons C et C' les carrés ABHI et ACEM, R et R' les rectangles BDFG et GFNC, r et r' les rectangles AIKO et AFLM.

Joignons enfin les points A et D, H et C.

Nous aurons, comme dans les théorèmes précédents :
Tr. ABD = tr. HBC.

Or tr. ABD $= \dfrac{R}{2}$ (même base BD, même hauteur BG), et,

tr. HBC $= \dfrac{\text{rectangle BHKO}}{2}$ (même base HB, et même hauteur OB) ;

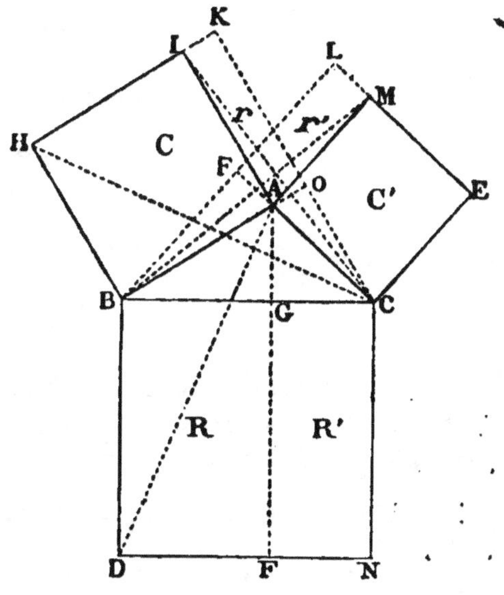

donc $\quad$ R = BHKO = C + r = $\overline{AB}^2 + r$.

On démontrerait de même : R' = CELF = $\overline{AC}^2 + r'$,
donc $\qquad$ R + R' = AB² + AC² + r + r'.

Mais $r = r'$; car chacun de ces rectangles vaut le double de l'un des triangles égaux IAC, BAM.

On a ainsi : $\quad$ R + R' ou $\overline{BC}^2 = \overline{AB}^2 + \overline{AC}^2 + 2r$,
et comme $r = AI \times AO = AB \times AO$, il vient enfin :
$$\overline{BC}^2 = \overline{AB}^2 + \overline{AC}^2 + 2AB \times AO.$$

RAPPORTS DES AIRES DES FIGURES

THÉORÈME

364. *Les surfaces de deux triangles qui ont un angle égal sont entre elles comme les produits des côtés qui comprennent cet angle.*

H. Angle A du tr. BAC $=$ angle A du tr. IAH.

D. $\dfrac{\text{Tr. BAC}}{\text{Tr. IAH}} = \dfrac{\text{AC} \times \text{AB}}{\text{AH} \times \text{AI}}$.

Menons les hauteurs BD et IE des deux triangles. On aura :

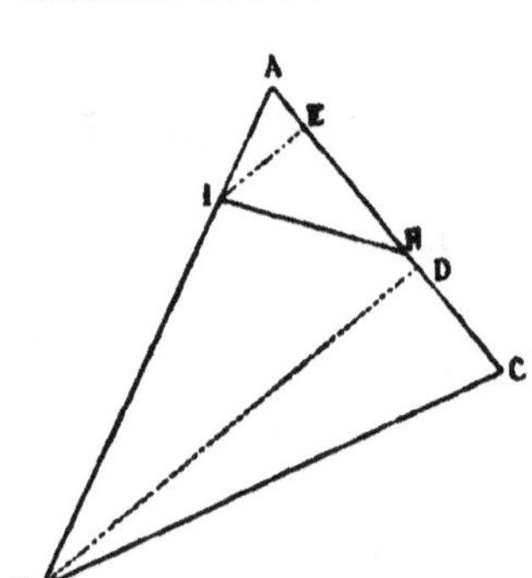

$$\frac{\text{Tr. BAC}}{\text{Tr. IAH}} = \frac{\text{AC} \times \text{BD}}{\text{AH} \times \text{IE}} \quad (337).$$

Mais les lignes parallèles BD et IE donnent $\dfrac{\text{BD}}{\text{IE}} = \dfrac{\text{AB}}{\text{AI}}$; si l'on remplace dans la proportion précédente $\dfrac{\text{BD}}{\text{IE}}$ par sa valeur, on obtient :

$$\frac{\text{Tr. BAC}}{\text{Tr. IAH}} = \frac{\text{AC} \times \text{AB}}{\text{AH} \times \text{AI}}.$$

THÉORÈME

365. *Les surfaces de deux triangles qui ont deux angles ACB, ICD supplémentaires sont proportionnelles aux produits des côtés qui comprennent ces angles.*

H. Les triangles ACB, ICD ont un angle supplémentaire en C.

D. $\dfrac{\text{Tr. ACB}}{\text{Tr. ICD}} = \dfrac{\text{AC} \times \text{CB}}{\text{CD} \times \text{CI}}$.

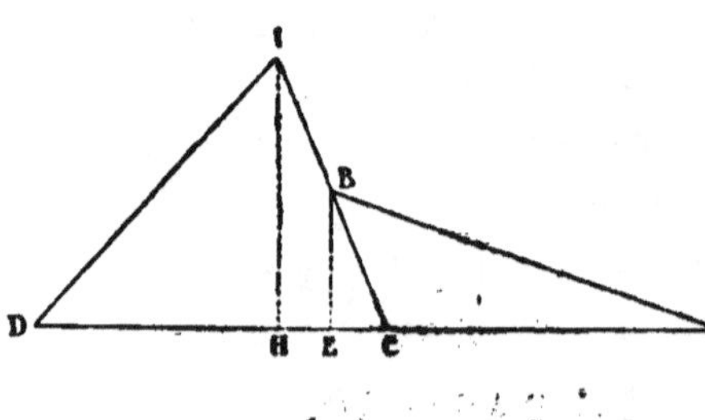

Menons les perpendiculaires BE et IH. Nous aurons :

$$\frac{\text{Tr. ACB}}{\text{Tr. ICD}} = \frac{\text{AC} \times \text{BE}}{\text{CD} \times \text{IH}} \quad (337).$$

Or, à cause des parallèles BE et IH, on a :

$$\frac{\text{BE}}{\text{IH}} = \frac{\text{CB}}{\text{CI}}.$$

En remplaçant dans la première proportion $\dfrac{BE}{IH}$ par sa valeur $\dfrac{CB}{CI}$, on obtient :
$$\frac{Tr.\ ACB}{Tr.\ ICD} = \frac{AC \times CB}{CD \times CI}.$$

THÉORÈME

366. *Deux triangles semblables sont proportionnels aux carrés de leurs côtés homologues.*

H. Tr. BAC semblable au tr. DEF.

D. $\dfrac{Tr.\ BAC}{Tr.\ DEF} = \dfrac{\overline{AB}^2}{\overline{ED}^2}.$

Menons les perpendiculaires AG et EH.

Nous déterminerons ainsi deux triangles semblables, BAG et DEH ; car B = D par hypothèse ,

et BGA = DHE (*droits*).

Donc $\dfrac{AG}{EH} = \dfrac{AB}{ED}$ (1).

D'ailleurs les triangles BAC, DEF étant semblables par hypothèse, on a aussi :
$$\frac{BC}{DF} = \frac{AB}{ED}\ (2).$$

Si l'on multiplie terme par terme les proportions (1) et (2), il vient :
$$\frac{BC \times AG}{DF \times EH} = \frac{\overline{AB}^2}{\overline{ED}^2},$$

ou
$$\frac{\frac{1}{2}\ BC \times AG}{\frac{1}{2}\ DF \times EH} = \frac{\overline{AB}^2}{\overline{ED}^2},$$

ou enfin
$$\frac{Tr.\ BAC}{Tr.\ DEF} = \frac{\overline{AB}^2}{\overline{ED}^2}.$$

THÉORÈME

367. *Deux polygones semblables sont proportionnels aux carrés de leurs côtés homologues.*

H. ABCDE est semblable à A'B'C'D'E'.

D. $\dfrac{ABCDE}{A'B'C'D'E'} = \dfrac{\overline{AB}^2}{\overline{A'B'}^2} = \dfrac{\overline{BC}^2}{\overline{B'C'}^2}$, etc.

Menons les diagonales AC, AD, A'C', A'D'.

Les polygones étant semblables sont formés d'un même nombre de triangles semblables et semblablement placés. On a donc (366) :

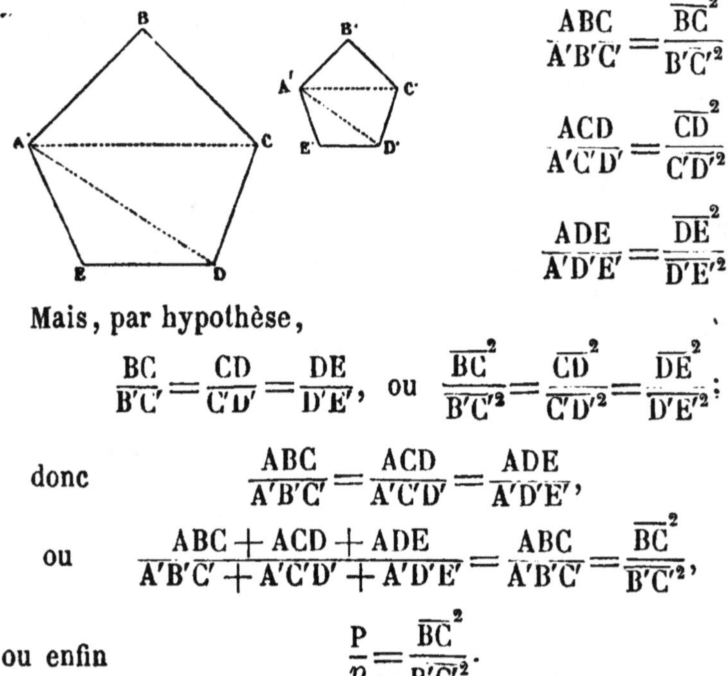

$$\frac{ABC}{A'B'C'} = \frac{\overline{BC}^2}{\overline{B'C'}^2},$$

$$\frac{ACD}{A'C'D'} = \frac{\overline{CD}^2}{\overline{C'D'}^2},$$

$$\frac{ADE}{A'D'E'} = \frac{\overline{DE}^2}{\overline{D'E'}^2}.$$

Mais, par hypothèse,

$$\frac{BC}{B'C'} = \frac{CD}{C'D'} = \frac{DE}{D'E'}, \quad \text{ou} \quad \frac{\overline{BC}^2}{\overline{B'C'}^2} = \frac{\overline{CD}^2}{\overline{C'D'}^2} = \frac{\overline{DE}^2}{\overline{D'E'}^2};$$

donc

$$\frac{ABC}{A'B'C'} = \frac{ACD}{A'C'D'} = \frac{ADE}{A'D'E'},$$

ou

$$\frac{ABC + ACD + ADE}{A'B'C' + A'C'D' + A'D'E'} = \frac{ABC}{A'B'C'} = \frac{\overline{BC}^2}{\overline{B'C'}^2},$$

ou enfin

$$\frac{P}{p} = \frac{\overline{BC}^2}{\overline{B'C'}^2}.$$

THÉORÈME

368. *Deux cercles quelconques sont proportionnels aux carrés de leurs rayons.*

H. On donne les cercles C et C'.

D. $\dfrac{\text{Cercle C}}{\text{Cercle C'}} = \dfrac{R^2}{R'^2}.$

On a (352) :

$$\text{Cercle C} = \pi R^2,$$
$$\text{Cercle C'} = \pi R'^2;$$

donc

$$\frac{\text{Cercle C}}{\text{Cercle C'}} = \frac{\pi R^2}{\pi R'^2} = \frac{R^2}{R'^2}.$$

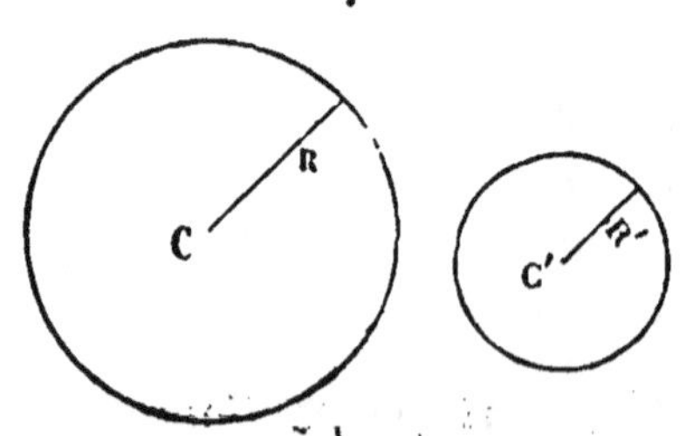

THÉORÈME

369. *Deux secteurs de même nombre de degrés sont proportionnels aux carrés de leurs rayons.*

H. Les arcs AB et A'B' ont le même nombre de degrés.

D. $\dfrac{\text{CAMB}}{\text{C'A'M'B'}} = \dfrac{R^2}{R'^2}.$

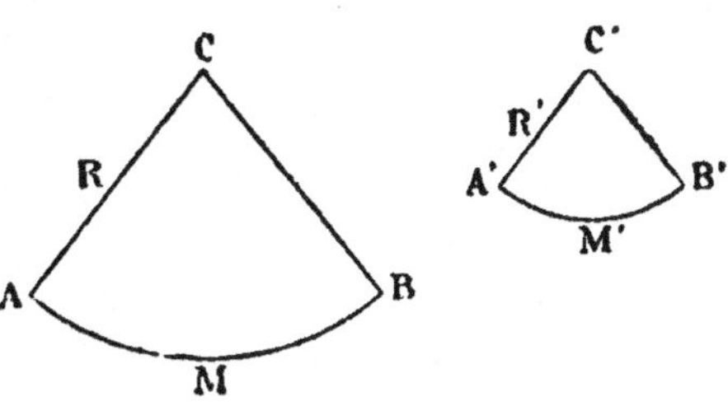

En représentant par n le nombre de degrés de chaque secteur, on a (353) :

Secteur $\text{CAMB} = \dfrac{\pi R^2 n}{360}$,

Secteur $\text{C'A'M'B'} = \dfrac{\pi R'^2 n}{360}$.

Donc $\quad \dfrac{\text{Secteur CAMB}}{\text{Secteur C'A'M'B'}} = \dfrac{\dfrac{\pi R^2 n}{360}}{\dfrac{\pi R'^2 n}{360}} = \dfrac{\pi R^2 n}{\pi R'^2 n} = \dfrac{R^2}{R'^2}.$

PROBLÈMES SUR LE LIVRE IV

PROBLÈME

370. *Transformer un polygone quelconque en un triangle équivalent.*

Soit le pentagone ABCDE à transformer en un triangle équivalent.

Menons la diagonale BE et la ligne AF parallèle à BE, puis joignons BF. Les triangles BAE et BFE seront équivalents; car ils ont une même base BE et la même hauteur, puisque leurs sommets A et F sont placés sur une parallèle à la base.

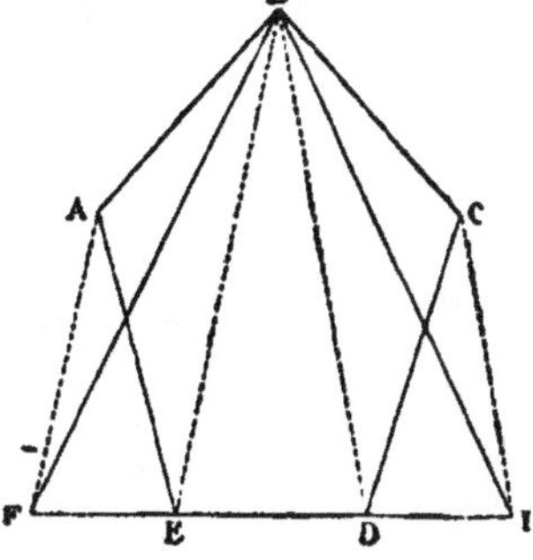

Or, si l'on remplace le triangle BAE du polygone par le triangle équivalent BFE, on aura au lieu du pentagone un quadrilatère équivalent BCDF. En faisant les mêmes constructions de l'autre côté du polygone donné, on remplacera le triangle BCD par son équivalent BID, et le triangle FBI sera équivalent au polygone ABCDE.

PROBLÈME

371. *Construire un carré équivalent à la somme de deux carrés donnés.*

H. On donne les côtés m et n de deux carrés.

Trouver $x^2 = m^2 + n^2$.

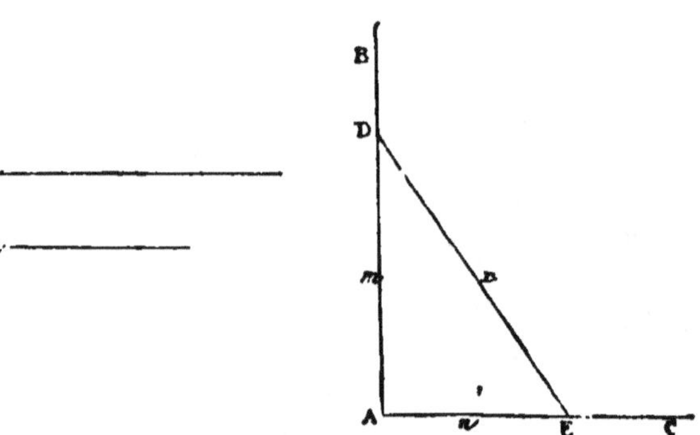

Sur les côtés AB, AC d'un angle droit on prend les longueurs AD $= m$ et AE $= n$, on joint DE et on a (359) :

$$\overline{DE}^2 = \overline{AD}^2 + \overline{AE}^2,$$

ou

$$\overline{DE}^2 = m^2 + n^2.$$

Donc DE est le côté du carré demandé.

PROBLÈME

372. *Construire un carré équivalent à la différence de deux carrés donnés.*

H. On donne les côtés m et n de deux carrés.

Trouver $x^2 = m^2 - n^2$.

Sur le côté AC d'un angle droit BAC on prend AE $= n$, puis du

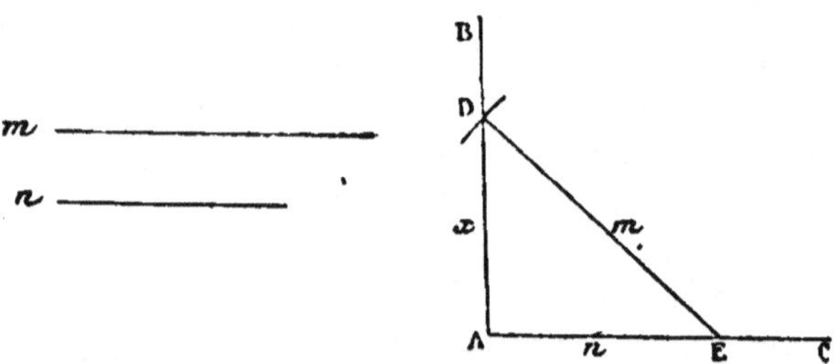

point E avec un rayon égal à m on décrit un arc de cercle qui coupe en D le côté AB, on joint DE et on a (229) :

$$\overline{AD}^2 = \overline{DE}^2 - \overline{AE}^2,$$
ou
$$\overline{AD}^2 = m^2 - n^2.$$

Donc AD est le côté du carré demandé.

PROBLÈME

373. *Construire un carré équivalent à un triangle donné.*

En représentant par x le côté du carré demandé, on devra avoir :

$$x^2 = BC \times \frac{AD}{2},$$

ou

$$\frac{BC}{x} = \frac{x}{\frac{AD}{2}}.$$

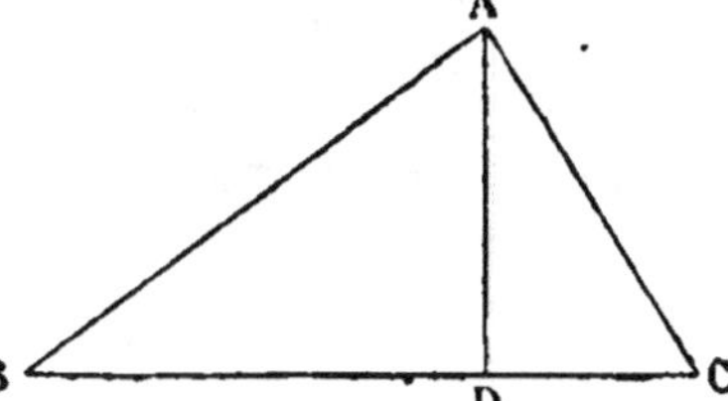

On voit que le côté x du carré demandé est une moyenne proportionnelle entre la base BC du triangle donné et la moitié de sa hauteur AD.

On trouvera x en suivant la méthode indiquée au n° 296.

PROBLÈME

374. *Construire un carré équivalent à un polygone donné.*

Si la surface du polygone donné est égale à un produit de deux lignes, le côté du carré demandé est une moyenne proportionnelle entre ces deux lignes. C'est ce qui a lieu pour le parallélogramme, le losange, etc.

Si la surface du polygone n'est pas égale à un produit de deux lignes, on le transforme en un triangle équivalent (370), et on opère comme au n° 373.

PROBLÈME

375. *Construire un carré dont le rapport avec un carré donné soit égal au rapport de deux droites données.*

H. On donne le côté A d'un carré et deux droites m et n.

Trouver x de façon à avoir $\dfrac{x^2}{A^2} = \dfrac{m}{n}$.

Prenons CD $= m$, DB $= n$.

Sur CB comme diamètre décrivons une demi-circonférence, élevons au point D la perpendiculaire DE, joignons les points E, C et E, B, prenons ensuite EF $=$ A et menons FI parallèle à BC. Le côté du carré demandé sera EI. En effet, l'angle E étant droit comme inscrit dans une demi-circonférence, on a :

$$\frac{\overline{EI}^2}{\overline{EF}^2} = \frac{IO}{OF} \quad (360),$$

et comme

$$\frac{IO}{OF} = \frac{CD}{DB} = \frac{m}{n},$$

on obtient :

$$\frac{\overline{EI}^2}{\overline{EF}^2} = \frac{m}{n}, \quad \text{ou} \quad \frac{\overline{EI}^2}{\overline{A}^2} = \frac{m}{n}.$$

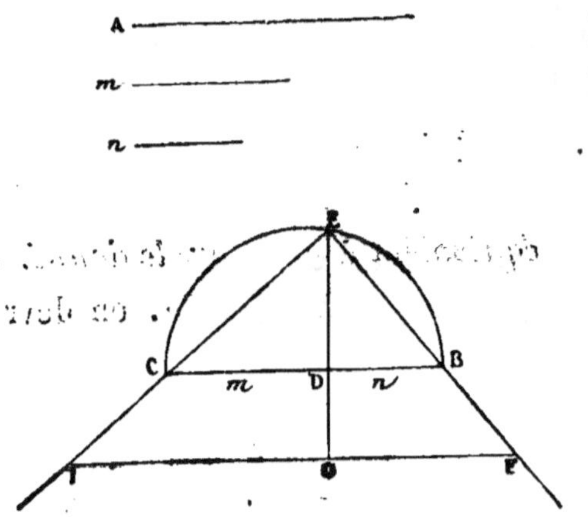

PROBLÈME

376. *Partager un triangle en parties proportionnelles à deux grandeurs données m et n, au moyen d'une parallèle à la base.*

Supposons le problème résolu. On aura :

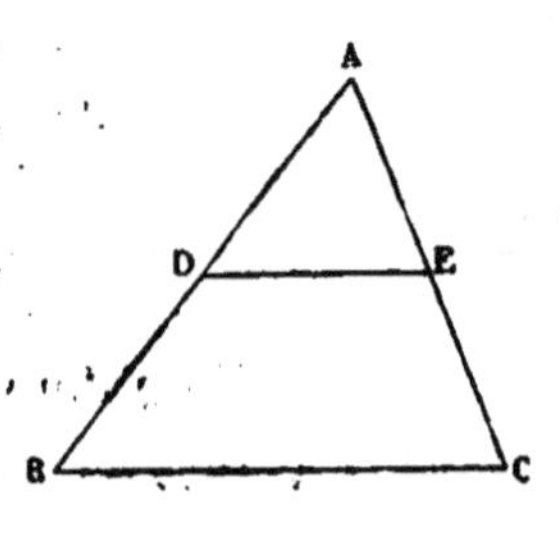

$$\frac{ADE}{BDEC} = \frac{m}{n},$$

ou

$$\frac{ADE}{ADE + BDEC} = \frac{m}{m+n};$$

c'est-à-dire $\dfrac{ADE}{ABC} = \dfrac{m}{m+n}$ (1).

Or, les triangles semblables ADE, ABC donnent :

$$\frac{ADE}{ABC} = \frac{\overline{AD}^2}{\overline{AB}^2} \quad (2).$$

Les proportions (1) et (2) ayant un rapport commun $\dfrac{ADE}{ABC}$, on obtient :

$$\frac{\overline{AD}^2}{\overline{AB}^2} = \frac{m}{m+n}.$$

Le problème revient donc à chercher le côté AD d'un carré qui soit à un carré donné $\overline{AB}^2$ comme m est à m $+$ n.

PROBLÈME

377. *Partager un triangle en plusieurs parties équivalentes par des parallèles à sa base.*

Cherchons, sur le côté AB, les points D et E d'où l'on mènera les paralèles à BC qui satisferont à l'énoncé. Pour cela, supposons $AB = a$, $AD = x$, $AE = y$.

Les triangles ADF, AEG, ABC étant semblables, donnent :

$$\frac{ABC}{a^2} = \frac{AEG}{y^2} = \frac{ADF}{x^2},$$

ou
$$\frac{ABC - AEG}{a^2 - y^2} = \frac{AEG - ADF}{y^2 - x^2} = \frac{ADF}{x^2}.$$

Mais,
$$ABC - AEG = AEG - ADF = ADF,$$

donc
$$a^2 - y^2 = y^2 - x^2 = x^2;$$

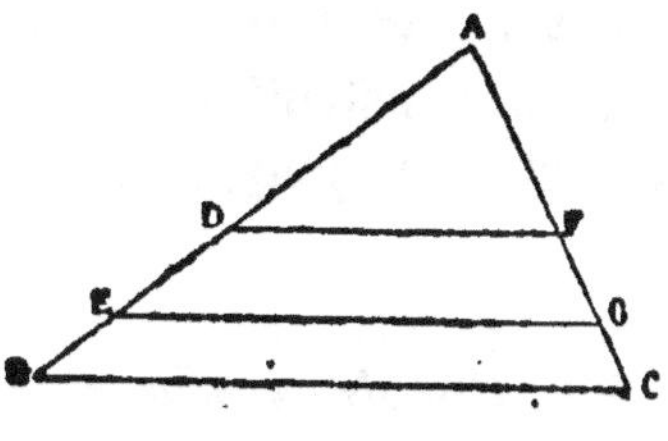

ce qui donne les deux équations :
$$a^2 - y^2 = y^2 - x^2,$$
$$y^2 - x^2 = x^2.$$

En les résolvant on trouve : $x^2 = \dfrac{a^2}{3}$ et $y^2 = \dfrac{2\,a^2}{3}$.

x est donc une moyenne proportionnelle entre a et $\dfrac{a}{3}$; y est une moyenne proportionnelle entre $2\,a$ et $\dfrac{a}{3}$.

PROBLÈME

378. *Construire un polygone semblable à un polygone donné, et tel que leur rapport soit égal au rapport de deux droites données.*

H. Soient A un polygone donné, m et n deux droites données.

Construire un polygone X semblable à A tel que $\dfrac{X}{A} = \dfrac{m}{n}$.

Supposons le problème résolu. Les polygones X et A étant semblables, on aura en appelant x et a deux côtés homologues (367) :

$$\frac{X}{A} = \frac{x^2}{a^2}.$$

D'ailleurs on a :
$$\frac{X}{A} = \frac{m}{n} \ (hypothèse),$$

donc
$$\frac{x^2}{a^2} = \frac{m}{n}.$$

On trouvera donc le côté x du polygone demandé en suivant

6

la méthode donnée au n° 375. Ce côté x étant l'homologue de a, on construira le nouveau polygone comme il est dit au n° 302.

PROBLÈME

379. *Construire un polygone semblable à un polygone donné, et dont la surface soit double, triple, etc.*

Supposons encore le problème résolu. On aura :

$$\frac{X}{A} = \frac{x^2}{a^2};$$

mais X doit être égal à 2 A,

donc $\qquad \dfrac{2\,A}{A} = \dfrac{x^2}{a^2}$, ou $\dfrac{2}{1} = \dfrac{x^2}{a^2}$, $x^2 = 2\,a^2$.

x est donc une moyenne proportionnelle entre a et $2\,a$.

Ayant construit x, côté homologue de a (298), il sera facile de construire le polygone X (302).

PROBLÈME

380. *Construire un polygone semblable à un autre polygone donné, et tel que le périmètre du premier soit les $\dfrac{2}{3}$ du périmètre du second.*

Supposons le problème résolu, représentons par p le périmètre du polygone cherché et par P celui du polygone donné. Les périmètres de deux polygones semblables étant proportionnels à leurs côtés (224), on aura :

$$\frac{p}{P} = \frac{x}{a};$$

mais on a aussi : $\qquad \dfrac{p}{P} = \dfrac{2}{3}$ (*hypothèse*),

donc $\qquad \dfrac{x}{a} = \dfrac{2}{3}$, d'où $x = \dfrac{2\,a}{3}$.

On aura le côté x du nouveau polygone en prenant les $\dfrac{2}{3}$ de a, et on construira sur le côté x, homologue de a, le polygone demandé.

PROBLÈME

381. *Trouver deux lignes droites dont on donne la somme et le produit.*

H. La somme $(a + b)$ de deux lignes est égale à AB ;
Leur produit $a \times b = M^2$ carré de M.
Trouver a et b.

Sur AB, comme diamètre, on décrit une demi-circonférence, puis au point A on élève une tangente AD $=$ M; du point D on mène DI parallèle à AB, et du point I on abaisse IH perpendiculaire sur AB. Les deux droites a et b demandées sont AH et HB.

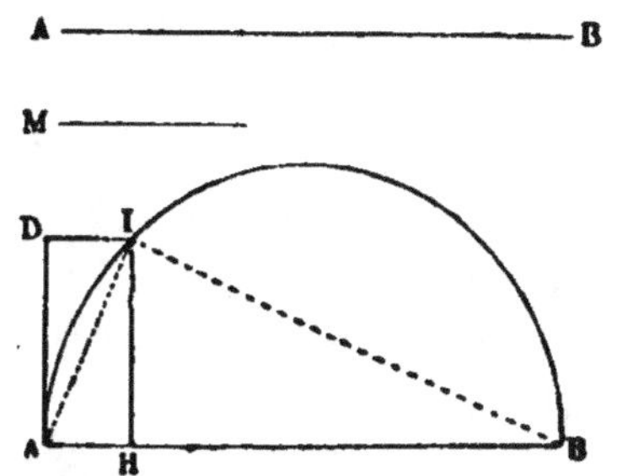

En effet, leur somme
$$\text{AH} + \text{HB} = \text{AB}.$$

Leur produit $\text{AH} \times \text{HB} = \overline{\text{IH}}^2 = \overline{\text{AD}}^2$ ou M^2 (227);

Car le triangle AIB est rectangle en I, et IH est perpendiculaire sur l'hypoténuse.

382. **Remarque.** — Le problème n'est possible que si l'on a $\text{M} \leqslant \dfrac{\text{AB}}{2}$. En effet, la somme AB des deux quantités $a + b$ étant constante, leur produit ab est maximum lorsqu'elles sont égales, c'est-à-dire quand $\text{M} = \dfrac{a + b}{2}$ ou $\dfrac{\text{AB}}{2}$.

PROBLÈME

383. *Trouver deux droites dont la différence et le produit sont donnés.*

H. Soit AB la différence $(a - b)$ de deux lignes dont le produit $a \times b$ égale M^2 carré de M.

Trouver a et b.

Sur AB, comme diamètre, on décrit une circonférence. Au point A on élève une tangente AD $=$ M, et on mène par le centre la sécante DH. Les deux lignes a et b demandées sont DH et DI.

En effet,
leur différence DH $-$ DI $=$ IH $=$ AB $=a - b$.

Leur produit
$$\text{DH} \times \text{DI} = \overline{\text{AD}}^2 = \text{M}^2 = a \times b \ (238).$$

384. **Remarque.** — On énonce souvent les deux problèmes qui précèdent de la manière suivante :

Construire un rectangle équivalent à un carré donné et

dont les côtés adjacents fassent une somme donnée ou aient
entre eux une différence donnée.

PROBLÈME

385. *Trouver l'aire d'un triangle en fonction de ses côtés.*
Soit le triangle ABC.

Appelons $2p$ son périmètre, et a, b, c, les côtés opposés aux
angles A, B, C.

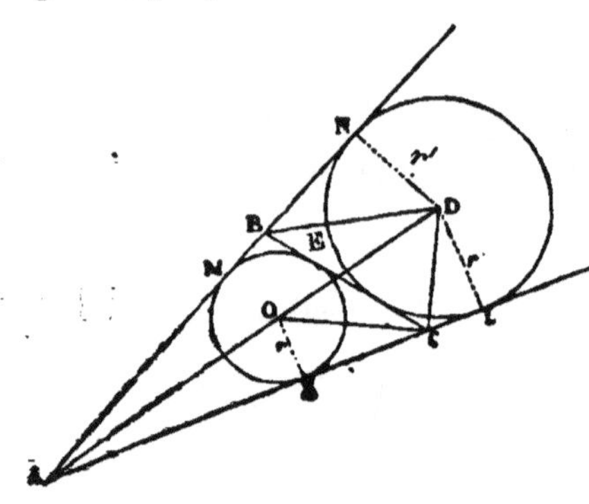

Décrivons le cercle inscrit O
(188) dont nous appellerons le
rayon r, et le cercle ex-inscrit
D (191) dont nous appellerons
le rayon r'. Nous aurons :
Le triangle ABC
ou $T = ACD + ABD - BCD.$
Or

$$ACD = \frac{br'}{2}, \quad ABD = \frac{cr'}{2}$$

et $\quad BCD = \frac{ar'}{2},$

donc $\qquad T = \frac{r'}{2}(b+c-a);$

mais $\quad 2p = b+c+a$ ou $2p-2a = b+c+a-2a,$
c'est-à-dire, $\qquad 2(p-a) = b+c-a;$

ce qui donne : $\qquad T = \frac{r'}{2} \times 2(p-a),$

ou $\qquad T = r'(p-a).$

On sait d'ailleurs (340) que $T = pr,$
si l'on multiplie ces deux dernières équations, il vient :
$$T^2 = prr'(p-a).$$

Il suffit maintenant de trouver les valeurs r et r' en fonction
des côtés pour que le problème soit résolu.

Pour cela, remarquons que l'angle OCD est droit, car il est
formé par les bissectrices des deux angles adjacents BCA et BCL;
donc OCK est le complément de DCL, et par suite OCK égale CDL,
qui a même complément. Les triangles OCK, DCL, ayant leurs
angles égaux, sont semblables et donnent la proportion :

$$\frac{OK}{CK} = \frac{CL}{DL}, \text{ ou } \frac{r}{CK} = \frac{CL}{r'}, \text{ ou } rr' = CK \times CL;$$

mais on a :
$$2p = AM + MB + BE + EC + CK + AK;$$
et comme les tangentes issues d'un même point sont égales,
$$2p = 2AM + 2MB + 2CK,$$

$$p = \text{AM} + \text{MB} + \text{CK}, \text{ or } \text{AM} + \text{MB} = \text{AB}$$
$$p = \text{AB} + \text{CK},$$
ou $\qquad \text{CK} = p - c, \text{ car } \text{AB} = c.$

On démontrerait de même que
$$\text{CL} = p - b,$$
donc le produit rr', qui égale $\text{CK} \times \text{CL}$, vaut $(p - b)(p - c)$, et la formule $\text{T}^2 = prr'(p - a)$ trouvée précédemment devient :
$$\text{T}^2 = p\,(p - a)\,(p - b)\,(p - c),$$
ou $\qquad \text{T} = \sqrt{p\,(p - a)\,(p - b)\,(p - c)}.$

386. Remarque. — La surface d'un triangle étant aussi égale à $\dfrac{ah}{2}$, la formule précédente peut s'écrire :

$$\frac{ah}{2} = \sqrt{p\,(p - a)\,(p - b)\,(p - c)},$$

ce qui donne :

$$h = \frac{2}{a} \sqrt{p\,(p - a)\,(p - b)\,(p - c)}.$$

EXERCICES SUR LE LIVRE IV

317. Trouver la surface du carré en fonction de son côté ou de sa diagonale (333).

318. Trouver la surface du carré en fonction de son rayon ou de son apothème.

319. On joint un point quelconque, pris dans l'intérieur d'un parallélogramme, à ses quatre sommets. Démontrer que le rapport entre la surface de ce parallélogramme et la somme de deux triangles opposés est constant (336).

320. La somme des perpendiculaires abaissées d'un point intérieur sur les côtés d'un triangle équilatéral est constante (336).

321. Si, d'un point pris dans le plan d'un parallélogramme, on abaisse des perpendiculaires sur deux côtés adjacents et sur la diagonale menée dans l'angle qu'ils forment entre eux, le produit de la diagonale par sa distance au point donné sera égal à la somme des produits formés par chaque côté avec leur distance au point.

322. Lieu des sommets des triangles équivalents qui ont même base.

323. Le rapport des diagonales d'un quadrilatère inscrit ABCD est égal au rapport des sommes des produits des côtés qui aboutissent à leurs extrémités :
$$\frac{AC}{BD} = \frac{AB \times BC + AD \times DC}{AB \times AD + BC \times DC}.$$

324. Trouver la hauteur et la base d'un triangle, connaissant la surface du triangle et le rapport, la somme, la différence ou le produit de cette hauteur et de cette base.

325. Soit un triangle ABC. Trouver à l'intérieur un point O tel que les surfaces OAB, OBC, OAC soient dans des rapports donnés.

326. Quelle est la hauteur d'un triangle dont la surface vaut 3 m. c. et la base 1, 35 ?

327. Quelle est la base d'un triangle dont la surface égale 2 m. c. 25 et la hauteur 1, 8 ?

328. Trouver les côtés d'un rectangle équivalent au triangle de base $3\sqrt{2}$, et de hauteur $2\sqrt{3}$.

329. Trouver le côté et la diagonale d'un carré équivalent à un triangle dont la hauteur est 3^m, et la base $\frac{28}{5}$.

330. Partager un triangle en trois parties équivalentes par des lignes issues d'un même sommet (337).

331. Partager un triangle trois parties proportionnelles à 2, 3, 4 par des lignes issues d'un même sommet.

332. Par l'un des sommets d'un triangle, mener une droite qui détermine, en tombant sur le côté opposé, deux triangles tels que leur somme, leur différence ou leur rapport soit au produit des deux segments comme 2 est à 3.

333. Les côtés d'un triangle valent 3, 2 et 5. Trouver les surfaces des deux triangles déterminés par la bissectrice.

334. Du pied de la bissectrice d'un angle d'un triangle on mène une parallèle à l'un des côtés. Trouver la longueur de cette parallèle, si les côtés valent $2\sqrt{3}$, $4\sqrt{2}$ et $\dfrac{7}{3}$.

335. Trouver la surface d'un losange dont le côté est égal à la grande diagonale (341).

336. Construire un losange de surface donnée, tel que son côté soit une moyenne proportionnelle entre les deux diagonales.

337. Si l'on prolonge les côtés non parallèles d'un trapèze on obtient deux triangles semblables. Trouver la formule du trapèze par la différence des surfaces de ces deux triangles.

338. Trouver la surface d'un trapèze dont les côtés parallèles valent $\dfrac{2\sqrt{3}}{3}$ et $\dfrac{5\sqrt{2}}{2}$, et les autres 5 et 7.

339. Les bases d'un trapèze ABCD valent respectivement 3 m. et 5 m. Déterminer sur la diagonale CB un point F, tel que la parallèle EFG à AC détermine un parallélogramme AECG et un trapèze EBCD dont le rapport soit égal à $\dfrac{2}{3}$.

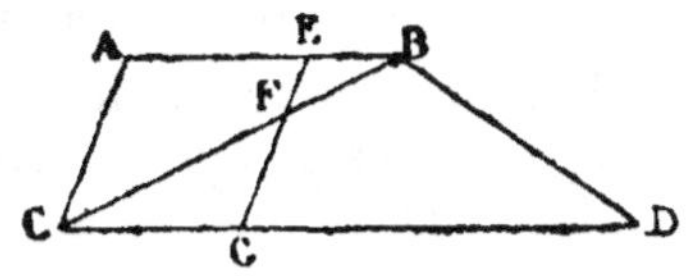

340. Dans un trapèze, la surface du triangle qui a pour base un des côtés non parallèles, et pour sommet le milieu du côté opposé, est égale à la moitié de celle du trapèze.

341. La surface d'un trapèze est égale au produit d'un des côtés non parallèles par sa distance au milieu du côté opposé.

342. Dans un triangle de base et de hauteur données, mener deux parallèles à la base, telles que leur différence soit a, et que le trapèze qu'elles limitent soit égal à un carré donné.

343. Trouver l'aire d'un trapèze, sachant que la hauteur vaut la demi-somme des bases, que la différence des bases est a, et que la grande base est égale à l'hypoténuse d'un triangle rectangle dont les côtés de l'angle droit seraient la petite base et la hauteur du trapèze.

344. Soit h la hauteur d'un trapèze. Le quadruple de cette hauteur vaut la somme du double de la petite base et du triple de la grande,

enfin la surface vaut le produit des deux bases. Trouver ces deux bases.

345. On donne un point situé sur la base supérieure d'un trapèze, à une distance m d'une des extrémités de cette base. On demande de mener par ce point une droite qui partage le trapèze en deux parties équivalentes.

346. Diviser un trapèze en moyenne et extrême raison par une parallèle aux bases.

347. Trouver la hauteur d'un trapèze isocèle en fonction des côtés.

348. Trouver les côtés d'un trapèze isocèle circonscrit à un cercle, connaissant sa surface et la somme des côtés parallèles.

349. Soient B et b les deux bases d'un trapèze, et F un point qui partage b dans un rapport $\dfrac{c}{d}$. Dans quel rapport faut-il diviser l'autre base par un point E, pour que la droite EF partage l'aire du trapèze en deux parties proportionnelles à $\dfrac{m}{n}$?

350. Calculer la distance qui sépare d'une droite extérieure le point de concours des médianes d'un triangle, connaissant les distances des trois sommets du triangle à cette droite (343).

351. Trouver la formule exprimant le nombre de diagonales que l'on peut mener dans un polygone convexe de n côtés, et réciproquement, étant donné le nombre de diagonales d'un polygone, trouver le nombre de ses côtés.

352. Tout polygone circonscrit à un cercle a pour mesure le produit de son périmètre par la moitié du rayon (347).

353. Combien faut-il de carreaux de forme octogonale pour carreler une salle carrée de 9 m. 25 de côté? Les carreaux sont réguliers et ont 0 m. 07 de côté.

354. La surface d'un polygone régulier est égale à la moitié du produit d'un côté par la somme des perpendiculaires abaissées d'un point intérieur sur ses côtés.

355. Soit n le nombre des côtés d'un polygone régulier. Démontrer que la somme des perpendiculaires menées d'un point intérieur sur chacun des côtés, est constante et égale à n fois l'apothème.

356. La surface du triangle équilatéral circonscrit est égale au double de la surface de l'hexagone régulier inscrit dans le même cercle.

357. Les surfaces des polygones circonscrits à un même cercle sont proportionnelles à leurs périmètres.

358. Deux hexagones réguliers semblables sont l'un inscrit, l'autre circonscrit à un cercle de rayon R = 3, 2. Trouver leurs surfaces, et celles des dodécagones réguliers inscrit et circonscrit au même cercle (348).

359. Trouver le côté d'un triangle équilatéral équivalent à un carré, un hexagone régulier ou un dodécagone régulier de côté donné.

360. Trois triangles équilatéraux ont respectivement pour rayons les nombres 2, 3 et 5. Trouver le côté d'un triangle équilatéral équivalent à leur somme.

361. Trouver la surface du carré inscrit dans un triangle équilatéral donné.

362. Lorsque la surface d'un cercle diminue de 2 m. c., son rayon diminue de 0, 3. Trouver la circonférence de ce cercle (351).

363. Trouver la surface du cercle inscrit dans un pentagone régulier dont la surface est 10 m. c.

364. Trouver la surface des cercles inscrit et circonscrit à un octogone régulier de 2 m. de côté.

365. Si l'on décrit des demi-circonférences sur les trois côtés d'un triangle rectangle pris comme diamètres, les croissants (lunules d'Hippocrate) déterminés par ces demi-circonférences ont ensemble une surface égale à la surface du triangle.

366. Trouver la surface d'un cercle, connaissant la différence des surfaces du carré et de l'hexagone inscrits.

Trouver le rayon d'un cercle connaissant la différence entre :

367. — Sa surface et celle du carré inscrit;

368. — Sa surface et celle de l'hexagone régulier inscrit;

369. — Sa surface et celle de l'octogone ou du dodécagone régulier inscrit.

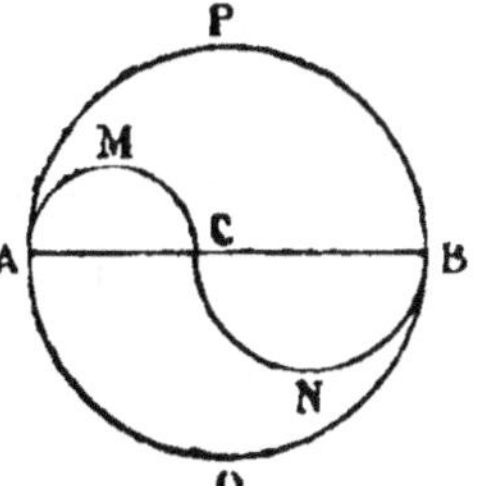

370. On partage en deux parties le diamètre d'un cercle, sur chacun des segments on décrit en sens inverse une demi-circonférence. Démontrer que les surfaces AMNBP et AMNBQ sont proportionnelles aux segments BC et AC du diamètre.

371. Trouver l'aire d'un secteur qui correspond à un arc de 35° 48′ 9″, 7 dans un cercle de 3 m. 55 de rayon (353).

372. Trouver la longueur de l'arc d'un secteur dont l'angle au centre égale 37° 45′ 55″, 3 et la surface 8, 37.

373. Un secteur de 9, 50 de surface correspond à un arc de 28° 35′ 5″, 7. Trouver le rayon du cercle auquel il appartient.

374. Trouver la corde, le segment et le secteur correspondant à un arc de 36° dans un cercle dont la circonférence vaut 3, 45 (355).

375. Que vaut le segment d'un arc de 60° dans un cercle de rayon égal à 3 m.?

376. L'arc d'un segment est de 60°. La différence entre sa surface et celle du secteur correspondant est de 3, 25. Trouver le rayon du cercle.

377. Trouver le rapport des deux segments déterminés dans un cercle par une corde égale au rayon.

378. L'aire d'une couronne circulaire est égale au produit de la largeur de la couronne par une circonférence menée à égale distance des circonférences qui limitent la couronne.

Diviser un cercle au moyen d'une circonférence concentrique :

379. — En deux parties équivalentes ;

380. — En deux parties proportionnelles à des quantités données ;

381. — En moyenne et extrême raison.

382. On donne les rayons de deux cercles concentriques, trouver la longueur d'une corde du grand tangente au petit.

383. Trouver les rayons de trois cercles concentriques qui partagent un autre cercle en quatre parties équivalentes.

384. Soit un point pris dans l'intérieur d'un cercle de rayon donné à une distance a du centre. On demande de mener par ce point :

1º Une corde telle que la différence des segments déterminés par le point soit maximum ;

2º Une corde telle que la somme de ces segments soit minimum.

Trouver les côtés d'un triangle rectangle, sachant que (359) :

385. — Sa surface égale 6 m. c., et son périmètre 12 ;

386. — Sa surface vaut 348, et son hypoténuse 65 ;

387. — Sa surface vaut 50, et la différence des côtés de l'angle droit 15 ;

388. — L'hypoténuse égale 8, et la hauteur abaissée sur l'hypoténuse 3 ;

389. — Les segments faits sur l'hypoténuse par la hauteur sont respectivement égaux à $3\sqrt{2}$ et $\dfrac{4\sqrt{5}}{3}$.

390. Trouver les surfaces des triangles partiels déterminés, dans un triangle rectangle, par la hauteur abaissée sur l'hypoténuse, sachant que ces triangles sont entre eux comme 2 est à 3, et que l'hypoténuse vaut 10.

391. Trouver la surface d'un cercle, sachant que deux cordes issues d'un même point donné et aboutissant aux extrémités du même diamètre sont entre elles comme 5 est à 7, et que la hauteur abaissée de ce point sur le même diamètre est égale à $3\sqrt{3}$.

392. Trouver la surface du carré qui a pour côté la diagonale d'un autre carré.

393. Si l'on prolonge dans le même sens les côtés d'un carré de quantités égales entre elles, et si l'on joint les extrémités des prolongements, on obtient un nouveau carré. Quelle sera la surface de ce carré si les prolongements sont égaux aux côtés du premier ?

394. Trouver la surface d'un rectangle, connaissant un côté et la hauteur menée sur une diagonale.

395. Trouver, sur l'hypoténuse d'un triangle rectangle donné, un point tel que la somme des carrés des perpendiculaires abaissées de ce point sur les côtés de l'angle droit soit égale à un carré donné. Étudier cette somme qnand le point se déplace sur l'hypoténuse.

396. Soit un point A situé à l'intérieur d'un angle droit et distant des côtés de quantités données. Mener par ce point une droite qui détermine un triangle de surface donnée.

397. Par un point O de la diagonale d'un rectangle ABCD, dont on connaît les côtés, on mène des parallèles à ces côtés. Calculer les longueurs EO, OH en supposant que le rectangle AEOH soit la $n^{ème}$ partie du rectangle ABCD. On cherchera aussi OGCF.

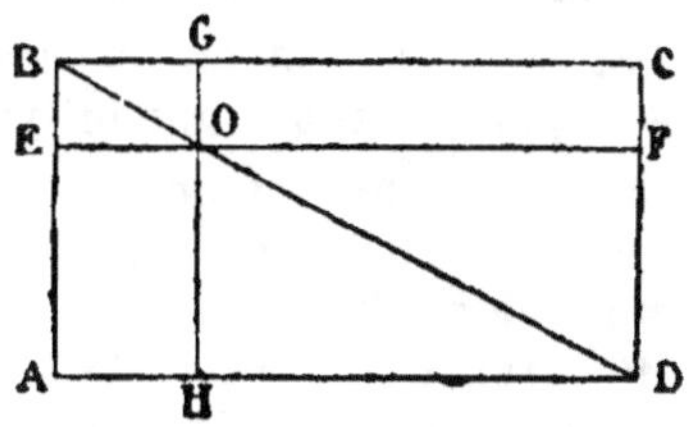

398. Dans une circonférence C, on mène un diamètre AB, un rayon CD perpendiculaire à AB, et une corde FG parallèle à AB. Quelle sera la distance de la corde au centre, si le triangle OFG est la moitié du triangle AOB?

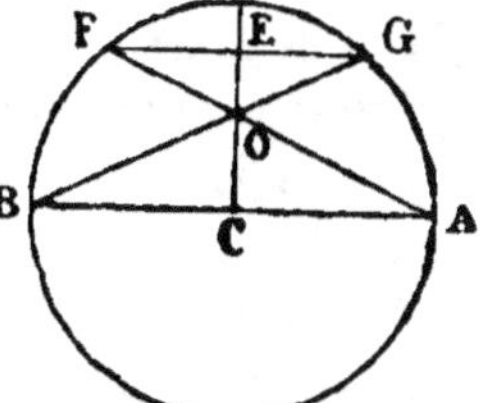

399. Dans une circonférence donnée O, on mène un diamètre AB, une corde CD qui lui est parallèle, et un rayon OE qui lui est perpendiculaire. A quelle distance du centre se trouve la corde, si le triangle COD est égal aux $\frac{2}{3}$ du quadrilatère OCED?

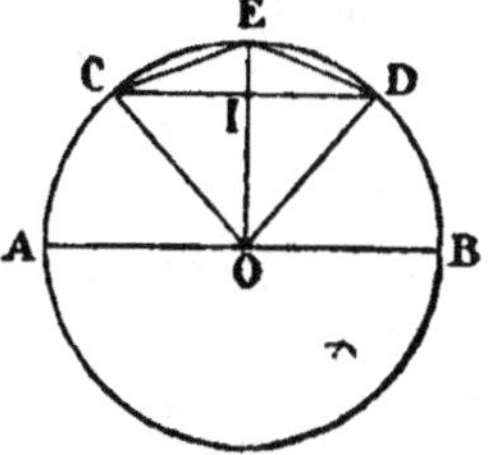

400. Par le milieu de la hauteur d'un triangle, on mène une parallèle à la base. Démontrer que le petit triangle est égal au quart du grand (366).

401. Le triangle dont on augmente ou diminue les dimensions (base et hauteur) de quantités égales, subit des variations en surface égales aux carrés des accroissements ou des diminutions effectués.

402. Le rapport des surfaces de deux triangles, dont l'un a pour sommets les milieux des côtés de l'autre, est égal à $\frac{1}{4}$.

403. Construire un triangle, connaissant deux angles et sa surface.

404. Trouver le rapport des surfaces de deux cercles, sachant que les décagones réguliers inscrits dans chacun d'eux ont pour surfaces 8 m. et 15 m. (368).

405. Trouver le rapport des surfaces de deux cercles, sachant que le côté du triangle équilatéral circonscrit au premier vaut $2\sqrt{2}$, et que le côté du pentagone régulier inscrit dans le second égale 3 m.

406. Construire un triangle équilatéral équivalent à un carré donné (373).

407. Partager une droite en deux parties dont les carrés soient proportionnels à deux quantités données m et n (375).

408. Mener une droite parallèle à la base d'un triangle, de manière que le petit triangle soit le tiers du triangle total (376).

409. A quelle distance de la base d'un triangle doit-on mener une parallèle à cette base, pour que la surface du trapèze soit le tiers du triangle donné?

410. Mener une parallèle à la base d'un triangle, de manière que le petit triangle soit à la différence entre le trapèze et le petit triangle comme m est à n.

411. Partager la surface d'un triangle par des parallèles à la base, en parties proportionnelles à des quantités données m, n, p (377).

412. Partager un triangle en moyenne et extrême raison par une parallèle à la base. On supposera successivement que le petit triangle forme la plus grande et la plus petite des deux surfaces.

413. On connaît les deux bases d'un trapèze. Calculer la longueur de la droite parallèle à ces bases qui partage le trapèze en parties proportionnelles à 2 et 3.

414. On divise la hauteur d'un trapèze donné en quatre parties égales, et par les points de division on mène des parallèles aux bases. Trouver les surfaces des différents trapèzes partiels.

415. Partager un trapèze en deux parties équivalentes par une parallèle à la base.

416. Partager un trapèze en trois parties équivalentes par des parallèles aux bases.

417. Partager un trapèze en deux ou trois parties proportionnelles à des quantités données par des parallèles aux bases.

418. Dans un trapèze dont les dimensions données sont b, B, h, on mène, parallèlement aux bases, des droites qui partagent les côtés en trois parties égales. Trouver les surfaces des trapèzes partiels déterminés par ces parallèles.

419. Construire un triangle semblable à un triangle donné, tel que les surfaces des deux triangles forment un rapport égal à $\dfrac{m}{n}$ (378).

Trouver le rayon d'un cercle équivalent:

420. — à deux ou trois autres;

421. — à $\dfrac{1}{2}+\dfrac{1}{3}-\dfrac{1}{5}$ de trois autres;

422. — à la somme de deux autres;

423. — à la différence de deux autres.

424. La base d'un triangle est égale à 8, et sa hauteur à 5. Trouver les trois côtés d'un triangle semblable de surface 7 fois plus grande, ou 5 fois plus petite (379).

425. Soient a, b, c les côtés d'un triangle; calculer les côtés d'un triangle semblable et de surface triple.

Construire un carré équivalent :

426. — aux $\dfrac{3}{4}$ d'un décagone régulier de côté donné;

427. — aux $\dfrac{2}{3}$ d'un trapèze donné.

Sur une droite donnée construire un rectangle équivalent :

428. — aux $\dfrac{5}{6}$ d'un triangle donné;

429. — à la somme d'un triangle et d'un carré.

430. La surface d'un triangle de base donnée est moyenne proportionnelle entre deux rectangles donnés. Trouver sa hauteur.

Trouver le rayon d'une circonférence équivalente :

431. — à la somme de trois autres;

432. — à la différence de deux autres;

433. — à la différence entre les $\dfrac{2}{3}$ moins les $\dfrac{3}{5}$ d'une autre (380).

Trouver deux lignes, connaissant (381-384.) :

434. — Leur somme ou leur différence et leur produit;

435. — Leur somme et leur différence;

436. — Leur rapport et leur produit;

437. — Leur rapport et leur somme ou leur différence.

Trouver les côtés d'un rectangle, connaissant :

438. — Sa surface et son périmètre;

439. — Sa surface et le rapport de sa base à sa hauteur;

440. — Sa diagonale et la différence de ses côtés;

441. — Sa diagonale et la somme, le rapport ou le produit de ses côtés.

Inscrire dans un triangle donné, ou dans un cercle :

442. — Un rectangle de périmètre donné;

443. — Un rectangle de surface donnée.

444. Inscrire dans un cercle un triangle isocèle de surface maximum.

Inscrire dans un triangle, ou dans un cercle :

445. — Un rectangle de périmètre maximum;

446. — Un rectangle de surface maximum.

447. — Connaissant un côté, le périmètre et la surface d'un triangle, trouver la valeur des autres côtés (385).

448. — Trouver la hauteur d'un triangle dont on connaît les trois côtés (386).

449. — A quelle distance du diamètre AB doit-on mener une corde CD parallèle à AB, pour que le produit OD $\times$ OC des distances d'un point O du diamètre aux extrémités de la corde CD, soit égal à un carré donné m? Le point O est à une distance a du centre.

SECONDE PARTIE

GÉOMÉTRIE DANS L'ESPACE

—

LIVRE V

DU PLAN ET DE LA LIGNE DROITE DANS L'ESPACE

—

DÉFINITIONS

387. Plan. — On nomme *plan* toute surface qui contient complètement la ligne droite menée entre deux de ses points pris à volonté.

Le plan est illimité dans son étendue.

388. Perpendiculaire. — Une ligne droite est *perpendiculaire à un plan* lorsqu'elle est perpendiculaire à toutes les droites menées par son pied dans le plan.

Le point d'intersection d'une perpendiculaire et d'un plan s'appelle *le pied* de cette perpendiculaire.

389. Parallèle. — Une droite est *parallèle à un plan* lorsque, prolongée indéfiniment, elle ne peut rencontrer ce plan.

Deux plans qui ne peuvent se rencontrer sont dits aussi parallèles.

THÉORÈME

390. *Un plan est déterminé :*
1° *Par une droite et un point extérieur à cette droite ;*
2° *Par deux droites qui se coupent ;*
3° *Par trois points non en ligne droite ;*
4° *Par deux droites parallèles.*

La démonstration de ce théorème demande que l'on prouve que

par une droite et un point extérieur, par deux droites qui se coupent... etc., on peut faire passer un plan, et qu'on ne peut en faire passer qu'un seul.

1º Soient la droite AC et le point D. Menons un plan par AC et faisons-le tourner jusqu'à ce qu'il rencontre le point D. Ce plan contiendra alors la droite et le point donnés.

Il est d'ailleurs évident que, dans le mouvement de rotation du plan autour de AC, il n'y a qu'une seule position qui lui permette de contenir le point D.

2º Le second cas se ramène facilement au premier, car tout plan passant par AC et contenant le point D devra contenir la droite AD tout entière, puisqu'il renfermera deux points, A et D, de cette droite.

3º Il suffira de joindre les trois points pour obtenir deux droites qui se coupent. On est ainsi ramené au second cas.

4º Par définition (83) deux droites parallèles AB, CD sont toujours dans un même plan.

D'ailleurs, par la droite AB et un point quelconque de CD, on ne peut mener qu'un seul plan.

THÉORÈME

391. *L'intersection de deux plans est une ligne droite.*

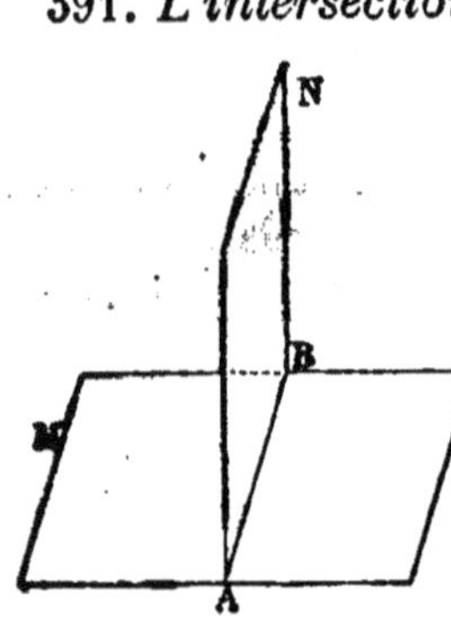

H. Soit AB l'intersection des plans M et N.
D. AB est une ligne droite.

En effet, si nous prenons deux points, A et B, communs aux plans M et N, et si nous les joignons par le plus court chemin, la ligne obtenue sera droite. Mais cette ligne appartiendra tout entière aux deux plans M et N, puisqu'elle joint deux points appartenant à chacun de ces plans. Elle sera donc leur intersection, et cette intersection est une ligne droite.

LIGNES PERPENDICULAIRES ET OBLIQUES A UN PLAN

THÉORÈME

392. *Toute droite perpendiculaire à deux droites qui passent par son pied dans un plan est perpendiculaire à toute autre droite menée par son pied dans le même plan, et par suite est perpendiculaire au plan.*

H. AB est perpendiculaire sur BC.

AB est perpendiculaire sur BD.

D. AB est perpendiculaire sur une droite quelconque BE.

Joignons les points D, E, C, par une ligne droite, puis prolongeons AB d'une longueur BA′ = AB, et menons AC, AE, AD, A′C, A′E, A′D. Les triangles A′CD, ACD sont égaux ; car ils ont les trois côtés égaux chacun à chacun.

En effet, CD est commun ; CA = CA′, et de plus AD = DA′, puisque ces droites sont des obliques qui s'écartent également du pied B de la perpendiculaire BC ou BD (72).

De l'égalité de ces triangles, il résulte que l'angle ADE est égal à l'angle A′DE, et par suite que le triangle ADE est égal au triangle A′DE comme ayant un angle égal (ADE = A′DE) compris entre côtés égaux (AD = A′D et DE commun).

Donc AE = A′E. Dès lors le triangle AEA′ est isocèle, et la droite EB qui joint son sommet au milieu de la base AA′ est perpendiculaire sur le milieu de cette base.

THÉORÈME

393. *Par un point donné on peut toujours mener un plan perpendiculaire à une droite.*

H. On donne un point O et une droite AB.

D. On peut mener par le point O un plan perpendiculaire à AB.

1° Le point donné O est sur la droite AB.

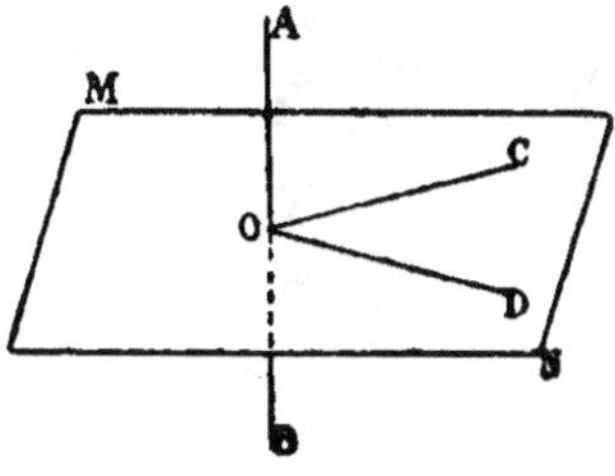

Par le point O, menons dans des directions différentes les droites OC et OD perpendiculaires à AB. Le plan MN conduit par ces droites sera évidemment perpendiculaire à AB (392).

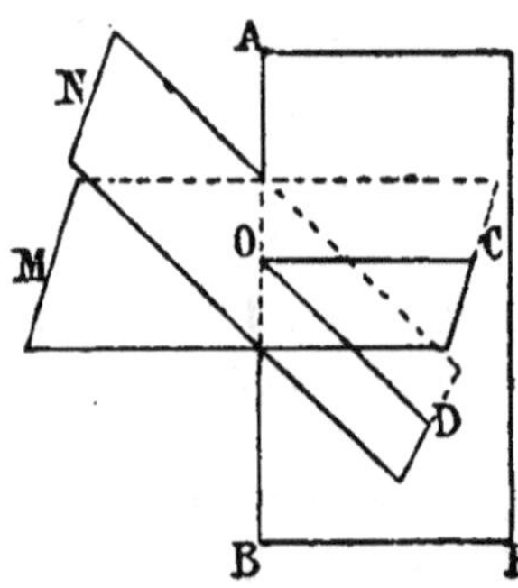

2º Le point donné O est situé en dehors de AB.

Abaissons du point O la perpendiculaire OC sur AB, puis du point C menons dans une autre direction la droite CD perpendiculaire sur AB. Le plan MN qui passera par les droites OC et CD sera perpendiculaire à AB.

THÉORÈME

394. *Par un point donné on ne peut mener qu'un seul plan perpendiculaire à une droite donnée.*

H. On donne un point O et une droite AB.

D. Par ce point on ne peut mener qu'un seul plan perpendiculaire à AB.

1º Le point donné O est sur la droite AB.

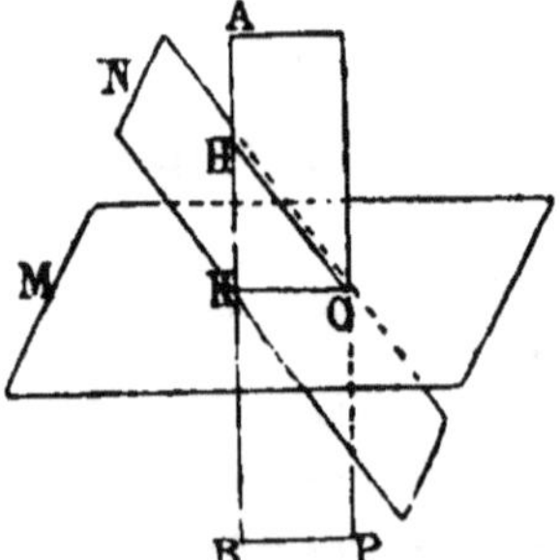

Supposons qu'on puisse mener par le point O deux plans M et N perpendiculaires à AB. Conduisons par AB un plan AH qui donnera avec les plans M et N les intersections OC et OD. Ces intersections seront toutes deux perpendiculaires à AO, puisque AO est supposée perpendiculaire aux plans M et N. Or cela ne peut être; car les droites AO, OC et OD sont dans un même plan AH; et, dans un même plan, on ne peut élever d'un même point O qu'une seule perpendiculaire sur une droite AB (36). Donc l'un des deux plans M ou N n'est pas perpendiculaire à AB.

2º Le point donné O est en dehors de la droite AB.

Si par le point O on pouvait mener deux plans M et N perpendiculaires à AB, les intersections OH et OK, que déterminerait avec eux un troisième plan AP passant par AB et le point O, seraient perpendiculaires à AB. Du même point O on pourrait donc abaisser dans le même plan AP deux perpendiculaires sur une droite, ce qui est impossible.

THÉORÈME

395. *Par un point donné on peut toujours mener une perpendiculaire sur un plan donné.*

H. On donne un point O sur un plan M, ou un point E placé hors de ce plan.

D. Par ce point, on peut mener une perpendiculaire sur le plan M.

Prenons une droite quelconque CD, et menons à cette droite les perpendiculaires CA et CB, ainsi que le plan N de ces perpendiculaires. Portons ensuite le plan N sur le plan M en le faisant glisser jusqu'à ce que la ligne CD passe par le point O ou E. La ligne CD sera évidemment perpendiculaire au plan M.

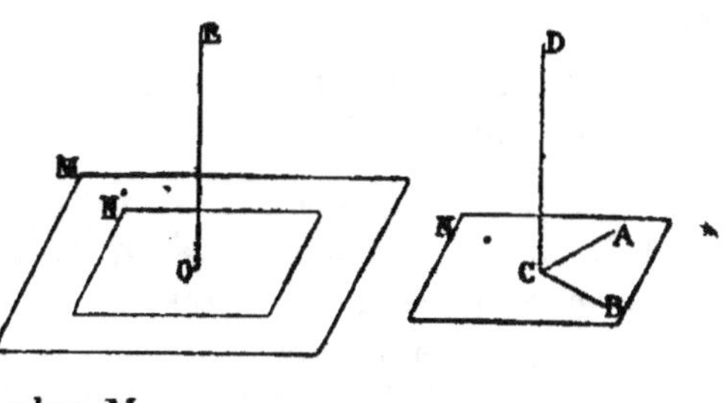

THÉORÈME

396. *Par un point donné on ne peut mener qu'une seule perpendiculaire sur un plan.*

H. Soient le point A et le plan MN.

D. De A sur MN on ne peut mener qu'une seule perpendiculaire.

1º Le point donné A est sur le plan MN.

Supposons que du point A on puisse élever sur MN deux perpendiculaires AB et AC. Si nous menons le plan P de ces deux droites, chacune d'elles devra être perpendiculaire à DE (388); ce qui est impossible, puisque AB, AC et DE sont dans un même plan P (36).

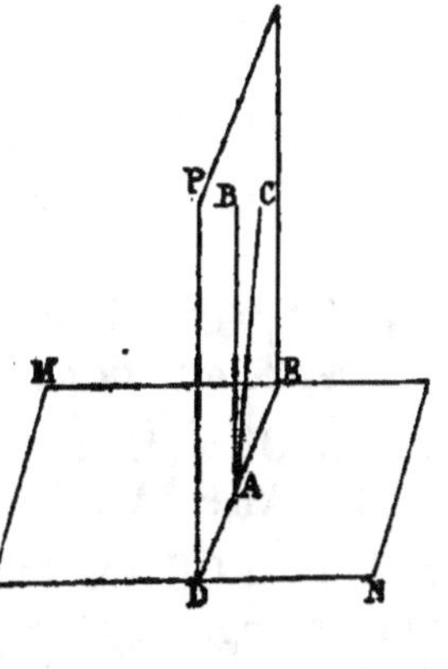

2º Le point donné A est en dehors du plan MN.

Supposons encore qu'on puisse abaisser sur le plan deux perpendiculaires AB et AC. Si nous menons le plan ABC qui les con-

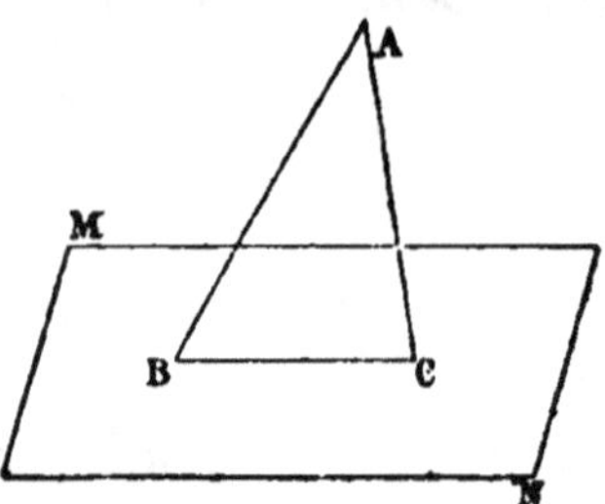

tient, elles seront toutes deux perpendiculaires à BC, ce qui est impossible (70).

THÉORÈME

397. *Si d'un point pris hors d'un plan on abaisse sur ce plan une perpendiculaire et différentes obliques :*

1° *La perpendiculaire est plus courte que toute oblique;*

2° *Deux obliques qui s'écartent également du pied de la perpendiculaire sont égales;*

3° *De deux obliques qui s'écartent inégalement du pied de la perpendiculaire, la plus éloignée est la plus grande.*

1° **H.** AO est perpendiculaire à MN; AB lui est oblique.

D. AO $<$ AB.

Ce premier point est évident; car on a vu, dans la géométrie

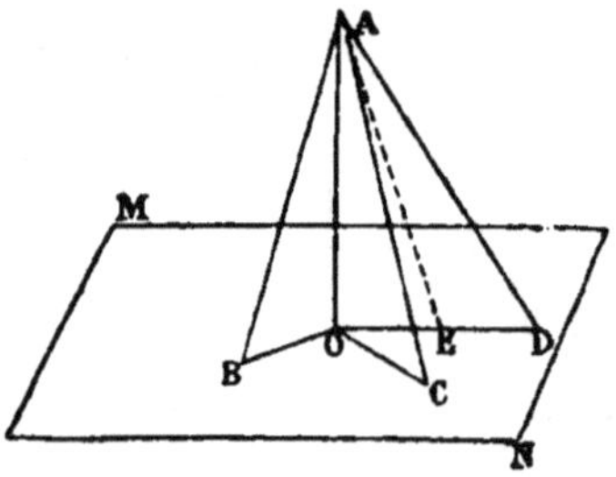

plane (72), que dans un plan AOB une oblique AB est toujours plus grande que la perpendiculaire AO.

2° **H.** OB $=$ OC;

D. AB $=$ AC.

Si BO $=$ OC les triangles AOB et BOC seront égaux comme ayant un angle égal compris entre côtés égaux, savoir :

AOB $=$ AOC (*droits*), BO $=$ OC (*hyp.*), AO est commun.

On a donc :

$$AB = AC.$$

3° **H.** $OD > OC$.

   D. $AD > AC$.

Prenons sur OD une longueur $OE = OC$, et menons AE. L'oblique AE d'après le second cas sera égale à AC; or AD est plus grand que AE (72); donc AD sera plus grand que AC.

398. Réciproques. — Les réciproques des trois parties du théorème précédent sont vraies.

1° *La droite la plus courte menée d'un point à un plan est perpendiculaire au plan.*

En effet, si elle était oblique il y aurait une droite plus courte, qui serait elle-même la perpendiculaire menée du même point sur le plan, ce qui est contre l'hypothèse, donc...

2° *Deux obliques égales s'écartent également du pied de la perpendiculaire.*

En effet, si elles étaient inégalement distantes du pied de la perpendiculaire, elles seraient inégales, ce qui est contre l'hypothèse.

3° *Une oblique plus grande qu'une autre s'écarte davantage du pied de la perpendiculaire.*

En effet, si la première s'écartait autant que la seconde, elle lui serait égale; si elle s'écartait moins, elle serait plus petite; conclusions contraires toutes deux à l'hypothèse.

399. Corollaire. — Si du pied de la perpendiculaire abaissée d'un point sur un plan on décrit une circonférence sur le plan, cette circonférence est le lieu géométrique des pieds des obliques égales menées du point sur le plan.

De là cette construction facile pour abaisser d'un point A une perpendiculaire sur un plan. On prend sur le plan trois points également éloignés de A, puis on détermine le centre de la circonférence qui passe par ces trois points. Il suffit alors de joindre le point A à ce centre pour avoir la perpendiculaire demandée.

THÉORÈME DES TROIS PERPENDICULAIRES

400. *Si, du pied B d'une perpendiculaire AB à un plan, on abaisse une perpendiculaire BE sur une droite DC située dans le plan, toute ligne qui joint le point E à un point quelconque de AB est perpendiculaire à la droite DC.*

H. AB est perpendiculaire sur MN;

   BE est perpendiculaire sur CD.

D. AE est perpendiculaire sur CD.

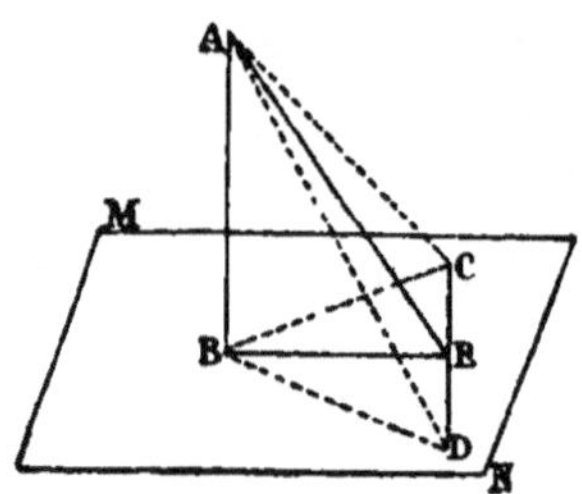

Prenons $ED = EC$, et menons AD, AC, BD et BC. Les lignes BD et BC sont égales, comme obliques s'écartant également du pied E de la perpendiculaire BE, par suite les obliques AD et AC s'écartent également du pied B de AB, et sont aussi égales : dès lors le triangle ADC est isocèle, et la ligne AE qui joint le sommet au milieu de la base est perpendiculaire sur cette base.

THÉORÈME

401. *Le lieu géométrique des perpendiculaires menées à une droite, en un point de cette droite, est le plan perpendiculaire à cette droite.*

H. Soient les droites OE, OC et OD perpendiculaires à AO.
D. OE, OC, OD sont dans le plan MN perpendiculaire à AO.
Par les droites OC et OD menons le plan MN. Ce plan est per-

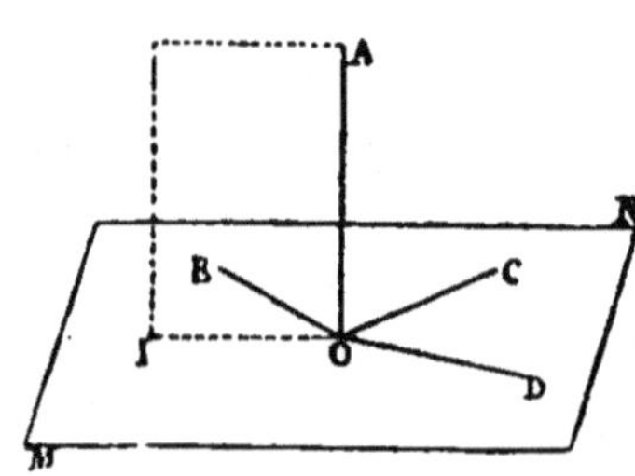

pendiculaire à AO et doit contenir la droite OE, car, s'il ne la contient pas, le plan AI mené par AO et OE donnera avec le plan MN une intersection OI perpendiculaire à AO (392). Il s'ensuivrait que d'un point O on pourrait élever, dans un même plan AI, deux perpendiculaires OE et OI à une droite AO, ce qui est impossible.
Donc OE est dans le plan MN.

THÉORÈME

402. *Si deux lignes droites sont parallèles, tout plan perpendiculaire à l'une est perpendiculaire à l'autre.*

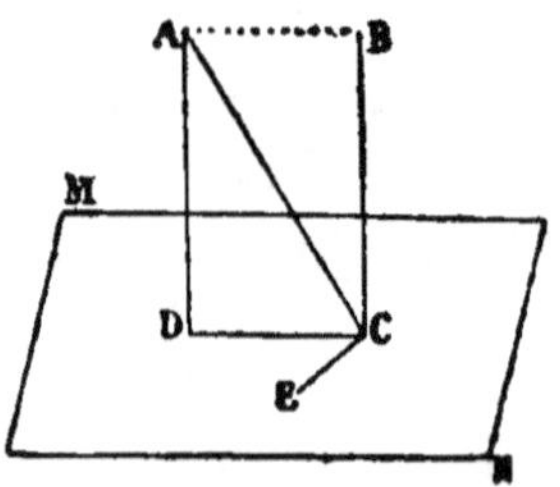

H. AD et BC sont parallèles ;
AD est perpendiculaire au plan MN.
D. BC est perpendiculaire au plan MN.
Menons le plan ABCD des deux parallèles ainsi que la droite CE perpendiculaire à DC, et joignons les points A et C.
La droite EC est perpendiculaire à DC par construction, et à AC d'après le théorème des trois perpendiculaires ; elle est donc perpendiculaire

rème des trois perpendiculaires ; elle est donc perpendiculaire au plan ABCD, et par suite à BC situé dans ce plan. De plus BC est perpendiculaire à DC (84).

Donc BC perpendiculaire à CE et à DC est perpendiculaire au plan MN (392).

THÉORÈME

403. Deux droites perpendiculaires à un plan sont parallèles. (Même figure.)

H. AD et BC sont perpendiculaires au plan MN.

D. AD et BC sont parallèles.

Pour que deux droites soient parallèles il faut deux conditions :

1° Qu'elles ne puissent jamais se rencontrer, à quelque distance qu'on les prolonge ;

2° Qu'elles soient situées dans un même plan.

Prouvons que ces deux conditions se réalisent pour AD et BC. Faisons d'abord les constructions indiquées dans le théorème précédent.

Il est clair que AD et BC perpendiculaires toutes deux à une même droite DC ne pourront jamais se rencontrer.

D'ailleurs EC est perpendiculaire à DC par construction, à AC d'après le théorème des trois perpendiculaires et à CB par hypothèse. Donc les trois lignes DC, AC et BC sont dans un même plan (401), et AD ayant deux points A et D dans ce plan, s'y trouve contenue tout entière. Les lignes AD et BC, qui ne peuvent se rencontrer, et qui sont dans un même plan, sont parallèles.

DROITES ET PLANS PARALLÈLES

THÉORÈME

404. Toute ligne parrallèle à une droite située dans un plan est parallèle à ce plan.

H. AB est parallèle à CD située dans le plan MN.

D. AB est parallèle au plan MN.

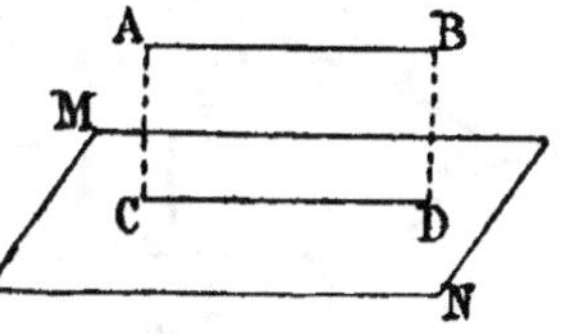

Menons le plan ABCD. La ligne AB, assujettie à rester dans ce plan qui la contient, ne pourra rencontrer MN sans rencontrer sa parallèle CD. Donc elle ne rencontrera jamais le plan MN, et par conséquent elle lui est parallèle.

THÉORÈME

405. *Tout plan mené par une droite parallèle à un plan donné coupe ce plan suivant une intersection parallèle à la droite.*

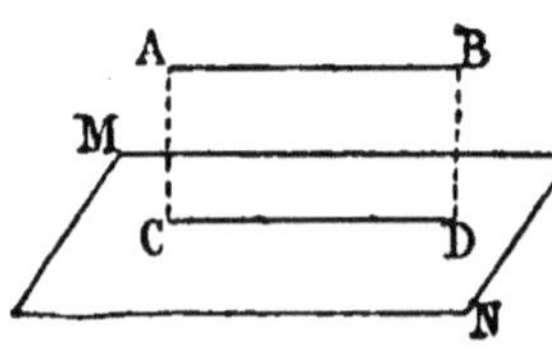

H. Soit le plan ABCD mené par AB parallèle au plan MN.

D. CD est parallèle à AB.

Les droites AB et CD sont parallèles parce qu'elles sont dans un même plan ABCD, et qu'elles ne peuvent se rencontrer sans que AB rencontre le plan MN auquel elle est parallèle par hypothèse.

THÉORÈME

406. *Lorsqu'une droite est parallèle à un plan, et que d'un point du plan on mène une parallèle à la droite, cette parallèle est contenue tout entière dans le plan.*

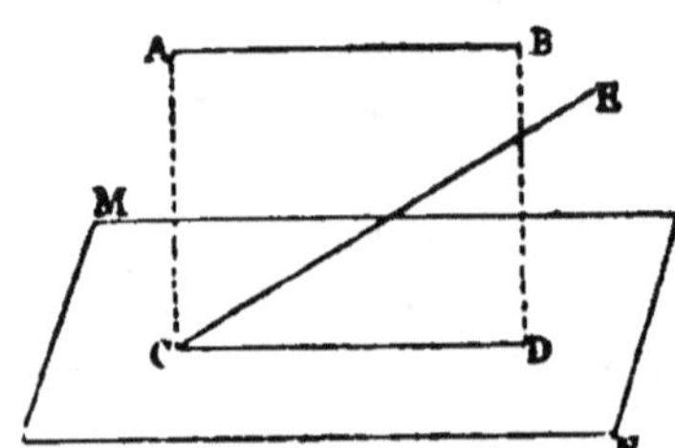

H. AB est parallèle au plan MN et l'on mène CE parallèle à AB.

D. CE doit être dans le plan MN.

Supposons que CE ne soit pas dans le plan MN, et menons le plan ABCD. Il est évident que CD est parallèle à AB (405). Si CE l'est aussi, il faut conclure que d'un même point C on peut mener deux parallèles CE et CD à une même droite AB, ce qui est impossible (86).

THÉORÈME

407. *Deux plans perpendiculaires à une même droite sont parallèles entre eux.*

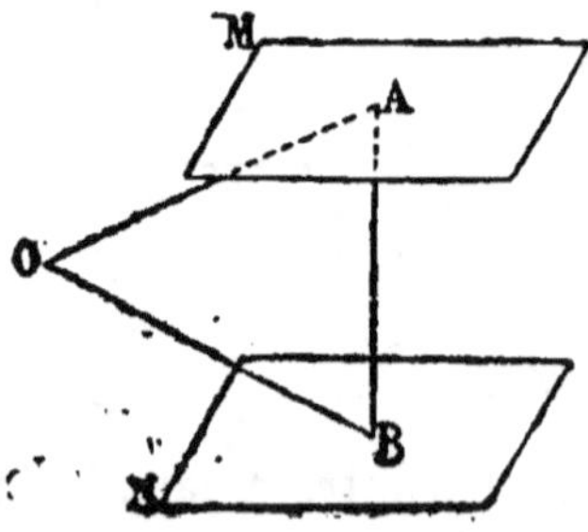

H. Les plans M et N sont perpendiculaires à AB.

D. Les plans M et N sont parallèles.

Supposons que les deux plans puissent se rencontrer, et soit O un point de leur intersection. Menons OA et OB. La ligne AB perpendiculaire aux plans M et N sera perpendiculaire aux droites

OA et OB (388), et du même point O on aura deux perpendiculaires sur une même droite, ce qui est impossible.

Les plans M et N sont donc parallèles.

THÉORÈME

408. *Les intersections de deux plans parallèles par un troisième sont parallèles.*

H. Soient AB et CD les intersections du plan BC avec les plans parallèles M et N.

D. AB et CD sont parallèles.

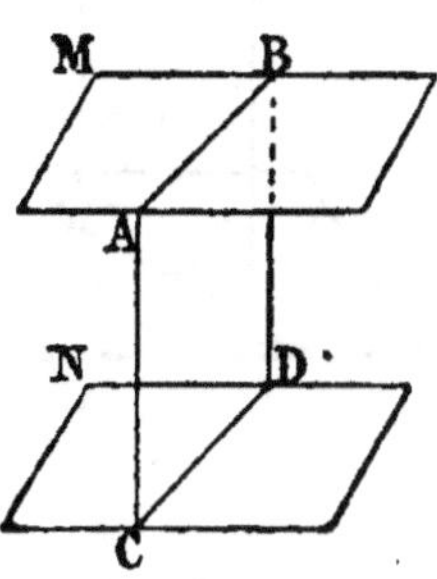

Les lignes AB et CD ne pourront jamais se rencontrer, puisqu'elles sont dans des plans M et N parallèles. De plus, elles se trouvent dans un même plan ABCD : elles sont donc parallèles.

THÉORÈME

409. *Lorsque deux plans sont parallèles, toute droite perpendiculaire à l'un est perpendiculaire à l'autre.*

H. AB est perpendiculaire sur le plan M parallèle au plan N.

D. AB perpendiculaire sur N.

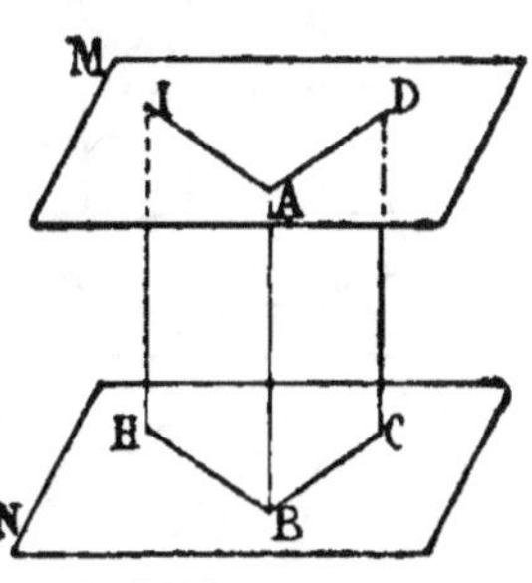

Traçons la droite AD dans le plan M ; puis, par les droites AB et AD, menons un plan ABCD. La ligne BC sera parallèle à AD (408), et comme l'angle BAD est droit par hypothèse, l'angle ABC sera droit aussi. En menant de même AI et le plan BAIH, la droite BH sera parallèle à AI, et par suite l'angle ABH sera droit.

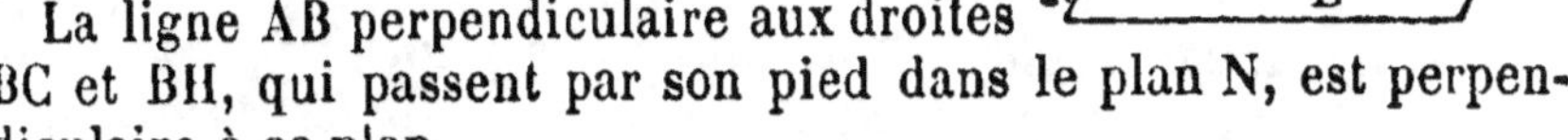

La ligne AB perpendiculaire aux droites BC et BH, qui passent par son pied dans le plan N, est perpendiculaire à ce plan.

410. Corollaire I. — *Deux plans parallèles à un troisième sont parallèles entre eux.*

En effet, une droite perpendiculaire sur l'un d'eux sera perpendiculaire sur les autres. Donc... (407).

411. Corollaire II. — *On ne peut mener par un point qu'un seul plan parallèle à un plan donné*, puisqu'on ne peut mener par un point qu'un seul plan perpendiculaire à une droite.

THÉORÈME

412. *Les parallèles comprises entre deux plans parallèles sont égales.*

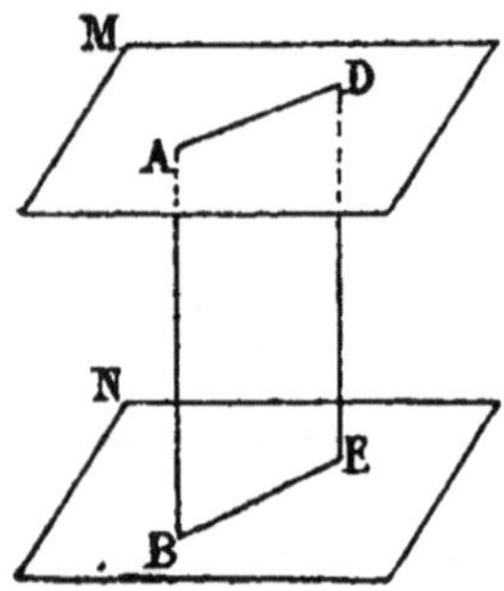

H. Les droites AB et DE sont parallèles, ainsi que les plans M et N.

D. AB = DE.

Menons le plan ABDE. Les intersections AD et BE sont parallèles (408), et comme AB est parallèle à DE par hypothèse, la figure ABDE est un parallélogramme. Donc AB = DE.

THÉORÈME

413. *Trois plans parallèles partagent en parties proportionnelles deux lignes droites qu'ils rencontrent.*

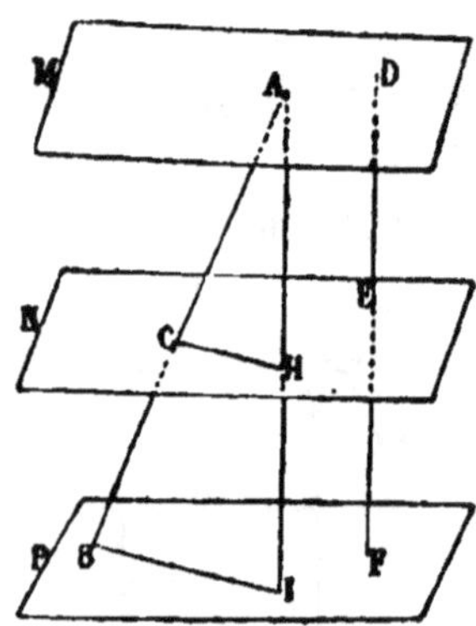

H. Les plans M, N, P sont parallèles et les droites AB et DF quelconques.

D. $\dfrac{AC}{CB} = \dfrac{DE}{EF}$.

Traçons AI parallèle à DF, et menons le plan ABI. Nous aurons :

$$\frac{AC}{CB} = \frac{AH}{HI} \ (208).$$

Or   AH = DE   et   HI = EF (412),

donc $\dfrac{AC}{CB} = \dfrac{DE}{EF}$.

THÉORÈME

414. *Si deux angles situés dans des plans différents ont leurs côtés parallèles, ils sont égaux ou supplémentaires, et leurs plans sont parallèles.*

H. AB parallèle à ED,
     AC parallèle à EF.

D. 1° Angle BAC = angle DEF,
     HAC + DEF = 2 droits.
    2° Les plans BAC et DEF sont parallèles.

1° Prenons AB = ED, AC = EF, et menons AE, CF, BD, BC et FD. La figure ABED ayant deux côtés opposés AB et ED égaux et parallèles, est un parallélogramme, et par suite BD est égal et parallèle à AE. Pour une raison semblable, la figure ACEF est aussi un parallélogramme, et CF est égale et parallèle à AE. Les droites BD et CF, égales et parallèles à une même droite AE, sont égales et parallèles entre elles, et la figure CBFD est un parallélogramme; ce qui donne BC = FD. Les triangles BAC et DEF ont donc leurs trois côtés égaux chacun à chacun et l'angle BAC est égal à l'angle DEF.

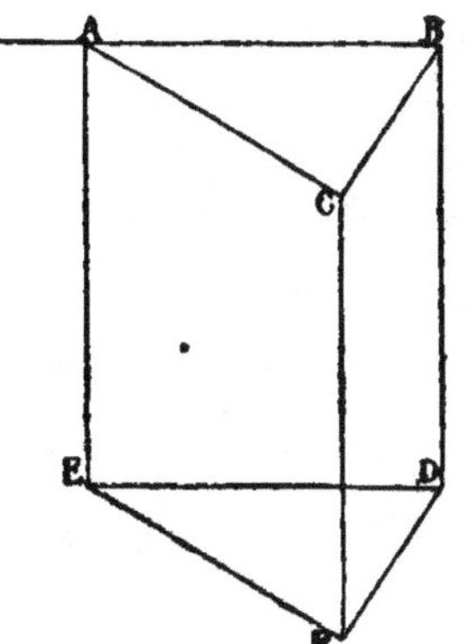

Il est facile de démontrer que les angles HAC et DEF sont supplémentaires. En effet :

$$HAC + CAB = 2 \text{ droits},$$
$$\text{or} \qquad CAB = DEF,$$
$$\text{donc} \qquad HAC + DEF = 2 \text{ droits}.$$

2° Les plans BAC et DEF sont parallèles; car, s'ils se rencontraient, les droites AC et EF situées dans le plan ACEF se rencontreraient aussi. Or elles sont parallèles, donc...

ANGLES DIÈDRES

DÉFINITIONS

415. **Angle dièdre.** — On nomme *angle dièdre* la figure formée par deux plans qui se terminent à une intersection commune.

Les *faces* d'un dièdre sont les plans ABED, ACFE qui le forment; l'intersection AE de ces plans est son *arête*.

On désigne un dièdre par les deux lettres de son arête ou par quatre lettres, une de chaque plan et les deux de l'arête. Dans ce cas, on met les lettres de l'arête au milieu. Ainsi on peut appeler à volonté le dièdre précédent, le dièdre AD ou le dièdre BAEF. La seconde manière de désigner un dièdre est seule possible, lorsque plusieurs dièdres ont la même arête.

La grandeur d'un angle dièdre dépend non pas de l'étendue apparente de ses faces, qui doivent toujours être considérées comme illimitées, mais seulement de leur ouverture, qui peut être plus ou moins considérable.

416. Plans perpendiculaires. — Deux plans sont *perpendiculaires* lorsqu'ils se coupent en formant des angles dièdres égaux.

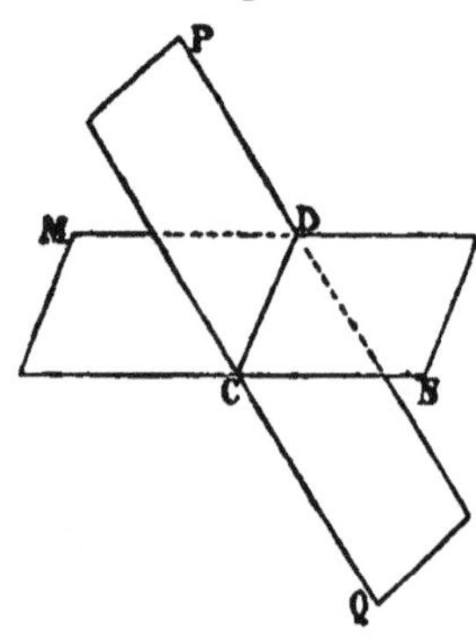

417. Angles dièdres adjacents ou opposés par l'arête. — On appelle *dièdres adjacents* deux dièdres qui ont la même arête, une face commune, et les deux autres faces situées de part et d'autre de la face commune.

Ex. : PDCN et PDCM.

Deux dièdres sont *opposés par l'arête*, lorsque les faces de l'un sont les prolongements des faces de l'autre.

Ex. : PDCN et MDCQ.

418. Les angles dièdres jouissent de propriétés analogues à celles des angles rectilignes. Ainsi :

Deux dièdres adjacents sont supplémentaires, lorsque leurs faces non communes sont dans un même plan.

Deux dièdres opposés par l'arête sont égaux, etc...

On démontre ces propositions en suivant une marche semblable à celle qui a été employée dans le livre I, pour les angles rectilignes.

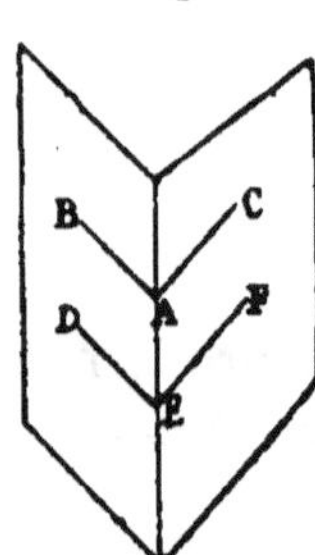

419. Angle plan correspondant à un angle dièdre. — On appelle *angle plan correspondant à un dièdre*, l'angle rectiligne obtenu en menant deux perpendiculaires au même point de l'arête, une dans chaque face du dièdre.

Cet angle est constant; car on a BAC = DEF, comme angles formés par des côtés parallèles et dirigés dans le même sens.

THÉORÈME

420. *Si deux angles dièdres sont égaux, leurs angles plans correspondants sont aussi égaux.*

H. Dièdre BACD = dièdre EGFH.

D. BAD = EFH.

Portons le dièdre GF sur le dièdre AC, et faisons coïncider les arêtes de façon que le point F soit au point A.

Comme les dièdres sont égaux, le plan EG se confond avec le plan BC, et le plan GH avec le plan CD. De plus la droite EF perpendicu-

---

* Voir les exercices 471-482.

laire à FG tombe sur AB perpendiculaire à AC (36); pour la même
raison FH se confond avec AD; et les angles BAD, EFH sont égaux.

RÉCIPROQUE

421. *Lorsque deux angles plans correspondant à deux dièdres sont égaux, ces dièdres sont aussi égaux.* (Même figure.)

H. BAD = EFH.

D. Dièdre AC = dièdre FG.

Portons le dièdre FG sur le dièdre AC. Les angles EFH et BAD
étant égaux coïncident, et le plan EFH se confond avec le plan
BAD. Or du point F ou A, puisqu'ils se confondent, on ne peut
élever qu'une seule perpendiculaire au plan BAD. Les droites
FG et AC se superposent donc aussi, et par suite les faces BAC,
EFG, ayant deux lignes communes, coïncident, ainsi que les faces
GFH et CAD.

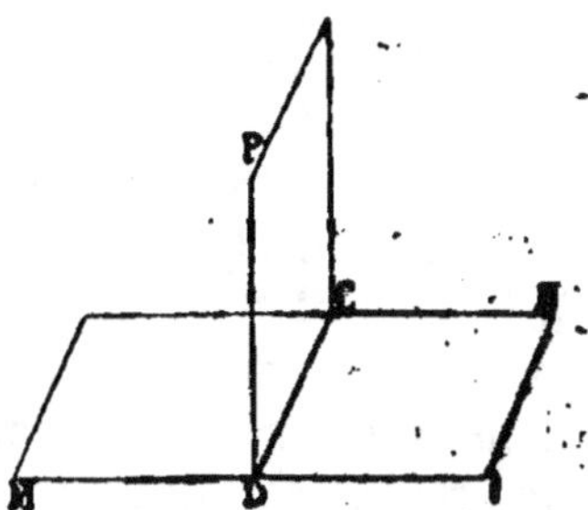

422. **Corollaire.** — *A un dièdre droit
correspond un angle plan droit.*

En effet, si PCDM = PCDN, les
angles plans correspondants MDP et
PDI seront égaux, et comme ils sont
supplémentaires, chacun d'eux vaut un
droit.

THÉORÈME

423. *Le rapport de deux angles dièdres est égal au rapport
de leurs angles plans correspondants.*

H. Soient les dièdres GH et BC.

D. $\dfrac{BC}{GH} = \dfrac{DCE}{IHK}$.

Supposons que les angles plans DCE et IHK aient une commune mesure contenue 3 fois
dans DCE et 2 fois dans IHK.
Nous aurons :

$$\frac{DCE}{IHK} = \frac{3}{2} \ (1).$$

Menons les plans BCM, BCN
et GHP. Les dièdres partiels seront tous égaux entre eux (421),
et l'on aura :

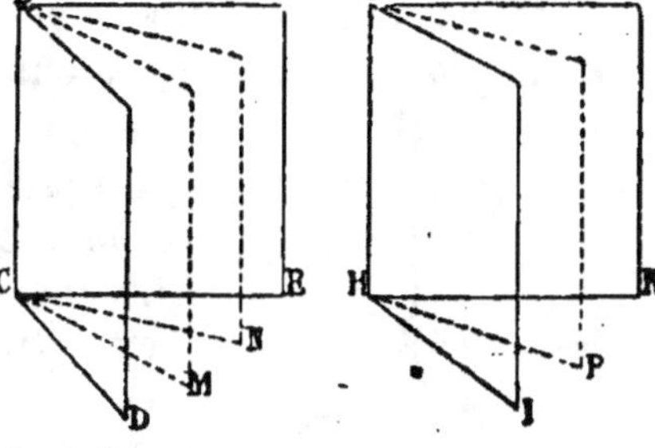

$$\frac{\text{Dièdre BC}}{\text{Dièdre GH}} = \frac{3}{2} \ (2).$$

Des proportions (1) et (2) il résulte que :

$$\frac{\text{Dièdre BC}}{\text{Dièdre GH}} = \frac{\text{DCE}}{\text{IHK}}.$$

Lorsqu'il n'y a pas de commune mesure, le théorème reste vrai. On le démontre par le raisonnement employé déjà aux nᵒˢ 208 et 327.

THÉORÈME

424. *Tout angle dièdre a pour mesure l'angle plan qui lui correspond.*

Remarquons d'abord qu'on prend ordinairement l'angle dièdre droit pour unité des angles dièdres, comme on prend l'angle rectiligne droit pour unité des angles plans. Or, si dans la proportion précédente $\dfrac{\text{BC}}{\text{GH}} = \dfrac{\text{DCE}}{\text{IHK}}$ le dièdre GH est droit, son angle plan IHK sera aussi droit et on aura :

$$\frac{\text{BC}}{\text{un dièdre droit}} = \frac{\text{DCE}}{\text{un droit}}.$$

C'est-à-dire que le dièdre BC aura pour mesure son angle plan DCE, pourvu que l'on prenne pour unité des dièdres l'angle dièdre qui a pour correspondant l'angle plan choisi pour unité des angles plans. C'est ce que l'énoncé du théorème exprime d'une manière plus rapide, quoique peu correcte.

<h2>PLANS PERPENDICULAIRES ENTRE EUX</h2>

THÉORÈME

425. *Tout plan qui passe par une droite perpendiculaire à un autre plan est perpendiculaire à ce plan.*

H. AC est perpendiculaire au plan MN.

D. Le plan P est perpendiculaire sur MN.

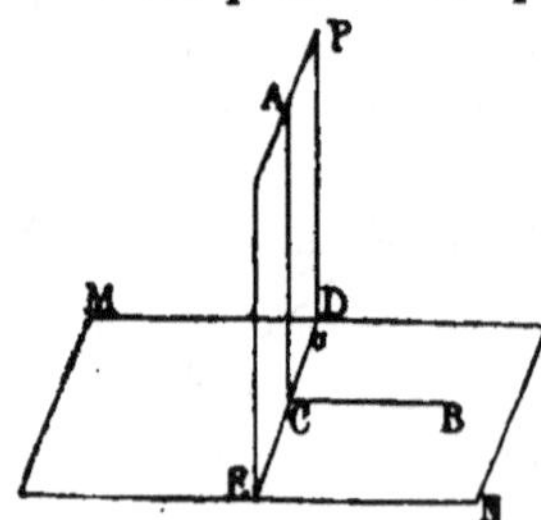

Menons CB perpendiculaire à ED.

L'angle ACB est droit, puisque AC est perpendiculaire au plan MN. Or cet angle ACB mesure le dièdre PEDN, car il est formé par deux droites AC et CB perpendiculaires au même point C de l'arête ED. Donc le dièdre PEDN est droit et le plan P est perpendiculaire sur MN.

THÉORÈME

426. *Lorsque deux plans sont perpendiculaires, toute droite menée dans l'un d'eux perpendiculairement à leur intersection est perpendiculaire à l'autre.* (Même figure.)

H. Le plan P est perpendiculaire sur MN.

AC est perpendiculaire sur ED.

D. AC est perpendiculaire sur MN.

Menons CB perpendiculaire à ED. L'angle ACB mesurant le dièdre droit PEDN est droit, et la ligne AC perpendiculaire aux lignes ED et CB, situées dans le plan MN, est perpendiculaire à ce plan.

THÉORÈME

427. *Lorsque deux plans sont perpendiculaires, si l'on abaisse d'un point de l'un d'eux une perpendiculaire sur l'autre, cette perpendiculaire est contenue tout entière dans le premier.*

H. Soient les plans P et M perpendiculaires.

Du point A de P on abaisse une perpendiculaire sur MN.

D. Cette perpendiculaire est dans le plan P.

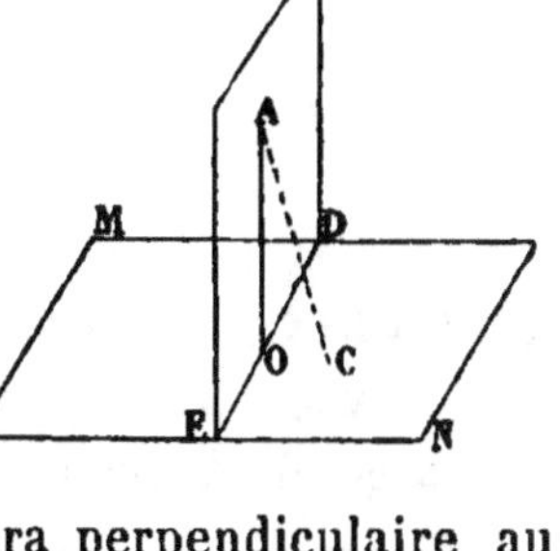

Supposons que cette perpendiculaire ne soit pas contenue dans le plan P. Si du point A nous abaissons dans ce plan une perpendiculaire AO sur ED, elle sera perpendiculaire au plan MN (425), et nous aurons deux perpendiculaires AO et AC menées d'un même point sur un plan, ce qui est impossible.

THÉORÈME

428. *L'intersection de deux plans perpendiculaires à un troisième est perpendiculaire à ce troisième plan.*

H. Soient les plans P et R perpendiculaires à MN.

D. AB est perpendiculaire sur MN.

D'après le théorème précédent, si du point A, commun aux plans P et R, on abaisse une perpendiculaire sur MN, cette perpendiculaire doit se trouver tout entière dans les plans P et R ; elle est donc leur intersection.

PROJECTIONS

429. Définition. — On appelle *projection* d'un point sur un plan *le pied de la perpendiculaire* abaissée de ce point sur le plan.

La projection *d'une figure quelconque* sur un plan est la figure que forment les projections de tous ses points sur le plan.

THÉORÈME

430. *La projection d'une ligne droite sur un plan est une ligne droite.*

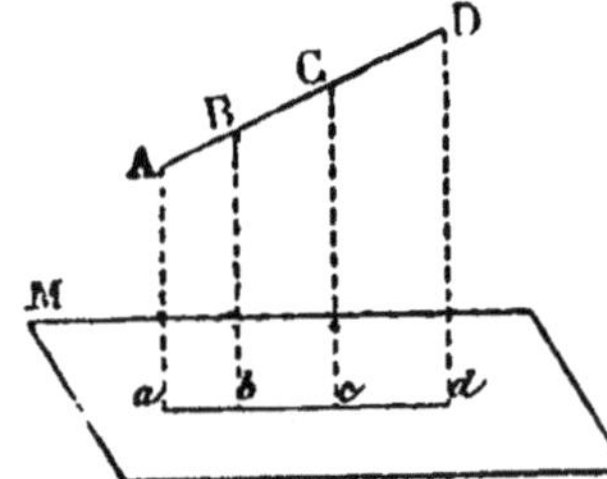

H. Soient la droite AB et le plan M.

D. La ligne *ab* projection de AB est droite.

Menons le plan AB*ab* perpendiculaire au plan M. Ce plan contiendra toutes les perpendiculaires abaissées sur M des différents points de AB (427).

Le lieu des pieds de ces perpendiculaires sera donc l'intersection *ab*, qui est une ligne droite (391).

431. Remarque I. — *Toute droite parallèle à un plan est parallèle à sa projection sur le plan* (405).

432. Remarque II. — *Toute droite perpendiculaire à un plan a pour projection un point.*

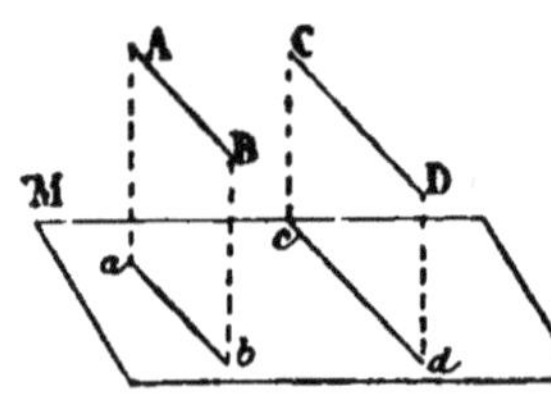

433. Remarque III. — *Deux droites parallèles AB, CD, donnent sur un même plan M des projections ab, cd parallèles,* car ces projections sont les intersections de deux plans parallèles par un troisième.

THÉORÈME

434. *Les projections sur un même plan de deux droites égales et parallèles sont égales.*

H. AB est égale et parallèle à CD.

D. $ab = cd$.

Menons AC et BD. Les droites AB et CD étant données égales et parallèles, la figure ABCD est un parallélogramme, et AC est parallèle à BD. Dès lors les projections *ac*, *bd* et *ab*, *cd* sont parallèles deux à deux (433), et la figure *abcd* est elle-même un parallélogramme. Donc $ab = cd$.

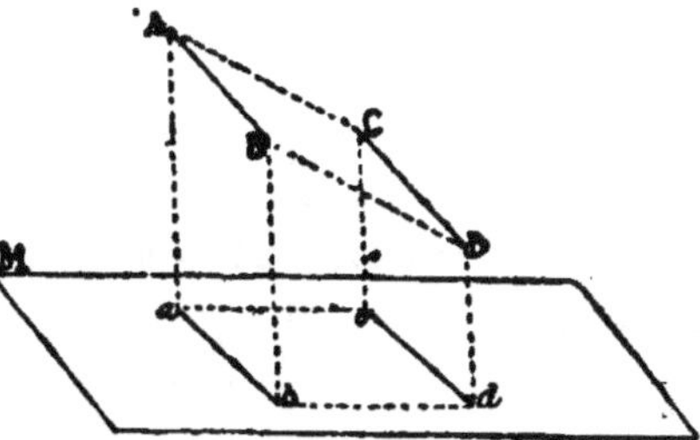

THÉORÈME.

435. *Les projections de deux droites perpendiculaires forment un angle droit, pourvu que l'une des droites soit parallèle au plan de projection.*

H. AB est parallèle au plan M et perpendiculaire à BC.

D. L'angle *abc* est droit.

Les deux plans AB*ab* et BC*bc*, étant per-pendiculaires au plan M, ont leur intersec-tion B*b* perpendiculaire à ce plan, et par suite perpendiculaire à *ab* ou à sa pa-rallèle AB. Or AB est déjà perpendicu-laire à BC, elle l'est donc au plan BC*bc*. Il en est de même de sa parallèle *ab*, et l'angle *abc* est droit.

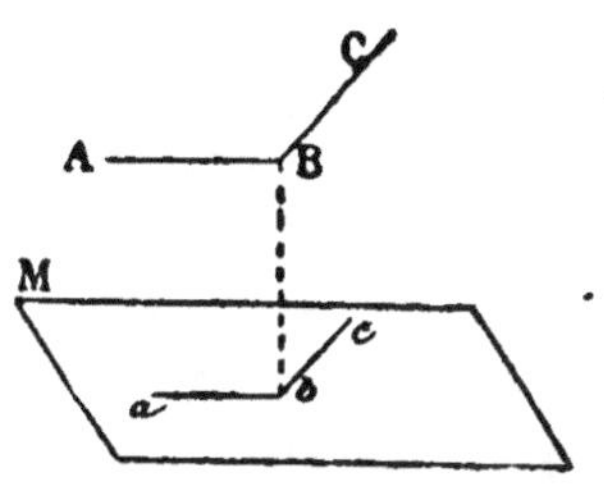

ANGLE D'UNE DROITE ET D'UN PLAN

436. **Définition.** On appelle *angle d'une droite et d'un plan* l'angle que fait la droite avec sa projection sur le plan.

THÉORÈME

437. *L'angle que fait une droite avec sa projection est le plus petit des angles qu'elle fait avec les droites menées par son pied dans le plan.*

H. Soient la droite AB, sa projection BC et une droite quelconque BD.

D. Angle ABC $<$ angle ABD.

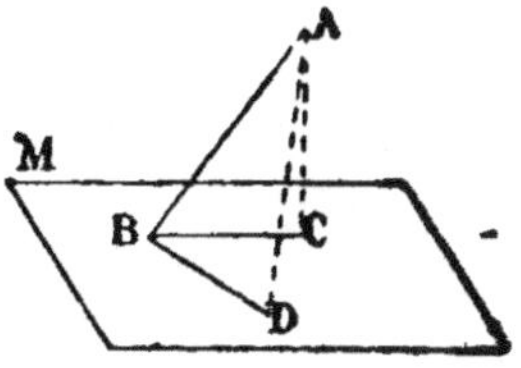

Prenons BD = BC et menons AD. Cette dernière droite oblique au plan M est plus grande que AC perpendiculaire au même plan. Le triangle ABC a donc avec le triangle

ABD deux côtés égaux chacun à chacun, et un troisième AC plus petit que AD. Donc l'angle ABC est plus petit que l'angle ABD (62).

THÉORÈME

438. *Étant données deux droites de l'espace non situées dans le même plan :*

1º *On peut toujours mener une perpendiculaire commune aux deux droites ;*

2º *On n'en peut mener qu'une seule ;*

3º *Cette perpendiculaire est la plus courte distance des deux droites.*

Soient les droites AB et CD non situées dans le même plan.

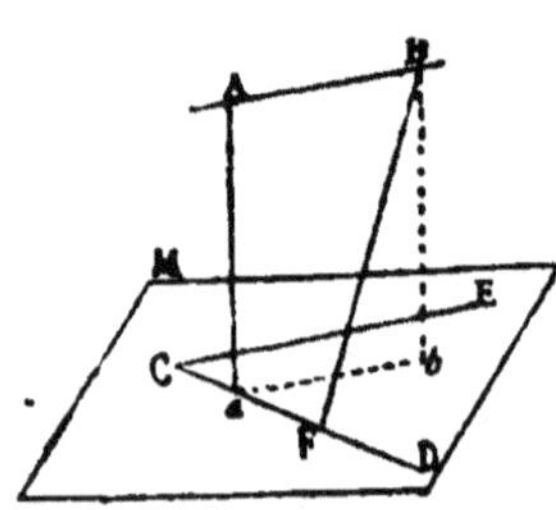

Par un point C de la seconde, menons CE parallèle à AB, puis par CE et CD conduisons le plan M qui sera parallèle à AB (404). Enfin du point *a* d'intersection de CD avec la projection de AB, élevons sur AB la perpendiculaire *a*A. Ce sera l'unique perpendiculaire commune aux deux droites et elle donnera leur plus courte distance.

1º Il est clair d'abord que A*a*, perpendiculaire à AB, l'est aussi à CD ; car la droite A*a*, perpendiculaire à AB, l'est à sa parallèle *ab* : elle l'est donc au plan M (426), et par suite à CD.

2º La droite A*a* est la seule perpendiculaire commune à AB et CD. En effet, cette perpendiculaire doit aboutir en un point de *ab*, puisque *ab* est le lieu des perpendiculaires abaissées des différents points de AB sur le plan M ; elle doit de plus se trouver sur CD ; elle sera donc la perpendiculaire élevée sur le le plan M au point unique d'intersection des deux droites.

3º La droite A*a* mesure la plus courte distance des deux droites AB et CD ; car si l'on suppose une droite quelconque BF menée entre les deux droites, on aura toujours Aa = Bb < BF.

DES ANGLES TRIÈDRES ET POLYÈDRES

DÉFINITIONS

439. Angle polyèdre. — On appelle *angle solide* ou *angle polyèdre* la figure formée par plusieurs plans qui se coupent en un même point.

On nomme sommet d'un angle polyèdre le point d'intersection S des plans qui le forment. Les angles ASB, BSC, etc., sont ses faces, et les droites SA, SB, SC, etc., sont ses arêtes.

440. Angle trièdre. — On appelle ainsi l'angle solide formé par trois plans.

441. Angles solides symétriques. — Deux angles polyèdres sont *symétriques* lorsqu'ils ont tous leurs éléments, faces et dièdres, égaux, mais disposés dans un ordre inverse. Ils ne sont donc pas superposables.

THÉORÈME

442. *Si l'on prolonge les arêtes d'un angle polyèdre au delà de son sommet, on détermine un nouvel angle polyèdre symétrique du premier.*

H. Soient les angles solides SABCD et SA′B′C′D′.

D. SA′B′C′D′ est symétrique de SABCD.

Tous les éléments, faces et dièdres, de SA′B′C′D′, sont égaux aux éléments de SABCD. Les faces sont égales, comme opposées par le sommet : ASB = A′SB′, BSC = B′SC′, etc. Les dièdres sont égaux, comme opposés par l'arête (418) : SA = SA′, SB = SB′, etc. Ces éléments égaux sont d'ailleurs disposés en ordre inverse, comme le montrent les numéros d'ordre placés dans les angles.

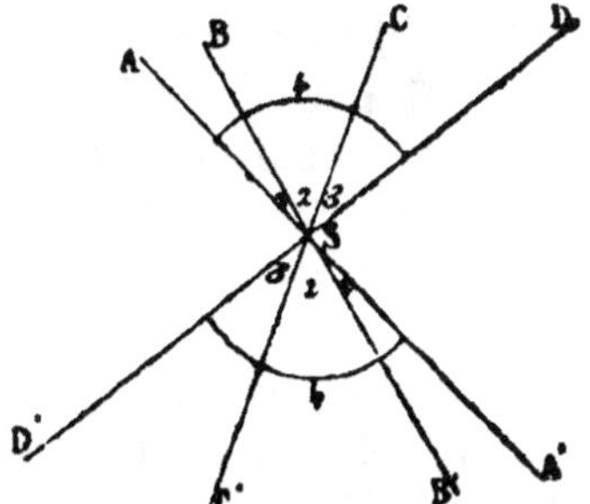

Donc les angles solides SA′B′C′D′ et SABCD sont symétriques.

CAS D'ÉGALITÉ DES ANGLES TRIÈDRES

443. *Deux angles trièdres sont égaux :*

1° Lorsqu'ils ont un dièdre égal compris entre deux faces égales chacune à chacune et semblablement disposées ;

2° *Lorsqu'ils ont une face égale adjacente à deux dièdres égaux chacun à chacun et semblablement disposés;*

3° *Lorsqu'ils ont les trois faces égales chacune à chacune et semblablement disposées;*

4° *Lorsqu'ils ont les trois dièdres égaux chacun à chacun et semblablement disposés.*

THÉORÈME

444. *Deux angles trièdres sont égaux, lorsqu'ils ont un dièdre égal compris entre deux faces égales chacune à chacune et semblablement disposées.*

H. Dièdre SB $=$ dièdre S'E,

$m = m'$, $n = n'$.

D. Les éléments du trièdre SABC sont égaux aux éléments du trièdre S'DEF.

Supposons d'abord que les faces des trièdres donnés sont dis-

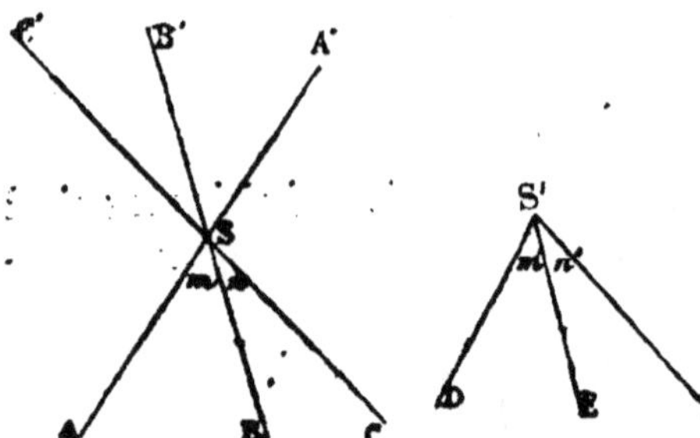

posées dans le même ordre, et portons S'DEF sur SABC de façon que S'E tombe sur SB. Les dièdres S'E et SB étant égaux, les plans ES'D et ES'F se placent respectivement sur les plans BSA et BSC; et comme $m' = m$, l'arête S'D se confond avec SA. De même n' égalant n, l'arête S'F coïncide avec SC. Les deux trièdres, coïncidant dans toutes leurs parties, sont égaux.

445. Remarque. — Si les faces des trièdres donnés S et S' étaient disposées en sens inverse, ces trièdres ne seraient plus égaux, mais symétriques. Pour le prouver, il suffit de construire le trièdre SA'B'C' symétrique de SABC.

Les faces de ce nouveau trièdre étant disposées en sens inverse de celles de SABC, seront dans le même sens que celles du trièdre S', et on aura SA'B'C' $=$ S', et par suite SABC, symétrique de SA'B'C' (441), est symétrique de S'.

THÉORÈME

446. *Deux angles trièdres sont égaux dans tous leurs éléments, lorsqu'ils ont une face égale adjacente à deux dièdres égaux chacun à chacun et semblablement disposés.*

H. ASB $=$ DS'E.

 Dièdre AS $=$ dièdre DS'.

 Dièdre SB $=$ dièdre S'E.

D. Les éléments du trièdre SABC sont égaux à ceux du trièdre S'DEF.

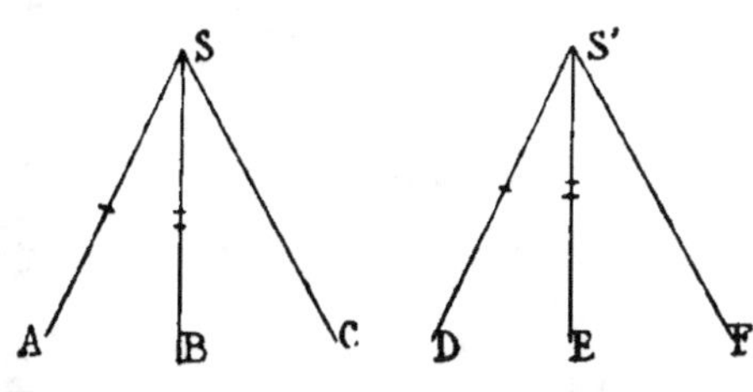

Supposons d'abord que les éléments donnés dans les trièdres S et S' sont placés dans le même ordre, et portons le trièdre S'DEF sur SABC. Les faces égales DS'E et ASB coïncident. Les dièdres S'E et SB étant égaux, la face ES'F tombe sur la face BSC. De même, à cause de l'égalité des dièdres S'D et SA, la face DS'F tombe sur la face ASC. L'arête S'F doit alors se trouver dans les plans ASC, BSC; elle se confond donc avec l'intersection SC de ces plans.

447. **Remarque.** — Si les éléments égaux des trièdres S et S' étaient placés dans un ordre inverse, les trièdres ne seraient plus égaux, mais symétriques. On le prouverait comme on l'a fait pour le cas précédent (445).

THÉORÈME

448. *Deux trièdres sont égaux dans tous leurs éléments, lorsqu'ils ont leurs faces égales chacune à chacune et semblablement disposées.*

H. $m = m'$, $n = n'$, ASC $=$ A'S'C'.

D. Dièdre SA $=$ dièdre S'A'.

 Dièdre SB $=$ dièdre S'B', etc.

Prenons les longueurs SA $=$ S'A' $=$ SB $=$ S'B' $=$ SC $=$ S'C', et menons les plans ABC, A'B'C'. Nous aurons :

Tr. ASB $=$ tr. A'S'B', tr. BSC $=$ tr. B'S'C', tr. ASC $=$ A'S'C'; car ces triangles ont deux à deux un angle égal par hypothèse compris entre deux côtés égaux par construction.

 Donc

$$AB = A'B', \quad BC = B'C', \quad AC = A'C'.$$

Par suite les triangles ABC, A'B'C' sont égaux et donnent $o = o'$.

Prenons maintenant AE $=$ A'E', et par le point E menons à

l'arête SA les perpendiculaires ED et EF dans les plans ASB, ASC. Le dièdre SA aura pour mesure l'angle DEF (419). Si l'on fait une construction semblable en E', le dièdre S'A' aura pour mesure D'E'F'.

Les dièdres SA et S'A' seront donc égaux, si les angles DEF et D'E'F' le sont (421).

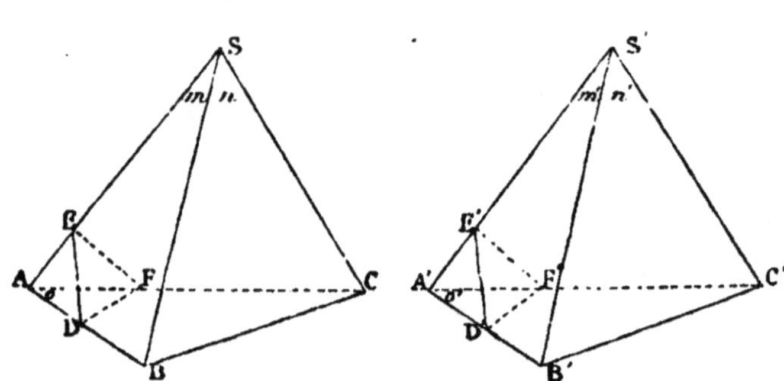

Or les triangles AEF, A'E'F' sont égaux; car ils ont un côté égal adjacent à deux angles égaux, savoir :

$$AE = A'E', \quad AEF = A'E'F' \ (droits),$$

et $EAF = E'A'F'$, à cause des triangles égaux ASC, A'S'C'.

Donc $\qquad\qquad EF = E'F'$.

On a de même :

$$\text{Tr. } AED = A'E'D',$$

donc $\qquad\qquad ED = E'D'$

et enfin $\qquad \text{Tr. } DAF = \text{tr. } D'A'F'$

comme ayant un angle égal compris entre côtés égaux, savoir :

$$o = o',$$

$AF = A'F'$ (côtés des triangles égaux AEF et A'E'F'),

$AD = A'D'$ (côtés des triangles égaux AED et A'E'D').

Donc : $\qquad\qquad DF = D'F'$.

Les triangles DEF, D'E'F' ayant ainsi leurs côtés égaux chacun à chacun, sont égaux. Par suite les angles DEF, D'E'F' sont égaux, ainsi que les dièdres SA, S'A' que ces angles mesurent.

On démontrerait de la même manière l'égalité des dièdres SC, S'C' et SB, S'B'.

449. Remarque. — Si les faces des deux trièdres donnés sont égales, mais disposées en sens inverse, ces trièdres sont symétriques. Même démonstration qu'au n° 445.

THÉORÈME

450. Dans un angle trièdre une face est plus petite que la somme des deux autres.

H. Soit le trièdre SABC.

D. $ASC < ASB + BSC$.

Prenons dans la face ASC un angle $ASD = ASB$, menons une droite ADC, faisons $SB = SD$, et conduisons le plan ABC. Nous aurons deux triangles ASB, ASD égaux comme ayant un angle égal compris entre côtés égaux, savoir : $ASB = ASD$ (construction), AS est commun et $SD = SB$. Donc

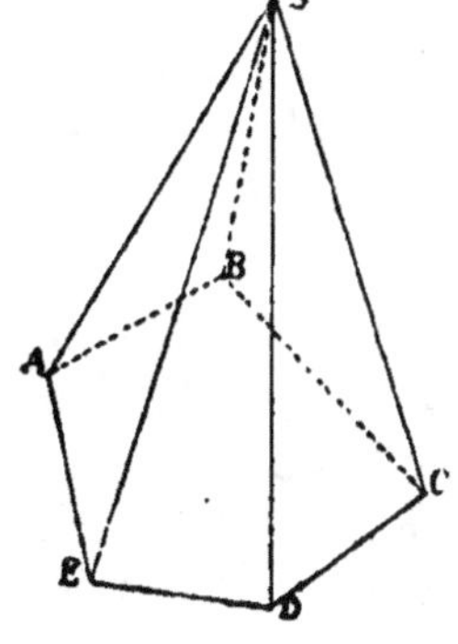

$$AB = AD.$$

Or on a dans le triangle ABC :
$$AC \quad \text{ou} \quad AD + DC < AB + BC.$$
En retranchant les quantités égales AD et AB, on obtient :
$$DC < BC.$$
Les triangles DSC, BSC ont ainsi deux côtés égaux (SC commun et $SD = SB$) et un côté inégal. Donc
$$\text{Angle } DSC < \text{angle } BSC.$$
Si l'on ajoute à chaque membre de cette inégalité une quantité égale ASD ou ASB, on a enfin :
$$ASD + DSC < ASB + BSC,$$
$$\text{ou} \qquad ASC < ASB + BSC.$$

THÉORÈME

451. La somme des faces d'un angle solide convexe est moindre que quatre angles droits.

H. Soit l'angle polyèdre S.

D. $ASB + BSC + CSD + DSE + ESA < 4\,\text{dr}.$

Menons le plan ABCDE. Nous aurons (455) :
$$ABC < ABS + CBS,$$
$$BCD < BCS + DCS,$$
$$CDE < CDS + EDS,$$
$$DEA < DES + AES,$$
$$EAB < EAS + BAS.$$
En ajoutant ces inégalités on a, pour le premier membre, la somme des angles du

polygone ABCDE, et pour le second, la somme des angles qui, dans les triangles latéraux, sont adjacents aux côtés du polygone inférieur. Or,

La somme des angles du polygone égale $(5 - 2)\,2$ dr. ou 6 dr.

Celle des angles des triangles latéraux est égale à 10 droits : si nous représentons par S la somme des angles du sommet, les angles inférieurs adjacents aux côtés du polygone vaudront 10 dr. — S. On aura ainsi :

$$6 \text{ dr.} < 10 \text{ dr.} - S,$$

ou $$S < 10 \text{ dr.} - 6 \text{ dr.},$$

ou enfin : $$S < 4 \text{ dr.}$$

452. Remarque I. — On peut démontrer le théorème précédent d'une manière plus générale en procédant comme il suit : La somme des angles du polygone inférieur est $2\,n$ dr. — 4 dr., celle des angles des triangles est $2\,n$ droits, et par suite celle des angles inférieurs des triangles vaut $2\,n$ droits — S ; S représentant la somme des angles du sommet. Donc

$$2\,n \text{ dr.} - 4 \text{ dr.} < 2\,n \text{ dr.} - S,$$

ou $$S < 4 \text{ dr.}$$

453. Remarque II. — Il résulte des deux théorèmes précédents que pour construire un angle trièdre avec trois faces données, il faut que la plus grande de ces faces soit plus petite que la somme des deux autres, et que leur somme soit moindre que quatre droits.

TRIÈDRES SUPPLÉMENTAIRES

DÉFINITION

454. Deux trièdres sont *supplémentaires,* lorsque les faces de l'un sont supplémentaires des dièdres de l'autre.

THÉORÈME

455. *Si d'un point pris dans l'intérieur d'un dièdre, on abaisse des perpendiculaires sur chacune des faces du dièdre, l'angle rectiligne formé par ces perpendiculaires est le supplément de l'angle dièdre.*

H. Soient les perpendiculaires OA sur M et OB sur N.

D. AOB + dièdre CD = 2 droits.

Menons un plan par OA et OB. Ce plan sera perpendiculaire aux plans M et N (425), et par conséquent à leur intersection CD (428). L'angle AIB est donc l'angle plan correspondant au dièdre CD. Or les angles du quadrilatère OAIB valent

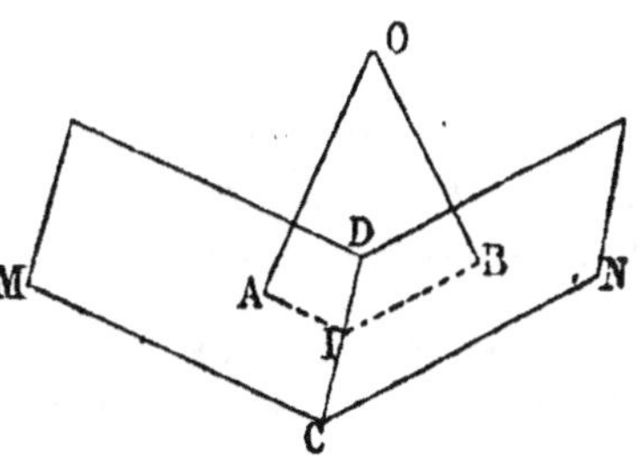

4 droits, et comme A et B sont droits par hypothèse, il est évident que O et AIB égaleront aussi deux droits. Donc

$$\text{AOB} + \text{dièdre CD} = 2 \text{ droits.}$$

THÉORÈME

456. *Si d'un point pris dans l'intérieur d'un trièdre, on abaisse des perpendiculaires sur chacune de ses faces, le trièdre formé par ces perpendiculaires sera supplémentaire du premier, et réciproquement, le premier sera supplémentaire du second.*

H. Soient :

OM perpendiculaire sur ASB,

ON perpendiculaire sur ASC,

OP perpendiculaire sur BSC.

D. 1° Le trièdre O est le supplément du trièdre S;

2° Le trièdre S est le supplément du trièdre O.

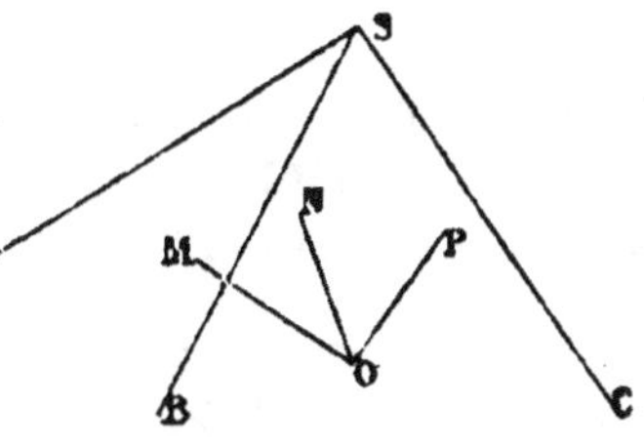

1° Le trièdre O est le supplément du trièdre S.

En effet, on a, d'après le théorème précédent :

$$\text{MON} + \text{dièdre SA} = 2 \text{ droits,}$$
$$\text{NOP} + \text{dièdre SC} = 2 \text{ droits,}$$
$$\text{MOP} + \text{dièdre SB} = 2 \text{ droits.}$$

Donc le trièdre O est le supplément de S.

2° Le trièdre S est le supplément de O.

Il suffit pour cela de démontrer que les arêtes de S sont perpendiculaires sur les faces de O (450). Or le plan MON est perpendiculaire à ASB et à ASC (425), il est donc perpendiculaire à leur intersection AS (428). De même le plan NOP, perpendiculaire à ASC et à BSC, est perpendiculaire à SC, et enfin MOP est perpendiculaire à SB. Le trièdre S est par suite le supplément de O.

THÉORÈME

457. Deux trièdres sont égaux dans toutes leurs parties lorsqu'ils ont les trois dièdres égaux chacun à chacun et semblablement disposés.

Soient les trièdres T et T′ dont les dièdres sont égaux chacun à chacun. Les trièdres supplémentaires S et S′ auront leurs faces

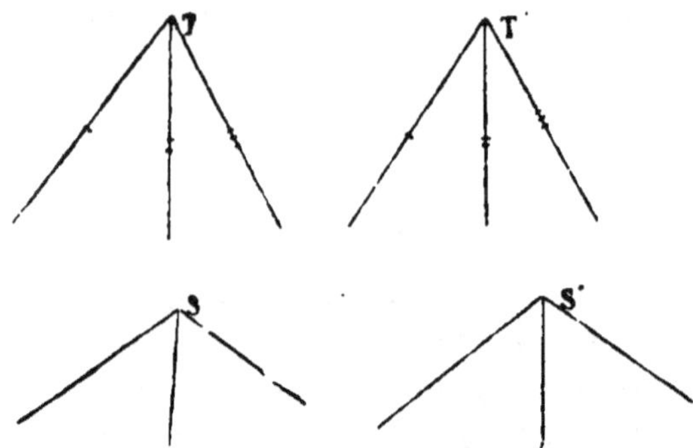

égales comme supplémentaires des dièdres égaux de T et T′ (451), donc ils seront égaux (448), et leurs dièdres seront aussi égaux. Mais les faces de T et T′ sont supplémentaires de ces dièdres égaux, elles sont donc égales, et les trièdres T et T′ ayant leurs faces égales sont égaux.

458. **Remarque.** — Si les dièdres égaux sont disposés dans un ordre inverse, les trièdres sont symétriques. On le démontre comme au n° 445.

THÉORÈME

459. La somme des angles dièdres d'un angle trièdre est comprise entre deux dièdres droits et six dièdres droits.

H. On donne les dièdres M, N, P d'un trièdre.

D. 6 droits $>$ M $+$ N $+$ P $>$ 2 droits.

Appelons m, n, p, les faces du supplément de l'angle trièdre donné. Nous aurons :

$$M = 2\,dr. - m,$$
$$N = 2\,dr. - n,$$
$$P = 2\,dr. - p,$$

Faisant la somme :

$$M + N + P = 6 \text{ dr.} - (m + n + p);$$

Donc $\qquad M + N + P < 6 \text{ dr.},$

puisque l'on doit retrancher quelque chose de 6 droits.

Et $\qquad M + N + P > 2 \text{ droits},$

puisque la somme $m + n + p$ ne peut jamais être égale à 4 dr. (451).

On a ainsi :

$$6 \text{ dr.} > M + N + P > 2 \text{ dr.}$$

EXERCICES SUR LE LIVRE V

Droites perpendiculaires ou obliques au plan.

450. Lieu des points d'un plan situés à une distance donnée d'un point de l'espace (397).

451. Si par le milieu d'une droite on mène un plan perpendiculaire à cette droite :

1° Tout point du plan sera à égale distance des extrémités de la droite ;

2° Tout point pris en dehors du plan sera situé à des distances inégales de ces mêmes extrémités.

452. Lieu des points de l'espace situés à égale distance d'un point donné (399).

453. Lieu des points de l'espace situés à égale distance de deux points donnés.

454. Lieu des points de l'espace situés à égale distance de trois points donnés non en ligne droite.

455. Une droite est perpendiculaire à un plan lorsqu'elle fait des angles égaux avec trois droites qui passent par son point de rencontre avec le plan.

456. Par le pied d'une droite qui rencontre un plan, on peut toujours mener une perpendiculaire à cette droite (400).

457. Deux droites dont l'une est oblique et l'autre perpendiculaire à un plan ne sont pas parallèles (402 et 403).

Droites et plans parallèles.

458. Lorsque trois droites qui se coupent sont situées dans un même plan, leurs parallèles qui se coupent sont situées dans un même plan parallèle au premier (404).

459. Lieu des points de l'espace également distants de deux droites parallèles.

460. Lieu des points de l'espace également distants de deux plans parallèles.

461. Lieu des points dont les distances à deux droites ou à deux plans parallèles sont dans un rapport donné.

462. Lieu des parallèles menées à une droite à partir des différents points d'une autre droite non située dans le même plan (405).

463. Lieu des parallèles à un plan issues d'un point donné.

464. L'intersection de deux plans menés par deux droites parallèles est parallèle à ces droites (406).

465. L'intersection de deux plans parallèles à une même droite est parallèle à cette droite.

466. Deux droites parallèles à une troisième sont parallèles entre elles même lorsque les trois droites ne sont pas situées dans le même plan.

467. Une droite et un plan perpendiculaires à une même droite sont parallèles (407).

468. Un plan perpendiculaire à une droite est perpendiculaire à toute droite et à tout plan parallèle à la première droite.

469. Les projections de plusieurs droites parallèles sur un même plan sont parallèles (408).

470. Lorsque deux plans sont parallèles, toute droite oblique sur l'un est oblique sur l'autre (409).

Angles dièdres.

471. Tous les dièdres droits sont égaux (418).

472. Deux dièdres adjacents sont supplémentaires, lorsque leurs faces non communes sont dans un même plan.

473. Réciproquement, si deux dièdres supplémentaires sont adjacents, ils ont une face commune et les deux autres sur un même plan.

474. La somme des dièdres formés du même côté d'un plan et ayant même arête, est égale à deux droits.

475. La somme des dièdres formés autour d'une arête commune est égale à quatre droits.

476. Les dièdres opposés par l'arête sont égaux.

477. Tout point pris sur le plan bissecteur d'un angle dièdre est à égale distance de ses faces; tout point pris en dehors de ce plan est à inégale distance de ses faces.

478. Lorsque deux plans parallèles sont rencontrés par un troisième :

1° Les dièdres alternes-internes sont égaux;

2° Les dièdres alternes-externes sont égaux;

3° Les dièdres correspondants sont égaux;

4° Les dièdres intérieurs ou extérieurs placés du même côté du plan sécant sont supplémentaires.

479. Réciproquement, deux plans sont parallèles lorsque, rencontrés par un plan sécant, ils forment des dièdres satisfaisant à l'une des conditions suivantes :

1° Les angles dièdres alternes-internes sont égaux;

2° Les angles dièdres alternes-externes sont égaux ;

3° Les angles dièdres correspondants sont égaux ;

4° Les angles dièdres intérieurs ou extérieurs placés du même côté du plan sécant sont supplémentaires.

480. Deux dièdres dont les faces sont parallèles sont égaux ou supplémentaires ; égaux si les faces sont dirigées dans le même sens ou en sens contraire, supplémentaires si elles sont dirigées deux dans le même sens et deux en sens contraire.

481. Deux dièdres dont les faces sont perpendiculaires sont égaux ou supplémentaires ; égaux s'ils sont tous deux aigus ou tous deux obtus ; supplémentaires si l'un est aigu, l'autre obtus.

Plans perpendiculaires et projections

482. Lorsque deux plans se coupent, la projection sur l'un d'eux d'une perpendiculaire à l'autre, est perpendiculaire à leur intersection (428).

483. Lorsque deux plans sont perpendiculaires, toute droite perpendiculaire à l'un est parallèle à l'autre.

484. Un angle droit ne se projette jamais en vraie grandeur sur un plan lorsque l'un de ses côtés n'est pas parallèle au plan (435).

Angles trièdres.

485. Chaque face d'un trièdre est plus grande que la différence des deux autres.

486. Dans un trièdre, si deux faces sont égales, les dièdres opposés sont aussi égaux et réciproquement.

487. Dans un trièdre, au plus grand dièdre est opposée la plus grande face et réciproquement.

488. Les plans bissecteurs des dièdres d'un trièdre quelconque se coupent suivant une droite dont chaque point est à égale distance des faces.

489. Dans un trièdre, les trois plans menés par les arêtes et les bissectrices des faces opposées se coupent suivant une même droite.

490. Si dans un trièdre on mène par la bissectrice d'une face un plan perpendiculaire à cette face, chaque point du plan sera à égale distance des arêtes de la face.

491. Les trois plans menés dans un trièdre dans les conditions indiquées dans le problème précédent, se rencontrent suivant une droite dont chaque point est équidistant des arêtes.

492. Dans un trièdre, les plans menés perpendiculairement aux faces par les arêtes opposées se coupent suivant une ligne droite.

LIVRE VI

—

460. Polyèdre. — On nomme *polyèdre* un solide terminé de toutes parts par des plans.

Ces plans s'appellent les *faces* du polyèdre ; les intersections de ces faces prennent le nom d'*arêtes*. Les intersections des arêtes forment les *sommets*.

Diagonales. — Les droites qui dans un polyèdre unissent deux sommets non situés dans le même plan s'appellent diagonales. Ex. : DF.

461. Les noms des polyèdres dépendent du nombre de leurs faces. Ainsi on appelle :

Tétraèdre,	le polyèdre de	4	faces.
Pentaèdre,	—	—	5	—
Hexaèdre,	—	—	6	—
Octaèdre,	—	—	8	—
Dodécaèdre,	—	—	12	—
Icosaèdre,	—	—	20	—

462. Polyèdre régulier. — Un polyèdre est *régulier* lorsque ses faces sont des polygones réguliers égaux et que ses angles solides sont égaux.

463. Prisme. — Le prisme est un polyèdre formé de deux polygones égaux et parallèles unis par des parallélogrammes.

Les deux polygones égaux et parallèles s'appellent ordinairement les bases du prisme. Leur distance forme sa hauteur.

Les parallélogrammes déterminent sa surface latérale.

Un prisme est dit *triangulaire, quadrangulaire,* etc. suivant que les polygones qui lui servent de bases sont des triangles, des quadrilatères, etc.

464. On distingue deux sortes de prismes :

1° Le *prisme droit*, dont les arêtes sont perpendiculaires sur le plan des bases ;

2° Le *prisme oblique*, dont les arêtes sont inclinées sur le plan des bases.

CONSTRUCTION DU PRISME

465. Pour construire un prisme on détermine d'abord une de ses bases ABCDE (fig. n° 460), puis des sommets de cette base on tire des parallèles AF = BG = CH = DI = EK, et on joint les points F, G, H, I, K. On a ainsi le prisme demandé ; car les faces ABGF, BCGH, etc., ayant deux côtés opposés égaux et parallèles, sont des parallélogrammes, et les polygones ABCDE, FGHIK sont égaux et parallèles, puisque leurs côtés sont égaux et parallèles.

466. Parallélipipède. — Le parallélipipède est un prisme dont les bases sont des parallélogrammes.

467. On distingue trois sortes de parallélipipèdes.

1° Le *parallélipipède rectangle*, dont toutes les faces sont des rectangles.

Si ces faces sont des carrés, le parallélipipède prend le nom de cube.

2° Le *parallélipipède droit*, dont deux faces sont des parallélogrammes et les autres des rectangles.

3° Le *parallélipipède oblique*, dont toutes les faces sont des parallélogrammes.

POLYÈDRES RÉGULIERS

THÉORÈME

468. *Il ne peut y avoir que cinq polyèdres réguliers.*

La somme des faces d'un angle solide est toujours moindre que quatre droits (451), et un angle solide ne peut jamais être formé de moins de trois plans. Prenons donc successivement les polygones réguliers et voyons quels sont ceux dont les angles réunis 3 à 3, 4 à 4, 5 à 5, etc., à chaque sommet, donnent une somme inférieure à 360°.

Triangle équilatéral

Chacun de ses angles vaut $\dfrac{180^o}{3}$, ou 60°. Si on les réunit :

3 à 3, on aura $3 \times 60^o = 180^o$, c'est-à-dire le tétraèdre régulier.
4 à 4,   — $4 \times 60^o = 240^o$,   —   l'octaèdre   —
5 à 5,   — $5 \times 60^o = 300^o$,   —   l'icosaèdre   —
6 à 6,   — $6 \times 60^o = 360^o$,   —   résultat impossible.

Carré (angle = 90°)

Si l'on réunit ses angles
        3 à 3,   on a, $3 \times 90^o = 270^o$, c'est le cube.
        4 à 4,   — $4 \times 90^o = 360^o$, résultat impossible.

Pentagone (angle = 108°)

Si on réunit ses angles
3 à 3,   on a $3 \times 108^o = 324^o$, c'est le dodécaèdre régulier.
4 à 4,   — $4 \times 108^o = 432^o$, résultat impossible.

Hexagone (angle = 120°)

Si l'on réunit ses angles
3 à 3,   on a $3 \times 120^o = 360^o$, résultat impossible

. . . .

On n'a donc réellement que cinq polyèdres réguliers.

DU PRISME

THÉORÈME

469. — *Les sections faites dans un prime par des plans pa-rallèles sont des polygones égaux.*

H. ABCDE est parallèle à FGHIK.

D. ABCDE = FGHIK.

Les polygones ABCDE et FGHIK sont égaux, parce qu'ils ont leurs côtés et leurs angles égaux.

En effet, la figure ABFK est un parallélo-gramme, puisque AB est parallèle à FK (408) et que AF est parallèle à BK (408). Donc

$$AB = FK.$$

On démontrerait de même BC = KI, DC = HI, ED = GH, AE = FG.

Les côtés des deux polygones sont donc

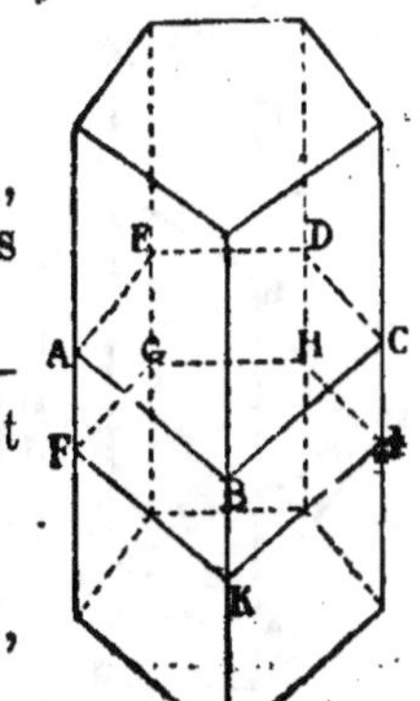

égaux. Quant aux angles, ils le sont évidemment aussi, puisqu'ils ont leurs côtés parallèles et dirigés dans le même sens. Il s'ensuit que le polygone ABCDE est égal au polygone FGHIK.

THÉORÈME

470. *Deux prismes droits de même base et de même hauteur sont égaux.*

H. EFGH = E′F′G′H′, AE = A′E′.

D. Prisme ABCDEFGH = prisme A′B′C′D′E′F′G′H′.

Portons les deux prismes l'un sur l'autre. Les bases coïnci-

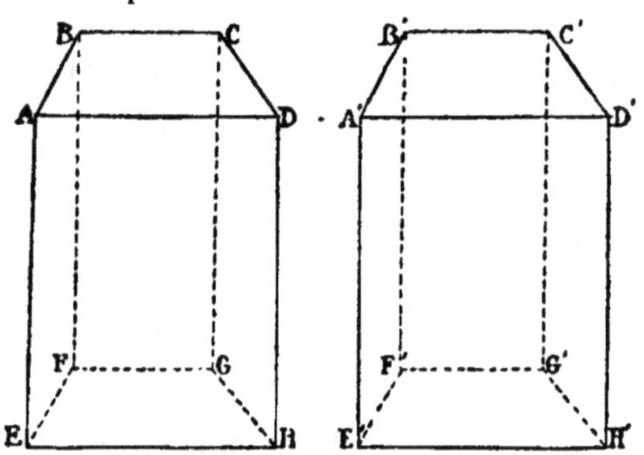

deront, puisqu'elles sont égales. Les arêtes se superposeront, puisqu'elles sont perpendiculaires sur le plan des bases, et comme elles sont égales, les sommets supérieurs se confondront aussi. Donc les prismes sont égaux.

THÉORÈME

471. *Tout prisme oblique est équivalent à un prisme droit, ayant pour base la section droite du premier et pour hauteur une de ses arêtes latérales.*

H. Soit le prisme oblique ABCDEF et BE = HL.

D. Prisme ABCDEF = prisme GHIKLM.

Par un point H de l'arête BE menons la section droite GHI, prolongeons ensuite les faces du prisme, et à une distance EL = BH, menons le plan KLM perpendiculaire à BL. Le prisme KI ainsi déterminé a pour base la section droite du prisme DC, et il a même arête, car BE = HL.

Démontrons qu'il lui est équivalent.

Pour cela, portons le solide DM sur AI. Les bases KLM et GHI coïncident, puisqu'elles sont égales comme bases du prisme droit. Les arêtes

KD, LE et MF se placent respectivement sur GA, HB et IC, puisque toutes ces arêtes sont perpendiculaires aux plans des bases. Enfin les points D, E, F coïncident avec les points A, B, C; car on a :

1° BH = EL par construction;

2° AD = BE et GK = HL = BE, donc AD = GK, ou AG + GD = GD + DK, ou enfin AG = DK;

3° On démontrerait de même CI = FM.

Les arêtes sont donc égales, et les polyèdres AI et DM coïncident. Or si du volume total on retranche successivement les solides AI et DM, on obtient le prisme droit KI ou le prisme oblique DC. Ces deux prismes sont donc équivalents.

THÉORÈME

472. *Les faces opposées d'un parallélipipède sont égales et parallèles.*

H. Soit le parallélipipède AG.

D. 1° ABEF = DCGH, ADEH = BCGF;

2° ABEF parallèle à DCGH;

ADEH parallèle à BCGF.

Les bases d'un parallélipipède étant égales et parallèles par définition, il suffit de démontrer le théorème pour les faces latérales opposées. Considérons donc les figures ABEF et DCGH. Elles sont égales, parce que ce sont des parallélogrammes ayant un angle égal compris entre côtés égaux. En effet

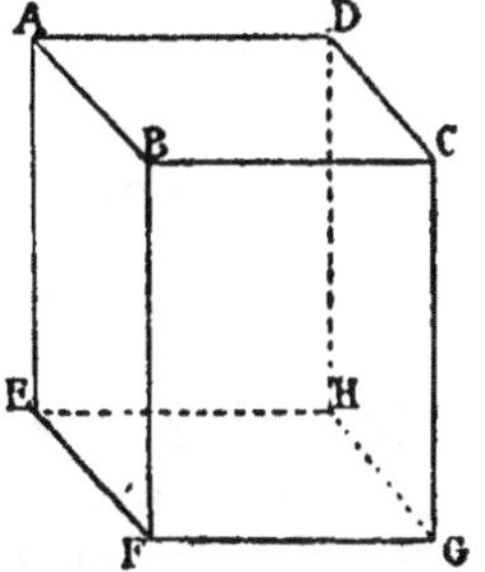

AB = DC comme côtés opposés du parallélogramme ABCD;

BF = CG comme côtés opposés du parallélogramme BCGF.

D'ailleurs les angles ABF et DCG sont égaux, puisqu'ils ont leurs côtés parallèles et dirigés dans le même sens. Donc

ABEF = DCGH.

On démontrerait de la même manière que

ADEH = BCGF.

De plus, les faces opposées sont parallèles, car les angles ABF, DCG, ayant leurs côtés parallèles, sont dans des plans parallèles (414).

473. **Corollaire.** — On peut tirer du théorème précédent deux conclusions importantes :

1° Les faces opposées d'un parallélipipède étant des parallélogrammes égaux et parallèles, on peut prendre pour base de ce solide deux faces opposées quelconques (463 et 466).

2° Tout plan qui coupe quatre arêtes parallèles dans un parallélipipède détermine un parallélogramme.

En effet, toute section EFGH (fig. du n° 474) conduite suivant l'énoncé, a ses côtés opposés parallèles deux à deux comme intersections de deux plans parallèles ADIM, BCLK et ABKL, CDLM par un troisième EFGH.

THÉORÈME

474. *Tout plan mené par les arêtes opposées d'un parallélipipède le divise en deux prismes triangulaires équivalents.*

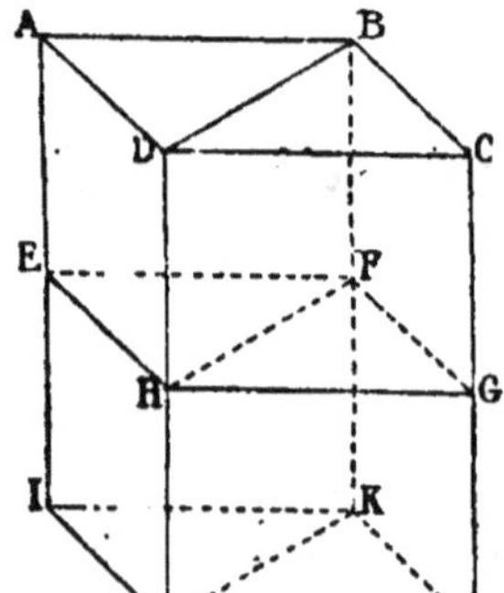

H. Soit le plan BDMK coupant le parallélipipède AL.

D. Prisme AK = prisme CM.

Menons la section droite EFGH.

Les prismes AK et CM sont équivalents (471), le premier à un prisme droit qui aurait pour hauteur AI et pour base le triangle EHF, le second à un prisme droit qui aurait même hauteur et une base HFG = EHF (car HFG et EHF sont des moitiés du même parallélogramme). Donc ces deux prismes sont égaux (470).

MESURE DES PARALLÉLIPIPÈDES

THÉORÈME

475. *Deux parallélipipèdes rectangles de même base sont proportionnels à leurs hauteurs.*

H. P et P′ ont même base.

D. $\dfrac{P}{P'} = \dfrac{H}{H'}.$

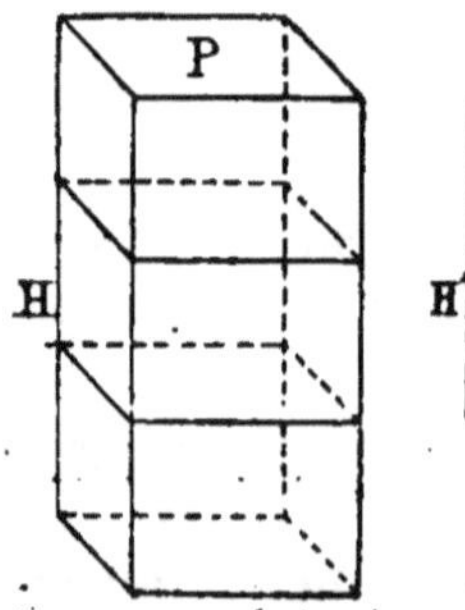
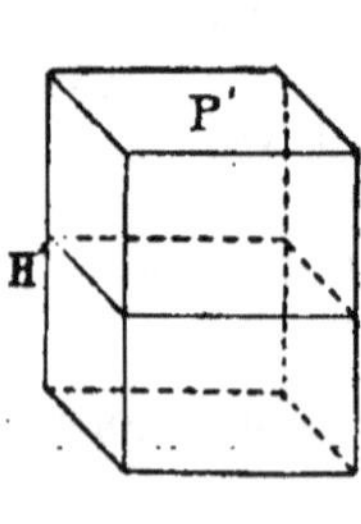

Supposons que les hauteurs H et H′ aient une commune mesure contenue trois fois dans H et deux fois dans H′.

Nous aurons : $\dfrac{H}{H'} = \dfrac{3}{2}$ (1).

Si par les points de division des hauteurs nous menons des plans parallèles aux bases, les parallélipipèdes partiels déterminés par ces plans seront égaux entre eux comme ayant même base et même hauteur (470).

On aura donc :
$$\frac{P}{P'} = \frac{3}{2} \ (2).$$

Des proportions (1) et (2) il résulte
$$\frac{P}{P'} = \frac{H}{H'}.$$

THÉORÈME

476. *Deux parallélipipèdes rectangles de même hauteur sont proportionnels à leurs bases.*

H. P et P′ ont même hauteur H.

D. $\dfrac{P}{P'} = \dfrac{B}{B'}.$

Construisons un troisième parallélipipède P″ qui ait même hau-

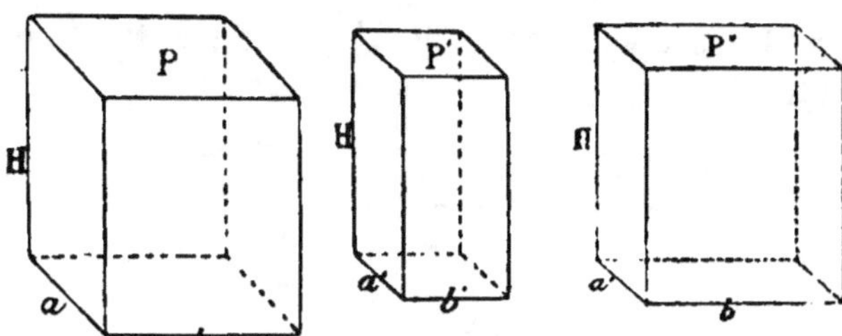

teur H que les autres, mais dont les dimensions de la base soient a' et b. On aura (475) :

$$\frac{P}{P''} = \frac{a}{a'}, \quad \text{car P et P″ ont même base } b \times H;$$

$$\frac{P''}{P'} = \frac{b}{b'}, \quad \text{car P″ et P′ ont même base } a' \times H.$$

En multipliant terme par terme les deux proportions, on obtient :

$$\frac{P \times P''}{P' \times P''} = \frac{ab}{a'b'}, \quad \text{ou} \quad \frac{P}{P'} = \frac{ab}{a'b'}, \quad \text{c'est-à-dire} \quad \frac{P}{P'} = \frac{B}{B'}.$$

THÉORÈME

477. *Deux parallélipipèdes rectangles quelconques sont proportionnels aux produits de leurs bases par leurs hauteurs.*

H. Soient les parallélipipèdes quelconques P et P′.

D. $\dfrac{P}{P'} = \dfrac{B \times H}{B' \times H'}.$

Construisons un troisième parallélipipède P″ dont les dimensions soient a, b et H'. Les parallélipipèdes P et P'' ayant même base ab donneront :

$$\frac{P}{P''} = \frac{H}{H'} \ (1).$$

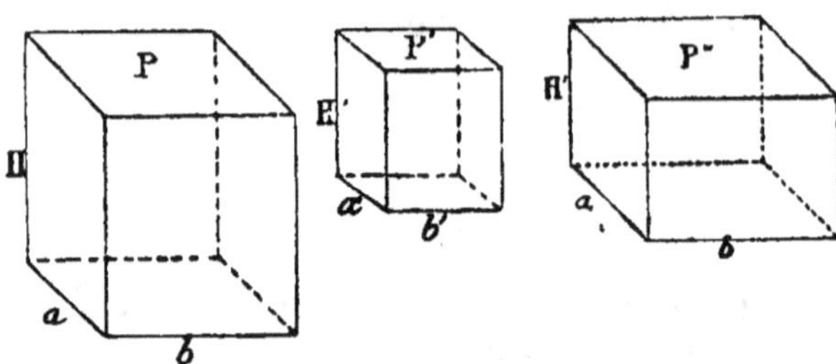

Les parallélipipèdes P'' et P', ayant même hauteur H', donneront de leur côté :

$$\frac{P''}{P'} = \frac{ab}{a'b'} \ (2).$$

Multipliant les proportions (1) et (2) terme par terme et simplifiant, on obtient :

$$\frac{P}{P'} = \frac{ab \times H}{a'b' \times H'}, \quad \text{ou} \quad \frac{P}{P'} = \frac{B \times H}{B' \times H'}.$$

THÉORÈME

478. *Le volume d'un parallélipipède rectangle a pour mesure le produit de ses trois dimensions, si l'on prend pour unité de volume le cube, c'est-à-dire le parallélipipède rectangle dont toutes les dimensions sont égales à l'unité.*

En effet, on a d'après le théorème précédent :

$$\frac{P}{\text{Cube}} = \frac{B \times H}{B' \times H'},$$

ou
$$\frac{P}{1} = \frac{B \times H}{1 \times 1},$$

ou enfin :
$$P = B \times H.$$

On exprime ce résultat d'une manière très simple, quoique peu exacte, en disant que *le parallélipipède rectangle a pour mesure le produit de sa base par sa hauteur.*

479. **Remarque** — Les trois arêtes d'un cube étant égales, son volume vaut le cube d'une arête.

En la représentant par a, on aura donc : $V = a^3$.

THÉORÈME

480. *Le volume d'un parallélipipède droit est égal au produit de sa base par sa hauteur.*

H. Soit le parallélipipède droit ABCDEFGH, qui a pour base le parallélogramme ABCD.

D. ABCDEFGH = B × H.

Par les points D et C menons les plans IDHK et LCGM perpendiculaires sur DC. Nous formerons ainsi un parallélipipède rectangle ILCDKMHG équivalent au premier (471). Or ce parallélipipède a pour mesure :

$$KH \times HG \times HD,$$

donc

$$ABCDEFGH = KH \times HG \times HD = B \times H.$$

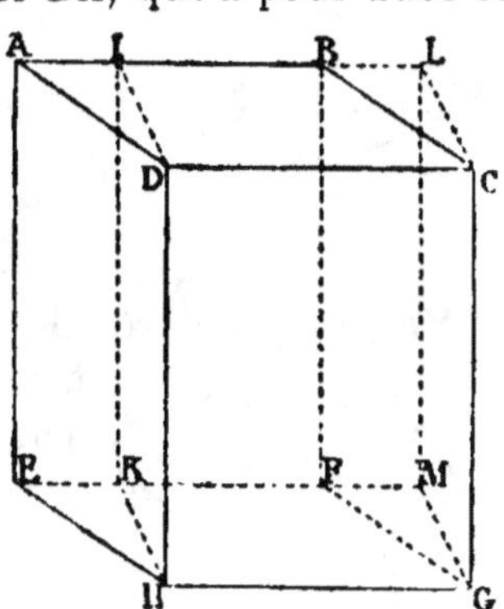

THÉORÈME

481. *Le volume d'un parallélipipède quelconque est égal au produit de sa base par sa hauteur.*

H. Soit le parallélipipède oblique AH.

D. Parallélipipède AH = B × H.

Par les droites AD et BC menons les plans AM, BL perpendiculaires aux plans des bases du parallélipipède donné.

Le parallélipipède droit AL sera équivalent au parallélipipède oblique AH (471). Or le parallélipipède AL a pour mesure ABCD × DM (480),

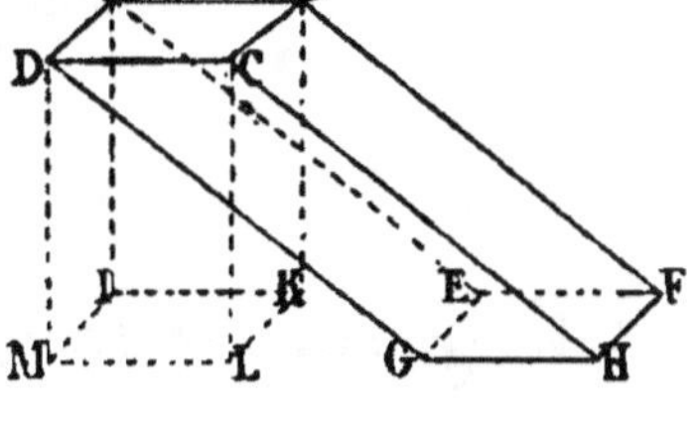

donc le parallélipipède AH a aussi pour mesure ABCD × DM, c'est-à-dire le produit de sa base par sa hauteur.

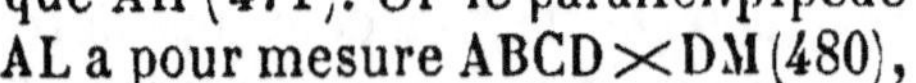

VOLUME DU PRISME

THÉORÈME

482. *Le volume d'un prisme est égal au produit de sa base par sa hauteur.*

1° Le prisme est triangulaire.

H. Soit le prisme triangulaire ABDEFI.

D. ABDEFI = B × H.

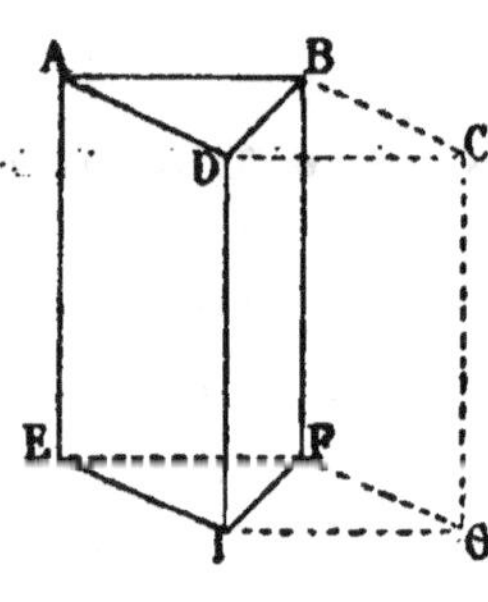

Achevons le parallélipipède AG en formant les parallélogrammes ABCD, EFGI, et en menant CG. Nous avons démontré (474) que le prisme AF est égal à la moitié du parallélipipède AG.

Or   Parallélipipède $AG = EFGI \times H$,

donc   Prisme $AF = \dfrac{EFGI \times H}{2}$,

ou   Prisme $AF = EIF \times H = B \times H$.

2° Le prisme est polygonal.

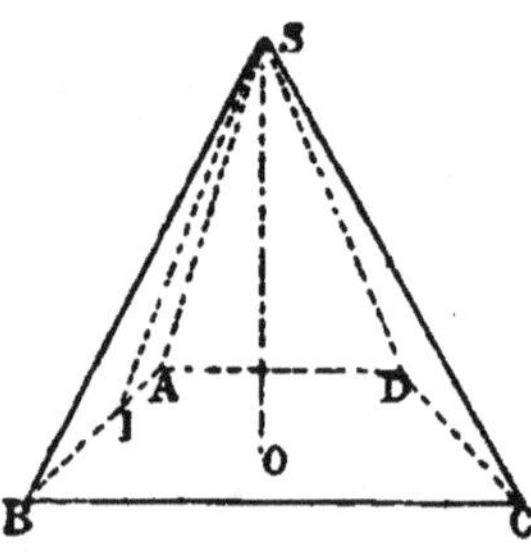

Menons par l'arête KE et les arêtes GB et HC des plans qui partagent le prisme pentagonal donné en trois prismes triangulaires. Nous aurons d'après le premier point :

Prisme $ABEFGK = ABE \times H$,
— $BECGHK = BEC \times H$,
— $CEDHKI = CED \times H$.

En faisant la somme on a :

$ABCDEFGHKI = H \, (ABE + BEC + CED)$,

ou

Prisme $ABCDEFGHKI = ABCDE \times H = B \times H$.

483. Remarque. — La formule qui représente les volumes du parallélipipède et du prisme est donc $B \times H$.

PYRAMIDE

DÉFINITIONS

484. Pyramide. — La *pyramide* est un solide dont une des faces est polygonale, et dont les autres sont des triangles qui aboutissent en un même point appelé sommet.

La face polygonale ABCD est *la base* de la pyramide; la somme des triangles ASB, BSC, etc., forme sa *surface latérale*; le point S est son *sommet,* et la perpendiculaire SO abaissée du sommet sur le plan de la base est sa *hauteur.*

485. Une pyramide est *triangulaire, quadrangulaire, pentagonale...,* etc., selon que le plan qui lui sert de base est un triangle, un quadrilatère, un pentagone..., etc.

486. Pyramide régulière. — On donne ce nom à toute pyramide ayant pour base un polygone régulier, et pour hauteur la droite qui joint le sommet au centre de ce polygone.

487. Pyramide tronquée. — On appelle *pyramide tronquée* ou tronc de pyramide, le solide compris entre la base d'une pyramide et un plan sécant mené parallèlement à la base.

On entend par *apothème* d'un polyèdre régulier la perpendiculaire SE (489) menée du sommet sur un des côtés de la base.

488. Tronc de prisme. — On nomme *tronc de prisme* ou *prisme tronqué,* le volume compris entre la base d'un prisme et un plan sécant non parallèle à la base.

THÉORÈME

489. *La surface latérale d'une pyramide régulière a pour mesure le produit du périmètre de sa base par la moitié de son apothème.*

H. Soit la pyramide régulière SABCD.

D. Surface latérale $=$ périmètre $ABCD \times \dfrac{SE}{2}$.

La surface latérale est formée des triangles SAC, SAB, SBD, SCD. Or, on a :

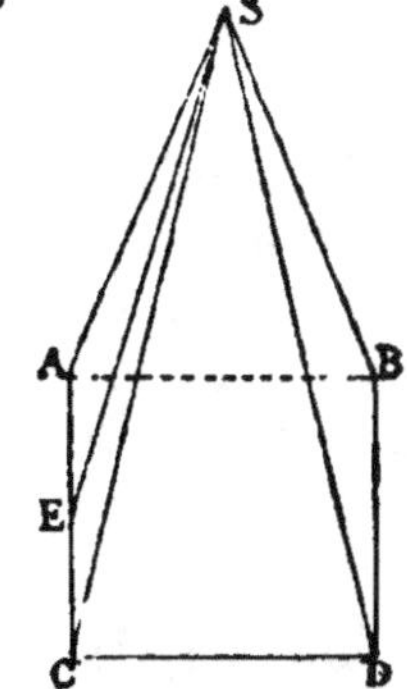

$$\text{Tr. } SAC = AC \times \frac{SE}{2},$$

$$\text{Tr. } SAB = AB \times \frac{SE}{2},$$

$$\text{Tr. } SBD = BD \times \frac{SE}{2},$$

$$\text{Tr. } SCD = CD \times \frac{SE}{2},$$

La somme de ces triangles ou

Surface latérale de la pyramide $SABCD = \dfrac{SE}{2}(AC+AB+BD+CD),$

ou surface latérale de la pyramide $SABCD = \dfrac{SE}{2} \times$ périmètre $ABCD.$

THÉORÈME

490. *Si l'on coupe une pyramide par un plan parallèle à la base :*

1° *Les arêtes et la hauteur sont partagées en parties proportionnelles ;*

2° *La section faite dans la pyramide est un polygone semblable à la base ;*

3° *La section et la base sont proportionnelles aux carrés de leurs distances au sommet.*

H. *abcd* est parallèle à ABCD.

D. 1° $\dfrac{Sa}{SA} = \dfrac{Sd}{SD} = \dfrac{Sc}{SC}$ etc., $= \dfrac{Sm}{SM}$.

2° *abcd* est semblable à ABCD.

3° $\dfrac{abcd}{\overline{ABCD}} = \dfrac{\overline{Sm}^2}{\overline{SM}^2}$.

1° Les arêtes et la hauteur sont divisées en parties proportionnelles.

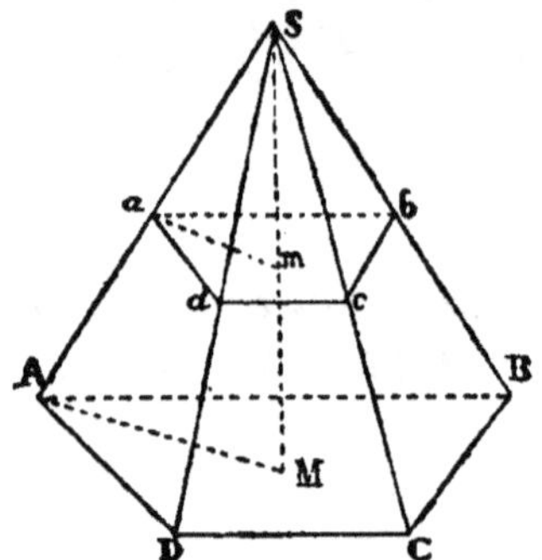

Les lignes *ad* et AD, *dc* et DC étant parallèles comme intersections de deux plans parallèles *abcd* et ABCD par un troisième plan SAB ou SAD, on a immédiatement :

$$\frac{Sa}{SA} = \frac{Sd}{SD} = \frac{Sc}{SC} \ldots, \text{ etc.}$$

Pour une raison semblable, la droite *am* est parallèle à AM, et par suite

$$\frac{Sa}{SA} = \frac{Sm}{SM},$$

donc...

2° La section *abcd* est semblable à ABCD.

Les angles de ces deux polygones sont égaux comme formés par des côtés parallèles et dirigés dans le même sens.

De plus leurs côtés sont proportionnels; car on a dans les triangles semblables S*ad* et SAD :

$$\frac{Sd}{SD} = \frac{ad}{AD},$$

et dans les triangles S*dc* et SDC :

$$\frac{Sd}{SD} = \frac{dc}{DC},$$

donc $\qquad \dfrac{ad}{AD} = \dfrac{dc}{DC}$ (1).

On aurait de même :

$$\frac{dc}{DC} = \frac{Sc}{SC} = \frac{cb}{CB} = \frac{Sb}{SB} = \frac{ab}{AB} \ (2).$$

Les relations (1) et (2) ayant un rapport commun $\dfrac{dc}{Dc}$ donnent si l'on supprime les rapports des arêtes $\dfrac{Sc}{SC}$, $\dfrac{Sb}{SB}$:

$$\frac{ad}{AD} = \frac{dc}{DC} = \frac{cb}{CB} = \frac{ab}{AB}.$$

Les polygones *abcd* et ABCD ont donc leurs angles égaux et leurs côtés homologues proportionnels et sont semblables.

3° La section *abcd* et la base ABCD sont proportionnelles aux carrés $\overline{Sm}^2$ et $\overline{SM}^2$ de leurs distances au sommet :

En effet, on a (367) :

$$\frac{abcd}{ABCD} = \frac{\overline{ab}^2}{\overline{AB}^2}.$$

Or

$$\frac{ab}{AB} = \frac{Sa}{SA} = \frac{Sm}{SM},$$

ou

$$\frac{\overline{ab}^2}{\overline{AB}^2} = \frac{\overline{Sa}^2}{\overline{SA}^2} = \frac{\overline{Sm}^2}{\overline{SM}^2},$$

donc

$$\frac{abcd}{ABCD} = \frac{\overline{Sm}^2}{\overline{SM}^2}.$$

THÉORÈME

491. *Si dans deux pyramides de même hauteur, on fait à égale distance des sommets des sections parallèles aux bases, ces sections seront dans le même rapport que les bases.*

H. $SP = S'O$, $Sp = S'o$.

D. $\dfrac{abc}{ABC} = \dfrac{abcde}{ABCDE}$.

On a d'après le théorème précédent :

$$\frac{abc}{ABC} = \frac{\overline{Sp}^2}{\overline{SP}^2}$$

et

$$\frac{abcde}{ABCDE} = \frac{\overline{S'o}^2}{\overline{S'O}^2}.$$

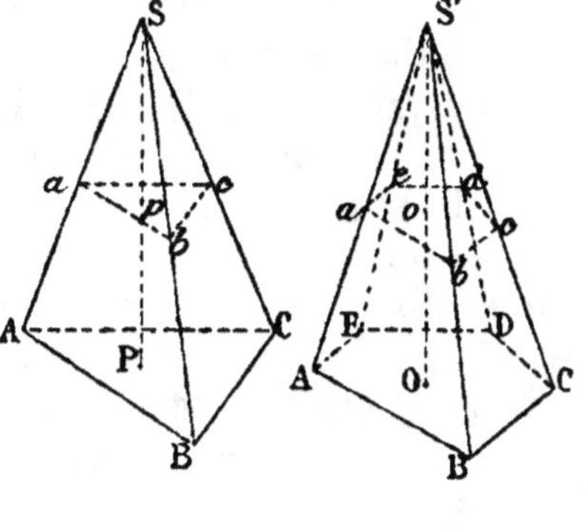

Or, par hypothèse, $Sp = S'o$ et $SP = S'O$,

donc

$$\frac{Sp}{SP} = \frac{S'o}{S'O},$$

ou

$$\frac{\overline{Sp}^2}{\overline{SP}^2} = \frac{\overline{S'o}^2}{\overline{S'O}^2},$$

et par suite : $\dfrac{abc}{ABC} = \dfrac{abcde}{ABCDE}$.

492. Corollaire. — Si les bases des pyramides étaient équivalentes, il est clair que les sections le seraient aussi.

THÉORÈME

493. *Deux pyramides triangulaires qui ont des bases équivalentes et des hauteurs égales sont équivalentes.*

H. Les pyramides S et S′ ont même hauteur H et des bases ABC, DEF équivalentes.

D. Les pyramides S et S′ sont équivalentes.

Partageons la hauteur H en un certain nombre de parties égales, par exemple cinq, et par les points de division, menons dans

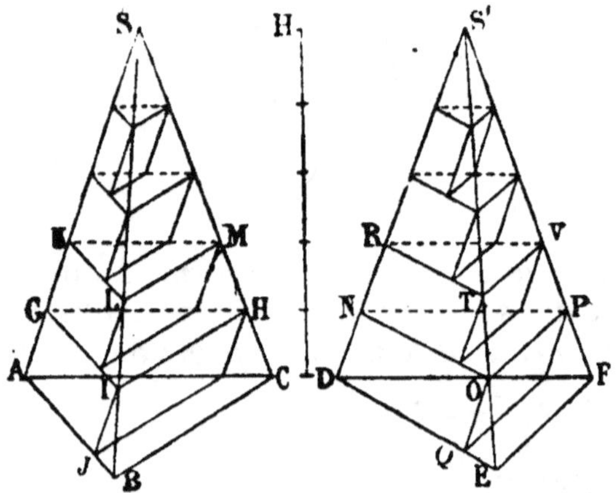

les pyramides des plans parallèles aux bases, puis achevons les prismes, comme l'indiquent les deux figures.

Les sections GIH et NOP menées à égale distance des sommets sont équivalentes (491), donc les prismes JH et PQ sont équivalents comme ayant même hauteur et des bases de même valeur. Il en est de même des prismes MG et VN.

Si, au lieu de partager la hauteur en trois parties égales, nous la divisions en un nombre illimité de parties égales, les prismes obtenus en nombre illimité dans les deux pyramides resteraient équivalents chacun à chacun.

Donc les pyramides, limites de ces prismes inscrits, sont équivalentes.

VOLUME DE LA PYRAMIDE

THÉORÈME

494. Une pyramide quelconque a pour mesure de son volume le tiers du produit de sa base par sa hauteur.

H. Soit la pyramide SABC (fig A) ou SABCDE (fig. B).

D. $SABC = \dfrac{1}{3} ABC \times SP$; $SABCDE = \dfrac{1}{3} ABCDE \times SP$.

1° La pyramide est triangulaire.

Achevons le prisme ABCSEF de même base et de même hauteur que la pyramide en menant les droites AE, CF égales et parallèles à SB, et en joignant entre eux les points E, S, F. Démontrons que ce prisme renferme trois pyramides équivalentes dont l'une est SABC.

Le prisme comprend la pyramide SABC et une pyramide quadrangulaire SAEFC. Si nous menons le plan ASF, cette pyramide quadrangulaire sera décomposée en deux pyramides triangulaires SAEF et SACF.

Or les trois pyramides SABC, SAEF et SACF qui forment le prisme sont équivalentes entre elles. En effet, SABC vaut SAEF, car ces solides ont une base égale ABC ou ESF, et même hauteur (la hauteur du prisme).

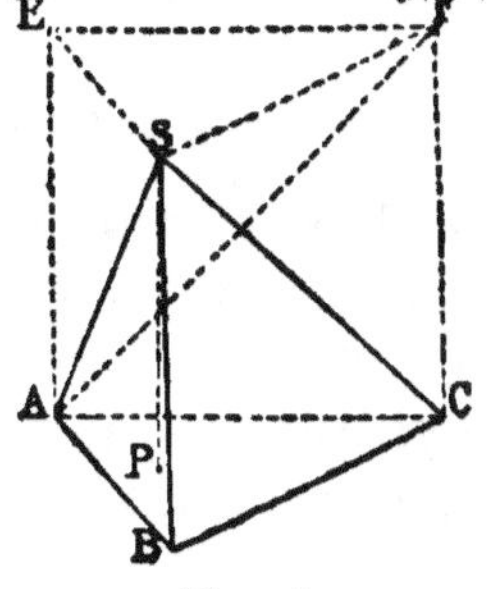

Fig. A.

De plus, SAEF vaut SAFC, puisque ces pyramides ont leurs bases égales (AEF = AFC), et même hauteur, savoir la ligne abaissée du point S sur le plan AEFC des bases.

Les trois pyramides qui forment le prisme étant équivalentes, chacune d'elles vaut le tiers du prisme.

Or   Prisme $CF = ABC \times SP$ (482),

donc   Pyramide $SABC = \dfrac{1}{3} ABC \times SP$.

2° La pyramide est polygonale.

Décomposons la pyramide donnée SABCDE en pyramides triangulaires au moyen des plans SEB, SEC. Nous aurons d'après le premier cas :

Pyramide $SABE = \dfrac{1}{3} ABE \times SP$,

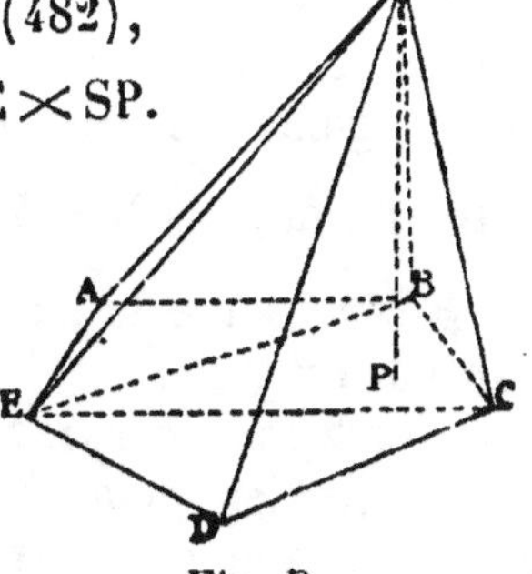

Fig. B.

$$\text{Pyramide SBEC} = \frac{1}{3}\,\text{BEC} \times \text{SP},$$

$$\text{Pyramide SEDC} = \frac{1}{3}\,\text{EDC} \times \text{SP}.$$

En faisant la somme on obtient :

$$\text{Pyramide SABCDE} = \frac{1}{3}\,\text{SP}\,(\text{ABE} \times \text{BEC} \times \text{EDC}),$$

ou　　　　$$\text{Pyramide SABCDE} = \frac{1}{3}\,\text{SP} \times \text{ABCDE}.$$

495. Corollaire. — *Deux pyramides de même base sont proportionnelles à leurs hauteurs.*

Deux pyramides de même hauteur sont proportionnelles à leurs bases.

Deux pyramides quelconques sont proportionnelles aux produits de leurs bases par leurs hauteurs.

MESURE D'UN POLYÈDRE QUELCONQUE

496. Si l'on prend un point dans l'intérieur d'un polyèdre et si on le joint aux différents sommets, on décompose le polyèdre en un certain nombre de pyramides ayant pour bases les faces du polyèdre. Le volume du polyèdre est donc égal à la somme des volumes de ces pyramides.

VOLUME DU TRONC DE PYRAMIDE ET DU TRONC DE PRISME

THÉORÈME

497. *Le volume d'un tronc de pyramide à bases parallèles est égal à la somme de trois pyramides ayant pour hauteur commune la hauteur du tronc, et pour bases, l'une la base supérieure, l'autre la base inférieure, et la troisième une moyenne proportionnelle entre ces deux bases.*

H. Soit le tronc de pyramide triangulaire ABCDEF (fig. A) ou polygonal ABCDEFGH (fig. B).

D. $\text{Tronc} = \frac{1}{3}\,\text{B} \times \text{H} + \frac{1}{3}\,b \times \text{H} + \frac{1}{3}\sqrt{\text{B} \times b} \times \text{H}.$

(B représente la base inférieure, b la base supérieure et H la hauteur du tronc.)

1° Le tronc de pyramide est triangulaire.

Menons les plans DBE et ABE. Le tronc de pyramide sera ainsi partagé en trois pyramides triangulaires BDEF, BACE et BADE.

La première BDEF a pour base la base inférieure DEF, et pour hauteur la hauteur du tronc, puisque son sommet est en B sur la base supérieure.

La seconde BACE a pour base la base supérieure ABC, et pour hauteur la hauteur du tronc, puisque son sommet est en E sur la base inférieure.

La troisième BADE représente la dernière du théorème. Pour le démontrer, menons BI parallèle à AD et joignons les points I, A et I, E. Nous aurons ainsi une pyramide IADE équivalente à la pyramide BADE; car elles ont toutes deux même base ADE et même hauteur, leurs sommets B et I étant sur une parallèle à la base.

La pyramide IADE peut être considérée comme ayant même hauteur que le tronc, puisqu'elle a un de ses sommets en A sur la base supérieure. Sa base dans ce cas est IDE. Démontrons

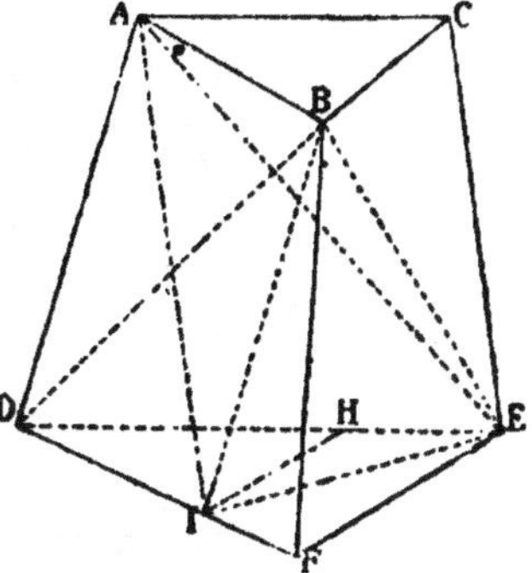

Fig. A.

que cette base est moyenne proportionnelle entre BAC et DEF. Pour cela, menons IH parallèle à EF. Les triangles DIH et DIE ayant un sommet commun en I, et leurs bases DH et DE sur une même ligne droite, ont même hauteur et par conséquent sont proportionnels à leurs bases (339), ce qui donne :

$$\frac{DIH}{DIE} = \frac{DH}{DE}.$$

De même, les triangles DIE et DEF ayant un sommet commun en E, et leurs bases DI et DF sur une même ligne droite, donnent aussi :

$$\frac{DIE}{DEF} = \frac{DI}{DF}.$$

Or IH est parallèle à EF, donc

$$\frac{DH}{DE} = \frac{DI}{DF},$$

et par suite,

$$\frac{DIH}{DIE} = \frac{DIE}{DEF}.$$

Mais les triangles DIH et ABC ont un côté DI = AB (côtés opposés du parallélogramme ABDI), ils sont d'ailleurs équiangles, car leurs côtés sont parallèles, donc ils sont égaux et on a enfin :

$$\frac{ABC}{DIE} = \frac{DIE}{DEF}.$$

2° Le tronc de pyramide est polygonal.

Achevons la pyramide dont le tronc est donné, puis construi
sons une pyramide triangulaire de même hauteur et de base
équivalente. Ces deux pyramides sont équivalentes (493).

Prenons sur la hauteur de la pyramide S' une distanc

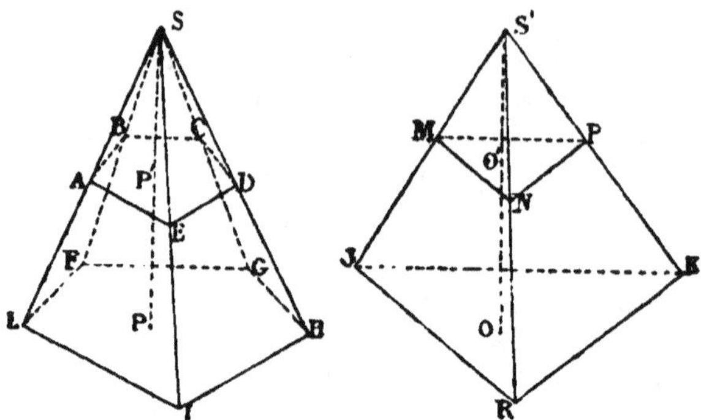

Fig. B.

S'O' $=$ SP', et menons la section MNP parallèle à la base, cette
section est équivalente au polygone ABCDE (492) et par suite les
deux pyramides partielles SABCDE et S'MNP sont équivalentes.
Les troncs, différences des grandes et des petites pyramides, sont
donc équivalents, et on peut appliquer au tronc de pyramide polygonal ce qui a été démontré pour le tronc de pyramide triangulaire.

FORMULES DU TRONC DE PYRAMIDE

498. Si l'on représente par V le volume d'un tronc de pyramide, par B et b ses bases, par H sa hauteur, on aura :

$$V = \frac{1}{3} H \left(B + b + \sqrt{Bb} \right).$$

On peut trouver le volume d'un tronc de pyramide au moyen
d'une formule plus commode pour la pratique parce qu'elle
n'oblige à aucune extraction de racine carrée.

Les bases B et b étant semblables, si nous représentons par A
et a deux côtés homologues, nous aurons :

$$\frac{B}{b} = \frac{A^2}{a^2}, \quad \text{ou} \quad b = B \frac{a^2}{A^2}.$$

et
$$V = \frac{1}{3} H \left(B + B \frac{a^2}{A^2} + \sqrt{B \times B \frac{a^2}{A^2}} \right),$$

ou
$$V = \frac{1}{3} H \left(B + B \frac{a^2}{A^2} + B \frac{a}{A} \right),$$

ou enfin :
$$V = \frac{1}{3} BH \left(1 + \frac{a^2}{A^2} + \frac{a}{A} \right).$$

THÉORÈME

499. *Le volume d'un tronc de prisme triangulaire est équivalent à la somme des trois pyramides qui ont pour base commune celle des bases du tronc qui est base du prisme, et pour sommets respectifs les trois sommets de l'autre base.*

H. Soit le tronc de prisme triangulaire ABCDEF.

D. Tronc $ABCDEF = \frac{1}{3} B \times H + \frac{1}{3} B \times H' + \frac{1}{3} B \times H''$.

(B représente la base DEF, et H, H', H'' les distances de A, B et C au plan DEF).

Menons les plans DBE et ABE. Le tronc de prisme se trouve ainsi partagé en trois pyramides triangulaires BDFE, BADE et BACE.

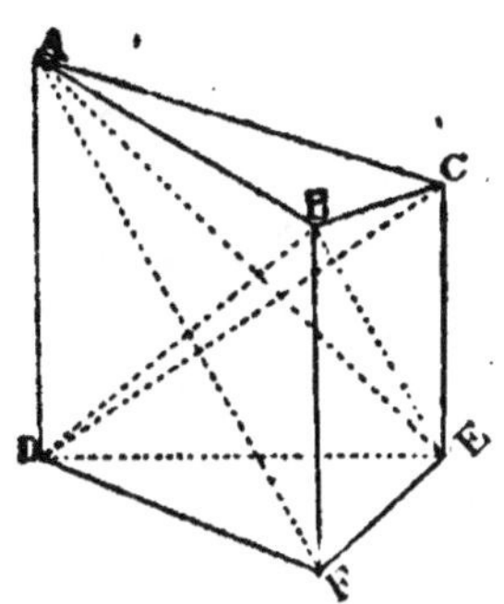

La première BDFE a pour base DFE et pour sommet B. Elle répond donc à l'énoncé.

La seconde BADE est équivalente à la pyramide FADE, car elles ont toutes deux même base ADE et même hauteur, leurs sommets B et F étant situés sur une parallèle à la base. Or la pyramide FADE peut être regardée comme ayant pour base DFE et pour sommet A. Elle répond donc aussi à l'énoncé.

La troisième pyramide BACE est équivalente à la pyramide FDCE. En effet, elles ont même hauteur, leurs sommets B et F étant sur une parallèle à la base ; de plus, leurs bases ACE et DCE sont équivalentes, car elles sont formées par des triangles qui ont même base CE et même hauteur, les sommets A et D se trouvant sur une parallèle à la base. Donc FDCE équivaut à BACE. Or la pyramide FDEC peut être considérée comme ayant son sommet en C et sa base en DFE, et, par conséquent, elle répond à l'énoncé.

Remarque. — Lorsque le tronc de prisme est droit, ses arêtes forment elles-mêmes les hauteurs des pyramides qui composent son volume.

FORMULE DU TRONC DE PRISME TRIANGULAIRE

500. Si nous représentons par V le volume d'un tronc de prisme triangulaire, par B la base du prisme auquel il appartient, et par H, H', et H'' ses trois hauteurs, nous aurons :

$$V = \frac{1}{3} B \times H + \frac{1}{3} B \times H' + \frac{1}{3} B \times H'', \text{ ou } V = \frac{1}{3} B (H + H' + H'').$$

THÉORÈME

501. Le volume du tronc de parallélipipède est égal au produit de la section droite du parallélipipède par la droite qui joint les centres des bases du tronc, ou par la moyenne arithmétique de deux arêtes latérales opposées.

H. Soit le tronc de parallélipipède AH.

D. Volume AH $=$ Section droite $\times$ OO′,

Volume AH $=$ Section droite $\times \left(\dfrac{a+d}{2} \right)$.

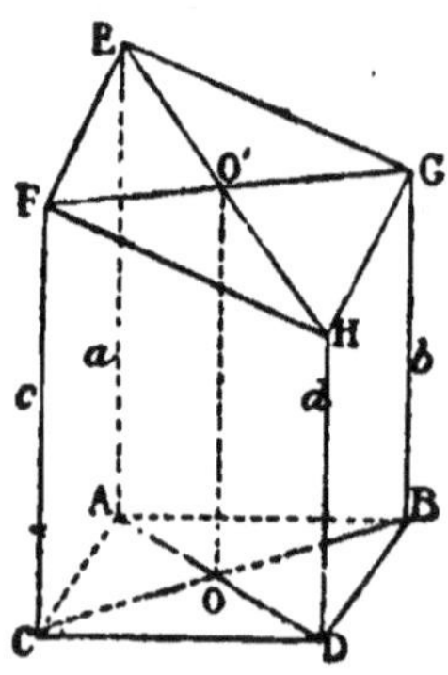

Les bases ABCD, EFGH du tronc étant des parallélogrammes (466 et 473, 2°), la droite qui joint les centres est OO′.

Deux cas peuvent se présenter :

1° Le tronc appartient à un parallélipipède droit.

Menons le plan AEHD qui décomposera le tronc de parallélipipède en deux troncs de prismes droits ACDEFH et ABDEGH. Si l'on représente par a, b, c, d, les différentes arêtes qui, dans le cas présent, sont les hauteurs de ces troncs, on aura pour expression du volume du premier :

$$\frac{1}{3} \text{ACD } (a+c+d),$$

et pour le second :

$$\frac{1}{3} \text{ABD } (a+b+d),$$

ou

$$\frac{1}{3} \text{ACD } (a+b+d), \quad \text{car} \quad \text{ABD} = \text{ACD}$$

Leur somme sera donc :

$$\frac{1}{3} \text{ACD } (a+c+d+a+b+d),$$

ou

$$\frac{1}{6} \text{ABCD } (2\,a+2\,d+b+c)\,(1).$$

Mais, dans le trapèze ADHE, on a (343) :

$$a+d = 2\,\text{OO}′,$$

d'où

$$2\,a+2\,d = 4\,\text{OO}′,$$

et dans le trapèze CFGB :

$$b+c = 2\,\text{OO}′,$$

donc
$$2a + 2d + b + c = 6\,OO',$$
et la formule (1) devient :
$$\frac{1}{6}\,ABCD \times 6\,OO',$$
ou
$$ABCD \times OO';$$
ou
$$ABCD \left(\frac{a+d}{2}\right), \quad car \quad OO' = \frac{a+d}{2}.$$

Le tronc de parallélipipède droit a donc pour mesure sa base, qui est une section droite, multipliée par la distance des centres des deux bases, ou, ce qui revient au même, le produit de cette même base par la moyenne arithmétique de deux arêtes latérales opposées.

2º Le tronc appartient à un parallélipipède oblique.

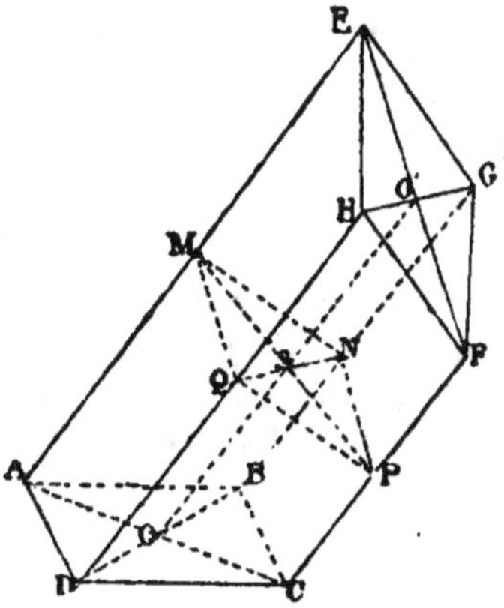

Menons la section droite MNPQ, qui décomposera le tronc total en deux troncs de parallélipipède droit MF et MC. On a d'après le premier cas :
Tronc MF $= MNPQ \times SO'$
et   Tronc MC $= MNPQ \times SO.$

Leur somme ou le tronc oblique vaut donc :
MNPQ $(SO'+SO)$ ou MNPQ $\times OO',$
D'ailleurs OO' étant égal à
$$\frac{AE+CF}{2},$$
on a aussi pour mesure du tronc
$$MNPQ \left(\frac{AE+CF}{2}\right)$$
et le théorème est démontré.

502. **Remarque.** — Pour obtenir le volume d'un tronc de prisme polygonal, on le décompose en troncs de prismes triangulaires et on fait la somme des volumes de ces troncs.

SYMÉTRIE

DÉFINITIONS

503. **Points symétriques par rapport à un point.** — Deux points sont symétriques par rapport à un autre point, lorsque celui-ci partage en deux parties égales la ligne droite qui joint les deux premiers.

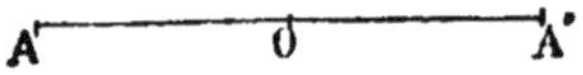

Ex. : A et A′ par rapport au point O.

Le point O s'appelle *centre de symétrie*.

504. Points symétriques par rapport à une droite. — Deux points sont *symétriques par rapport à une droite*, lorsque la ligne qui les joint est perpendiculaire à cette droite et se trouve divisée par elle en deux parties égales.

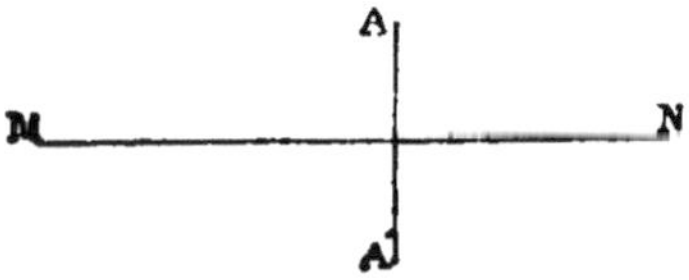

Ex. : A et A′ par rapport à MN.

La droite MN s'appelle *axe de symétrie*.

505. Points symétriques par rapport à un plan. — Deux points sont *symétriques par rapport à un plan*, lorsque la ligne qui les joint est perpendiculaire à ce plan et se trouve partagée par lui en deux parties égales.

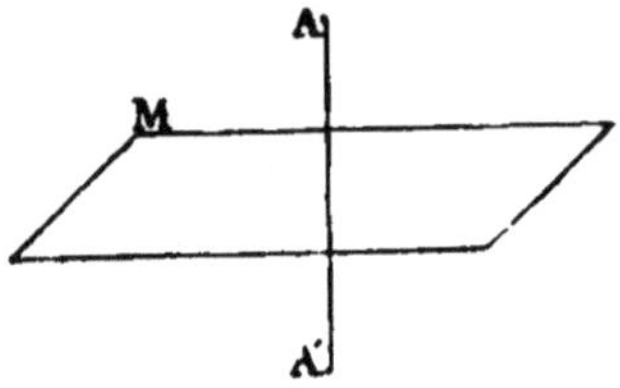

Ex. : A et A′ par rapport au plan M.

Le plan dans ce cas est appelé *plan de symétrie*.

506. Figures symétriques par rapport à un point, un axe ou un plan. — Deux figures sont *symétriques par rapport à un point, un axe ou un plan*, lorsque chaque point de l'une a son symétrique dans l'autre par rapport à ce point, cet axe ou ce plan.

FIGURES SYMÉTRIQUES PAR RAPPORT A UN PLAN

THÉORÈME

507. *Lorsque deux figures sont symétriques par rapport à un plan, si trois points de l'une sont en ligne droite, les trois points homologues de l'autre sont aussi en ligne droite.*

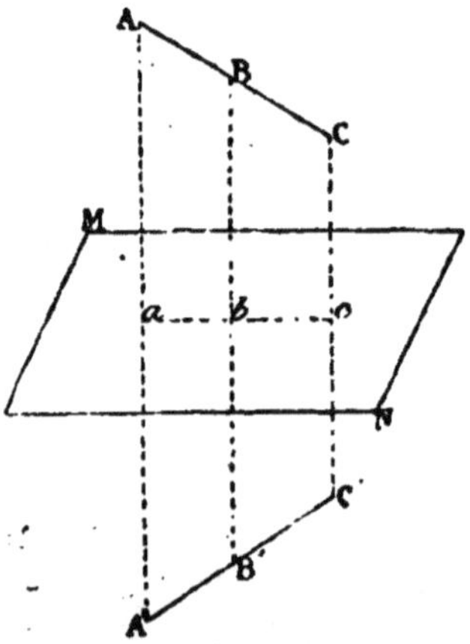

H. Soient la droite ABC et les points A′, B′, C′ symétriques de A, B, C.

D. A′B′C′ est une ligne droite.

Le plan mené perpendiculairement à MN par les parallèles AA′, BB′, CC′, coupe ce plan suivant la droite *abc*.

Autour de cette droite comme charnière, nous pouvons faire tourner la figure AC*ca* pour la rabattre sur A′C′*ca*. Dans ce mouvement la ligne *a*A tombera sur *a*A′, et comme ces

deux lignes sont égales, le point A sera sur A'. Les points B et
C se trouveront de leur côté sur B' et sur C'. Or les trois points
A, B, C sont en ligne droite, donc les points A', B', C' sont aussi
en ligne droite.

508. **Corollaire.** — Deux lignes symétriques sont égales. Il s'ensuit qu'à une arête rectiligne d'une figure correspond une arête
rectiligne égale dans la figure symétrique. Donc :

1° *Deux triangles symétriques sont égaux;*

2° *Deux polygones symétriques sont égaux.*

3° *Deux angles plans ou deux angles dièdres symétriques
sont égaux.*

THÉORÈME

509. *Lorsque deux figures sont symétriques par rapport à
un plan, si quatre points de l'une sont dans un même plan,
les quatre points homologues de l'autre seront aussi dans un
même plan.*

H. On donne les points A, B,
C, D dans un même plan.

D. Leurs symétriques A', B', C',
D' sont aussi dans un même plan.

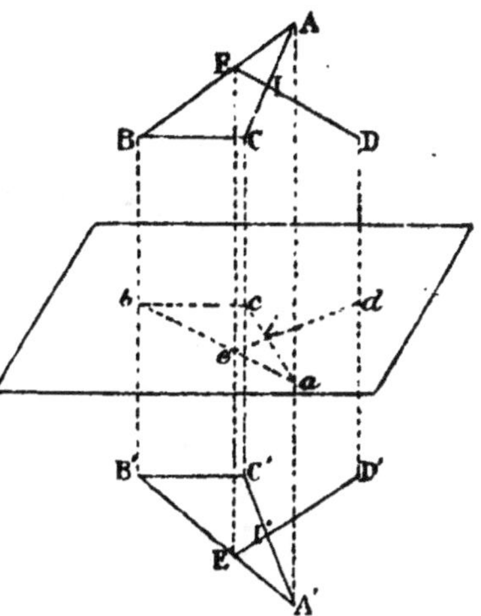

Les droites AB et AC ont un
point commun A, leurs symétriques
A'B' et A'C' se coupent donc en A'
et par suite elles sont dans un même
plan. Prouvons que le point D' se
trouve aussi dans ce plan. Pour
cela, menons la droite DE qui rencontre les lignes AC et AB en I et
en E. La ligne D'E' symétrique de
DE rencontrera les droites A'C'
et A'B' en des points I' et E' symé-
triques de I et de E, et aura ainsi deux points communs avec le
plan B'A'C'; elle se trouvera donc tout entière dans ce plan.

THÉORÈME

510. *Deux polyèdres sont symétriques par rapport à un
plan, lorsque leurs sommets sont symétriques deux à deux par
rapport à ce plan.*

En effet, dans ce cas, les faces ont au moins trois points symétriques, leurs plans sont donc symétriques, et par suite chaque
point de l'un des polyèdres a son symétrique dans l'autre.

THÉORÈME

511. *Deux polyèdres symétriques sont décomposables en un même nombre de pyramides symétriques.*

Pour le prouver, prenons un point O dans l'intérieur de l'un des polyèdres et joignons-le à ses différents sommets. Le polyèdre sera décomposé en autant de pyramides qu'il a de faces. Déterminons ensuite dans l'autre polyèdre le point O' homologue de O, et décomposons-le à son tour de la même manière que le premier.

Les pyramides obtenues seront en même nombre dans les deux polyèdres, parce qu'ils ont le même nombre de faces.

Ces pyramides seront symétriques deux à deux, parce que leurs sommets sont symétriques, puisque en dehors de O et O' ils ne sont autres que les sommets de deux polyèdres symétriques.

THÉORÈME

512. *Dans deux polyèdres symétriques par rapport à un plan :*

1° *Les faces homologues sont égales ;*

2° *L'inclinaison de deux faces adjacentes dans l'un des polyèdres est égale à l'inclinaison des faces homologues dans l'autre ;*

3° *Deux angles polyèdres homologues sont symétriques.*

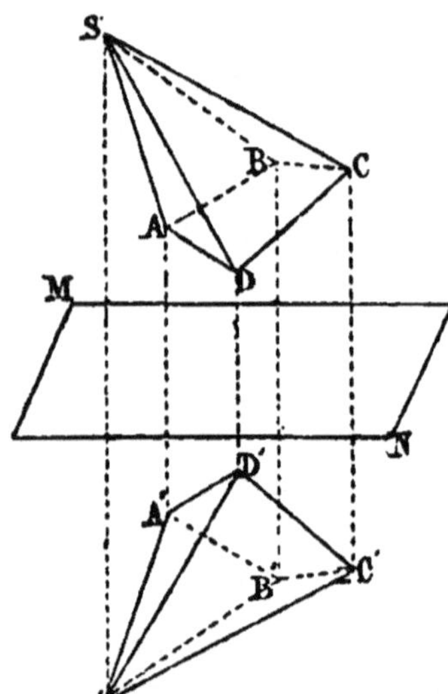

1° Les faces homologues sont égales.

En effet, les triangles ASD et A'S'D sont égaux comme ayant les trois côtés égaux chacun à chacun.

Il en est de même des triangles ASB, A'S'B', etc. Quant aux faces polygonales ABCD, A'B'C'D', elles sont égales, parce que si on les décompose en triangles, ces triangles seront égaux deux à deux et se trouveront en même nombre dans les deux faces.

2° Les angles dièdres sont égaux.

Si ces angles dièdres appartiennent à des angles trièdres, ils seront égaux parce que ceux-ci, ayant leurs faces égales, auront tous leurs éléments égaux (448).

Si ces dièdres appartiennent à des angles polyèdres, on pourra décomposer ceux-ci en trièdres dont les faces seront égales, et dont par conséquent les dièdres seront égaux.

3º Deux angles polyèdres homologues sont symétriques.

Soient les angles S et S′. Ils ont leurs faces égales d'après le premier point, leurs dièdres égaux d'après le second; mais leurs faces égales et leurs dièdres égaux sont disposés en sens inverse, comme le prouve la simple inspection de la figure. Donc les angles polyèdres homologues sont symétriques.

THÉORÈME

513. *Deux polyèdres symétriques sont équivalents.*

1º Soient deux pyramides symétriques.

Plaçons-les de telle sorte que leurs bases coïncident en ABCD. Leurs sommets S et S′ seront alors symétriques par rapport au plan de leur base commune. Les hauteurs SO et S′O sont donc égales, et les pyramides, ayant même base et des hauteurs égales, sont équivalentes.

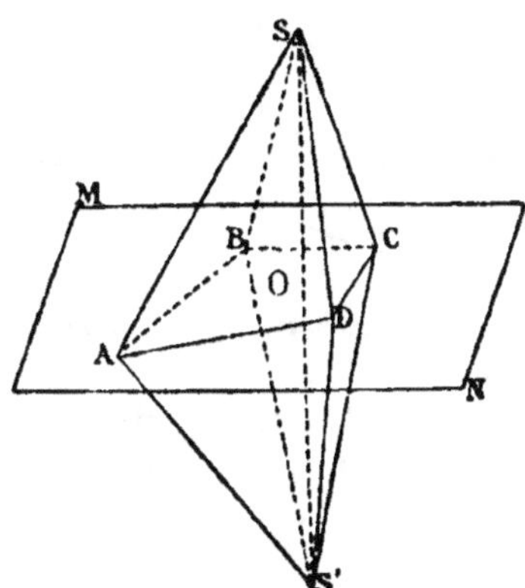

2º Soient maintenant deux polyèdres symétriques.

On peut les décomposer en un même nombre de pyramides symétriques (511). Ces pyramides, comme nous venons de le voir dans le premier cas, seront équivalentes deux à deux, les polyèdres qu'elles forment par leur réunion seront donc aussi équivalents.

FIGURES SYMÉTRIQUES PAR RAPPORT A UN AXE

Deux figures symétriques par rapport à un axe sont égales.

En effet, si l'on imprime à l'une des deux un mouvement de rotation de 180º autour de l'axe, les deux figures se superposeront, puisque chaque point de l'une a son symétrique dans la seconde.

FIGURES SYMÉTRIQUES PAR RAPPORT A UN POINT

THÉORÈME

514. *La symétrie par rapport à un point peut être ramenée à la symétrie par rapport à un plan.*

Soit un point A et son symétrique A′ par rapport au centre O. Par ce point O menons un plan MN, et élevons sur ce plan la perpendiculaire OH. Abaissons ensuite sur OH la perpendiculaire

AI, et prolongeons-la d'une quantité $IA'' = AI$, joignons enfin A'' et A'. Les points A'' et A' seront symétriques par rapport au plan MN.

En effet, on a $AI = A''I$ et $AO = OA'$; donc IO est parallèle à A'A'', et comme IO est perpendiculaire au plan MN par construction, sa parallèle A'A'' l'est aussi.

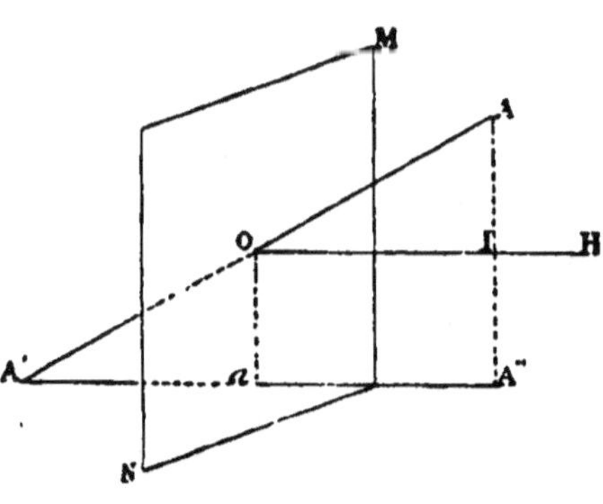

D'ailleurs

$$\frac{AI}{AA''} = \frac{IO}{A'A''},$$

or $\qquad AA'' = 2\,AI,$

donc $\qquad A'A'' = 2\,IO,$

ou $\qquad A'A'' = 2\,A''a,$

ou $\qquad A''a = aA'.$

La ligne A'A'' est donc perpendiculaire au plan MN; de plus elle est coupée en deux parties égales par ce plan; il s'ensuit que les points A' et A'' sont symétriques par rapport au plan.

De là cette conclusion générale :

La symétrie des figures par rapport à un centre se ramène à la symétrie par rapport à un plan, en imprimant une rotation de 180° à l'une des deux figures autour d'un axe perpendiculaire à ce plan, et passant par le centre de symétrie donné.

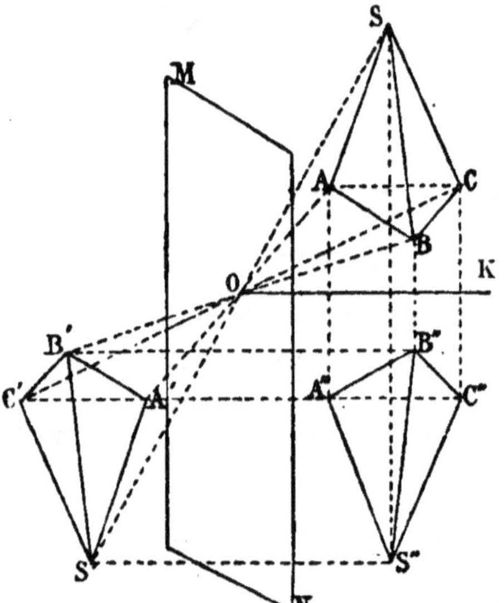

Comme application, proposons-nous de rendre symétriques par rapport à un plan deux pyramides SABC, S'A'B'C' données symétriques par rapport à un centre.

Il suffit pour cela de prendre les points A'', B'', C'', S'', symétriques des sommets A, B, C, S, par rapport à la droite OK perpendiculaire au plan MN, et la pyramide S''A''B''C'' sera symétrique de S'A'B'C' par rapport au plan MN (514 et 510).

POLYÈDRES SEMBLABLES

DÉFINITIONS

515. Polyèdr⸱s semblables. — Deux polyèdres sont *semblables* lorsqu'ils ont leurs faces semblables chacune à chacune et leurs angles solides égaux chacun à chacun.

Les faces semblables entre elles et les angles solides égaux sont appelés *homologues*.

THÉORÈME

516. *Si l'on coupe une pyramide triangulaire par un plan parallèle à sa base, on détermine une nouvelle pyramide semblable à la première.*

H. La section abc est parallèle à ABC.
D. Pyramide Sabc semblable à SABC.
Les deux pyramides sont semblables, parce que

1º *Leurs faces sont semblables chacune à chacune.*

Les triangles Sab et SAB sont semblables, parce que les droites ab et AB sont parallèles comme intersections de deux plans parallèles abc et ABC par un troisième SAB. Il en est de même des triangles Sbc, SBC, etc., et des bases abc et ABC (490, 2º).

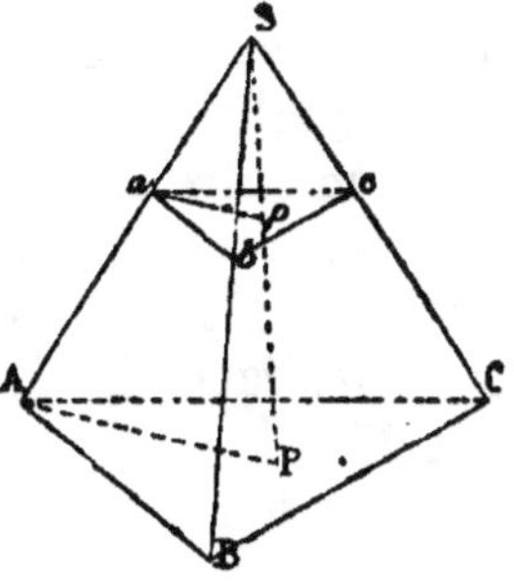

2º *Les angles solides sont égaux chacun à chacun.*
D'abord l'angle S est commun. Les angles trièdres a et A sont égaux comme formés par des faces égales placées dans le même ordre, savoir :
$$Sab = SAB, \quad Sac = SAC, \quad bac = BAC.$$
Les trièdres b et B, c et C sont égaux pour la même raison.

517. Remarque. — Les arêtes de deux pyramides semblables sont proportionnelles entre elles et proportionnelles à leurs hauteurs. En effet, on a (Fig. nº 516) :
$$\frac{Sa}{SA} = \frac{Sb}{SB} = \frac{ab}{AB} = \frac{bc}{BC} \dots \text{etc.} = \frac{Sp}{SP}.$$

THÉORÈME

518. *Deux pyramides triangulaires qui ont un angle dièdre égal compris entre deux faces semblables et semblablement placées sont semblables.*

H. Dièdre S'D = dièdre SA.

Triangle S'DE semblable au tr. SAB.

Triangle S'DF semblable au tr. SAC.

D. Pyramide S'DEF semblable à la pyramide SABC.

Prenons sur SA une longueur SD' = S'D, et menons le plan

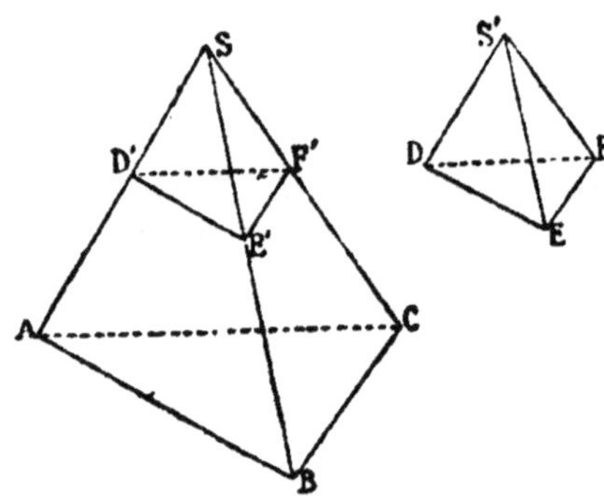

D'E'F' parallèle à ABC. La pyramide SD'E'F' ainsi déterminée sera semblable à SABC (516). Si nous prouvons qu'elle est égale à S'DEF, nous aurons démontré que S'DEF est semblable à SABC.

Or par hypothèse le dièdre SD' est égal au dièdre S'D, les triangles SD'E' et S'DE sont égaux comme ayant un côté égal par construction (SD' = S'D), et leurs angles égaux puisque ces deux triangles sont semblables à SAB.

On démontrerait de même que le triangle SD'F' = S'DF.

Si nous superposons les pyramides S'DEF et SD'E'F', elles coïncideront dans toute leur étendue, car S'D se confondra avec SD', et les faces S'DE et S'DF se placeront sur leurs égales SD'E' et SD'F'.

Donc la pyramide S'DEF, égale à SD'E'F', est semblable à SABC.

THÉORÈME

519. *Deux polyèdres semblables peuvent être décomposés en un même nombre de pyramides semblables et semblablement placées.*

H. Soient les polyèdres semblables AE et A'E'.

D. Pyramide AGFH semblable à pyramide A'G'F'H'.

Pyramide AEFG semblable à pyramide A'E'F'G'.

Pyramide AEBG semblable à pyramide A'E'B'G'.

. . . .

Décomposons en triangles les faces homologues des deux polyèdres donnés, et joignons les points A et A' aux sommets de ces triangles. Nous aurons ainsi d'un côté les pyramides AGFH, AEFG ABEG etc., et de l'autre côté, les pyramides A′G′F′H′, A′E′F′G′, A′B′E′G′, etc. Ces pyramides seront semblables deux à deux. Examinons-les successivement.

Soient d'abord les pyramides AGFH et A′G′F′H′. Elles ont un angle dièdre GH = G′H′, car ces dièdres appartiennent aux polyèdres donnés semblables; elles ont de plus les faces AGH et A′G′H′, FGH et F′G′H′ semblables comme triangles semblablement placés dans des polygones semblables ABGH et A′B′G′H′ ou EFGH et E′F′G′H′. Les deux pyramides sont donc semblables,

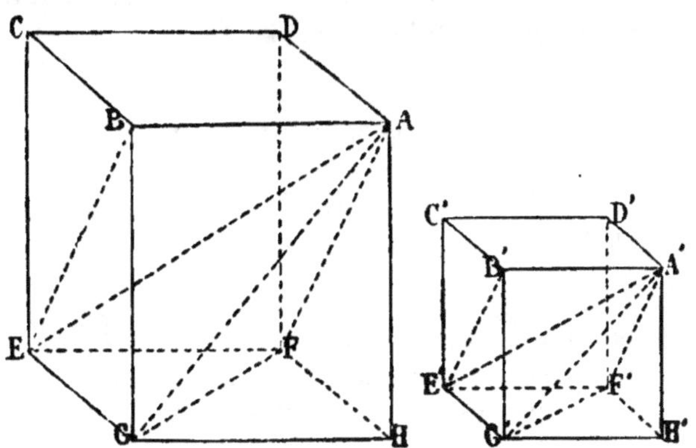

(518). Prenons ensuite les pyramides AEFG et A′E′F′G′. Nous aurons :

$$\text{Dièdre AFGH} + \text{dièdre AFGE} = 2 \text{ droits,}$$

de même :

$$\text{Dièdre A′F′G′H′} + \text{dièdre A′F′G′E′} = 2 \text{ droits.}$$

donc

$$\text{Dièdre AFGH} + \text{dièdre AFGE} = \text{dièdre A′F′G′H′} + \text{dièdre A′F′G′E′.}$$

Or les dièdres AFGH et A′F′G′H′ sont égaux comme appartenant aux deux premières pyramides démontrées semblables.

Donc

$$\text{Dièdre AFGE} = \text{dièdre A′F′G′E′.}$$

De plus, les faces qui forment ces dièdres sont semblables, car les triangles AFG et A′F′G′ appartiennent aux deux premières pyramides semblables, et les triangles EGF et E′G′F′ sont semblablement placés dans des polygones semblables EFGH et E′F′G′H′.

Les pyramides AEFG et A′E′F′G′ sont donc semblables.

Considérons enfin les pyramides ABEG et A′B′E′G′. On a :

$$\text{Dièdre BEGF} = \text{dièdre B′E′G′F′,}$$

ou $$\text{BEGA} + \text{AEGF} = \text{B′E′G′A′} + \text{A′E′G′F′,}$$

car BEGF et B'E'G'F' sont des dièdres homologues dans les polyèdres donnés semblables. Mais AEGF = A'E'G'F' comme dièdres homologues dans les pyramides que nous venons de démontrer semblables. Il s'ensuit que le dièdre BEGA = le dièdre B'E'G'A'.

De plus, les faces qui forment ces dièdres sont semblables; car les triangles AEG, A'E'G' font partie des pyramides semblables AEGF, A'E'G'F'; et les triangles BEG, B'E'G' sont semblablement placés dans les polygones semblables CBEG, C'B'E'G'.

Les pyramides ABEG et A'B'E'G' sont donc aussi semblables.

On prouverait de même la similitude de toutes les autres pyramides contenues dans les polyèdres AE et A'E'.

THÉORÈME RÉCIPROQUE

520. *Deux polyèdres composés d'un même nombre de tétraèdres semblables et semblablement placés sont semblables.* (Même figure.)

H. Pyramide AGFH semblable à pyramide A'G'F'H'.
Pyramide AEFG semblable à pyramide A'E'F'G'.
Pyramide ABEG semblable à pyramide A'B'E'G'.

. . . .

D. Polyèdre AE semblable à A'E'.

Les deux polyèdres AE et A'E' seront semblables, parce qu'ils ont leurs faces semblables et leurs angles polyèdres égaux.

1° Leurs faces sont semblables, puisqu'elles sont formées d'un même nombre de triangles semblables et semblablement placés (223).

2° Leurs angles solides sont égaux. Si ces angles sont des trièdres, ils sont égaux comme formés par des faces égales; s'ils sont polyèdres, ils sont égaux comme formés d'un même nombre de trièdres égaux et semblablement placés.

THÉORÈME

521. *Deux pyramides semblables sont proportionnelles aux cubes de leurs arêtes homologues.*

H. Soient les pyramides semblables SABC et S*abc*.

D. $\dfrac{SABC}{Sabc} = \dfrac{\overline{SA}^3}{\overline{Sa}^3} = \dfrac{\overline{AB}^3}{\overline{ab}^3} \ldots$ etc.

Les bases semblables ABC et abc donnent la proportion

$$\frac{ABC}{abc} = \frac{\overline{AB}^2}{\overline{ab}^2}.$$

D'ailleurs $\dfrac{SO}{So} = \dfrac{AB}{ab}$ (517).

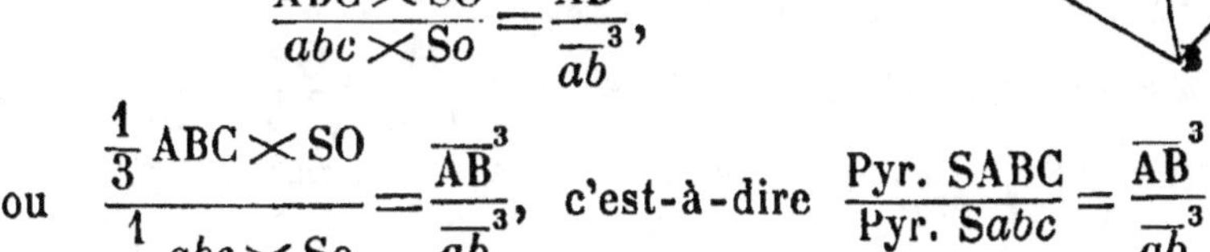

Multiplions ces proportions terme par terme :

$$\frac{ABC \times SO}{abc \times So} = \frac{\overline{AB}^3}{\overline{ab}^3},$$

ou $\dfrac{\frac{1}{3}\,ABC \times SO}{\frac{1}{3}\,abc \times So} = \dfrac{\overline{AB}^3}{\overline{ab}^3}$,   c'est-à-dire $\dfrac{\text{Pyr. } SABC}{\text{Pyr. } Sabc} = \dfrac{\overline{AB}^3}{\overline{ab}^3}.$

Remarque. — Les volumes de deux pyramides semblables sont proportionnels aux cubes de leurs hauteurs (490, 1°).

THÉORÈME

522. *Deux polyèdres semblables sont proportionnels aux cubes de leurs arêtes homologues.*

H. Soient P et P′ deux polyèdres semblables et A, a deux arêtes homologues.

D. $\dfrac{P}{P'} = \dfrac{A^3}{a^3}.$

Supposons que le premier polyèdre P contienne un certain nombre de pyramides S, S′, S″..., le second contiendra le même nombre de pyramides s, s', s''..., semblables chacune à chacune aux précédentes. Si nous appelons A et a, B et b, C et c..., les arêtes homologues de ces différentes pyramides, nous aurons (521) :

$$\frac{S}{s} = \frac{A^3}{a^3}, \quad \frac{S'}{s'} = \frac{B^3}{b^3}, \quad \frac{S''}{s''} = \frac{C^3}{c^3} \ldots \text{etc.}$$

Mais les arêtes des pyramides semblables S, S′, S″... étant proportionnelles entre elles, on a :

$$\frac{A}{a} = \frac{B}{b} = \frac{C}{c} \ldots \text{ ou } \frac{A^3}{a^3} = \frac{B^3}{b^3} = \frac{C^3}{c^3},$$

donc $\dfrac{S}{s} = \dfrac{S'}{s'} = \dfrac{S''}{s''}$,

et $\dfrac{S + S' + S'' \ldots}{s + s' + s'' \ldots} = \dfrac{S}{s} = \dfrac{A^3}{a^3} = \dfrac{B^3}{b^3} \ldots \text{etc.}$

donc enfin : $\dfrac{\text{Polyèdre P}}{\text{Polyèdre P}'} = \dfrac{A^3}{a^3} = \dfrac{B^3}{b^3} \ldots \text{etc.}$

PÔLE DE SIMILITUDE DE DEUX POLYÈDRES SEMBLABLES ET SEMBLABLEMENT PLACÉS

THÉORÈME

523. *Si l'on joint un point quelconque O aux sommets d'un polyèdre* SABCDE, *et qu'on prenne sur les lignes* OA, OB, OC... *des longueurs* Oa, Ob... *etc., telles que* $\dfrac{OA}{Oa} = \dfrac{OB}{Ob} = \dfrac{OC}{Oc}$... *etc., on obtient un polyèdre* S'abcde *semblable au polyèdre donné.*

Les polyèdres S'abcde et SABCDE sont semblables, parce qu'ils ont leurs faces semblables et leurs angles solides égaux.

1° Leurs faces sont semblables. En effet, ces faces ont leurs angles égaux et leurs côtés homologues proportionnels.

D'abord leurs angles sont égaux.

On a par hypothèse :

$$\frac{OA}{Oa} = \frac{OB}{ob},$$

donc AB est parallèle à ab,

de même :

$$\frac{OA}{Oa} = \frac{OS}{OS'},$$

donc aS' est parallèle à AS.

On démontrerait de même que toutes les arêtes de SABCDE et S'abcde sont parallèles.

Les angles des différentes faces dans les polyèdres S et S', ayant leurs côtés parallèles et dirigés dans le même sens, sont nécessairement égaux.

De plus, les côtés des faces sont proportionnels. Pour le prouver, prenons les faces homologues ABCDE et abcde.

A cause du parallélisme de leurs côtés, nous aurons la série de rapports égaux :

$$\frac{AB}{ab} = \frac{OB}{Ob} = \frac{BC}{bc} = \frac{OC}{Oc} = \frac{CD}{cd} \ldots \text{ etc.}$$

ou, en retranchant les rapports inutiles :

$$\frac{AB}{ab} = \frac{BC}{bc} = \frac{CD}{cd} \ldots$$

Les polyèdres S et S' ont donc leurs faces semblables.

2° Leurs angles solides sont égaux. En effet, s'ils sont trièdres, ils sont égaux comme formés d'un même nombre de faces égales et disposées dans le même ordre; s'ils sont polyèdres, ils sont égaux parce que décomposés ils contiendraient un même nombre de trièdres égaux disposés dans le même ordre.

Les polyèdres S et S', ayant leurs faces semblables et leurs angles solides égaux, sont semblables.

524. Remarque I. — On peut prendre les distances O*a*, O*b*; O*c*... sur les prolongements de OA, OB, OC... au delà du point O, on obtient dans ce cas un polyèdre S″*a'b'c'd'e'* dont les faces sont semblables aux faces du polyèdre SABCDE. Mais les angles solides de ces deux polyèdres, ayant leurs faces égales et disposées en sens inverse, ne sont pas égaux, ils sont simplement symétriques. Les polyèdres S″*a'b'c'd'e'* et SABCDE ne sont donc pas semblables.

525. Remarque II. — Le point O par rapport au premier polyèdre S'*abcde* est appelé *pôle* ou *centre de similitude directe;* considéré par rapport au second polyèdre S″*a'b'c'd'e'*, il se nomme *pôle* ou *centre de similitude inverse.*

Quant aux polyèdres SABCDE et S'*abcde*, ils sont dits *homothétiques directs;* on appelle, au contraire, *homothétiques inverses* les polyèdres SABCDE et S″*a'b'c'd'e'*.

De ce que nous venons de dire il résulte que :

1° *Deux polyèdres homothétiques directs sont semblables;*

2° *Deux polyèdres homothétiques inverses ne sont pas semblables, mais ils ont leurs faces semblables et leurs angles solides homologues symétriques.*

PROBLÈME

526. *Les dimensions d'un tombereau sont: pour la base supérieure* 1^{m}40 *et* 0^{m}70; *pour la base inférieure* 1^{m}20 *et* 0^{m}50; *sa profondeur est* 0^{m}60. *On demande son volume.*

Remarquons d'abord que ce volume n'est pas celui d'un tronc de pyramide, car la proportion suivante nécessaire pour que ses arêtes prolongées aboutissent en un même point (226), n'est pas exacte :

$$\frac{1,40}{0,70} = \frac{1,20}{0,50}.$$

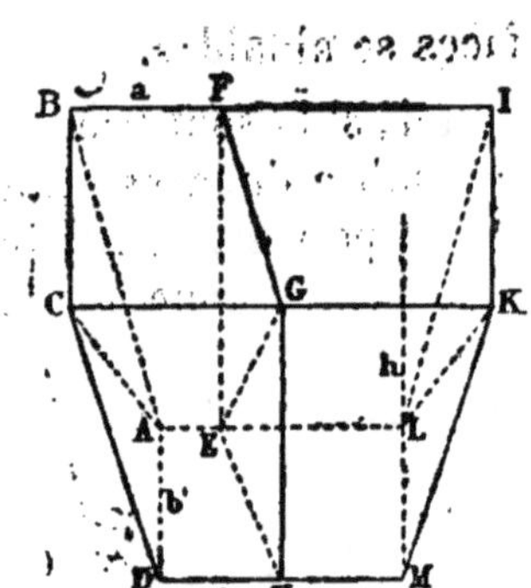

Représentons BI par a, BC par b, AD par b' et AL par a'.

Menons deux plans, l'un EFGH perpendiculaire aux bases, l'autre ACKL passant par les arêtes opposées KC et AL.

Ces deux plans partagent le volume total en quatre troncs de prismes triangulaires, savoir : d'un côté, EFGABC et EFGIKL; de l'autre, EGHACD et EGHMKL. Or :

$$\text{Vol. EFGABC} = \frac{1}{3}\,\text{EFG (BF + CG + AE)} \quad (499),$$

$$\text{Vol. EFGIKL} = \frac{1}{3}\,\text{EFG (FI + GK + EL).}$$

Leur somme, ou

$$\text{Vol. ABCIKL} = \frac{1}{3}\,\text{EFG (BF + FI + CG + GK + AE + EL),}$$

$$\text{Vol. ABCIKL} = \frac{1}{3}\,\text{EFG}\,(a + a + a').$$

Or
$$\text{EFG} = \text{FG} \times \frac{h}{2} = \frac{bh}{2},$$

donc
$$\text{Vol. ABCIKL} = \frac{1}{3} \times \frac{bh}{2}\,(2a + a') = \frac{1}{6}\,bh\,(2a + a').$$

On démontrerait de la même manière que :

$$\text{Vol. ADCKLM} = \frac{1}{6}\,b'h\,(2a' + a).$$

Le volume total BCKIADLM est donc égal à

$$\frac{1}{6}\,bh\,(2a + a') + \frac{1}{6}\,b'h\,(2a' + a).$$

En remplaçant dans cette formule les lettres par leurs valeurs respectives, on obtient :

$$\text{Vol. BCKIADLM} = \frac{1}{6} \times 0,70 \times 0,60\,(2 \times 1,40 + 1,20)$$

$$+ \frac{1}{6} \times 0,50 \times 0,60\,(2 \times 1,20 + 1,40).$$

$$\text{Vol. BCKIADLM} = 470 \text{ décimètres cubes.}$$

EXERCICES SUR LE LIVRE VI

Prisme et parallélipipède.

493. Toute section faite dans un parallélipipède par un plan qui coupe quatre arêtes parallèles est un parallélogramme (472).

494. Les diagonales d'un parallélipipède se rencontrent en un même point qui est le centre du parallélipipède.

495. La distance du centre d'un parallélipipède à un plan extérieur est la moyenne arithmétique des distances des huit sommets à ce même plan.

496. Le carré de la diagonale d'un parallélipipède rectangle est égal à la somme des carrés des dimensions du parallélipipède.

497. Si l'on joint entre eux les centres des faces d'un cube on obtient un octaèdre régulier.

498. Le volume d'un prisme triangulaire est égal au produit d'une de ses faces latérales par la moitié de la distance de cette face à l'arête opposée (474 et 481).

499. Trouver la longueur de la diagonale d'un parallélipipède rectangle dont on donne les côtés a, b, c (478).

Trouver les arêtes d'un parallélipipède rectangle, connaissant :

500. — La surface totale, la diagonale d'une face et la somme des arêtes.

501. — La somme des arêtes, la somme de leurs carrés et la base.

502. — Le volume, ses dimensions étant proportionnelles à trois quantités données m, n, p.

503. — La surface totale, les dimensions étant proportionnelles à 3, 5, 7.

504. Un parallélipipède rectangle a pour dimensions 2, $\sqrt{5}$ et 3. Trouver le côté d'un cube tel que les surfaces latérales des deux solides soient dans le rapport $\dfrac{2}{7}$.

505. Trouver le rapport entre le volume d'un parallélipipède rectangle et celui du cube qui a pour arête la diagonale de ce parallélipipède.

Pyramide.

506. Dans un tétraèdre, le carré de la face opposée à un trièdre trirectangle est égal à la somme des carrés des autres faces.

507. Si l'on joint les centres des faces d'un parallélipipède rectangle dont les dimensions sont a, b, c, on obtient un octaèdre dont le volume vaut la sixième partie du parallélipipède et dont la surface, formée de huit triangles égaux, est égale à $\sqrt{a^2b^2 + a^2c^2 + b^2c^2}$ (494).

508. Dans une pyramide, les droites qui joignent les sommets aux points d'intersection des médianes des faces opposées se rencontrent en un même point situé au quart de chacune d'elles à partir de la base. (Ce point s'appelle le centre de gravité de la pyramide.)

509. La distance du centre de gravité d'une pyramide à un plan quelconque extérieur est égale à la moyenne arithmétique des distances des sommets de la pyramide à ce plan.

510. Dans un tétraèdre, les droites qui joignent les milieux des arêtes opposées se coupent en un même point, et ce point est le milieu de chacune d'elles.

511. Les plans bissecteurs des angles dièdres d'un tétraèdre se rencontrent en un même point situé à égale distance des faces.

512. Les plans menés perpendiculairement sur les milieux des arêtes d'un tétraèdre se coupent en un même point équidistant des sommets.

513. Tout plan qui passe par l'arête d'un tétraèdre et le milieu de l'arête opposée partage le tétraèdre en deux parties équivalentes.

514. Si l'on joint les milieux des arêtes d'un tétraèdre régulier on obtient un octaèdre régulier dont le volume est la moitié du volume du tétraèdre.

515. Une pyramide triangulaire a un angle solide trirectangle dont les dimensions sont 3, 5, 9. Trouver sa surface et son volume.

516. Trouver la surface et le volume d'un tétraèdre régulier dont l'arête vaut $8\sqrt{2}$.

517. Trouver la surface et le volume d'un octaèdre régulier dont l'arête égale $2\sqrt{3}$.

518. Deux tétraèdres qui ont un angle trièdre égal sont proportionnels aux produits des arêtes de cet angle trièdre (495).

519. Dans une pyramide, le plan bissecteur d'un dièdre partage l'arête opposée en deux segments proportionnels aux faces adjacentes.

520. Soit une pyramide régulière dont la base est un triangle équilatéral de côté a et dont la hauteur est $2a$. A quelle distance du sommet sera situé un plan parallèle à la base formant une section égale à la surface latérale du tronc de pyramide qu'il détache (497).

521. Trouver le volume d'un tronc de pyramide dont les bases sont des hexagones réguliers qui ont pour côtés $3\frac{1}{5}$ et $2\frac{1}{3}$, et dont la moyenne proportionnelle est entre les côtés des bases.

522. Le volume d'un tronc de prisme triangulaire est égal au produit de sa section droite par le tiers de la somme de ses trois arêtes latérales (499).

523. Un tronc de prisme droit a pour base un carré de côté 2, 3. Ses arêtes valent respectivement 2; 5; 7; 8. Quel est son volume (501)?

524. Les surfaces de deux pyramides semblables sont proportionnelles aux carrés des arêtes homologues (515).

525. Par les sommets d'un tétraèdre, on mène parallèlement aux faces opposées des plans qui déterminent un nouveau tétraèdre. On demande de prouver :

1° Que les faces des deux solides sont semblables;

2° Que les angles trièdres sont symétriques;

3° Que le rapport de leur volume égale $\frac{1}{27}$ (521).

526. Un plan mené parallèlement à la base d'une pyramide détache un volume égal à $\frac{1}{10}$ de la pyramide totale. Trouver sur l'arête et sur la hauteur la distance du plan sécant au sommet.

527. On partage en trois parties égales la hauteur d'une pyramide, dont le volume est 25 mètres cubes, et la hauteur 5, 4. Trouver les volumes des solides que déterminent les plans menés par les points de division parallèlement à la base.

528. Trouver sur l'arête et la hauteur d'une pyramide donnée la distance au sommet d'un plan qui partage son volume en deux parties : 1° équivalentes; 2° proportionnelles à deux quantités données m et n.

529. Couper une pyramide par deux plans parallèles aux bases, de telle sorte que les trois volumes déterminés soient égaux entre eux ou proportionnels à des quantités données m, n, p.

530. Partager un tronc de pyramide à base parallèles en deux ou trois parties équivalentes par des sections parallèles aux bases.

531. Mener un plan parallèle à la base d'une pyramide tel que le volume de la pyramide détachée soit moyen proportionnel entre le volume total et le volume du tronc.

532. On mène un plan parallèle à la base d'une pyramide. Quelle sera la hauteur du tronc détaché si son volume vaut les $\frac{7}{10}$ de la pyramide totale?

533. Trouver le rapport des deux volumes déterminés par une section parallèle à la base d'une pyramide, lorsque cette section passe par les milieux des arêtes.

534. Un icosaèdre régulier a 0 m. 15 d'arête. Quelle doit être l'arête d'un autre icosaèdre :

1° Pour que son volume soit triple du premier?

2° Pour que sa surface soit quadruple de la surface de l'autre (522)?

LIVRE VI

CORPS RONDS

CYLINDRE — CÔNE — SPHÉRE

I. DU CYLINDRE

DÉFINITIONS

527. Cylindre. — On nomme *cylindre droit à base circulaire* le solide engendré par la rotation d'un rectangle autour d'un de ses côtés.

Les cercles parallèles décrits par CA et OB dans le mouvement de rotation du rectangle ACOB autour de OC, s'appellent les *bases* du cylindre. La distance CO qui sépare les bases est *sa hauteur* ou *son axe*.

La surface *latérale* ou *convexe* est formée par la révolution de la droite AB nommée *génératrice* autour de la ligne fixe CO.

528. Cylindres semblables. — Deux cylindres sont *semblables*, lorsqu'ils sont engendrés par des rectangles semblables, c'est-à-dire lorsque leurs hauteurs sont proportionnelles aux rayons de leurs bases.

THÉORÈME

529. *Le cylindre droit à base circulaire est la limite vers laquelle tend un prisme droit inscrit dont le nombre des faces croît indéfiniment.*

Inscrivons dans une des bases du cylindre le polygone EFGH, et sur ce polygone, construisons le prisme ABCDEFGH qui sera inscrit dans le cylindre. Il est clair que si l'on double indéfiniment le nombre des côtés du polygone EFGH, le prisme s'approchera de plus en plus du cylindre. Il est donc vrai de dire que le cylindre est la limite vers laquelle tend un prisme droit dont le nombre des faces croît indéfiniment.

530. Remarque. — Il résulte du théorème précédent que toutes les propriétés du prisme appartiennent au cylindre.

THÉORÈME

531. La surface latérale d'un cylindre droit à base circulaire est égale au produit de sa hauteur par la circonférence de sa base. (Même figure.)

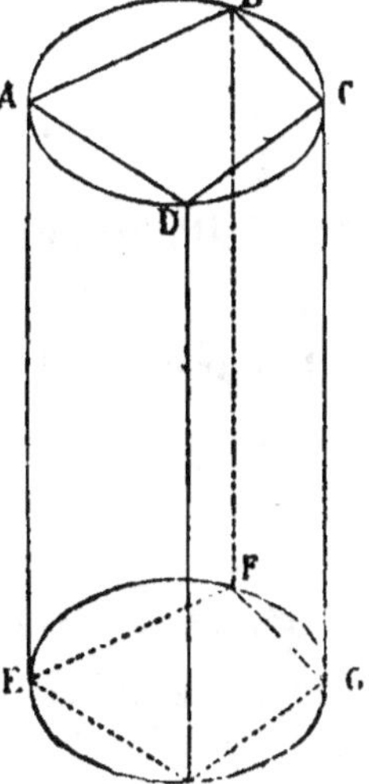

H. Soit le cylindre AG.

D. Surface latérale AG $= 2\pi R \times h$.

Le cylindre étant un prisme droit d'un nombre illimité de faces, on obtiendra la mesure de sa surface latérale de la même manière que l'on obtient la mesure de la surface latérale du prisme droit. Or cette surface dans le prisme ABCDEFGH par exemple, est formée de quatre rectangles dont chacun a pour mesure le produit de sa base par la hauteur du prisme ; ce qui donne, en appelant h cette hauteur :

$$\text{Surface latérale du prisme} = EH \times h + HG \times h + GF \times h + EF \times h.$$
$$— \quad — \quad — \quad = (EH + HG + GF + EF)\, h.$$
$$— \quad — \quad — \quad = \text{Périmètre } EFGH \times h.$$

Donc, surface lat. du cylindre $=$ circonférence de la base $\times h$.

FORMULES RELATIVES A LA SURFACE DU CYLINDRE

532. En appelant R le rayon de la base, et H la hauteur d'un cylindre, on a :

$$\text{Surface latérale} = 2\pi R \times H,$$
$$\text{Surface totale} \quad = 2\pi R \times H + 2\pi R^2,$$
$$\text{Surface totale} \quad = 2\pi R\, (H + R).$$

THÉORÈME

533. Le volume d'un cylindre droit à base circulaire est égal au produit de sa base par sa hauteur.

Le cylindre en question est un prisme droit d'un nombre illimité de faces; il a donc la même mesure que le prisme, et par conséquent il est égal au produit de sa base par sa hauteur.

FORMULE DU VOLUME DU CYLINDRE

534. Cette formule est évidemment :

$$V = \pi R^2 H.$$

R représente le rayon de la base, et H la hauteur du cylidndre.

THÉORÈME

535. *Dans un cylindre droit à base non circulaire :*

1° *La surface latérale est égale au produit de la hauteur par le périmètre de la base.*

2° *Le volume est égal au produit de la base par la hauteur.*

Pour prouver cette double proposition, il suffit d'inscrire dans le cylindre donné un prisme droit à base quelconque, et de raisonner comme on l'a fait dans les théorèmes précédents.

II. DU CONE

DÉFINITIONS

536. **Cône.** — On nomme *cône droit à base circulaire* le corps engendré par la révolution d'un triangle rectangle autour d'un des côtés de l'angle droit.

Le point S est le *sommet* du cône; le côté SO de l'angle droit est *son axe* ou *sa hauteur*; l'autre côté OA de l'angle droit est *le rayon* de sa base, et enfin la ligne AS est *son apothème* ou *son côté*. On voit que c'est cette ligne AS qui décrit la surface latérale.

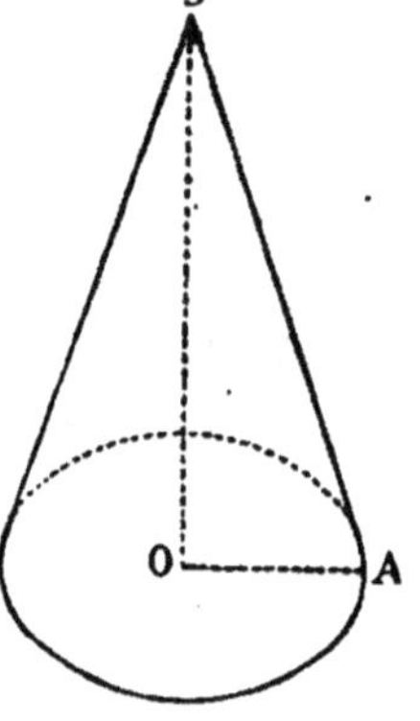

537. **Cône oblique.** — Un cône à base circulaire est *oblique*, lorsque son sommet est placé en dehors de la perpendiculaire élevée au centre de la base sur le plan de cette base.

538. **Surface conique.** — En général, on nomme surface co-

nique, la surface engendrée par une droite AA'
appelée *génératrice* qui se meut dans l'espace
en s'appuyant constamment d'un côté sur un
point fixe S, de l'autre sur une ligne quelconque AMNB que l'on nomme *directrice*.

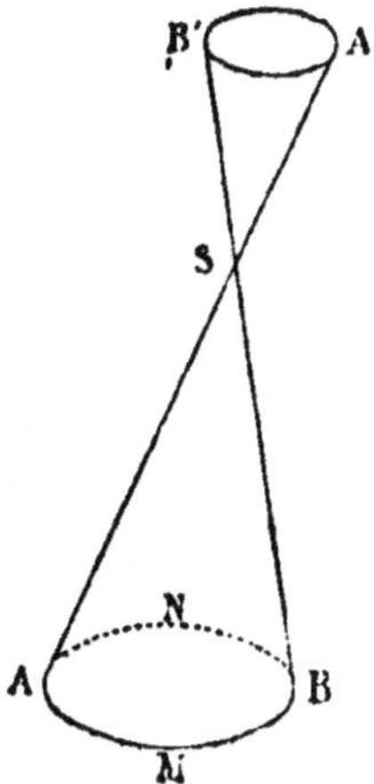

539. Cônes semblables. — Deux cônes sont
semblables lorsqu'ils sont engendrés par des
triangles rectangles semblables, c'est-à-dire
lorsque leurs hauteurs sont proportionnelles
à leurs bases.

540. Tronc de cône. — On nomme *tronc
de cône*, ou *cône tronqué à bases parallèles*, le solide compris entre la base d'un
cône et une section menée parallèlement à
cette base.

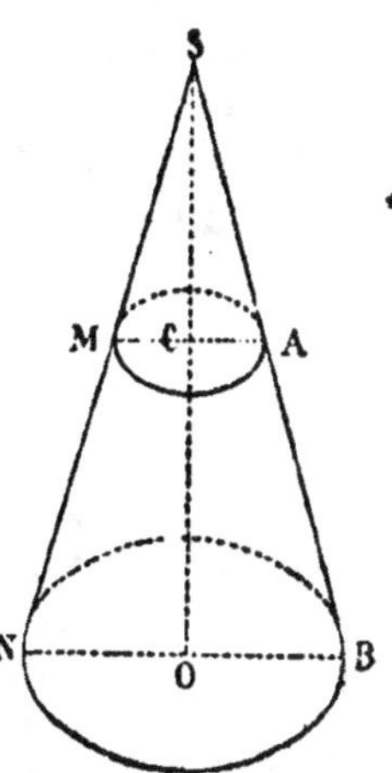

Le solide AN est un *tronc de cône*. On
voit qu'il est engendré par la révolution du
trapèze rectangle ACOB tournant autour de
OC, axe ou hauteur du tronc. La ligne AB
qui décrit la surface latérale s'appelle in-
différemment *côté, arête* ou *apothème du
tronc*.

THÉORÈME

541. — *Toute section faite dans un cône à base circulaire
par un plan parallèle à la base est un cercle.*

H. Soit la section AM parallèle à la base BN.

D. La section AM est un cercle.

1° Le cône est droit. (Figure précédente.)

D'un point A de la génératrice SB, menons une perpendiculaire AC sur l'axe SO. Dans le mouvement de rotation du
triangle SOB autour de SO, la droite AC décrira le cercle C perpendiculaire à SO, et par conséquent parallèle au cercle O.

2° Le cône est oblique.

Menons un plan quelconque OSD. Ce plan coupe les bases
AM et BN suivant deux droites CE et OD parallèles comme

intersections de deux plans parallèles par un troisième. On a ainsi :

$$\frac{CE}{OD} = \frac{SC}{SO} \quad (1).$$

Un second plan OSB donnerait la proportion :

$$\frac{CA}{OB} = \frac{SC}{SO} \quad (2).$$

Des proportions (1) et (2) il résulte que

$$\frac{CE}{OD} = \frac{CA}{OB}.$$

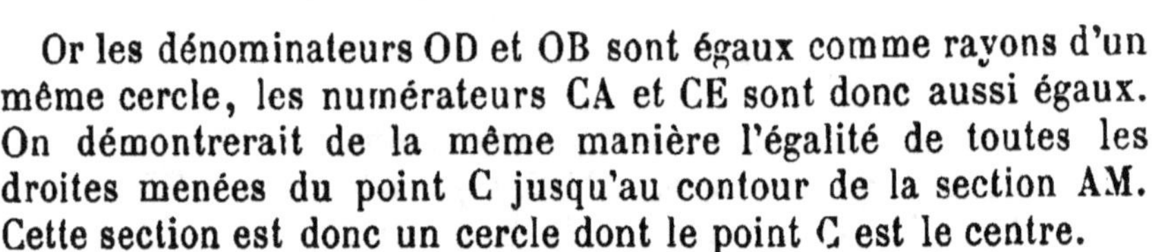

Or les dénominateurs OD et OB sont égaux comme rayons d'un même cercle, les numérateurs CA et CE sont donc aussi égaux. On démontrerait de la même manière l'égalité de toutes les droites menées du point C jusqu'au contour de la section AM. Cette section est donc un cercle dont le point C est le centre.

SECTIONS ANTI-PARALLÈLES DANS LE CÔNE OBLIQUE

542. Définition. — Si, dans un cône oblique à base circulaire, on mène un plan par le centre de la base et la hauteur, on obtient une section triangulaire SAB perpendiculaire sur le plan de la base.

Supposons dans cette section une droite CD antiparallèle à la base (note de la page 106) et menons par cette droite un plan perpendiculaire à SAB. Ce plan déterminera dans le cône une section *antiparallèle à la base.*

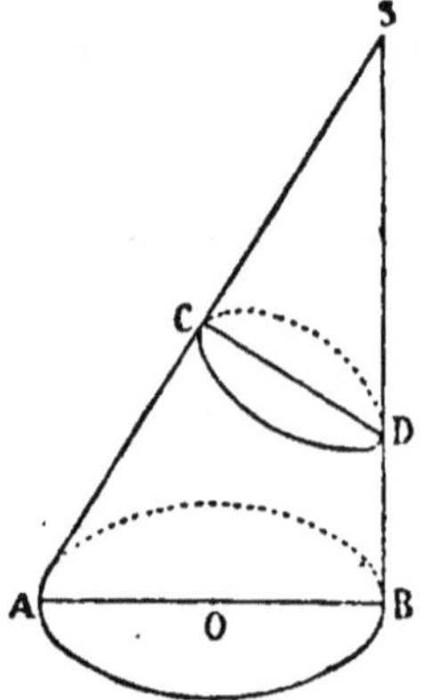

THÉORÈME

543. *Toute section antiparallèle à la base d'un cône est un cercle.*

Cette proposition est évidente pour le cône droit, dans lequel les sections parallèle et antiparallèle se confondent. Soit donc un cône oblique SAB et sa section antiparallèle CPD. Par un point quelconque P de la courbe CD, menons un plan parallèle à la base du cône. Ce plan déterminera une section circulaire (541) et on aura :

$$\overline{PO}^2 = EO \times OF \quad (227) \quad (1).$$

Mais les triangles ECO, DOF sont semblables, car leurs angles en O sont opposés par le sommet, et ECO = ABF = OFD (note de

la page 106). On a ainsi : $\dfrac{EO}{OD} = \dfrac{OC}{OF}$ ou $EO \times OF = OD \times OC$; de
sorte qu'au lieu de l'égalité (1) on
peut écrire $\overline{PO}^2 = OD \times OC$. Le
point P est donc le sommet de l'angle
droit d'un triangle rectangle dont l'hypoténuse est CD, ce qui ne peut être
qu'autant qu'il appartient à la circonférence décrite sur CD comme diamétre. Il en sera de même pour tout point
pris sur la courbe CD; cette courbe
est donc une circonférence.

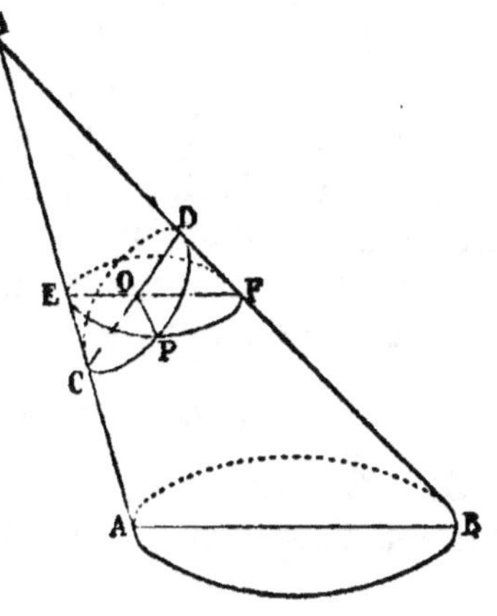

544. Remarque. — La réciproque
des propositions précédentes est également vraie, c'est-à-dire que *toute
section circulaire dans un cône est
parallèle ou anti-parallèle à la base.*

THÉORÈME

545. *Le cône droit à base circulaire est la limite vers laquelle tend une pyramide régulière inscrite dont le nombre
des faces croît indéfiniment.*

Inscrivons dans le cône le polygone régulier ABCD et joignons
ses sommets au point S. Nous aurons
ainsi une pyramide régulière SABCD
inscrite dans le cône.

Si nous doublons indéfiniment le
nombre des côtés du polygone, la pyramide s'approchera de plus en plus
du cône, de sorte que l'on peut dire
que le cône est la limite vers laquelle
tend une pyramide régulière inscrite
dont le nombre des faces croît indéfiniment.

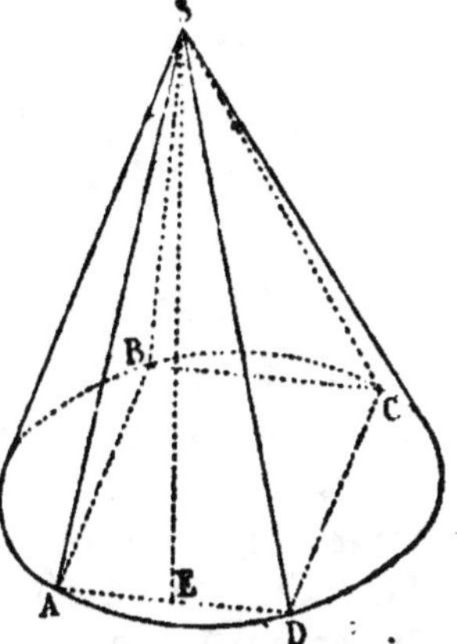

546. Remarque. — Le cône droit est
donc une pyramide régulière d'un
nombre illimité de faces. Il s'ensuit
que toutes les propriétés de la pyramide régulière appartiennent
au cône droit.

Un cône quelconque est une pyramide d'un nombre illimité de
faces. Il jouit par conséquent des mêmes propriétés que la pyramide quelconque.

THÉORÈME

547. *La surface convexe d'un cône droit à base circulaire est égale au produit de la circonférence de sa base par la moitié de son apothème.*

Nous avons vu (489) que la surface latérale d'une pyramide régulière est égale au produit du périmètre de sa base par la moitié de son apothème. Or le cône droit est une pyramide régulière d'un nombre illimité de faces. Donc il a pour mesure le produit de la circonférence de sa base par la moitié de son apothème.

FORMULE DE LA SURFACE D'UN CÔNE

548. Si nous représentons par R le rayon de la base et par a le côté ou l'apothème d'un cône, nous aurons :

$$\text{Surface latérale} = 2\pi R \times \frac{a}{2} = \pi R a,$$

$$\text{Surface totale} = \pi R a + \pi R^2 = \pi R\,(a + R).$$

THÉORÈME

549. *Le volume d'un cône quelconque a pour mesure le produit de sa base par le tiers de sa hauteur.*

En effet, une pyramide quelconque a pour mesure le produit de sa base par le tiers de sa hauteur. Or le cône est une pyramide, donc...

FORMULE DU VOLUME DU CÔNE

550. En représentant par R le rayon de la base et par H la hauteur d'un cône, on obtient pour l'expression de son volume V :

$$V = \pi R^2 \times \frac{H}{3}, \quad \text{ou} \quad V = \frac{1}{3}\,\pi R^2 H.$$

TRONC DE CÔNE

THÉORÈME

551. *La surface latérale d'un tronc de cône droit à bases parallèles a pour mesure le produit de son côté par la demi-somme des circonférences de ses bases* *.

H. Soit le tronc de cône ABOC.

D. La surface convexe ABOC a pour mesure :

---

* Il est bon de remarquer que si l'on développe sur un plan la surface latérale d'un cône SOB, on n'obtient pas un triangle comme la démonstration de ce théorème pourrait le faire supposer, mais un secteur circulaire dont le rayon est SB et dont l'arc est la circonférence OB ; quant au développement sur un plan de la surface latérale du tronc de cône ABOC, il forme une portion de couronne circulaire qui a pour rayons SB, SA, et pour arcs les circonférences OB et CA.

$$AB \left(\frac{\text{Circ. CA} + \text{circ. OB}}{2} \right), \ \text{ou} \ S = \pi a \,(R + r).$$

Élevons sur SB la perpendiculaire BE égale à la circonférence OB ; joignons S, E et menons AD parallèle à BE. Nous aurons :

$$\frac{BE}{AD} = \frac{SB}{SA}, \quad \text{et} \quad \frac{OB}{AC} = \frac{SB}{SA}.$$

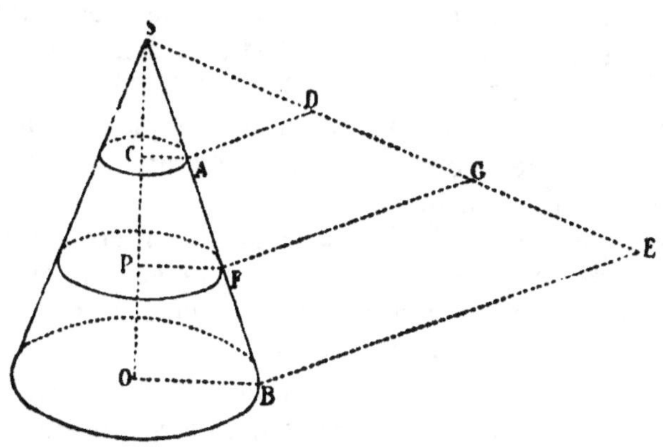

Le dernier rapport étant le même dans les deux proportions, on obtient :

$$\frac{BE}{AD} = \frac{OB}{AC},$$

ou
$$\frac{BE}{AD} = \frac{2\pi \times OB}{2\pi \times AC}.$$

Mais, par construction,

$$BE = \text{circonf. OB ou } 2\pi OB,$$

donc

$$AD = 2\pi AC \ \text{ou} \ \text{circonf. AC}.$$

Comparons maintenant les surfaces coniques et triangulaires.

La surface latérale du cône SOB est égale à la surface du triangle SBE, car ces deux surfaces ont des mesures égales entre elles, la première valant $2\pi OB \times \dfrac{SB}{2}$ (547) et la seconde $BE \times \dfrac{SB}{2}$.

Pour une raison semblable, la surface latérale du cône SAC est égale à la surface du triangle SAD.

Donc la différence des surfaces coniques, c'est-à-dire la surface latérale du tronc de cône ABOC, est égale à la différence des surfaces triangulaires, c'est-à-dire à la surface du trapèze ABED.

Or $\qquad$ Surface ABED $= \dfrac{BE + AD}{2} \times AB,$

donc $\qquad$ Surface latérale ABOC $= \dfrac{BE + AD}{2} \times AB,$

ou $\qquad$ Surface latérale ABOC $= \dfrac{\text{circ. OB} + \text{circ. AC}}{2} \times AB.$

552. Remarques. — 1° On sait que le trapèze a aussi pour mesure de sa surface le produit de sa hauteur par la droite qui joint les milieux des côtés non parallèles, c'est-à-dire $ABED = AB \times FG$. Donc $\qquad$ Surface latérale $ABOC = AB \times FG$.

Mais, si par le point F nous menons un plan perpendiculaire à l'axe SO du cône, nous déterminerons une circonférence PF égale à FG, et nous aurons ainsi :

$\qquad$ Surface latérale $ABOC = AB \times$ circonférence PF.

Ce qui veut dire que la surface convexe d'un tronc de cône est égale au produit de son côté par la circonférence du cercle menée à égale distance de ses bases.

2° Il est facile de reconnaître que la surface latérale d'un cône est égale au produit de l'apothème par la circonférence moyenne.

FORMULE DE LA SURFACE DU TRONC DE CÔNE

553. Représentons par R et r les rayons des bases et par a l'apothème. Nous aurons :

Surface latérale du tronc de cône $= \left(\dfrac{2\pi R + 2\pi r}{2} \right) a = \pi a (R + r),$

Surface totale du tronc de cône $= \pi a (R + r) + \pi R^2 + \pi r^2,$

$\qquad$ — $\qquad$ — $\qquad$ — $\qquad$ $= \pi a (R + r) + \pi (R^2 + r^2),$

$\qquad$ — $\qquad$ — $\qquad$ — $\qquad$ $= \pi [a (R + r) + R^2 + r^2].$

THÉORÈME

554. *Le volume d'un tronc de cône à bases parallèles est équivalent à trois cônes qui ont pour hauteur commune la hauteur du tronc, et pour bases, l'un la base supérieure du tronc, l'autre sa base inférieure, et le troisième une base moyenne proportionnelle entre les deux.*

En effet, le tronc de cône peut être considéré comme un tronc de pyramide d'un nombre illimité de faces. Or le tronc de pyramide est équivalent à trois pyramides ayant pour hauteur commune la hauteur du tronc, et pour bases, l'une la base supérieure du tronc, l'autre sa base inférieure, et la troisième une base moyenne proportionnelle entre les deux. Donc le tronc de cône sera équivalent à trois cônes... etc.

FORMULE DU VOLUME DU TRONC DU CÔNE

$$555.\quad V = \frac{1}{3}\pi R^2 H + \frac{1}{3}\pi r^2 H + \frac{1}{3}\sqrt{\pi R^2 \times \pi r^2} \times H,$$

$$\text{ou}\quad V = \frac{1}{3}\pi H\,(R^2 + r^2 + Rr).$$

III. SPHÈRE

DÉFINITIONS

556. Sphère. — La *sphère* est un solide dont tous les points de la surface sont à égale distance d'un point intérieur que l'on appelle *centre*.

On peut encore définir la sphère le solide engendré par la révolution d'un demi-cercle autour de son diamètre.

557. Rayon et diamètre. — On nomme *rayon* d'une sphère toute droite menée du centre à la surface, et *diamètre* toute droite qui unit deux points de la surface en passant par le centre.

Tous les rayons sont égaux entre eux.

Le diamètre est le double du rayon.

558. Les cercles construits sur la sphère sont de deux sortes :

1° *Les grands cercles* menés par le centre de la sphère et ayant même rayon qu'elle. Ils sont tous égaux entre eux.

2° *Les petits cercles,* qui ne passent pas par le centre de la sphère.

559. Pôles d'un cercle. — On appelle *pôles d'un cercle,* les extrémités du diamètre perpendiculaire au plan de ce cercle.

Les cercles parallèles ont les mêmes pôles.

THÉORÈME

560. *Toute section faite dans la sphère par un plan est un cercle.*

H. Soit la section plane MN dans la sphère O.

D. La section MN est un cercle.

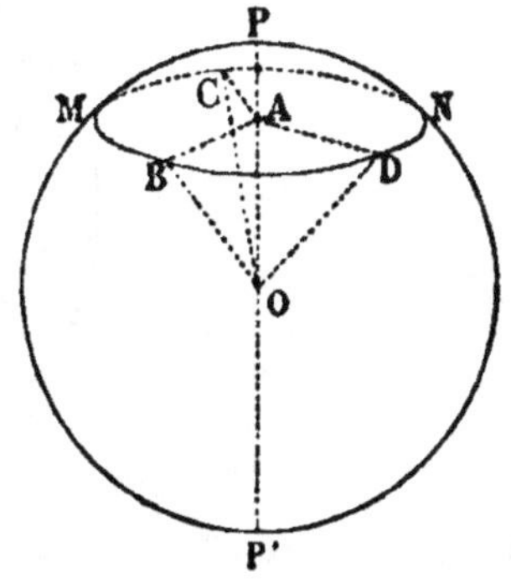

Du centre O de la sphère, élevons la perpendiculaire OA sur le plan MN, et menons les obliques OB, OC, OD... etc. Ces obliques sont égales comme rayons de la sphère; donc elles s'écartent également du pied A de la perpendiculaire, et AB = AC = AD...

La section est donc un cercle dont le centre est A.

THÉORÈME

561. *Tous les points de la circonférence d'un cercle sont éga-*
lement éloignés des pôles de ce cercle.

H. Soit le cercle MN dont les pôles sont P et P'.

D. PI $=$ PA $=$ PB...

   P'I $=$ P'A $=$ P'B...

On sait (559) que PP' est perpendiculaire sur le plan MN; or les
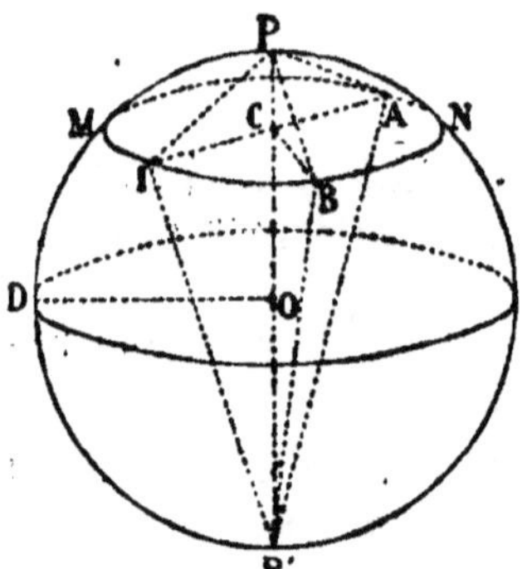
droites CI, CA, CB sont égales comme
rayons du cercle C; donc les obliques PI,
PA, PB, s'écartant également du pied
C de la perpendiculaire PC, sont égales.

On démontrerait de même

   P'I $=$ P'A $=$ P'B...

562. Remarque. — Les propriétés
des pôles permettent de décrire des
cercles sur la sphère avec autant de
facilité que sur un plan. On se sert
pour cela du compas à branches
courbes appelé compas sphérique ou compas d'épaisseur.

Pour décrire un cercle MN, on appuie les pointes du compas
en P et en M et on le fait tourner autour du point P. Si l'on veut
un grand cercle, il faut donner au compas une ouverture égale
à la corde d'un quadrant; car l'angle au centre POD étant droit,
la distance PD est égale au quart de la circonférence.

PROBLÈME

563. *Étant donnée une sphère, trouver son rayon par une*
construction plane.

D'un point D, pris sur la surface de la sphère, décrivons un
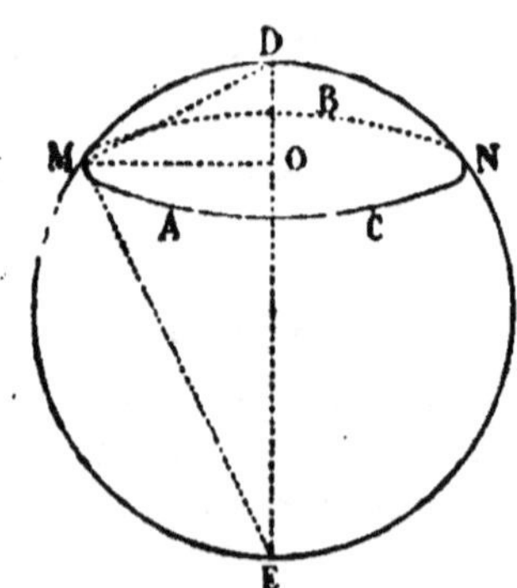
cercle MN avec un rayon quelconque, et déterminons sur ce cercle
trois points A, B, C.

Avec les longueurs AB, BC, AC, prises au moyen du compas d'épaisseur, construisons sur un plan le triangle ABC, et circonscrivons un cercle à ce triangle.

Ce cercle sera égal au cercle MN, puisqu'il est circonscrit au même triangle ABC, et par suite, son rayon AO vaudra le rayon MO.

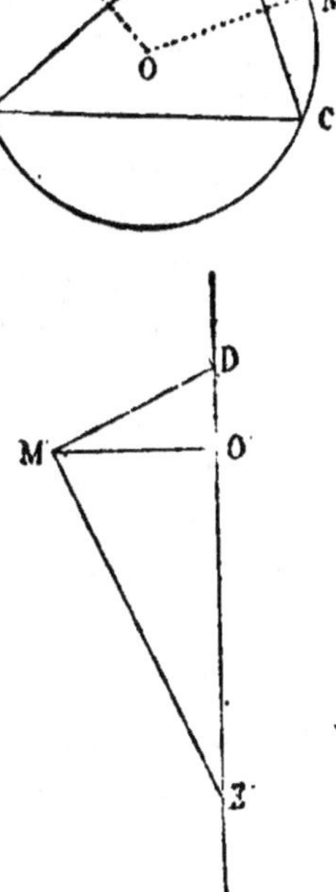

On connaît ainsi les côtés MD et MO du triangle rectangle MDO, et on peut construire ce triangle en M'D'O'. D'ailleurs dans la sphère, la droite ME perpendiculaire à MD rencontre en E le prolongement de DO. Il suffit donc de mener M'E' perpendiculaire à M'D' jusqu'à sa rencontre avec D'O' pour avoir

$$D'E' = DE = 2R.$$

PLAN TANGENT

THÉORÈME

564. *Tout plan mené perpendiculairement à l'extrémité d'un rayon est tangent à la sphère.*

H. Soit OA perpendiculaire sur MN.

D. Le plan MN est tangent à la sphère.

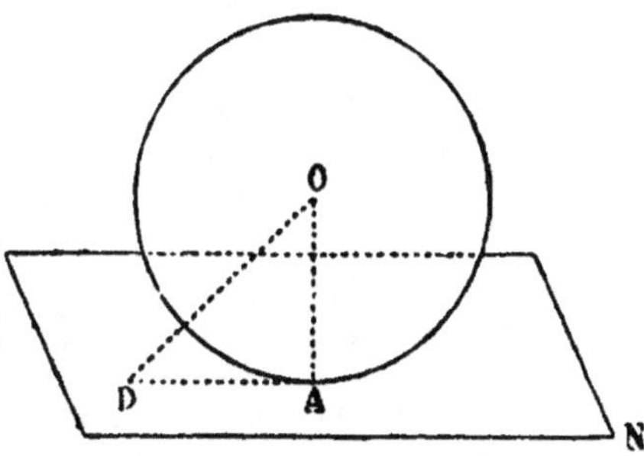

Toute droite OD, différente de OA, menée du centre de la sphère jusqu'au plan MN, sera une oblique plus grande que la perpendiculaire OA, c'est-à-dire plus grande que le rayon. Le point D n'appartient donc pas à la sphère, et le plan MN ne touchant celle-ci qu'en un seul point A, lui est tangent.

THÉORÈME

565. *Tout plan tangent à une sphère est perpendiculaire à l'extrémité du rayon du point de contact.* (Même figure.)

H. Le plan MN est tangent en A à la sphère O.

D. Le plan MN est perpendiculaire sur OA.

La perpendiculaire est la plus courte des lignes menées d'un point à un plan. Or, en quelque endroit du plan MN que l'on prenne un point D, on aura toujours OA $<$ OD, puisque OA est un rayon de la sphère et que OD sort de cette même sphère. Donc OA est perpendiculaire sur le plan MN.

566. **Corollaire.** — Par un point pris sur la surface d'une sphère, on ne peut mener qu'un seul plan tangent à cette sphère, puisque par un point pris sur une droite OA, on ne peut mener qu'un seul plan perpendiculaire à cette droite.

THÉORÈME

567. *Par quatre points* A, B, E, D, *non situés sur un même plan, on peut faire passer une sphère, mais on n'en peut faire passer qu'une.*

Joignons par des lignes droites les points donnés A, B, D, E, nous aurons ainsi deux triangles situés dans deux plans différents.

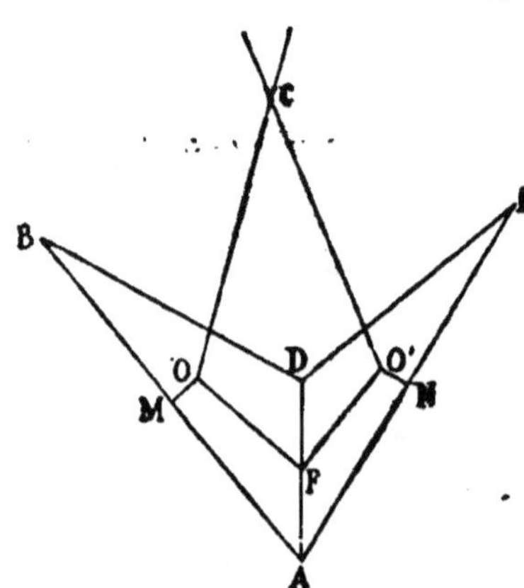

Soit O le centre du cercle circonscrit à l'un de ces triangles ABD. Ce centre se trouve au point de rencontre des perpendiculaires FO, MO, élevées sur les milieux des côtés. Si en ce point O on-élève sur le plan ABD la perpendiculaire OC, on aura le lieu géométrique des points équidistants des sommets A, B, D (399). Une construction semblable pour le triangle ADE donnerait en O'C le lieu géométrique des points équidistants des sommets A, D, E. Or les perpendiculaires OC, O'C se rencontrent. En effet, le plan OFO' est perpendiculaire à AD, et par suite aux deux plans ADB, ADE (428). Il contient donc les droites OC, O'C (427). Ces droites d'ailleurs ne sont pas parallèles, puisqu'elles sont perpendiculaires à deux plans qui se coupent; elles se rencontrent par conséquent en un point C équidistant des quatre points A, B, D, E. C'est le centre de la sphère demandée. Il est le seul possible, puisque les droites OC, O'C ne peuvent avoir qu'un seul point d'intersection, et qu'elles contiennent l'une tous les points équidistants de A, B, D, l'autre tous les points équidistants de A, D, E.

THÉORÈME

568. *Lorsque deux sphères se coupent, leur intersection est un cercle dont le plan est perpendiculaire à la ligne des centres des sphères, et dont le centre est situé lui-même sur cette ligne.*

Prenons deux demi-cercles O et O′ qui se coupent en D, et faisons-les tourner autour de la ligne des centres AB.

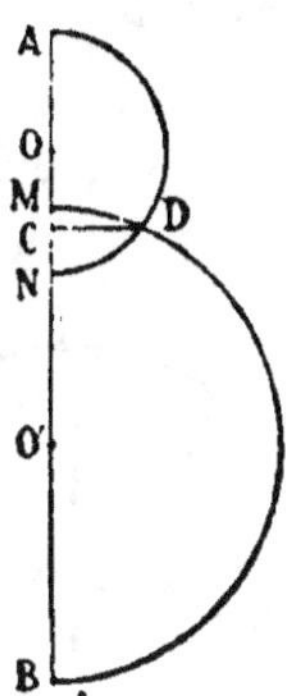

Les demi-cercles AN et MB engendreront chacun une sphère, et le point D décrira une circonférence dont tous les points seront communs aux deux sphères et formeront leur intersection. Cette intersection est donc un cercle dont le rayon est la droite CD perpendiculaire à AB ; il est donc lui-même perpendiculaire à AB.

TRIANGLES ET POLYGONES SPHÉRIQUES

DÉFINITIONS

569. Angle. — On entend par *angle de deux arcs de grands cercles* l'angle formé par les plans de ces arcs.

570. Triangle sphérique. — On désigne sous le nom de *triangle sphérique* la portion de la surface de la sphère limitée par trois arcs de grands cercles qui se coupent. Ces arcs s'appellent les *côtés du triangle*, et doivent toujours être moindres qu'une demi-circonférence.

Le triangle sphérique peut être *isocèle, équilatéral, rectangle*, comme le triangle rectiligne.

Il jouit de la propriété de pouvoir renfermer deux et même trois angles droits. Dans ce dernier cas, on l'appelle *trirectangle*.

571. Polygone sphérique. — On nomme *polygone sphérique* la portion de la surface de la sphère comprise entre plusieurs arcs de grands cercles plus petits qu'une demi-circonférence.

572. Il est bon de remarquer que le côté d'un polygone sphérique quelconque est la mesure de l'angle formé par les rayons de la sphère aboutissant aux extrémités de ce côté. Ainsi :

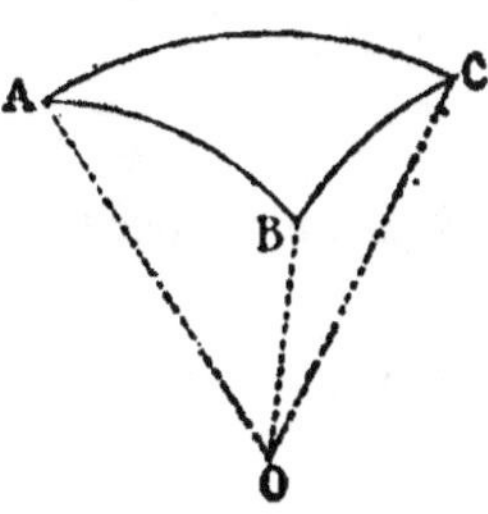

AOB a pour mesure AB,
BOC   —   —   BC,
AOC   —   —   AC.

8*

THÉORÈME

573. *L'angle de deux arcs de grands cercles a pour mesure l'arc tracé entre leurs plans à la distance d'un quadrant de leurs pôles.*

H. Soit l'angle CAD.

D. L'angle CAD a pour mesure l'arc CD.

Nous avons vu (569) que l'angle de deux arcs de grands cer-

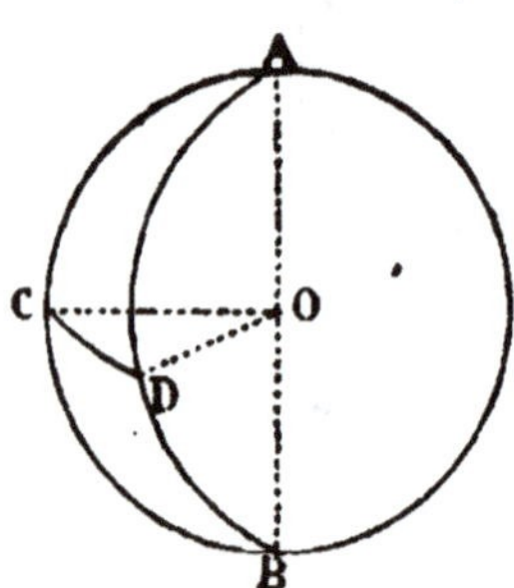

cles est la même chose que le dièdre que forment entre eux les plans de ces cercles. Or si nous décrivons l'arc CD avec une distance polaire égale à un quadrant, les angles COA et DOA ayant pour mesure AC et AD seront droits, et par suite le dièdre CABD sera mesuré par l'angle plan COD, ou par son arc CD.

Donc l'angle CAD a pour mesure l'arc CD.

THÉORÈME

574. *Dans un triangle sphérique, un côté quelconque est plus petit que la somme des deux autres et plus grand que leur différence.*

H. Soit le triangle sphérique ABC.

D. 1° AB $<$ AC $+$ CB.   2° AB $>$ CB $-$ AC.

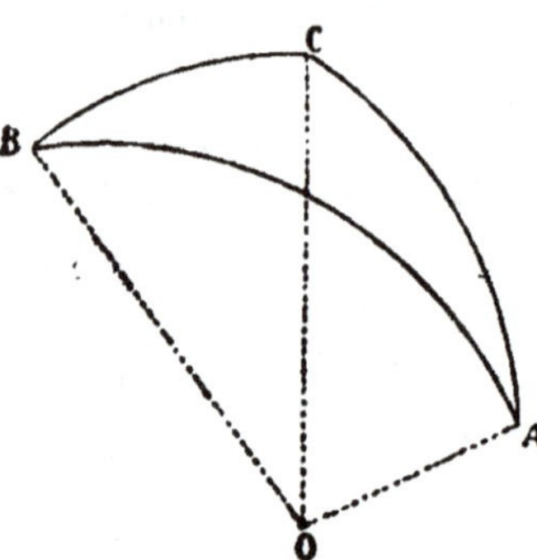

1° Joignons les points A, B et C au centre de la sphère. Nous aurons :

$$AOB < AOC + BOC,$$

car dans un trièdre une face quelconque est plus petite que la somme des deux autres.

Mais les angles AOB, AOC, BOC ont pour mesures respectives les arcs AB, AC et BC (573), donc :

$$AB < AC + CB.$$

2° On a d'après le premier point :

$$AB + AC > BC.$$

En retranchant AC de chaque membre, il vient :

$$AB > BC - AC.$$

THÉORÈME

575. *La somme des côtés d'un polygone sphérique convexe est plus petite que la circonférence d'un grand cercle.*

H. Soit le polygone ABCD.

D. $AB + BC + CD + AD < 4\,dr.$

Joignons les points A, B, C, D au centre O. Nous aurons (451) :

$$AOB + BOC + COD + AOD < 4\,dr.$$

ou

$$AB + BC + CD + AD < 4\ \text{droits}.$$

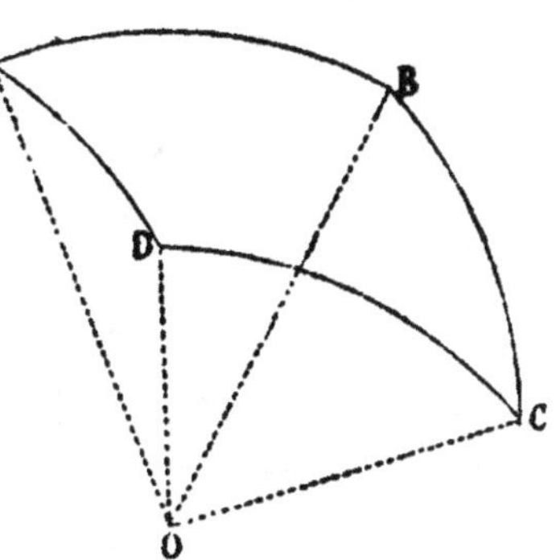

DÉFINITION

576. Triangle polaire. — Si des sommets d'un triangle sphérique ABC, on trace des arcs avec un rayon égal à la corde d'un quadrant, ces arcs déterminent un triangle DEF que l'on appelle *triangle polaire*.

Par définition, tous les points d'un côté EF d'un triangle polaire sont à la distance d'un quadrant du pôle B, de même tous les points de DF sont à la distance d'un quadrant de A. Il s'ensuit que le point F, qui se trouve à la distance d'un quadrant des deux points A et B, est le pôle de l'arc AB.

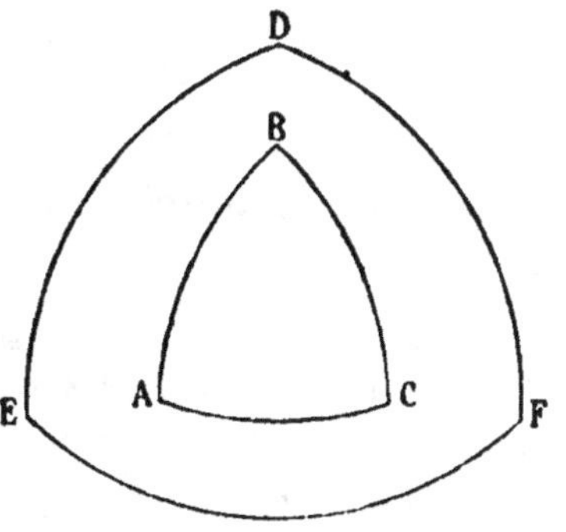

Donc le triangle ABC est le polaire de DEF, comme DEF l'est de ABC.

THÉORÈME

577. *Si l'on donne deux triangles polaires, chacun de leurs angles aura pour mesure la différence entre une demi-circonférence et le côté opposé dans l'autre triangle.*

H. Soient les triangles polaires BAC, DEF.

D. Angle $A = 180° - DF.$

L'angle A a pour mesure l'arc LM tracé de son sommet comme

pôle à la distance d'un quadrant (573). Prouvons que cet arc LM est égal à 180° — DF, et le théorème sera démontré. Or.

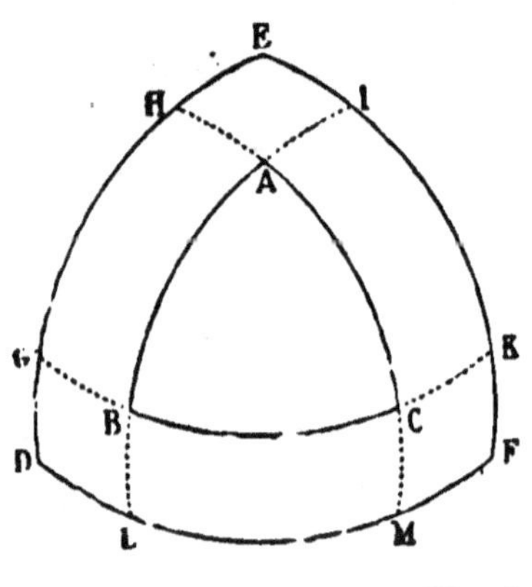

$$LM = LF - MF,$$

et

$$LM = MD - DL.$$

donc

$$2\,LM = LF + MD - (MF + DL)\,(A).$$

Mais le point F étant à 90° de tous les points de AL (576), l'arc LF = 90°. De même le point D étant à 90° de tous les points de AM, l'arc MD = 90°. D'ailleurs MF + DL = DF — LM, on obtient donc au lieu de l'égalité (A) :

$$2\,LM = 90° + 90° - (DF - LM),$$

ou

$$2\,LM = 180° - DF + LM,$$

ou

$$LM = 180° - DF,$$

donc

$$A = 180° - DF.$$

CAS D'ÉGALITÉ DES TRIANGLES SPHÉRIQUES

578. 1er Cas. — *Dans la même sphère ou dans des sphères égales, deux triangles sphériques sont égaux dans toutes leurs parties, lorsqu'ils ont un angle égal compris entre côtés égaux.*

2e Cas. — *Dans la même sphère ou dans des sphères égales, deux triangles sphériques sont égaux dans toutes leurs parties, lorsqu'ils ont un côté égal adjacent à deux angles égaux chacun à chacun.*

Ces deux cas d'égalité se démontrent par superposition lorsque

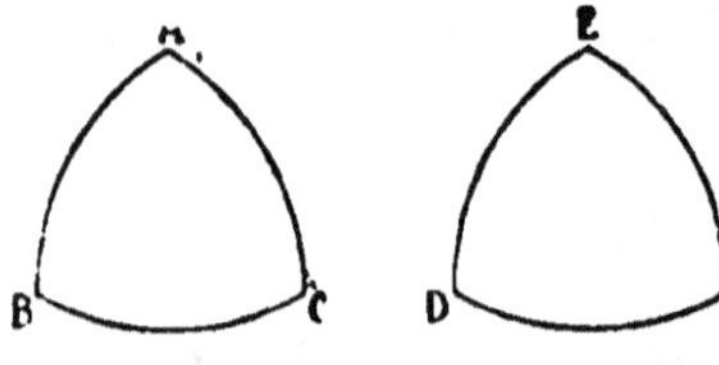

les éléments des triangles donnés BAC, DEF sont disposés dans le même ordre. Si l'ordre des éléments égaux est inverse, on prouve que l'un des triangles BAC est égal au symétrique de l'autre DEF, et dans ce cas, les triangles BAC et DEF ont tous leurs éléments égaux, quoiqu'ils ne soient pas superposables.

3e Cas. — *Dans la même sphère ou dans des sphères égales, deux triangles sont égaux dans toutes leurs parties, lorsqu'ils ont les trois côtés égaux chacun à chacun.*

Les côtés des triangles BAC et DEF sont égaux chacun à chacun, donc
$$BOC = EO'F, \quad BOA = EO'D, \quad AOC = DO'F \ (572),$$

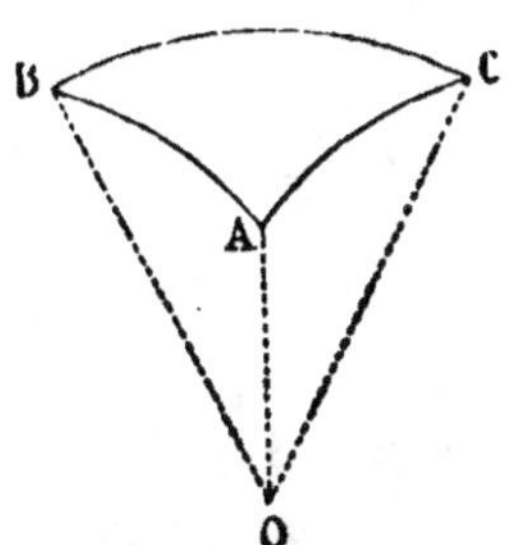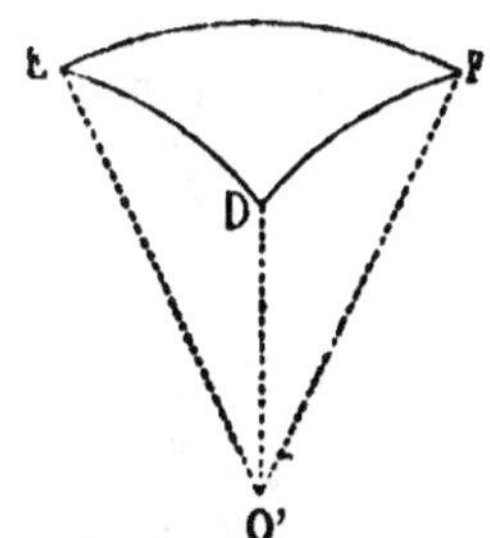

et les trièdres O et O′ sont égaux, par suite leurs dièdres sont égaux et on a :
$$ABC = DEF, \quad BAC = EDF, \text{ etc. } (569).$$

4° Cas. — *Deux triangles sphériques situés sur la même sphère ou sur des sphères égales sont égaux dans toutes leurs parties, lorsqu'ils ont leurs angles égaux chacun à chacun.*

H. $A = A'$; $B = B'$; $C = C'$.

D. $AB = A'B'$, $BC = B'C'$, $AC = A'C'$.

Construisons les triangles polaires des triangles donnés. Nous aurons :
$$A = 180° - DF,$$
$$A' = 180° = D'F',$$

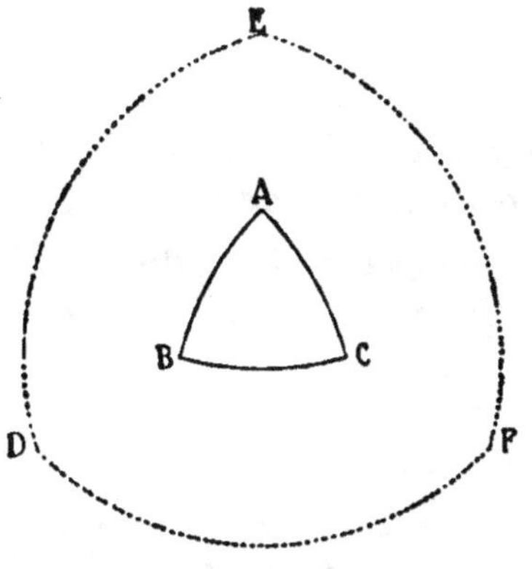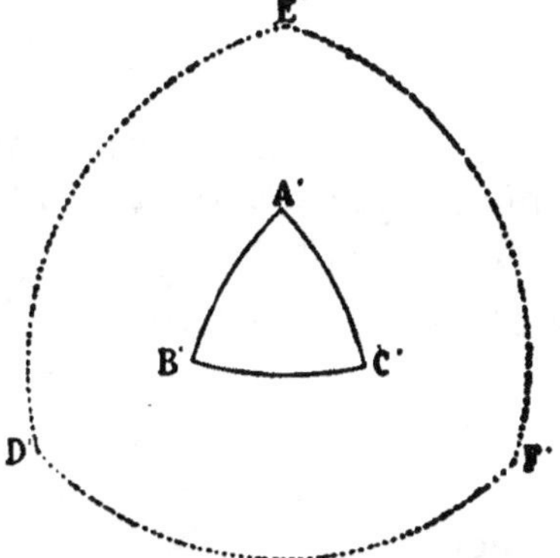

et comme par hypothèse $A = A'$, on obtient :
$$180° - DF = 180° - D'F',$$
ou
$$DF = D'F'.$$

On démontrerait de la même manière
$$EF = E'F' \quad \text{et} \quad DE = D'E'.$$

Les triangles polaires, ayant leurs côtés égaux, sont égaux, et par conséquent leurs angles sont égaux. Or

$$E = 180° - BC,$$
$$E' = 180° - B'C',$$

et comme $E = E'$, on a :

$$180° - BC = 180° - B'C',$$

ou

$$BC = B'C'.$$

On démontrerait aussi facilement :

$$AB = A'B' \quad \text{et} \quad AC = A'C'.$$

Les triangles ABC et A'B'C' sont donc égaux dans toutes leurs parties.

579. Remarque. — On peut prouver pour les triangles sphériques les théorèmes suivants démontrés en géométrie plane pour les triangles rectilignes. La preuve se fait la même manière.

Dans un triangle sphérique isocèle, les angles opposés aux côtés égaux sont égaux, et réciproquement, si dans un triangle sphérique deux angles sont égaux, les côtés opposés sont aussi égaux.

Dans un triangle sphérique, au plus grand angle est opposé le plus grand côté, et réciproquement, au plus grand côté est opposé le plus grand angle.

THÉORÈME

580. *La somme des angles d'un triangle sphérique est moindre que six droits et plus grande que deux droits.*

Représentons par A, B, C, les angles d'un triangle sphérique, et par A', B', C' les côtés du triangle polaire. On aura (577) :

$$A = 2 \, dr. - A',$$
$$B = 2 \, dr. - B',$$
$$C = 2 \, dr. - C';$$

donc

$$A + B + C = 6 \, dr. - (A' + B' + C').$$

Or la somme $A' + B' + C'$ a une certaine valeur, donc

$$A + B + C < 6 \, dr.$$

Mais la valeur de $A' + B' + C'$ est moindre que 4 dr. (575), donc

$$A + B + C > 2 \, droits.$$

AIRES DU TRIANGLE ET DU POLYGONE SPHÉRIQUES

DÉFINITIONS

581. Fuseau. — On nomme *fuseau* la portion de la surface de la sphère limitée par deux demi-grands cercles.

Ex. : Fuseau ABCD.

Sur une même sphère ou sur des sphères égales, tous les fuseaux de même angle sont évidemment égaux.

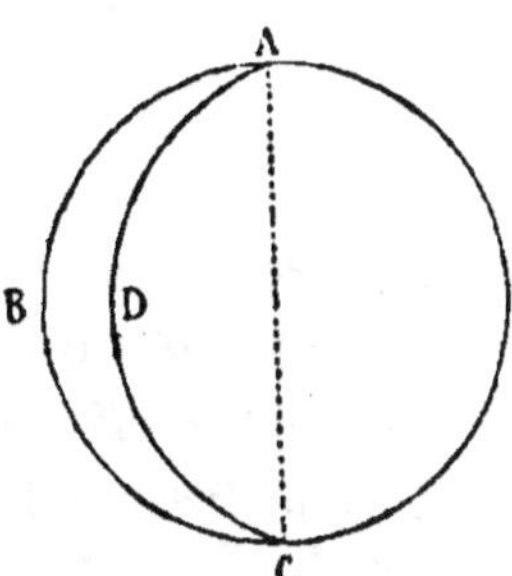

582. Onglet. — On appelle *onglet sphérique* ou *coin sphérique*, la partie du volume de la sphère comprise entre un fuseau et les deux demi-grands cercles qui le déterminent.

THÉORÈME

583. *Le rapport du fuseau à la surface de la sphère est égal au rapport de son angle ou de l'arc qui mesure cet angle à quatre droits.*

H. Soit le fuseau ABCD sur la sphère O.

D. $\dfrac{\text{F. ABCD}}{\text{Surf. sph.}} = \dfrac{\text{BD}}{4 \text{ dr.}}$·

Supposons que l'arc BD et la circonférence BO aient une commune mesure contenue 3 fois dans BD et 13 fois dans la circonférence. On aura :

$$\frac{\text{BD}}{\text{Circ. BO}} = \frac{3}{13} \ (1).$$

Si, par les points de division, nous faisons passer des grands cercles, la surface de la sphère sera partagée en 13 petits fuseaux égaux dont 3 seront contenus dans le fuseau ABCD. On aura donc aussi :

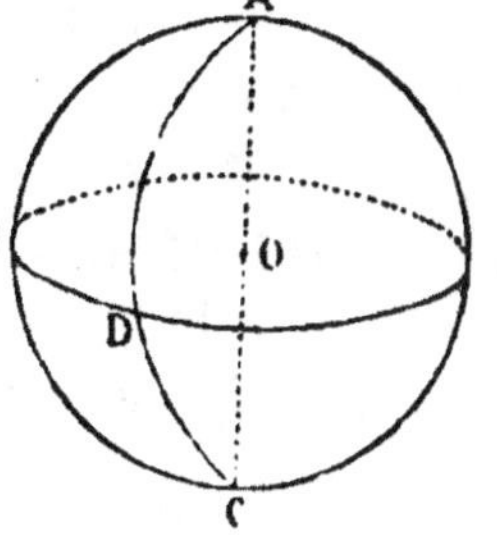

$$\frac{\text{F. ABCD}}{\text{Surf. sph.}} = \frac{3}{13} \ (2).$$

Il résulte des proportions (1) et (2) que

$$\frac{\text{Fuseau ABCD}}{\text{Surface sph.}} = \frac{\text{BD}}{\text{circonf. BO}},$$

ou

$$\frac{\text{Fuseau ABCD}}{\text{Surface sph.}} = \frac{\text{BD}}{4 \text{ dr.}}·$$

584. Remarque. — On prouverait de la même manière l'exactitude de la proportion suivante :

$$\frac{\text{Onglet ABCD}}{\text{Volume de la sphère}} = \frac{\text{BD}}{4\,\text{droits}}.$$

THÉORÈME

585. *Lorsque deux grands cercles ABD et AED sont coupés par un troisième BEC, la somme des triangles BAE et CAF, opposés en A, est égale au fuseau dont l'angle est BAE.*

H. Soient les cercles ABD, AED coupés par BEC.

D. Tr. BAE + tr. AFC = fuseau ABDE.

Le fuseau ABDE est égal à la somme des triangles BAE et BDE.

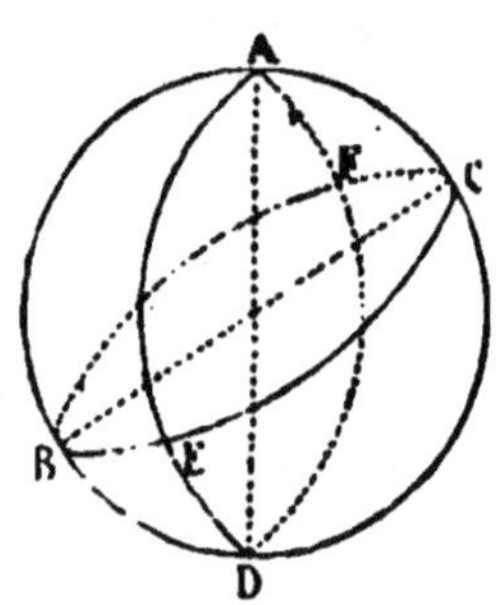

Si nous prouvons que le triangle BDE est égal au triangle AFC, le théorème sera démontré. Or

Arc BEC = arc ECF (*demi-circonférences*), c'est-à-dire :

$$\text{BE} + \text{EC} = \text{EC} + \text{CF},$$

donc

$$\text{BE} = \text{CF}.$$

De même,

$$\text{DEA} = \text{EAF}, \text{ et par suite ED} = \text{AF}.$$

Enfin :

$$\text{BDC} = \text{ACD}, \text{ et par suite BD} = \text{AC}.$$

Les triangles BDE et AFC, ayant ainsi leurs trois côtés égaux chacun à chacun, sont égaux, et au lieu de :

$$\text{Tr. BAE} + \text{tr. BDE} = \text{Fuseau ABDE},$$

on peut écrire :

$$\text{Tr. BAE} + \text{tr. AFC} = \text{Fuseau ABDE}.$$

586. Définition. — Excès sphérique. — On nomme *excès sphérique* la différence entre la somme des angles d'un triangle sphérique et deux angles droits.

THÉORÈME

587. *L'aire d'un triangle sphérique est à la surface de la sphère entière comme son excès sphérique est à huit angles droits.*

H. Soit le triangle sphérique ABC.

D. $\dfrac{\text{Tr. ABC}}{\text{Surf. sph.}} = \dfrac{\text{A} + \text{B} + \text{C} - 2\,\text{dr.}}{8\,\text{dr.}}.$

$$ABC + BCE = \text{fuseau } A,$$

On a : $\quad ABC + ABD = \text{fuseau } C,$

$$ABC + DBE = \text{fuseau } B \ (585).$$

Ajoutons ces égalités :

$$2\,ABC + ABC + BCE + ABD + DBE =$$
$$\text{fuseau } A + \text{fuseau } B + \text{fuseau } C.$$

Or $\quad ABC + BCE + ABD + DBE = \dfrac{\text{surface sph.}}{2}\ $ ou $\ \dfrac{S}{2}$.

donc

$$2\,ABC + \frac{S}{2} = \text{fuseau } A + \text{fuseau } B + \text{fuseau } C,$$

ou, en divisant toute l'équation par S,

$$\frac{2\,ABC}{S} + \frac{1}{2} = \frac{\text{fuseau } A}{S} + \frac{\text{fuseau } B}{S} + \frac{\text{fuseau } C}{S}.$$

Mais, on sait (583) que :

$$\frac{\text{fuseau } A}{S} = \frac{A}{4\,\text{dr.}},\ \text{etc.}$$

donc $\qquad \dfrac{2\,ABC}{S} + \dfrac{1}{2} = \dfrac{A}{4\,\text{dr.}} + \dfrac{B}{4\,\text{dr.}} + \dfrac{C}{4\,\text{dr.}},$

ou, en divisant toute l'équation par 2

$$\frac{ABC}{S} + \frac{1}{4} = \frac{A + B + C}{8\,\text{dr.}},$$

$$\frac{ABC}{S} = \frac{A + B + C}{8\,\text{dr.}} - \frac{1}{4},$$

ou $\qquad \dfrac{ABC}{S} = \dfrac{A + B + C}{8\,\text{dr.}} - \dfrac{1 \times 2\,\text{dr.}}{4 \times 2\,\text{dr.}},$

c'est-à-dire $\qquad \dfrac{ABC}{S} = \dfrac{A + B + C - 2\,\text{dr.}}{8\,\text{dr.}}.$

THÉORÈME

588. *L'aire d'un triangle sphérique a pour mesure son excès sphérique, si l'on prend pour unité le triangle trirectangle.*

Reprenons la proportion trouvée dans le théorème précédent :

$$\frac{ABC}{S} = \frac{A + B + C - 2\,\text{dr.}}{8\,\text{dr.}}.$$

Or la surface de la sphère est égale à 8 triangles trirectangles égaux. Donc

$$\frac{ABC}{8\,T} = \frac{A + B + C - 2\,\text{dr.}}{8\,\text{dr.}},$$

ou
$$\frac{ABC}{T} = \frac{A + B + C - 2\,\text{dr.}}{1\,\text{dr.}},$$

ou enfin, si l'on prend le triangle trirectangle pour unité :

$$ABC = \frac{A + B + C - 2\,\text{dr.}}{1\,\text{dr.}}.$$

THÉORÈME

589. *La surface d'un polygone sphérique a pour mesure la somme de ses angles diminuée d'autant de fois deux droits qu'il contient de côtés moins deux.*

H. Soit le polygone ABCDE, *s* la somme de ses angles et *n* le nombre de ses côtés

D. Polygone $ABCDE = \dfrac{s - 2\,(n - 2)}{1\,\text{dr.}}$.

Décomposons le polygone sphérique ABCDE en triangles sphériques.

Ces triangles seront en nombre égal au nombre des côtés moins deux ; or chaque triangle a pour mesure son excès sphérique, c'est-à-dire la somme de ses angles diminuée de deux droits ; donc la somme des triangles ou le polygone doit avoir pour mesure la somme de ses angles (car cette somme se confond avec celle des angles des triangles) moins autant de fois deux droits qu'il y a de côtés moins deux.

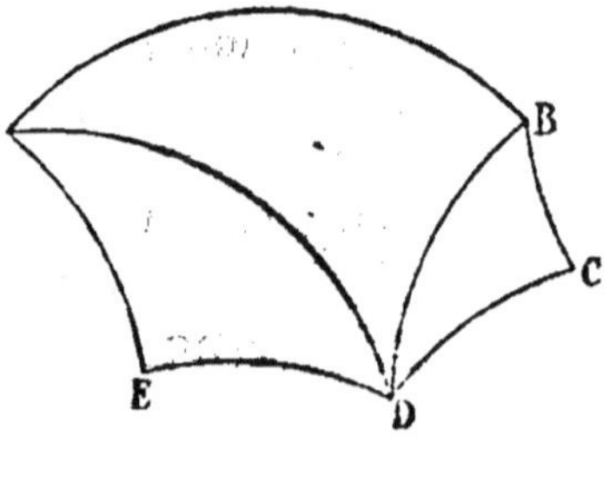

Si nous appelons *n* le nombre de côtés d'un polygone sphérique, et *s* la somme de ses angles, nous aurons pour mesure de sa surface la formule suivante :

$$\text{Surface} = \frac{s - 2\,(n - 2)}{1\,\text{dr.}}.$$

ANALOGIE DES TRIANGLES SPHÉRIQUES AVEC LES ANGLES TRIÈDRES

590. Cette analogie est parfaite. Pour s'en assurer, il suffit de jeter un simple coup d'œil sur les théorèmes qui traitent des uns et des autres.

PROBLÈME

591. *Les tros angles d'un triangle sphérique ABC valent le premier 62°5', le second 63°10', le troisième 77°15'; on demande* *la surface de ce triangle, sachant qu'il appartient à une sphère de 2^m de rayon.*

On sait que la surface d'un triangle sphérique est au triangle trirectangle comme son excès sphérique est à un droit (588). On a donc :

$$\frac{\text{Tr. ABC}}{\text{T}} = \frac{62°5' + 63°10' + 77°15' - 180°}{90°},$$

$$\frac{\text{Tr. ABC}}{\text{T}} = \frac{22°30'}{90°} = \frac{1350'}{5400'} = \frac{1}{4},$$

ou $\qquad\qquad \text{Tr. ABC} = \dfrac{\text{T}}{4}.$

Le triangle sphérique ABC vaut donc le quart du triangle trirectangle. Or celui-ci est égal au huitième de la surface de la sphère, c'est-à-dire à

$$\frac{4\,\pi R^2}{8} = \frac{4 \times 3{,}1416 \times 4}{8} = 6{,}2832$$

donc $\qquad\qquad \text{Triangle ABC} = \dfrac{6{,}2832}{4} = 1{,}5708$

c'est-à-dire :

Un mètre carré, 5708 centim. carrés.

SURFACE ENGENDRÉE PAR LA RÉVOLUTION D'UNE LIGNE BRISÉE RÉGULIÈRE AUTOUR D'UN DIAMÈTRE

AIRES DE LA ZONE ET DE LA SPHÈRE

DÉFINITIONS

592. Ligne brisée régulière. — On appelle *ligne brisée régulière* une ligne brisée plane et convexe dont les côtés et les angles sont égaux.

Une ligne brisée régulière a, comme le polygone régulier, son *rayon* et son *apothème*.

593. Zone. — On nomme *zone* la portion de la surface de la sphère comprise entre deux plans parallèles. Ces plans s'appellent les *bases* de la zone.

La *hauteur* d'une zone est la distance qui sépare ses bases.

Si l'un des plans qui déterminent la zone est tangent, la zone s'appelle *calotte sphérique* ou *zone à une base*.

THÉORÈME

594. *La surface engendrée par une ligne brisée régulière tournant autour d'un diamètre, a pour mesure le produit de* *circonférence inscrite par la projection de la ligne brisée sur l'axe de rotation.*

H. Soit la ligne brisée ABCDE tournant autour du diamètre XY.

D. Surface ABCDE $= 2\pi\,\mathrm{OI} \times \mathrm{MN}$.

Menons l'apothème OI, les droites AM et BG perpendiculaires sur XY, et AH parallèle à XY.

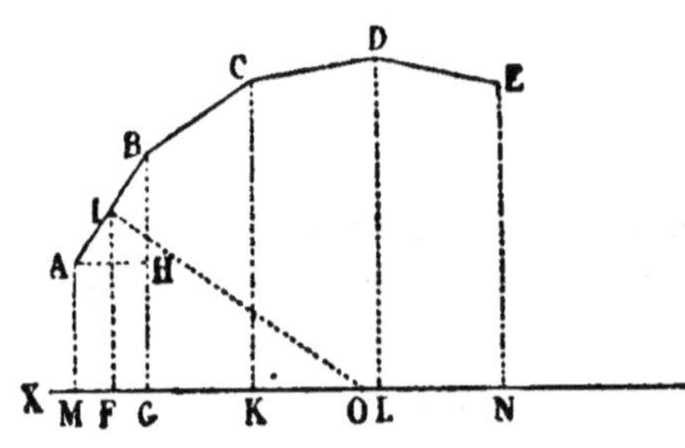

La surface engendrée par ABCDE qu'il s'agit d'évaluer est égale à la somme des surfaces engendrées par AB, BC, CD et DE. Or la surface AB est la surface latérale d'un tronc de cône, elle est donc égale au produit de la circonférence IF par AB (552). On a ainsi :

$$\text{Surface AB} = 2\pi\,\mathrm{IF} \times \mathrm{AB}\,(A).$$

Mais les triangles ABH et IOF ayant leurs côtés perpendiculaires donnent la proportion :

$$\frac{\mathrm{IF}}{\mathrm{AH}} = \frac{\mathrm{IO}}{\mathrm{AB}}, \quad \text{et comme} \quad \mathrm{AH} = \mathrm{MG},$$

$$\frac{\mathrm{IF}}{\mathrm{MG}} = \frac{\mathrm{IO}}{\mathrm{AB}},$$

ou
$$\mathrm{IF} \times \mathrm{AB} = \mathrm{IO} \times \mathrm{MG},$$

ou
$$2\pi\mathrm{IF} \times \mathrm{AB} = 2\pi\mathrm{IO} \times \mathrm{MG}.$$

L'égalité (A) revient donc à l'égalité suivante :

$$\text{Surface AB} = 2\pi\mathrm{IO} \times \mathrm{MG}.$$

On démontrerait de même :

$$\text{Surface BC} = 2\pi\mathrm{IO} \times \mathrm{GK},$$

$$\text{Surface CD} = 2\pi\mathrm{IO} \times \mathrm{KL},$$

$$\text{Surface DE} = 2\pi\mathrm{IO} \times \mathrm{LN},$$

ou en faisant la somme :

$$\text{Surface ABCDE} = 2\pi\mathrm{IO}\,(\mathrm{MG} + \mathrm{GK} + \mathrm{KL} + \mathrm{LN}),$$

c'est-à-dire :

$$\text{Surface ABCDE} = 2\pi\mathrm{IO} \times \mathrm{MN}.$$

Remarque. — Si le côté AB rencontre l'axe XY au point A, il décrit un cône; s'il est parallèle à l'axe, il décrit un cylindre. Dans les deux cas, on démontre le théorème comme nous venons de le faire (531 et 532, 2°).

THÉORÈME

595. *La surface d'une zone est égale au produit de sa hauteur par la circonférence d'un grand cercle.*

H. Soit la zone DE.

D. Zone $DE = 2\pi OA \times MN$ ou $2\pi RH$.

Inscrivons dans l'arc DE la ligne brisée régulière DIE. La surface engendrée par cette ligne tournant autour de AB sera égale à $2\pi OF \times MN$ (594).

Or si l'on double indéfiniment le nombre des côtés de la ligne DIE, elle tendra à se confondre avec l'arc DE, la surface engendrée s'approchera de celle de la zone, son apothème du rayon et sa projection MN restera constante. A la limite on aura donc :

Zone $DE = 2\pi R \times MN$ ou $2\pi RH$.

THÉORÈME

596. *La surface d'une sphère est égale au produit de son diamètre par la circonférence d'un grand cercle.*

H. Soit la sphère engendrée par le demi-cercle ADB.

D. Surface sph. $ADB = 2\pi R \times 2R = 4\pi R^2$.

La surface de la sphère ADB se compose des deux zones AD et DB. Or :

Zone $AD = 2\pi R \times AI$ (595),

Zone $DB = 2\pi R \times IB$.

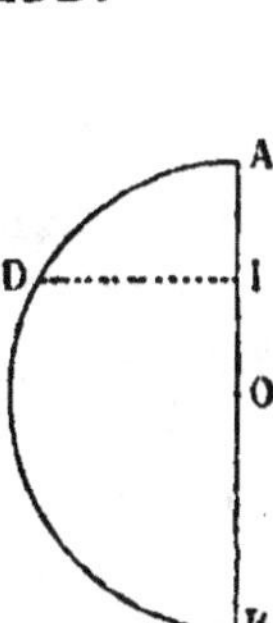

En faisant la somme, on obtient :

Surface sph. $= 2\pi R\,(AI + IB)$,

Surface sph. $= 2\pi R \times AB = 2\pi R \times 2R = 4\pi R^2$.

Si l'on voulait obtenir la surface de la sphère en fonction du diamètre, il suffirait de remarquer que $R = \dfrac{D}{2}$ et $R^2 = \dfrac{D^2}{4}$; on aurait alors :

$$S = 4\pi R^2 = 4\pi \times \frac{D^2}{4} = \pi D^2.$$

597. Corollaire I. — La surface de la sphère étant représentée par $4\pi R^2$ est égale à la surface de quatre grands cercles.

598. Corollaire II. — Les surfaces de deux sphères sont entre elles comme les carrés de leurs rayons ou de leurs diamètres.

En effet, on a :

$$S = 4\pi R^2,$$
$$S' = 4\pi R'^2,$$

9

$$\text{donc} \qquad \frac{S}{S'} = \frac{4\pi R^2}{4\pi R'^2},$$

$$\text{ou} \qquad \frac{S}{S'} = \frac{R^2}{R'^2}.$$

VOLUMES ENGENDRÉS PAR LA RÉVOLUTION D'UN TRIANGLE ET D'UN SECTEUR POLYGONAL RÉGULIER
VOLUMES DU SECTEUR SPHÉRIQUE, DE LA SPHÈRE ET DU SEGMENT SPHÉRIQUE

DÉFINITIONS

599. Secteur polygonal régulier. — On appelle *secteur polygonal régulier* la surface comprise entre deux rayons et une ligne brisée régulière.

600. Secteur sphérique. — On nomme *secteur sphérique* le volume engendré par un secteur circulaire tournant autour d'un diamètre extérieur.

601. Segment sphérique. — Le *segment sphérique* est la portion du volume de la sphère comprise entre deux plans parallèles.

Si l'un des plans est tangent, le segment sphérique est appelé *segment à une base*.

THÉORÈME

602. *Le volume engendré par un triangle tournant autour d'un axe mené dans son plan, et passant par un de ses sommets, est égal au produit de la surface que décrit le côté opposé à ce sommet par le tiers de la hauteur correspondante.*

H. Soit le triangle BAC tournant autour de l'axe MN.

D. Vol. $\mathrm{BAC} = \pi\mathrm{AI} \times \mathrm{AC} \times \dfrac{\mathrm{BD}}{3}$, ou Surface $\mathrm{AC} \times \dfrac{\mathrm{BD}}{3}$.

Trois cas peuvent se présenter :
1° L'axe de rotation se confond avec un des côtés du triangle.
Menons AI perpendiculaire sur BC.
Le volume engendré par le triangle BAC est égal à la somme des volumes des cônes BAI, IAC.

$$\text{Or} \qquad \text{Vol. BAI} = \frac{1}{3}\pi\overline{\mathrm{AI}}^2 \times \mathrm{BI}.$$

$$\text{Vol. IAC} = \frac{1}{3}\pi\overline{\mathrm{AI}}^2 \times \mathrm{IC}.$$

donc leur somme ou

$$\text{Vol. BAC} = \frac{1}{3}\pi\overline{\mathrm{AI}}^2\,(\mathrm{BI} + \mathrm{IC}) = \frac{1}{3}\pi\overline{\mathrm{AI}}^2 \times \mathrm{BC}\ (\mathrm{A}).$$

Mais $AI \times BC = AC \times BD$, car ces deux produits représentent

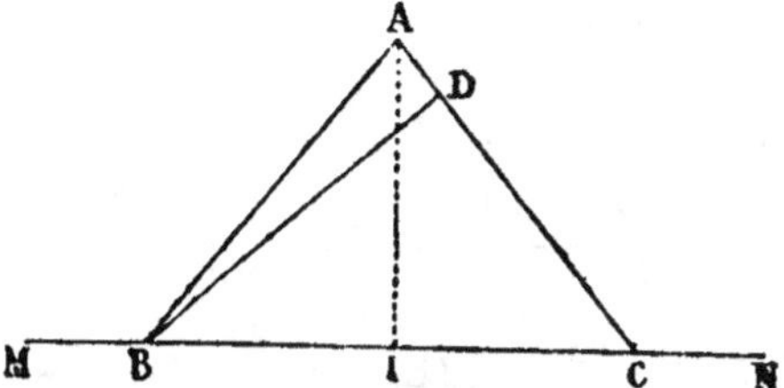

chacun le double de la surface du triangle BAC. L'égalité (A) devient donc :

$$\text{Vol. BAC} = \frac{1}{3}\pi\,AI \times AC \times BD,$$

et comme la ligne AC engendre la surface latérale du cône AIC, on a (548) :

$$\text{Surface AC} = \pi AI \times AC,$$

et par suite, $$\text{Vol. BAC} = \text{surface AC} \times \frac{BD}{3}.$$

2° L'axe de rotation ne coïncide pas avec l'un des côtés du triangle et n'est parallèle avec aucun d'eux.

Prolongeons AC jusqu'à sa rencontre en E avec l'axe MN. Nous aurons :

$$\text{Vol. BAE} = \text{surface AE} \times \frac{1}{3}BD,$$

$$\text{Vol. BCE} = \text{Surface CE} \times \frac{1}{3}BD,$$

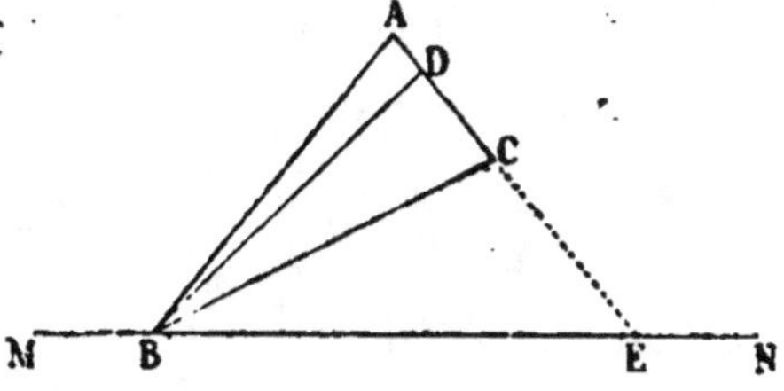

donc la différence des volumes BAE — BCE, ou

$$\text{Vol. BAC} = \frac{1}{3}BD\,(\text{surf. AE} - \text{surf. CE}),$$

c'est-à-dire : $$\text{Vol. BAC} = \text{surface AC} \times \frac{1}{3}BD.$$

3° L'axe de rotation est parallèle à l'un des côtés du triangle. Le volume engendré par le triangle ABC est égal au cylindre engendré par ACEF diminué de la somme des cônes engendrés par les triangles rectangles AFB et CBE.

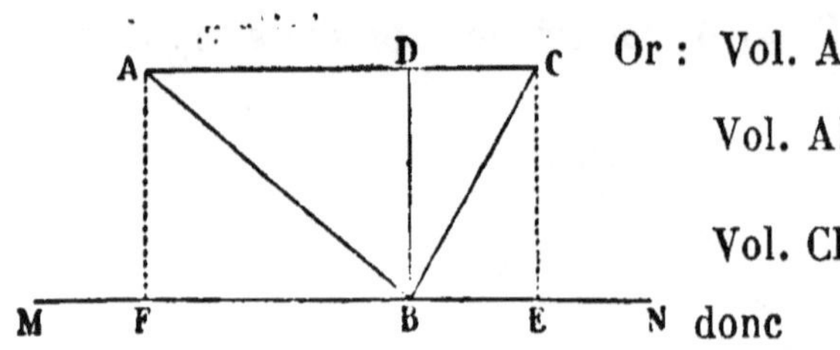

Or : Vol. ACEF $= \pi \overline{BD}^2 \times AC$,

Vol. AFB $= \dfrac{1}{3} \pi \overline{BD}^2 \times AD$,

Vol. CBE $= \dfrac{1}{3} \pi \overline{BD}^2 \times DC$.

donc

$$\text{Vol. ACEF} - (\text{vol. AFB} + \text{vol. CBE}) = \pi \overline{BD}^2 \times AC - \dfrac{1}{3} \pi \overline{BD}^2 (AD + DC),$$

ou   Vol. ABC $= \pi \overline{BD}^2 \times AC - \dfrac{1}{3} \pi \overline{BD}^2 \times AC$,

Vol. ABC $= \dfrac{2}{3} \pi \overline{BD}^2 \times AC$,

Vol. ABC $= 2 \pi \, BD \times AC \times \dfrac{BD}{3}$ *.

Mais $2 \pi BD \times AC$ représente précisément la mesure de la surface engendrée par AC, puisque cette surface est la surface latérale d'un cylindre (531). Donc

$$\text{Vol. ABC} = \text{surface AC} \times \dfrac{1}{3} BD \; *.$$

CAS PARTICULIER DU TRIANGLE ISOCÈLE

603. Dans le cas où le triangle BAC est isocèle, on peut trouver une expression plus simple du volume qu'il engendre en tournant autour de MN.

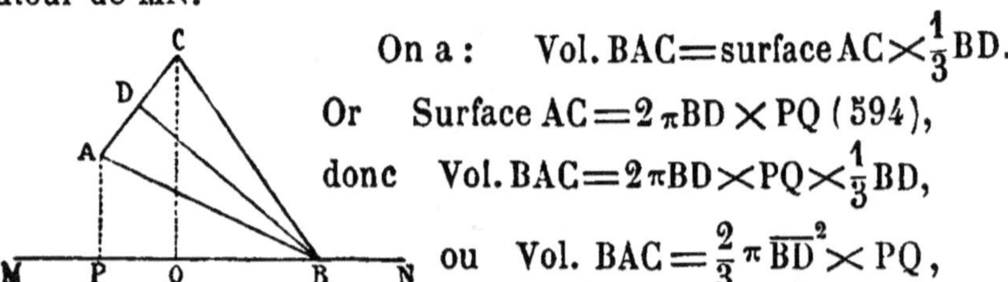

On a :   Vol. BAC $=$ surface AC $\times \dfrac{1}{3}$ BD.

Or   Surface AC $= 2 \pi BD \times PQ$ (594),

donc   Vol. BAC $= 2 \pi BD \times PQ \times \dfrac{1}{3}$ BD,

ou   Vol. BAC $= \dfrac{2}{3} \pi \overline{BD}^2 \times PQ$,

c'est-à-dire que le volume décrit par le triangle isocèle BAC est égal au produit des deux tiers du cercle qui a pour rayon la hauteur de ce triangle par la projection de la base sur l'axe de rotation.

---

* Voici une démonstration plus simple et plus générale de ce théorème. Supposons que le triangle BAC, tournant suivant les conditions énoncées au n° 602, se déplace d'une quantité infiniment petite ; il engendrera un volume BACA'C' que l'on pourra regarder comme une pyramide quadrangulaire dont le sommet sera B, la base ACA'C' et la hauteur BD. Ce volume vaudra le produit de la surface ACA'C' par le tiers de BD. Si le triangle opère une rotation complète, le volume engendré sera formé d'un nombre illimité de pyramides égales entre elles et à BACA'C', et par suite il vaudra : Surface AC $\times \dfrac{BD}{3}$.

THÉORÈME

604. *Le volume engendré par un secteur polygonal régulier tournant autour d'un diamètre est égal au produit de la surface décrite par la ligne brisée polygonale régulière qui lui sert de base par le tiers du rayon du cercle inscrit.*

H. Soit le secteur polygonal régulier OABCD.

D. $\text{Vol. OABCD} = \text{surface ABCD} \times \dfrac{1}{3}\, \text{OE}$.

Le volume du secteur polygonal régulier OABCD est égal à la somme des volumes AOB, BOC, COD.

$$\text{Or: Vol. AOB} = \text{surface AB} \times \frac{\text{OE}}{3}\ (602),$$

$$\text{Vol. BOC} = \text{surface BC} \times \frac{\text{OE}}{3},$$

$$\text{Vol. COD} = \text{surface CD} \times \frac{\text{OE}}{3}.$$

Donc la somme des volumes OAB + BOC + COD, ou

$$\text{Vol. OABCD} = \frac{\text{OE}}{3}(\text{surf. AB} + \text{surf. BC} + \text{surf. CD}),$$

ou

$$\text{Vol. OABCD} = \text{surface ABCD} \times \frac{\text{OE}}{3}.$$

FORMULE DE LA MESURE DU VOLUME DU SECTEUR POLYGONAL
RÉGULIER

On a : $\text{Vol. OABCD} = \text{surface ABCD} \times \dfrac{\text{OE}}{3}.$

Or $\text{Surface ABCD} = 2\,\pi \text{OE} \times \text{PQ} \ (603),$

donc $\text{Vol. OABCD} = 2\,\pi \text{OE} \times \text{PQ} \times \dfrac{\text{OE}}{3},$

ou $\text{Vol. OABCD} = \dfrac{2}{3}\,\pi\overline{\text{OE}}^{2} \times \text{PQ},$

c'est-à-dire : le volume engendré par un secteur polygonal régulier est égal au produit des deux tiers du cercle inscrit par la projection sur l'axe de la ligne brisée régulière qui lui sert de base.

THÉORÈME

605. *Le volume du secteur sphérique est égal au produit de la zone qui lui sert de base par le tiers du rayon.*

H. Soit le secteur sphérique OAB.

D. $\text{Secteur OAB} = \text{Zone AB} \times \dfrac{\text{OB}}{3}.$

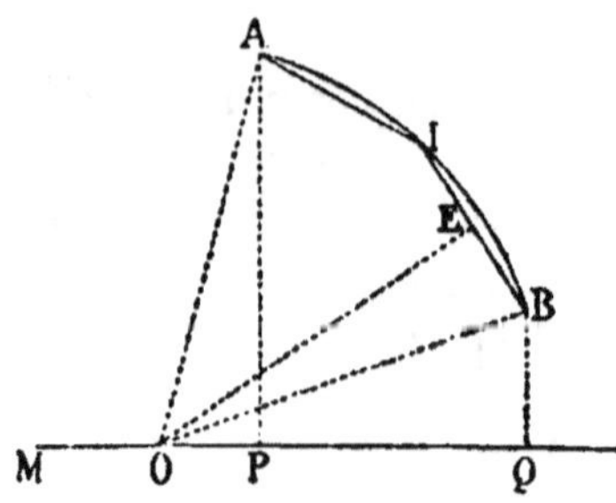

Inscrivons dans l'arc AB la ligne brisée régulière AIB. Le volume engendré par le secteur polygonal OAIB sera égal, d'après le théorème précédent, au produit de la surface AIB par $\frac{OE}{3}$. Mais si l'on double indéfiniment le nombre des côtés de cette ligne brisée, elle tendra à se confondre avec l'arc AB, son apothème OE s'approchera toujours du rayon et le volume OAIB s'approchera du volume du secteur. A la limite on aura donc :

$$\text{Secteur OAB} = \text{zone AB} \times \frac{OB}{3}.$$

FORMULE DU VOLUME DU SECTEUR SPHÉRIQUE

606. On a : $\text{Vol. OAB} = \text{zone AB} \times \frac{OB}{3}.$

Or $\text{Zone AB} = 2\,\pi OB \times PQ \ (595),$

donc $\text{Vol. OAB} = 2\,\pi OB \times PQ \times \frac{OB}{3},$

ou $\text{Vol. OAB} = \frac{2}{3}\,\pi \overline{OB}^2 \times PQ.$

En représentant par R le rayon OB, et par H la hauteur de la zone, on obtient la formule générale :

$$\text{Vol. du secteur} = \frac{2}{3}\,\pi\,R^2 H,$$

c'est-à-dire que le volume du secteur sphérique est égal au produit de la hauteur de la zone qui lui sert de base par les deux tiers d'un grand cercle de la sphère à laquelle il appartient.

THÉORÈME

607. *Le volume d'une sphère est égal au produit de sa surface par le tiers du rayon.*

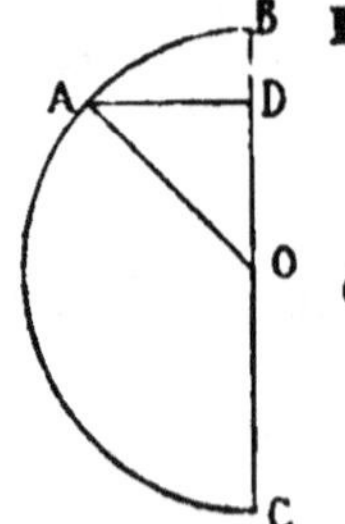

H. Soit la sphère O engendrée par le demi-cercle BAC.

D. Volume de la sphère O = surface sph. $\times \dfrac{OB}{3}$.

Le volume de la sphère est formé de la somme des volumes des secteurs OAB, OAC.

Or $\text{Vol. OAB} = \text{zone AB} \times \dfrac{OB}{3},$

$$\text{Vol. OAC} = \text{zone AC} \times \dfrac{OB}{3},$$

donc la somme des volumes OAB $+$ OAC, ou

$$\text{Vol. de la sphère} = \frac{OB}{3} (\text{zone AB} + \text{zone AC}),$$

$$\text{Vol. de la sphère} = \frac{OB}{3} \times \text{surface sph.}$$

FORMULE DU VOLUME DE LA SPHÈRE

608. On a : Vol. de la sphère $=$ surface sph. $\times \dfrac{R}{3}$.

Or $\qquad\qquad$ Surface sph. $= 4\pi R^2$ (596),

donc $\qquad\qquad$ Vol. de la sphère $= 4\pi R^2 \times \dfrac{R}{3}$,

$$\text{Vol. de la sphère} = \frac{4}{3}\pi R^3.$$

Si l'on voulait une expression du volume de la sphère en fonction du diamètre, il suffirait de remarquer que $R = \dfrac{D}{2}$, et que par conséquent $R^3 = \dfrac{D^3}{8}$, donc

$$\text{Vol. de la sphère} = \frac{4}{3}\pi \times \frac{D^3}{8} = \frac{4}{24}\pi D^3 = \frac{1}{6}\pi D^3.$$

609. **Corollaire.** — Les volumes de deux sphères sont entre eux comme les cubes des rayons ou des diamètres de ces sphères.

THÉORÈME

610. *Le volume engendré par un segment circulaire tournant autour d'un diamètre extérieur est égal à la sixième partie du cylindre qui a pour rayon la corde du segment, et pour hauteur la projection de cette corde sur l'axe de rotation.*

H. Soit le segment circulaire EMD tournant autour du diamètre AB.

D. Vol. EMB $= \dfrac{1}{6}\pi \overline{ED}^2 \times FG$.

Le volume engendré par le segment circulaire EMD est égal à la différence des volumes engendrés par le secteur OEMD et le triangle isocèle OED. Or

$$\text{Vol. OEMD} = \frac{2}{3}\pi\overline{OE}^2 \times FG \ (606),$$

$$\text{Vol. OED} = \frac{2}{3}\pi\overline{OH}^2 \times FG \ (603).$$

Leur différence, ou

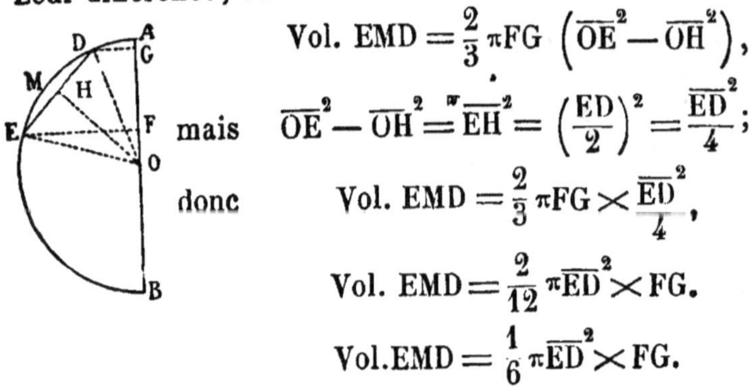

$$\text{Vol. EMD} = \frac{2}{3}\,\pi\text{FG}\left(\overline{OE}^2 - \overline{OH}^2\right),$$

mais $\quad \overline{OE}^2 - \overline{OH}^2 = \overline{EH}^2 = \left(\frac{ED}{2}\right)^2 = \frac{\overline{ED}^2}{4};$

donc $\quad \text{Vol. EMD} = \frac{2}{3}\,\pi\text{FG} \times \frac{\overline{ED}^2}{4},$

$$\text{Vol. EMD} = \frac{2}{12}\,\pi\overline{ED}^2 \times \text{FG}.$$

$$\text{Vol. EMD} = \frac{1}{6}\,\pi\overline{ED}^2 \times \text{FG}.$$

THÉORÈME

611. *Le volume d'un segment sphérique compris entre bases
parallèles est égal au produit de la demi-somme de ces bases
par la distance qui les sépare, plus la sphère dont cette distance est le diamètre.*

H. Soit le segment sphérique à bases parallèles FEMDG.

D. $\text{Vol. FEMDG} = \left(\frac{1}{2}\,\pi\overline{EF}^2 + \frac{1}{2}\,\pi\overline{DG}^2\right)\text{GF} + \frac{1}{6}\,\pi\overline{GF}^3.$

Le volume du segment sphérique FEMDG est
égal à la somme des volumes engendrés par le
segment circulaire EMD et le trapèze FEDG. Ce
trapèze tourne autour de GF et donne par conséquent un tronc de cône à bases parallèles. On a
donc :

$$\text{Vol. EMD} = \frac{1}{6}\,\pi\overline{DE}^2 \times \text{FG} \quad (610)\ (1),$$

et $\quad \text{Vol. FEDG} = \frac{1}{3}\,\pi\text{FG}\left(\overline{EF}^2 + \overline{DG}^2 + \text{EF} \times \text{DG}\right)(555),$

ou $\quad \text{Vol. FEDG} = \frac{1}{6}\,\pi\text{FG}\left(2\,\overline{EF}^2 + 2\,\overline{DG}^2 + 2\,\text{EF} \times \text{DG}\right)(2).$

La somme des égalités (1) et (2) donne :

$$\text{Vol. EMD} + \text{vol. FEDG},$$

ou

$$\text{Vol. FEMDG} = \frac{1}{6}\,\pi\text{FG}\left(\overline{DE}^2 + 2\,\overline{EF}^2 + 2\,\overline{DG}^2 + 2\,\text{EF} \times \text{DG}\right)\ (A).$$

Mais $\quad \overline{DE}^2 = \overline{DI}^2 + \overline{EI}^2 = \overline{FG}^2 + (\text{EF} - \text{DG})^2 =$
$$\overline{FG}^2 + \overline{EF}^2 + \overline{DG}^2 - 2\,\text{EF} \times \text{DG}.$$

En remplaçant dans l'égalité (A) $\overline{DE}^2$ par sa valeur, on obtient :

$$\text{Vol. FEMDG} = \frac{1}{6}\pi\,\text{FG}\left(\overline{FG}^2 + \overline{EF}^2 + \overline{DG}^2 - 2\,\text{EF}\times\text{DG} + 2\,\overline{EF}^2 + 2\,\overline{DG}^2 + 2\,\text{EF}\times\text{DG}\right),\ \text{ou en simplifiant :}$$

$$\text{Vol. FEMDG} = \frac{1}{6}\pi\,\text{FG}\left(\overline{FG}^2 + 3\,\overline{EF}^2 + 3\,\overline{DG}^2\right),$$

ou enfin en développant :

$$\text{Vol. FEMDG} = \frac{1}{6}\pi\overline{FG}^3 + \frac{3}{6}\pi\overline{EF}^2\times\text{FG} + \frac{3}{6}\pi\overline{DG}^2\times\text{FG},$$

$$\text{Vol. FEMDG} = \frac{1}{6}\pi\text{FG}^3 + \frac{1}{2}\pi\overline{EF}^2\times\text{FG} + \frac{1}{2}\pi\overline{DG}^2\times\text{FG},$$

$$\text{Vol. FEMDG} = \frac{1}{6}\pi\overline{FG}^3 + \left(\frac{1}{2}\pi\overline{EF}^2 + \frac{1}{2}\pi\overline{DG}^2\right)\text{FG}.$$

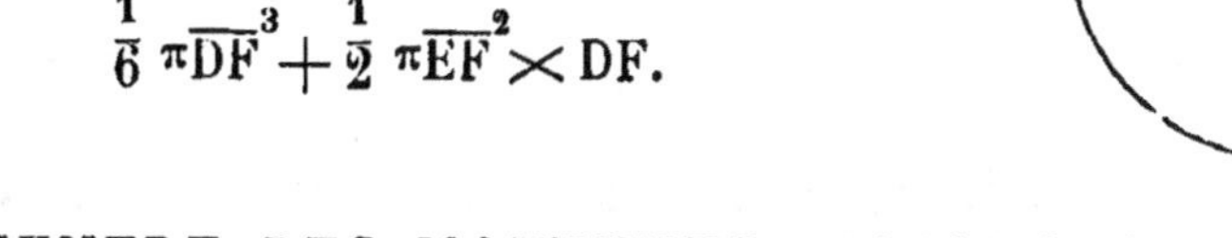

612. Corollaire. — Si le segment sphérique DME n'avait qu'une seule base, l'expression de son volume deviendrait :

$$\frac{1}{6}\pi\overline{DF}^3 + \frac{1}{2}\pi\overline{EF}^2\times\text{DF}.$$

CENTRE DES MOYENNES DISTANCES

THÉORÈMES DE GULDIN

613. Définition. — Centre des moyennes distances. — On appelle *centre des moyennes distances* de plusieurs points A, B, C, D, le point M dont la distance à une droite quelconque XY située dans son plan est égale à la moyenne arithmétique des distances a, b, c, d, des autres points à cette droite.

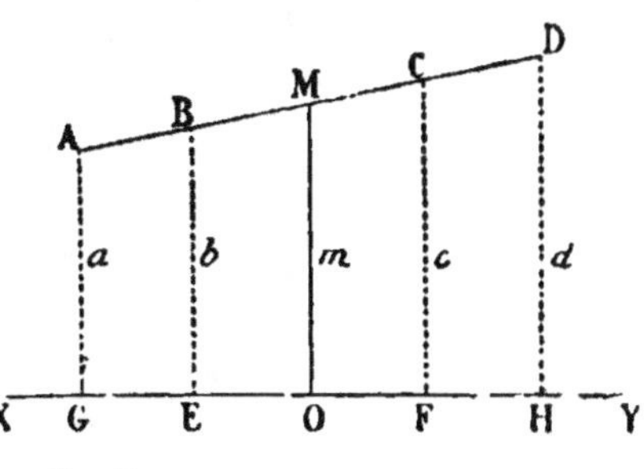

THÉORÈME

614. *Dans tout système de points il y a toujours un centre des moyennes distances.*

1er Cas. — Tous les points du système donné sont situés sur une ligne droite.

Soit M le milieu de AD (Fig. nº 613). Faisons

$$AB = BM = MC = CD.$$

On aura dans le trapèze ADGH :

$$m = \frac{a+d}{2} \quad (343),$$

et dans le trapèze BCFE :

$$m = \frac{b+c}{2},$$

donc

$$2\,m = \frac{a+d+b+c}{2},$$

ou

$$m = \frac{a+b+d+c}{4}.$$

Si nous représentons par n le nombre des points de AD situés des deux côtés de M, et par a, b, c, d, e, f... leurs distances respectives à XY, il viendra enfin :

$$m = \frac{a+b+c+d+e+f+\cdots}{n},$$

et m sera le centre des moyennes distances.

2ᵉ Cas. — Tous les points du système donné sont dans un même plan.

Ces points peuvent être regardés comme formant un polygone P.

Menons une droite xy dans le plan de ce polygone que nous

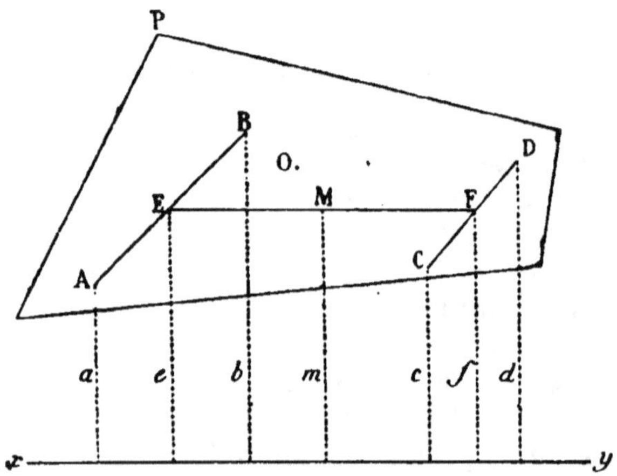

supposerons divisé en un nombre n d'éléments plans A, B, C, D... infiniment petits : si l'on joint ces éléments deux à deux par des droites, et si l'on prend les milieux E, F de ces lignes, on aura :

$$e = \frac{a+b}{2}, \quad f = \frac{c+d}{2}.$$

De même en joignant E, F, on aurait pour son point milieu M :

$$m = \frac{e+f}{2} = \frac{e}{2} + \frac{f}{2},$$

ou en remplaçant e et f par leurs valeurs :

$$m = \frac{a+b}{4} + \frac{c+d}{4},$$

$$m = \frac{a+b+c+d}{4}.$$

M est donc le centre des moyennes distances des points A, B, C, D. Il est évident qu'en opérant de la même manière pour tous les éléments plans de la surface donnée, on arriverait à un point final O, centre des moyennes distances des points du polygone P.

3e Cas. — Les points du système donné sont dans des plans différents.

Ces points peuvent être regardés comme formant des polygones situés dans des plans différents. Il est facile de déterminer pour chacun d'eux les centres M, M′ de leurs moyennes distances à

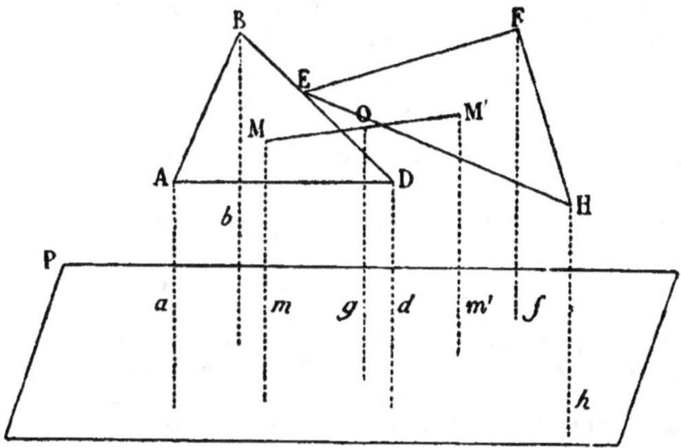

un plan quelconque P. On prend ensuite le centre O des moyennes distances de la droite MM′, et l'on a :

$$g = \frac{m+m'}{2}.$$

$$\text{Or} \qquad m = \frac{a+b+d}{3},$$

$$\text{et} \qquad m' = \frac{e+f+h}{3},$$

donc

$$g = \frac{1}{2}\left(\frac{a+b+d+e+f+h}{3}\right) = \frac{a+b+d+e+f+h}{6}.$$

Il y a donc encore un centre des moyennes distances.

Un raisonnement semblable prouverait cette même proposition
pour les points contenus dans plus de deux plans.

615. Remarque. — Le centre des moyennes distances d'une
figure n'est pas autre chose que le centre de gravité de cette
figure*.

CENTRES DE GRAVITÉ DE DIFFÉRENTES FIGURES

616. Le centre de gravité d'une *ligne droite* est le milieu de
cette ligne.

Le centre de gravité se confond avec le centre de figure pour
un *polygone régulier* et son *périmètre,* pour la *circonférence*
et le *cercle,* pour la *surface* et le *volume* d'un *polyèdre régulier* ou de la *sphère.*

Le centre de gravité du *périmètre d'un triangle* est le point
de concours des bissectrices des angles du triangle formé en
joignant les milieux de ses côtés.

Le centre de gravité de la *surface d'un triangle* est le point
de concours de ses médianes.

Le centre de gravité de la *surface d'un trapèze* est sur la

---

* On sait que les différentes molécules d'un corps sont sollicitées par une force
constante qui les attire toutes avec la même intensité vers le centre de la terre ;
cette force c'est la *pesanteur.* Les attractions qu'elle exerce sur les molécules d'un
même corps sont sensiblement parallèles. On a donc en les composant une résultante unique que l'on appelle *le poids du corps.* Cette résultante passe par un
point constant pour un même corps, quelle que soit sa position, et ce point se
nomme le *centre de gravité.*

Ces principes posés, soit **R** la résultante de plusieurs forces parallèles, r la
longueur de la projetante de son point d'application sur une droite ou sur un plan,
n le nombre des composantes **F**, F_1, F_2, F_n, et f, f_1, f_2, ..., f_n les longueurs
des projetantes de leurs points respectifs d'application sur le même plan ou la même
droite. On démontre en mécanique élémentaire que le produit Rr est égal à la
somme des produits $Ff + F_1f_1$, etc., c'est-à-dire

$$Rr = Ff + F_1f_1 + F_2f_2 + \ldots + F_nf_n,$$

ou comme la force d'attraction de la pesanteur est la même sur chaque molécule :

$$Rr = F(f + f_1 + f_2 + \ldots f_n).$$

Or $R = F + F_1 + F_2 + \ldots + F_n = nF,$

donc $nFr = F(f + f_1 + f_2 + \ldots + f_n),$

ou $r = \dfrac{f + f_1 + f_2 + \ldots + f_n}{n}.$

Le centre de gravité d'un corps est donc le centre des moyennes distances de ce
corps.

droite qui joint les milieux des côtés parallèles, et il est déterminé par la relation :

$$\frac{GH}{GI} = \frac{B + 2\,b}{2\,B + b},$$

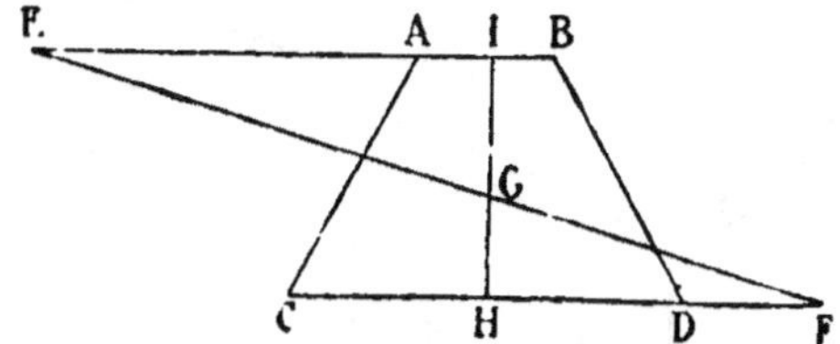

relation que l'on construit en faisant $AE = B$, $DF = b$, et en joignant EF, car les triangles semblables EGI, GHF donnent :

$$\frac{GH}{GI} = \frac{HF}{EI} = \frac{\dfrac{B}{2} + b}{B + \dfrac{b}{2}} = \frac{B + 2\,b}{2\,B + b}.$$

Dans le *prisme* et le *cylindre*, le centre de gravité se trouve au point où la droite qui joint les centres de gravité des bases rencontre le plan mené à égale distance des bases.

Dans la *pyramide* et le *cône*, le centre de gravité se trouve sur la droite qui joint le sommet au centre de gravité de la base, et au quart de cette droite à partir de la base.

THÉORÈMES DE GULDIN *

I. SURFACES DE RÉVOLUTION

THÉORÈME

617. *La surface engendrée par une ligne plane quelconque, tournant autour d'un axe situé dans son plan, est égale au produit de sa longueur par la circonférence que décrit son centre de gravité.*

H. Soit la ligne AB tournant autour de XY et G son centre de gravité.

D. Surf. $AB = AB \times 2\,\pi GI$.

---

* Les énoncés de ces théorèmes sur les surfaces et les volumes de révolution se trouvent dans les collections mathématiques de Pappus, géomètre du IV⁰ siècle. Le P. Guldin, jésuite, les a retrouvés et démontrés au XVII⁰ siècle.

Partageons AB en n éléments plans AC, CD, DE... assez petits pour former des lignes égales sensiblement droites. Leur centre de gravité sera en leur milieu à des distances a, b, c, d... de

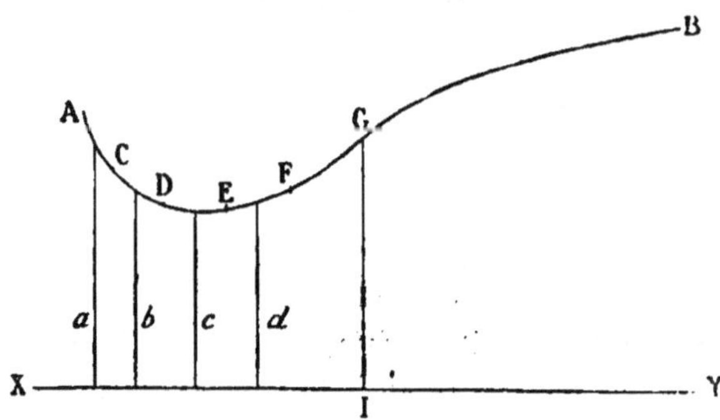

l'axe. Les droites AC, CD, DE, EF, tournant autour de XY engendrent des surfaces latérales de troncs de cône, et l'on a :

$$\text{Surf. AC} = \text{AC} \times 2\pi a,$$
$$\text{Surf. CD} = \text{CD} \times 2\pi b = \text{AC} \times 2\pi b, \quad \text{car} \quad \text{CD} = \text{AC}.$$
$$\text{Surf. DE} = \text{DE} \times 2\pi c = \text{AC} \times 2\pi c,$$
$$\text{Surf. EF} = \text{EF} \times 2\pi d = \text{AC} \times 2\pi d,$$

. . . .

Leur somme ou
$$\text{Surf. AB} = 2\pi\text{AC}\,(a+b+c+d+...),$$
$$\text{or} \qquad \text{GI} = \frac{a+b+c+d+...}{n} \quad (615),$$
$$\text{ou} \qquad a+b+c+d+... = n\text{GI},$$
$$\text{et} \qquad \text{Surf. AB} = 2\pi\text{AC} \times n\text{GI},$$
$$\text{ou} \qquad \text{Surf. AB} = 2\pi\text{GI} \times \text{AB}, \quad \text{car} \quad \text{AC} \times n = \text{AB}.$$

THÉORÈME

618. *Le volume engendré par une figure plane quelconque, tournant autour d'un axe, situé dans son plan, est égal au produit de la surface de cette figure par la circonférence que décrit son centre de gravité.*

1er Cas. — La figure est un rectangle ABCD tournant autour d'un axe parallèle à sa base.

On aura :
$$\text{Vol. ABCD} = \text{surf. ABCD} \times 2\pi\text{GO}.$$

Le volume engendré par ABCD est égal à la différence des volumes cylindriques AMND et BMNC.

$$\text{Or} \qquad \text{Vol. AMND} = \pi \overline{\text{AM}}^2 \times \text{AD},$$

$$\text{et} \qquad \text{Vol. BMNC} = \pi \overline{\text{BM}}^2 \times \text{AD}.$$

Leur différence ou

$$\text{Vol. ABCD} = \pi\text{AD}\left(\overline{\text{AM}}^2 - \overline{\text{BM}}^2\right) = \pi\text{AD}\,(\text{AM} + \text{BM})\,(\text{AM} - \text{BM}),$$

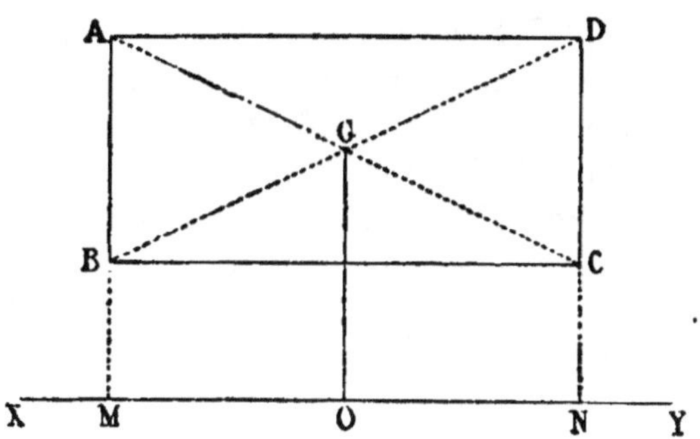

$$\text{or} \qquad \text{AM} + \text{BM} = \text{AM} + \text{CN} = 2\,\text{GO}\ (343),$$
$$\text{et} \qquad \text{AM} - \text{BM} = \text{AB}.$$
$$\text{Donc} \qquad \text{Vol. ABCD} = \pi\,\text{AD} \times 2\,\text{GO} \times \text{AB},$$
$$\text{ou} \qquad \text{Vol. ABCD} = \text{surf. ABCD} \times 2\,\pi\text{GO}.$$

2e Cas. — La figure est quelconque.

Une figure quelconque peut toujours se décomposer en un cer-

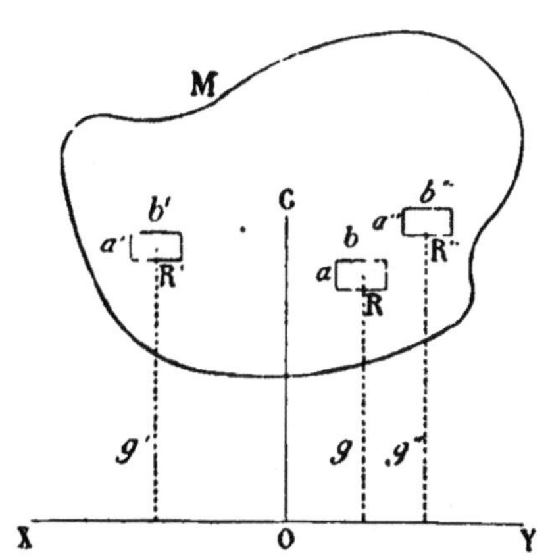

tain nombre n de rectangles R, R′, R″ infiniment petits, et par conséquent de même surface.

Ces rectangles, en tournant, engendrent des volumes dont on vient de trouver les mesures respectives.

$$\text{Vol. R} = ab \times 2\,\pi g,$$

$$\text{Vol. } R' = a'b' \times 2\,\pi g' = ab \times 2\,\pi g',$$
$$\text{Vol. } R'' = a''b'' \times 2\,\pi g'' = ab \times 2\,\pi g''.$$

Leur somme, c'est-à-dire le volume total, égalera donc
$$2\,\pi ab\,(g + g' + g'' + \ldots).$$

Or
$$GO = \frac{g + g' + g'' + \cdots}{n},$$

ou
$$nGO = g + g' + g'' + \cdots,$$

donc
$$\text{Vol. } M = 2\pi ab \times nGO,$$

et comme $ab \times n$ représente la surface totale de la figure donnée, on aura enfin :

$$\text{Vol. } M = \text{surf. } M \times 2\,\pi GO.$$

EXERCICES SUR LE LIVRE VII

Cylindre (527-535).

536. Les surfaces latérales de deux cylindres semblables sont proportionnelles aux carrés de leurs hauteurs ou des rayons de leurs bases.

537. Les volumes de deux cylindres semblables sont proportionnels aux cubes de leurs hauteurs ou des rayons de leurs bases.

538. Que deviennent la surface et le volume d'un cylindre lorsqu'on triple : 1° son rayon; 2° sa hauteur ?

539. Trouver la hauteur et la base d'un cylindre, connaissant sa surface totale et son volume.

540. La hauteur d'un cylindre est donnée, sa surface latérale est égale à celle d'un cercle de rayon R. Trouver le rayon de sa base.

541. Le litre employé pour les liquides est un cylindre dont la hauteur est double du diamètre. Déterminer sa surface totale et le rayon de sa base.

542. Le décalitre et l'hectolitre sont des cylindres dont la hauteur égale le diamètre de la base. Trouver leurs surfaces latérales et leurs dimensions.

543. Quelle est la hauteur d'un cylindre contenant un hectolitre, sachant que le rayon de sa base est égal au dixième de sa hauteur?

544. La hauteur d'un cylindre est 3^m 28. Trouver le rayon de sa base, sachant que la somme de ses bases et de sa surface latérale est égale à un cercle de rayon 2, 9.

545. Un tuyau en fonte a un rayon intérieur de 0^m 15; son volume est 8 m. c. 232 et sa longueur 500^m. Trouver son épaisseur.

546. Quelle hauteur doit-on donner à un cylindre de rayon 1^m pour que son volume soit égal à 9^m 855?

547. Quel sera le rayon de base d'un cylindre contenant 9 m. c. si sa hauteur égale 2^m 25?

548. Mener dans un cylindre un plan parallèle à la base, de manière que la surface convexe soit divisée en deux parties, telles que la plus grande soit moyenne proportionnelle entre la plus petite et la somme des bases.

549. Il a fallu un centimètre cube d'or pour dorer la surface latérale d'un cylindre de 0^m 75 de hauteur et 0^m 2 de base. Quelle est l'épaisseur de la couche d'or ?

Cône et tronc de cône (536-555).

550. Les surfaces latérales de deux cônes semblables sont proportionnelles aux carrés des hauteurs ou des rayons des bases.

551. Les volumes de deux cônes semblables sont proportionnels aux cubes des hauteurs ou des rayons des bases.

552. Le rapport entre la base et la surface latérale d'un cône dont la hauteur égale le diamètre vaut $\dfrac{\sqrt{5}}{5}$.

553. Les surfaces latérales de deux troncs de cône semblables sont proportionnelles aux carrés des rayons de leurs bases, de leurs hauteurs ou de leurs apothèmes. Leurs volumes sont proportionnels aux cubes de ces mêmes dimensions.

554. Lorsque la somme des rayons des bases d'un tronc de cône est égale au côté de ce tronc, sa hauteur vaut le double de la moyenne géométrique des rayons, et son volume égale le produit de la surface totale par le sixième de la hauteur.

555. Un cylindre a même base et même hauteur qu'un tronc de cône donné, mais son volume est la moitié du volume du tronc. Trouver le rapport entre les rayons des deux bases du tronc.

556. Le plan mené parallèlement à la base d'un cône, au milieu de la hauteur, détache un petit cône dont le volume est la huitième partie du cône total.

557. Un réservoir en tronc de cône a 1^m de diamètre; on y verse de l'eau jusqu'à $1^m 50$, et à cette hauteur sa surface a un diamètre de $1^m 60$. De combien s'élèvera le niveau de cette eau, si on laisse tomber dans le réservoir un bloc cubique de marbre de $0^m 5$ de côté?

558. Quel rayon doit-on donner à la base d'un cône pour que son volume soit égal à 1 stère? Sa hauteur est de $0^m 3$.

559. Trouver la surface latérale et le volume d'un cône connaissant sa surface totale, et le côté ou la hauteur ou le rayon de sa base.

560. Calculer la surface totale d'un cône de 3^m de hauteur, sachant que son arête est inclinée de $30°$ sur le plan de la base.

561. Trouver le volume d'un cône dont la surface totale ou latérale égale πa^2; de plus le triangle qui l'engendre vaut 2^m.

562. La base d'un cône est égale à $3^m 567$. A quelle distance de cette base sera située la section parallèle égale au tiers de cette base?

563. A quelle distance du sommet doit-on mener un plan parallèle à la base d'un cône, pour que la surface totale du petit cône soit égale à la surface totale du tronc?

564. Soient r et a le rayon et l'arête d'un cône. A quelle distance de la base devra être mené un plan parallèle à cette base, pour que la surface totale du petit cône soit égale à la surface totale du tronc?

565. Soit a le côté d'un cône, et S sa base. Quelle sera la surface d'une section parallèle à la base menée à une distance h du sommet?

566. Le côté d'un cône est 25^m 7, la surface de sa base est 4$^{m.q.}$ 25. Trouver la surface de la section menée à 2^m 55 du plan de la base.

567. On demande la hauteur d'un tronc de cône dont la surface latérale est 43 $^{m. q.}$ 25, et les rayons des bases 0^m 25 et 1^m 3.

568. Trouver le rayon de la base supérieure d'un tronc de cône dont le volume est 439 m. c. 25, la hauteur 3^m 10, et le rayon de la base inférieure 4^m 3.

569. Soit a l'arête d'un cône. A quelle distance sur cette arête, à partir du sommet, doit-on mener un plan parallèle à la base pour que la surface latérale soit partagée en deux parties équivalentes?

570. Partager la hauteur d'un cône en trois parties, telles que les plans parallèles à la base, menés par les points de division, partagent la surface latérale en trois parties équivalentes entre elles, ou proportionnelles à trois quantités a, b, c.

571. Mener dans un cône un plan qui partage son volume en deux parties équivalentes.

572. Mener dans un cône un plan parallèle à la base, de telle sorte que le volume du petit cône soit égal à la huitième partie du volume du tronc.

573. La surface totale d'un cylindre inscrit dans un cône donné est égale à la surface totale du petit cône qui se termine à sa base. Trouver le volume du cylindre.

574. Mener dans un cône un plan parallèle à la base, tel que le tronc détaché soit égal aux $^3/_4$ du volume du cône total.

575. Soient r, r' et h les rayons et la hauteur d'un tronc de cône. Trouver sur la droite qui joint les centres des bases un point tel que les cônes ayant ce point pour sommet, et pour bases les bases du tronc, aient leurs surfaces convexes équivalentes.

576. Un cylindre et un tronc de cône ont une base commune et même hauteur. Trouver le rapport des rayons des bases du tronc, si son volume égale la moitié du volume du cylindre.

577. Le rayon de la base inférieure d'un tronc de cône ABDE est double du rayon de la base supérieure. On mène un plan FH parallèle aux bases AB et DE, de manière que le cône FC'H et le tronc FDEH forment une somme égale à la moitié du tronc total. On demande à quelle distance C'G de la base doit être mené le plan FH.

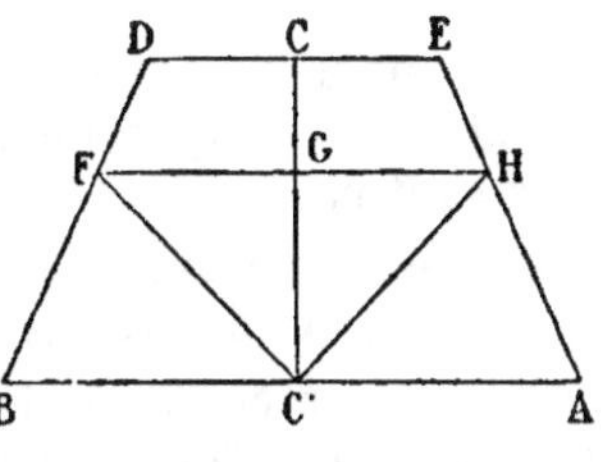

578. Par le milieu de la hauteur d'un cône, on mène un plan parallèle à la base. Calculer la surface totale du tronc de cône détaché par ce plan.

579. Les circonférences des bases d'un tronc de cône sont $2\sqrt{2}$ et $3\sqrt{3}$. On veut construire un cylindre qui ait une hauteur double et un volume triple. Quel sera le diamètre de sa base?

580. A quelle distance de la base d'un cône, doit être menée la section qui partage le solide de manière que:

1° Le petit cône soit moyen proportionnel entre le cône total et le tronc;

2° Le tronc soit moyen proportionnel entre le cône total et le petit cône?

SPHÈRE

Sections (556-568).

581. Lieu des points de l'espace également éloignés d'un même point.

582. Lieu des points d'une sphère également éloignés : 1° d'un même point de l'espace; 2° de deux points de l'espace.

583. Les tangentes à une sphère issues d'un même point de l'espace sont égales, et leurs points de contact déterminent un petit cercle, à moins que le point d'origine ne soit situé à l'infini.

584. Le lieu des tangentes à la sphère issues d'un même point est un cône de révolution circonscrit.

585. Tracer un grand cercle passant par deux points donnés sur la surface de la sphère.

586. D'un point pris sur la surface d'une sphère, abaisser un arc de grand cercle perpendiculaire sur un grand cercle donné.

587. Partager en deux parties égales un arc de grand cercle.

588. Décrire un cercle passant par trois points donnés sur la surface d'une sphère.

589. Par un point pris sur une sphère, on mène deux plans dont les sections dans la sphère déterminent deux cercles, puis du même point on tire une tangente à chacun de ces cercles. Démontrer que le plan de ces tangentes est perpendiculaire au rayon mené au point de contact.

590. Dans une sphère, deux cordes égales sont également éloignées du centre, et réciproquement, deux cordes également éloignées du centre sont égales.

591. Dans une sphère, deux cercles également éloignés du centre sont égaux, et réciproquement.

592. L'intersection de deux sphères est un cercle dont le centre est sur la ligne des centres des sphères, et dont le plan est perpendiculaire à cette ligne.

593. Tout tétraèdre peut être inscrit dans une sphère, et peut lui être circonscrit.

594. Si dans un triangle sphérique deux côtés sont égaux, les angles opposés sont aussi égaux, et réciproquement.

595. Soit une sphère de rayon de 1^m. On lui circonscrit un cône dont le sommet se trouve à 2^m du centre. Trouver le volume de ce cône.

596. Quel serait le volume d'un cône circonscrit à une sphère de rayon 3 ^{m}, si son arête est égale à 5^m 75?

597. Une sphère a un rayon de 2^m, trouver le volume et la surface totale du cylindre circonscrit.

598. Trouver le volume d'un cylindre inscrit dans une sphère de rayon R, sachant que sa surface totale est égale à la surface d'un grand cercle.

599. Inscrire dans une sphère un cylindre dont la somme des bases soit égale à la différence entre la surface latérale et la moitié d'un grand cercle.

600. Circonscrire à une sphère un cône dont la base soit égale à $\frac{1}{3}$ de la surface convexe.

601. La surface totale d'un cône égale πa^2. Trouver sa hauteur et son rayon, en le supposant circonscrit à une sphère de rayon R.

602. Trouver la hauteur d'un cône circonscrit à une sphère, sachant que sa base est dans le plan d'un grand cercle, et que sa surface latérale est égale à une quantité donnée.

603. Inscrire dans une sphère de rayon R un cône dont la surface latérale soit le double de la base.

604. On mène un plan qui détermine un petit cercle dans une sphère donnée. A quelle distance du centre se trouvera ce cercle, s'il sert de base à deux cônes droits, l'un inscrit et l'autre circonscrit, ayant même surface latérale ?

605. Soit une sphère de rayon R. A quelle distance du centre doit-on mener un plan perpendiculaire au diamètre, pour que les surfaces latérales des deux cônes inscrits ayant pour base le petit cercle déterminé par le plan, soient proportionnelles à deux nombres donnés m et n ?

Surfaces engendrées par des lignes droites, brisées ou courbes.
Zone. — Sphère (n°s 592−598).

606. Une sphère a un diamètre égal à 9^m. Quelle sera la surface engendrée par une corde parallèle au diamètre et située à une distance du centre égale à la moitié du rayon?

607. Soit un cercle dont la circonférence vaut 12^m 25. Trouver la surface engendrée par une corde de 2^m 50 tournant autour d'un diamètre qui lui est parallèle.

608. Un triangle rectangle tourne autour de son hypoténuse. Quelles

surfaces engendreront les côtés de l'angle droit, si on les suppose respectivement égaux à $3^m 5$ et $5^m 3$?

609. Trouver la surface engendrée par un demi-hexagone régulier de côté 3, 2 tournant autour de son diamètre.

610. La surface d'un triangle isocèle est m^2. Trouver ses côtés, sachant que la surface qu'il forme en tournant autour de sa base est égale à un cercle de diamètre a.

611. Trouver la surface engendrée par un triangle équilatéral tournant autour d'un de ses côtés de longueur 3^m.

612. Trouver la surface engendrée par un triangle équilatéral de côté a tournant autour d'un axe situé parallèlement à l'un de ses côtés et à une distance a de ce côté.

613. Calculer les surfaces engendrées par les deux moitiés de l'hypoténuse d'un triangle rectangle tournant autour d'un des côtés b, c de l'angle droit. On supposera $b = 4$, $c = 5$.

614. Trouver la surface engendrée par la moitié d'un hexagone régulier tournant autour d'un de ses côtés.

615. La hauteur d'une zone dont la surface vaut celle d'un grand cercle est égale à la moitié du rayon.

616. Inscrire dans une sphère donnée un cône dont la surface convexe soit égale à la surface de la calotte sphérique qui se termine à la base du cône.

617. Couper une sphère par un plan perpendiculaire au diamètre, de telle sorte que la différence des surfaces des deux zones soit égale :

1° A la surface d'un grand cercle;

2° A la surface d'un petit cercle situé à une distance du centre egale à $\dfrac{3R}{4}$.

618. Dans une sphère de rayon donné, on mène deux plans parallèles également éloignés du centre. On demande quelle sera cette distance du centre :

1° Si la somme des surfaces des sections est égale à la zone comprise entre elles;

2° Si cette même somme est égale à la somme des surfaces des calottes sphériques situées au-dessus et au-dessous des sections.

619. Mener deux plans parallèles partageant la surface de la sphère en trois zones équivalentes.

620. Mener dans une sphère un plan partageant sa surface en deux parties proportionnelles à deux quantités données m, n.

621. Mener dans une sphère deux plans partageant sa surface en trois parties proportionnelles à trois quantités données m, n, p.

622. Trouver la hauteur d'une zone à une base, sachant que cette base, dont le rayon vaut 2^m, a une surface égale aux $3/4$ de la surface de la zone.

623. Quelle doit être l'ouverture du compas sphérique décrivant sur une sphère de rayon 2, un cercle dont la surface vaut $3\sqrt{2}$?

624. Trouver la surface de la zone formée par un arc de 30° tournant autour d'un diamètre passant par l'une de ses extrémités. Le rayon de la sphère est $1^m 28$.

625. Trouver la valeur de la zone vue par un observateur situé à une distance a d'une sphère de rayon donné.

626. La moyenne géométrique ou arithmétique de deux zones déterminées dans une sphère par un plan sécant est égale à une quantité donnée m^2. Trouver le rayon de la base commune des deux zones.

627. Mener un plan coupant une sphère, de manière que la plus grande zone soit moyenne proportionnelle entre la surface de la sphère et la plus petite.

628. Dans un demi-cercle donné, mener une corde telle qu'il y ait un rapport donné entre la surface qu'elle engendre en tournant autour du diamètre et la surface de la zone qu'engendre son arc.

629. Dans une sphère de rayon 15^m, on prend une zone à deux bases. Sa surface est 95 m.q., une des bases se trouve à 2^m du centre. Trouver la surface de l'autre base.

630. Trouver le rayon d'un cône inscrit dans une sphère, sachant que sa surface latérale est égale au double de la surface de la zone située de l'autre côté de sa base.

631. Trouver dans une sphère donnée la hauteur d'une zone dont la surface est égale à trois grands cercles.

632. On mène un plan perpendiculaire au milieu du rayon d'une sphère. Quelle serait la hauteur d'un cône qui aurait pour base la section faite par ce plan, et dont la surface latérale serait égale à la plus petite des deux zones déterminées dans la sphère?

633. Trouver les surfaces des deux bases d'une zone et la surface de la zone, sachant que les sections qui la forment sont situées à des distances a et b du centre. Le rayon de la sphère est R.

634. Dans une sphère donnée, on mène au milieu du rayon une section perpendiculaire qui détermine deux segments. On remplace le plus petit de ces segments par un cône de même base. Quelle sera la hauteur de ce cône, si sa surface latérale jointe à la surface du grand segment forme une somme égale à la surface de la sphère?

635. Trouver le rapport entre la surface d'une sphère de rayon R, et la surface latérale du cylindre inscrit de hauteur $\dfrac{R}{2}$.

636. Trouver le rapport entre la surface d'une sphère de rayon R, et la surface totale du cône inscrit de hauteur $\dfrac{3R}{2}$.

637. Un cône circonscrit à une sphère a une hauteur double du diamètre. Démontrer que sa surface totale est double de la surface de la sphère.

638. Quelle doit être la hauteur d'un cylindre construit sur un grand cercle d'une sphère donnée, pour que sa surface totale soit égale à la surface de la sphère?

639. La surface d'une sphère est égale à la surface latérale du cylindre circonscrit.

640. Un cône a pour base un petit cercle, son sommet est au centre d'une sphère dont le rayon est 1^m, sa surface latérale est égale au $\frac{1}{10}$ de celle de la sphère. Quelle est sa hauteur?

641. Quelle sera la hauteur d'un cône circonscrit à une sphère, si le rapport de sa surface totale à celle de la sphère est égal à 3?

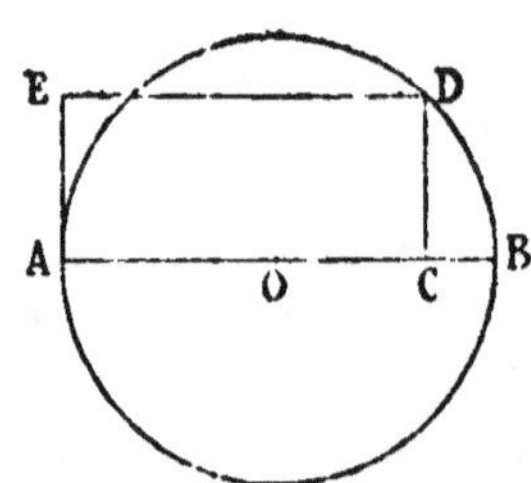

642. Soit un cercle O de rayon donné. Sur le diamètre AB on prend une longueur BC $= h$, et on élève les perpendiculaires CD à AB, et DE à DC. Enfin on mène la tangente AE et on fait tourner la partie supérieure de la figure autour de AB. Trouver la surface engendrée par le contour BDE que forment l'arc BD et la droite DE.

643. La surface totale d'un tronc de cône est égale à la surface d'une sphère ayant pour diamètre l'arête du tronc; cette arête a fait avec la base inférieure du tronc un angle de 60°. Calculer les rayons des bases du tronc.

644. Soit un tronc de cône circonscrit à une sphère. Le rapport de sa surface totale à celle de la sphère est égal à m. Trouver les rayons des bases du tronc, connaissant le rayon de la sphère.

645. On donne un demi-cercle auquel on inscrit et on circonscrit un demi-polygone régulier de même nombre pair de côtés. Démontrer que la surface de la sphère engendrée par le demi-cercle tournant autour de son diamètre est moyenne proportionnelle entre les surfaces engendrées par les polygones.

646. La surface de la sphère est égale au produit de son diamètre par la surface d'un grand cercle.

Volumes engendrés par la rotation des polygones autour des axes situés dans leur plan.

(N°s 599-604)

647. On mène une parallèle DE à la base BC d'un triangle ABC, puis on fait tourner le triangle autour de sa base. Quel sera le rapport des volumes engendrés par le petit triangle ADE et le trapèze DEBC?

Touver le volume engendré par un triangle équilatéral tournant autour

648. — d'un côté;

649. — d'un axe mené parallèlement à un côté par le sommet opposé;

650. — d'une droite menée parallèlement à un côté à une distance m de ce côté;

651. — d'une droite perpendiculaire à l'extrémité du prolongement m d'un côté.

652. Les côtés égaux d'un triangle isocèle valent chacun 3^{m}50, sa base est égale à 2^{m}30. Quel volume engendrera-t-il en tournant autour d'un axe parallèle à sa base et passant par son sommet?

653. Soient a et b, b, les côtés d'un triangle rectangle isocèle, et XY un axe passant par le sommet d'un des angles aigus et formant un angle de 45° avec l'hypoténuse. Trouver le volume engendré par le triangle tournant autour de cet axe.

654. Trouver le volume engendré par un triangle rectangle tournant autour de son hypoténuse. Les côtés de l'angle droit sont 2 et 5.

655. On fait tourner un carré de côté a autour d'un axe passant par un de ses sommets et formant avec a un angle de 30°. Trouver le volume engendré.

656. Trouver le volume engendré par un triangle tournant autour d'un de ses côtés, sachant qu'ils sont respectivement égaux à 2, 3, 7.

657. Trouver les volumes engendrés par les triangles ABD, BCD, ABC, ACD que forment les diagonales d'un rectangle ABCD avec ses côtés, a et b donnés, sachant que ce rectangle tourne autour d'un axe XY parallèle à l'une de ses diagonales BD.

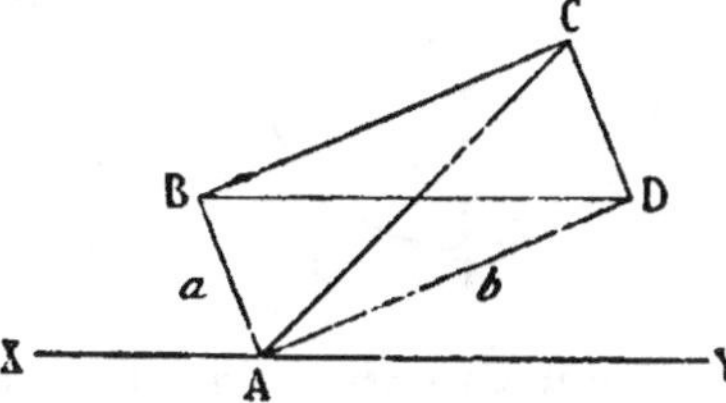

658. Le volume engendré par un rectangle tournant autour d'un axe situé dans son plan, en dehors de sa surface et parallèlement à l'un de ses côtés, est égal au produit de sa surface par la circonférence que décrit le point d'intersection de ses diagonales.

659. Le rapport des volumes engendrés par un parallélogramme tournant successivement autour de deux côtés adjacents est égal au rapport de ces côtés.

660. Quelles seraient, en fonction de leur côté, les valeurs des volumes engendrés par les polygones réguliers suivants tournant autour d'un de leurs côtés : 1° triangle équilatéral; 2° carré; 3° pentagone régulier; 4° hexagone régulier; 5° décagone.

661. Par le milieu O du côté BC d'un rectangle, on mène une droite quelconque EF. Trouver le rapport des volumes engendrés par les triangles COF, EOB tournant autour de DF. La base AB du rectangle est a, et CF $= b$.

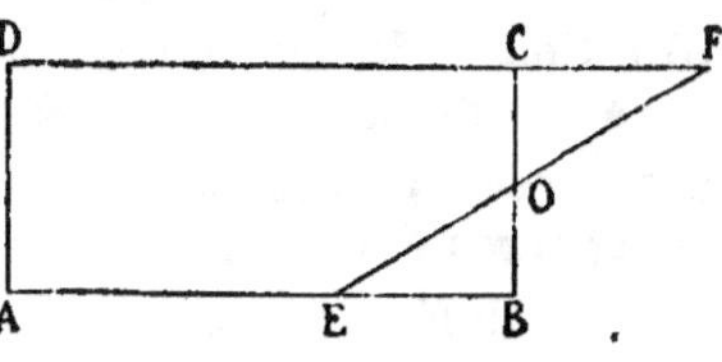

662. Un pentagone est formé d'un triangle équilatéral et d'un carré de même côté que le triangle. Trouver le volume qu'il engendre en tournant autour d'un des côtés du triangle.

663. Trouver le volume engendré par un demi-hexagone régulier tournant autour de son diamètre.

664. Trouver le volume engendré par un demi-octogone régulier tournant autour de son diamètre.

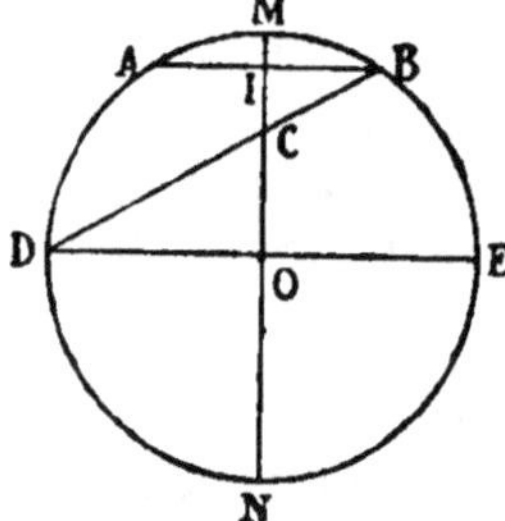

665. On mène dans un cercle deux diamètres perpendiculaires, puis on tire une corde AB égale au rayon et parallèle à l'un des diamètres DE; on joint DB et on fait tourner la figure autour de MN. Trouver le rapport des volumes coniques BCI, DCO.

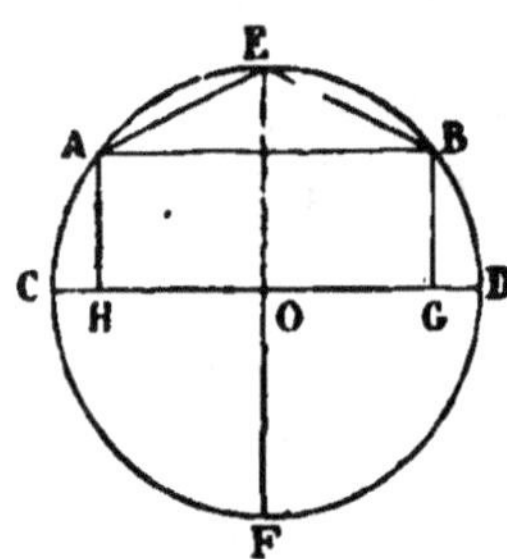

666. Dans un cercle O, on mène deux diamètres perpendiculaires CD, EF. On demande de tracer la corde AB de façon que, si l'on fait tourner la figure autour de CD, le pentagone AEBGH engendre un volume double du volume engendré par le rectangle ABGH.

Volumes engendrés par la rotation d'un secteur et d'un segment circulaires

Volume de la sphère et du segment sphérique
(606 à 613)

667. Un secteur sphérique appartient à une sphère dont le volume est 30 m. c., la zone qui lui sert de base a une surface égale au tiers de la surface de la sphère. Trouver la hauteur du secteur.

668. Un secteur de 3 m. c. a pour base une zone de $0^m 3$ de hauteur. Trouver la surface de la sphère à laquelle il appartient.

669. Quelle est la hauteur de la zone qui sert de base à un secteur sphérique dont le volume égale le quart de celui de la sphère de rayon $0^m 5$ à laquelle il appartient.

670. Soit R le rayon d'une sphère. Trouver le rayon d'une autre sphère : 1° de surface double; 2° de volume seize fois plus grand.

671. Trouver le rayon d'une sphère égale en volume à la somme de deux sphères données.

672. La différence des rayons de deux sphères est a, la différence de leurs volumes est m^3. Trouver ces rayons.

673. Trouver le volume d'une sphère, connaissant la surface b^2 et la hauteur h d'une zone.

674. Trouver le volume d'une sphère, connaissant le volume 0 m. c. 155 d'un secteur, et la surface 0 m. q. 03 de la zone qui lui sert de base.

675. Calculer les hauteurs de deux cylindres dont la somme des volumes égale une sphère donnée, et la somme des surfaces totales égale la surface d'une autre sphère donnée. Les bases des deux cylindres sont πa^2 et πb^2.

676. La surface d'une sphère est divisée par un petit cercle dans le rapport de 1 à 3. Quel sera le rapport des volumes et des surfaces totales de deux cônes ayant ce cercle pour base commune et ses pôles pour sommets ?

677. Dans quel rapport doit-on diviser par un petit cercle la surface d'une sphère donnée, pour que les volumes des cônes ayant ce cercle pour base commune et ses pôles pour sommets, soient dans le rapport de 1 à 3 ?

678. Trouver les volumes de deux sphères dont on connaît la somme b des rayons et la somme a^3 des volumes.

679. Si la hauteur d'un tronc de cône est quatre fois plus grande que la différence des rayons des bases, son volume est égal à la différence des volumes des deux sphères construites sur ces rayons.

680. La surface d'une sphère dont on double le rayon est quatre fois plus grande que celle de la sphère primitive; son volume est huit fois plus grand.

681. Le rapport du volume d'une sphère inscrite dans un cube au volume du cube, est égal au sixième du rapport de la circonférence au diamètre.

682. Trouver les rapports de la surface totale et du volume d'un cylindre circonscrit à une sphère, à la surface et au volume de la sphère.

683. Un cône équilatéral est circonscrit à une sphère. Démontrer que le rapport de son volume et de sa surface au volume et à la surface de la sphère est égal à $2\,1/4$.

684. Un cylindre et un cône ont même hauteur h, leur base est un grand cercle d'une sphère dont le volume est moyen proportionnel entre leurs volumes. Démontrer que le rayon de cette sphère est égal au quart du côté du triangle équilatéral inscrit dans un cercle de rayon h.

685. Chercher le volume et la surface d'un tétraèdre régulier circonscrit à une sphère de rayon donné.

686. A quelle distance du côté a d'un triangle équilatéral doit-on mener un axe, pour que le volume qu'il engendrera par sa rotation autour de cet axe soit égal à une sphère de rayon donné ?

687. Quelle est l'expression du volume d'un segment circulaire dont la corde est parallèle à l'axe de rotation ?

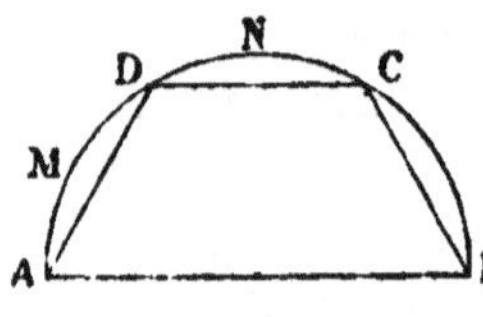

688. Soit un demi-hexagone régulier inscrit dans un demi-cercle ; on le fait tourner autour du diamètre AB. Trouver le rapport des volumes engendrés par les segments AMD, DNC.

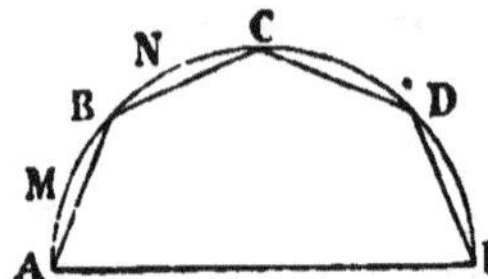

689. Soit un demi-octogone régulier inscrit dans un demi-cercle. Trouver le rapport des volumes engendrés par les segments AMB, BNC tournant autour du diamètre AE.

690. Calculer la hauteur d'un segment sphérique à une base équivalent en volume au cône de même base dont le sommet est au centre de la sphère.

691. Trouver la hauteur d'un cône de même base et de même volume qu'un segment qui dans une sphère de rayon R a pour hauteur $\dfrac{R}{2}$.

692. Inscrire dans une sphère un cylindre dont le volume forme avec la somme des deux segments opposés aux bases un rapport égal à $\dfrac{m}{n}$.

693. Trouver la surface d'une calotte sphérique dont on connaît la base et la hauteur.

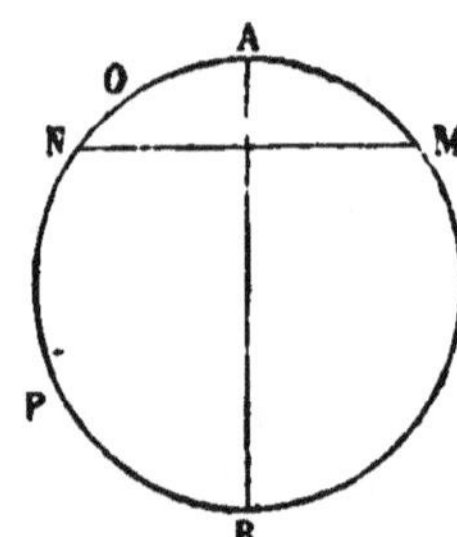

694. Mener sur le diamètre AB d'un cercle une perpendiculaire MN telle que le rapport des segments engendrés par AON, BPN soit égal à un rapport donné $\dfrac{b}{c}$.

695. Quel serait le volume engendré par AON tournant autour de AB (fig. n° 694), si MN représente le côté du pentagone régulier inscrit ?

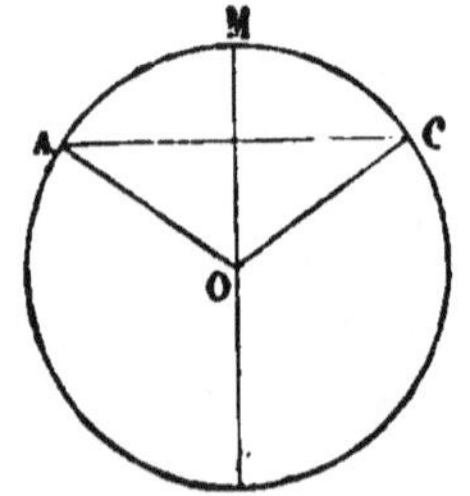

696. Mener dans une sphère un plan tel que le segment AMC forme avec le secteur OAMC un rapport donné.

697. Trouver le volume d'un segment sphérique à une base, sachant que cette base est à une distance a du centre d'une sphère de volume donné.

698. Inscrire dans une sphère de rayon R un cône de même volume que le segment opposé à sa base.

699. Inscrire dans une sphère un cône dont la surface latérale soit égale à la surface totale du segment sphérique opposé à sa base.

700. Évaluer le volume d'un segment détaché par un plan mené dans une sphère à une distance du centre égale à $\frac{R}{2}$.

701. Quelle est la hauteur d'un segment sphérique à une base dont la surface totale égale la surface d'un grand cercle?

702. Par l'extrémité d'un diamètre, mener une corde telle que le segment circulaire qu'elle limite engendre en tournant autour du diamètre un volume égal au huitième de la sphère.

703. Soit un demi-cercle O. A quelle distance AI faut-il mener une corde IC perpendiculaire à un diamètre AB, pour que la somme des volumes engendrés par les segments circulaires AMC, BNC soit égale aux $^3/_4$ du volume engendré par le demi-cercle? La rotation a lieu autour de AB.

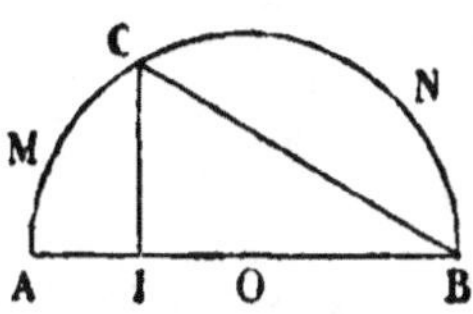

704. Deux circonférences tangentes intérieurement ont pour rayon R et 2 R. On mène par le point de contact A une sécante ADE telle que l'angle EAO = 45°. Trouver le volume engendré par la surface AMDEN tournant autour du diamètre AB.

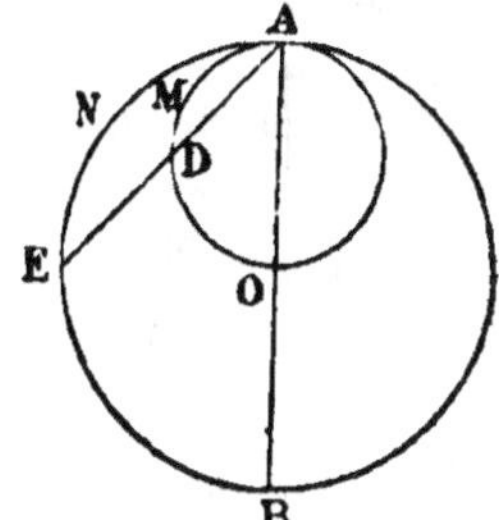

705. Dans une sphère de rayon R, on mène un cercle AB perpendiculaire au diamètre CD, de manière que le segment ACB soit égal au volume conique AOB. Trouver la distance OF du centre de la sphère au cercle.

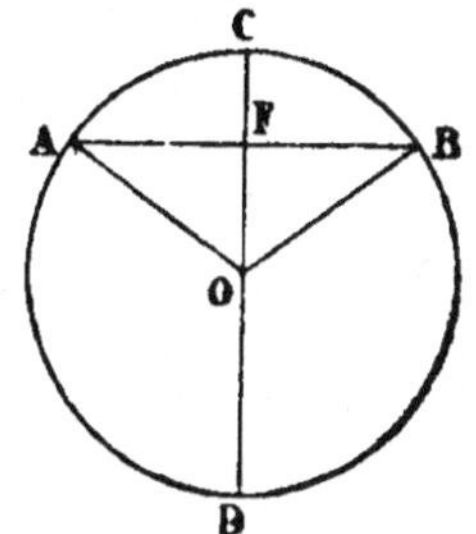

706. Soit un trapèze ABCD rectangle en A et en B. Sur AB comme diamètre, on décrit une demi-circonférence. Trouver le volume AMBCD obtenu en faisant tourner la figure autour de AB.

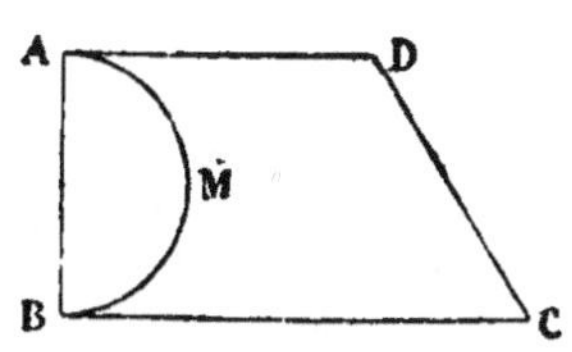

707. On décrit deux demi-cercles sur les moitiés AC, CB du diamètre AB donné dans le cercle AMB, puis on fait tourner la figure autour de AB. Trouver le volume engendré par la surface ANCPBM.

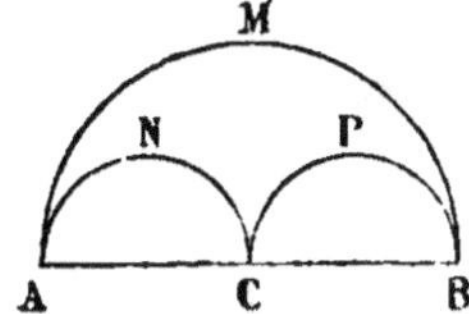

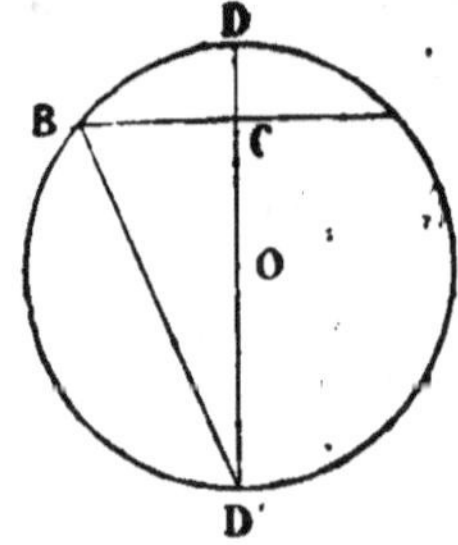

708. A quelle distance DC prise sur le rayon OD d'un cercle, faut-il mener une corde CB perpendiculaire à ce rayon, pour que le segment engendré par BDC en tournant autour de DD' forme un volume égal à la moitié du volume engendré par D'BC?

Théorèmes de Guldin

(Nᵒˢ 617 et 618)

709. Trouver la surface engendrée par une circonférence tournant autour d'un axe situé dans son plan. On suppose que l'axe ne coupe pas la circonférence*.

710. Trouver la surface engendrée par une circonférence tournant autour d'une de ses tangentes.

711. Chercher le centre de gravité du demi-périmètre de l'hexagone, de l'octogone, du décagone et du dodécagone réguliers.

712. Trouver le centre de gravité d'une demi-circonférence.

713. Trouver le volume du tore.

714. Trouver le centre de gravité de la surface : 1° du demi-hexagone et du demi-octogone réguliers; 2° du demi-décagone et du demi-dodécagone réguliers.

715. Trouver le centre de gravité d'un demi-cercle.

---

* Le volume engendré par un cercle qui tourne autour d'un axe situé dans son plan se nomme *tore*.

La surface engendrée par la circonférence est la *surface du tore*.

LIVRE VIII

COURBES USUELLES

ELLIPSE — PARABOLE — HÉLICE

I. ELLIPSE

DÉFINITIONS

619. Ellipse. — L'ellipse est une courbe plane telle que la somme des distances de chacun de ses points à deux points fixes situés dans son plan est constante.

La courbe ABA′B′ étant une ellipse, on doit avoir :

$$FM + MF' = FN + NF'$$

quels que soient les points M et N pris sur la courbe.

La somme constante $FM + F'M$ se désigne ordinairement par $2\,a$.

620. Foyers. — On appelle *foyers* les deux points fixes F et F′ situés dans l'intérieur de l'ellipse.

La distance des foyers se nomme *distance focale*, et se désigne par $2\,c$.

Deux ellipses qui ont les mêmes foyers sont *homofocales*.

621. Rayons vecteurs. On appelle *rayons vecteurs*, les droites menées des foyers à un point quelconque d'une ellipse.

PROBLÈME

622. *Étant donnés les foyers et la somme constante 2 a des distances d'un point de l'ellipse aux foyers, on demande de tracer la courbe par points.*

H. Soient F et F′ les foyers d'une ellipse et $AA' = 2\,a$.
Tracer la courbe par points.

A partir du point O, milieu de FF′, prenons $OA = OA′ = a$. Les points A et A′ ainsi déterminés appartiennent à l'ellipse. En effet, on a :

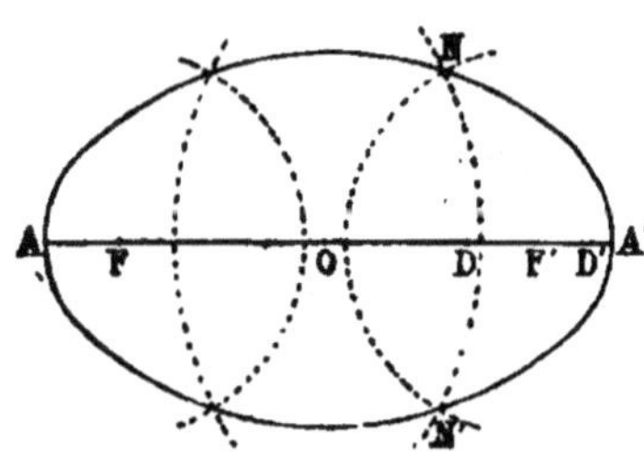

$$OA = OA′ \text{ et } OF = OF′,$$
$$\text{donc } OA - OF = OA′ - OF′,$$
$$\text{ou} \qquad AF = A′F′,$$
$$\text{ou encore} \quad AF′ = A′F.$$

Par suite
$$AF + AF′ = AF + A′F = 2a.$$
De même :
$$A′F′ + A′F = A′F′ + AF′ = 2a.$$

Pour déterminer d'autres points de la courbe, prenons entre F et F′ un point quelconque D, et des foyers comme centres, avec des rayons respectivement égaux à AD et A′D, décrivons des arcs qui se coupent en N et N′. Ces points appartiendront à l'ellipse, puisqu'on aura toujours :
$$FN + NF′ = AD + A′D = 2a.$$

Il est clair qu'en faisant varier la position du point D entre les deux foyers, on obtiendra autant de points de l'ellipse que l'on voudra. Il suffira de joindre ces points par une ligne continue pour avoir la courbe.

Le point D ne peut pas être pris en dehors de la distance focale, parce qu'on aurait :
$$FF′ < AD′ - A′D′.$$

La distance des centres serait donc plus petite que la différence des rayons, et les arcs ne se couperaient pas (146).

PROBLÈME

623. Étant donnés les foyers et la somme constante $2a$ des distances d'un point de l'ellipse aux foyers, on demande de décrire la courbe d'un mouvement continu.

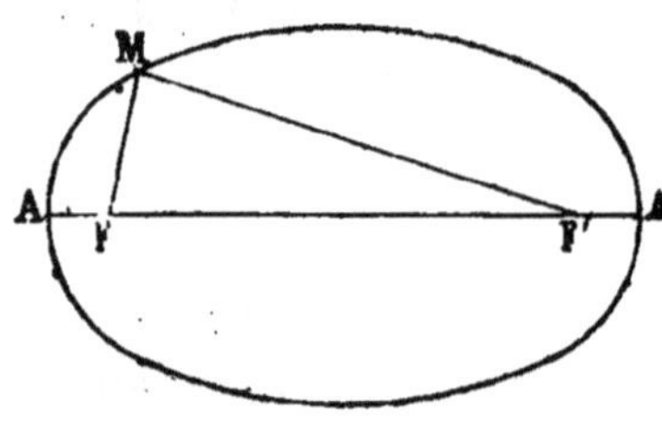

On attache aux foyers F et F′ un fil d'une longueur égale à $2a$, puis, au moyen d'un crayon que l'on fait glisser le long du fil en le maintenant bien tendu, on décrit facilement la courbe. Cette courbe est une ellipse, car on a toujours par construction :
$$MF + MF′ = 2a.$$

DÉFINITION

624. Axe de symétrie. — On appelle *axe de symétrie*, ou simplement *axe*, toute droite qui divise la courbe en deux parties telles que chaque point de l'une ait son symétrique sur l'autre par rapport à la droite.

THÉORÈME

625. *L'ellipse a deux axes de symétrie :*

1° *Le grand axe qui passe par les foyers;*

2° *Le petit axe perpendiculaire sur le milieu du grand axe.*

1° La ligne AA′ est un axe de symétrie.

Les points N et N′ de l'ellipse ont été déterminés par les intersections des circonférences décrites de F et de F′ avec des rayons égaux à FN et à F′N (622). Or, quand deux circonférences se coupent, la ligne FF′ qui joint les centres est perpendiculaire sur le milieu de la corde commune NN′ (145).

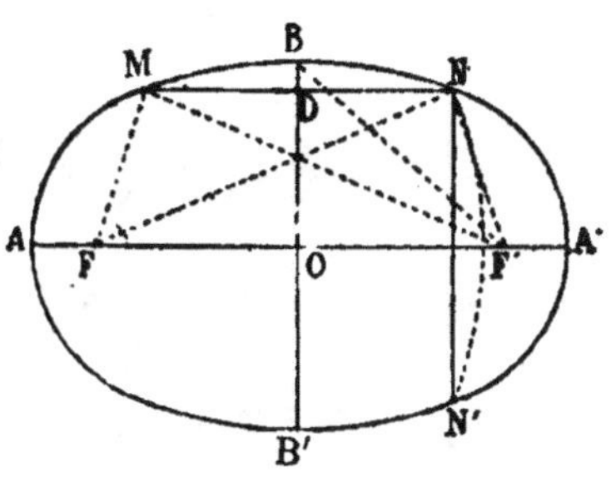

Donc les points N et N′ sont symétriques par rapport à la droite AA′.

2° La ligne BB′ est un axe de symétrie.

Menons ND perpendiculaire sur BB′ et faisons MD = ND. Le point M symétrique de N appartiendra à l'ellipse.

En effet, si l'on superpose les deux quadrilatères ODMF et ODNF′, ils coïncideront dans toute leur étendue. Par suite les côtés NF′, MF seront égaux ainsi que les angles NF′O, MFO. Les triangles MFF′ et NFF′, ayant dès lors un angle égal compris entre côtés égaux, sont égaux, et MF′ = NF. Donc

$$MF' + MF = NF + NF' = 2\,a$$

et le point M symétrique de N appartient à l'ellipse.

La droite BB′ est par conséquent un axe de symétrie.

626. Remarque. — On désigne l'axe BB′ par 2 b.

La relation entre les axes et la distance focale est donnée par le triangle rectangle BOF′. En effet :

$$\overline{BF'}^2 = \overline{BO}^2 + \overline{OF'}^2,$$

ou $\qquad\qquad a^2 = b^2 + c^2.$

DÉFINITIONS

627. Sommets. — On nomme *sommets* d'une ellipse les points A, A', B, B' d'intersection des axes avec la courbe.

628. Excentricité de l'ellipse. — L'excentricité d'une ellipse est le rapport de la demi-distance focale au demi-grand axe.

Ce rapport se représente par $\dfrac{c}{a}$. Il est toujours plus petit que l'unité.

629. Centre de symétrie ou centre. — On nomme ainsi le point par rapport auquel tous les points d'une courbe sont symétriques deux à deux.

THÉORÈME

630. *Une ellipse a pour centre le milieu de la distance focale.*

Joignons un point M de l'ellipse au point O milieu de FF', et

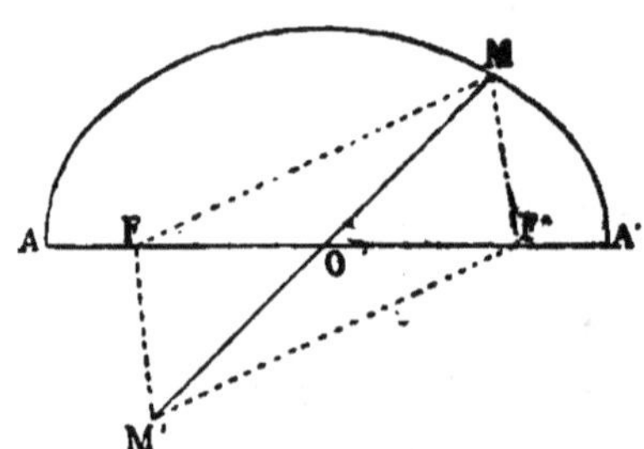

faisons $OM' = OM$. Le point M' appartiendra à l'ellipse.

En effet, les diagonales du quadrilatère MFM'F' se coupent en parties égales. Ce quadrilatère est donc un parallélogramme, et l'on a :

$FM' + F'M' = FM + F'M = 2a$,

ce qui prouve que le point M' appartient à l'ellipse.

Toutes les droites menées dans l'ellipse par le point O étant partagées de la même manière en deux parties égales, ce point est un centre de symétrie.

THÉORÈME

631. *La somme des distances d'un point pris à l'intérieur ou à l'extérieur d'une ellipse est plus petite ou plus grande que le grand axe, c'est-à-dire que* $2a$.

1° Le point donné D est à l'intérieur de l'ellipse.

On aura : $F'D + FD < 2a$.

Le triangle F'DM donne :

$$F'D < DM + MF'.$$

Si l'on ajoute une même quantité FD aux deux membres de cette inégalité, on obtient :

$$FD + F'D < FD + DM + MF',$$

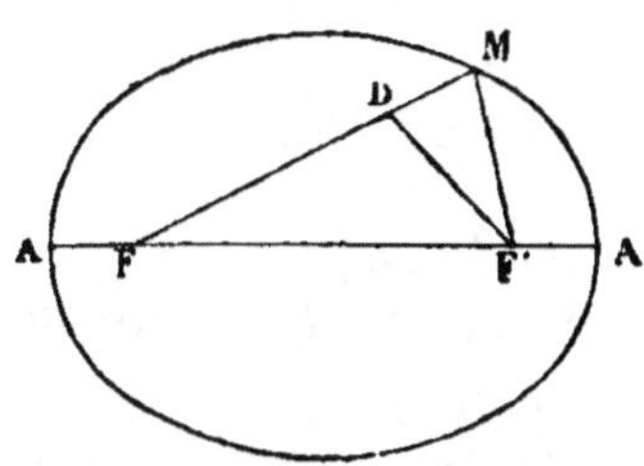

et comme
$$FD + DM = FM$$
$$FD + F'D < FM + MF' < 2\,a.$$

2° Le point donné M est extérieur à l'ellipse.
On aura :
$$F'D + FD > 2\,a.$$
Le triangle F'DM donne :
$$MD + DF' > MF'.$$

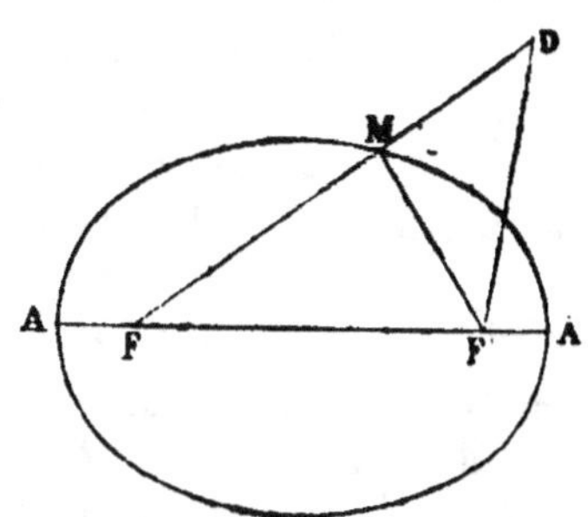

Si l'on ajoute MF à chaque membre de cette inégalité, on obtient :

$$MF + MD + DF' > MF + MF',$$
et comme
$$MF + MD = DF,$$
$$DF + DF' > MF + MF' \text{ ou } DF + DF' > 2a.$$

632. Remarque. — Il résulte du théorème précédent que l'ellipse est *le lieu géométrique de tous les points dont la somme des distances à deux points fixes est constante.*

DÉFINITION

633. Tangente à une courbe. — On nomme *tangente à une courbe* la limite des positions que prend une sécante tournant autour d'un de ses deux points d'intersection jusqu'au moment où l'autre point vient se confondre avec lui.

Le point unique où la tangente touche la courbe s'appelle *point de contact*.

THÉORÈME

634. *La tangente à l'ellipse forme des angles égaux avec les rayons vecteurs menés au point de contact.*

Soit la sécante BC à l'ellipse.

Abaissons la perpendiculaire FI sur cette sécante, et prolongeons cette perpendiculaire jusqu'en $IH = IF$, puis joignons HF' et FO.

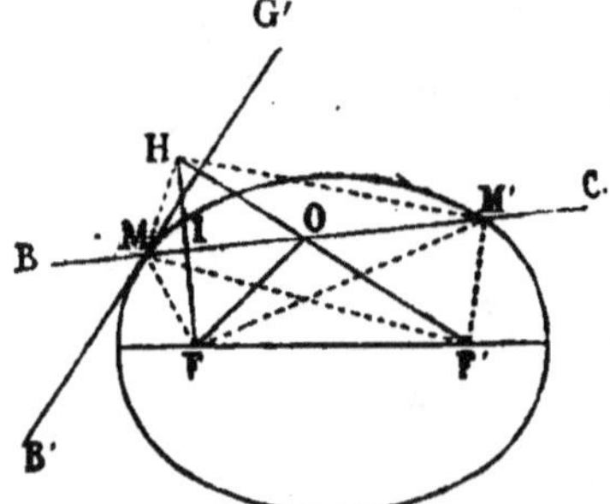

Le triangle FOH étant isocèle, la perpendiculaire OI à la base HF est bissectrice de l'angle du sommet et l'on a :

$$HOI = IOF,$$

ou $$IOF = F'OM',$$

c'est-à-dire que les angles formés au point O par les droites qui joignent ce point aux foyers sont égaux. Or, quelle que soit la position des points M et M', le point O est assujetti à rester entre eux.

En effet, si l'on joint HM', FM', M'F' et F'M, on a :

$$FM + MF' \text{ ou } HM + MF' = 2a,$$
$$F'M' + M'F \text{ ou } HM' + M'F' = 2a,$$

donc $$HM + MF' = HM' + M'F'.$$

Cette égalité ne pourrait subsister si le point M' passait de l'autre côté du point O, car on aurait alors une ligne enveloppée HM'F', et une ligne enveloppante HMF'.

Supposons maintenant qu'on relève la sécante BC en la faisant tourner autour du point M, il est clair que M' et O s'approcheront toujours de ce point et que les angles MOF, M'OF' resteront égaux. A la limite, les trois points M, O et M' se confondront, la ligne BC sera tangente et on aura encore :

$$B'MF = G'MF'.$$

NORMALE A L'ELLIPSE

635. Définition. — On appelle *normale à l'ellipse*, la perpendiculaire menée à la tangente au point de contact.

THÉORÈME

636. *La normale à l'ellipse est bissectrice de l'angle des rayons vecteurs.*

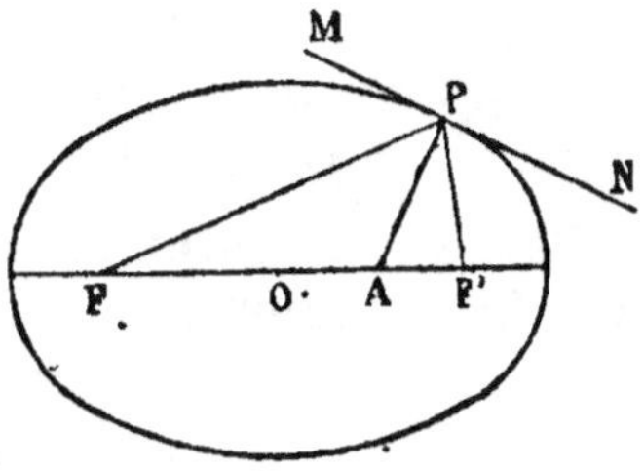

En effet, les angles APF et APF' sont égaux comme compléments des angles égaux MPF et NPF' (634).

CERCLES DIRECTEURS DE L'ELLIPSE

637. **Définition.** — On nomme *cercle directeur de l'ellipse* le cercle tracé de l'un des foyers avec un rayon égal au grand axe.

L'ellipse a deux cercles directeurs.

THÉORÈME

638. *Tout point M de l'ellipse est à égale distance du foyer F et du cercle directeur qui a pour centre l'autre foyer F'.*

En effet, on a par définition :

$$FM + F'M = 2a,$$

et

$$F'M + MN = 2a \ (637);$$

donc

$$FM + F'M = F'M + MN,$$

ou

$$FM = MN.$$

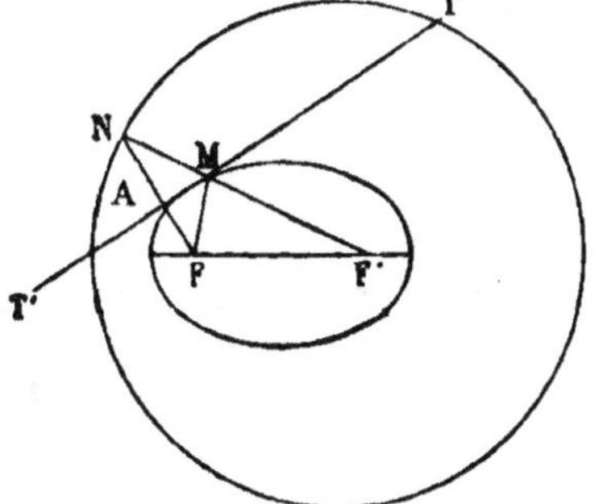

639. **Remarque I.** — Si l'on mène la tangente TT' au point M et si l'on joint les points N, F, la droite TT', bissectrice de l'angle du sommet dans le triangle isocèle FMN, sera perpendiculaire sur le milieu de NF. De là cette conclusion : *Pour mener une tangente quelconque à l'ellipse, il suffit d'élever une perpendiculaire sur le milieu de la droite qui joint un foyer à un point quelconque du cercle directeur décrit de l'autre foyer.*

640. **Remarque II.** — Le point N symétrique d'un foyer F par rapport à la tangente TT', le point de contact M de cette tangente et l'autre foyer F' sont sur une même ligne droite.

10

THÉORÈME

641. *Le lieu géométrique des points symétriques du foyer* F
*par rapport aux tangentes à l'ellipse est le cercle directeur qui
a pour centre l'autre foyer* F′.

Ce théorème est évident, puisque, pour une tangente quelconque,
AN égale toujours AF, et que NF est toujours perpendiculaire
à TT′.

CERCLE PRINCIPAL

642. Définition. — Le cercle qui a pour centre le centre même
de l'ellipse et pour diamètre le grand axe s'appelle *cercle principal de l'ellipse.*

THÉORÈME

643. *Le lieu des projections des foyers sur les tangentes est
le cercle principal de l'ellipse.*

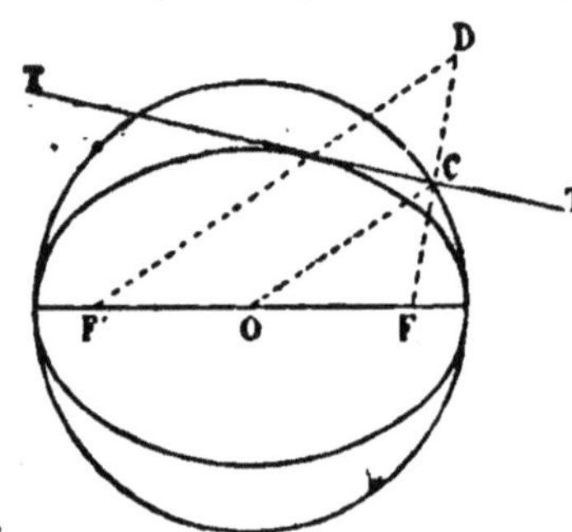

Soit le point C projection du
foyer F sur une tangente quelconque TT′. Prenons le point D symétrique de F, et menons les droites
F′D et OC.

On a par construction FC = CD,
d'ailleurs FO = OF′.

Il s'ensuit que OC est parallèle
à F′D et égale à $\dfrac{F'D}{2}$, ou à $\dfrac{2\,a}{2}$ (638).

Le point C appartient donc au cercle principal de l'ellipse.

PROBLÈME

644. *Mener une tangente à l'ellipse :*

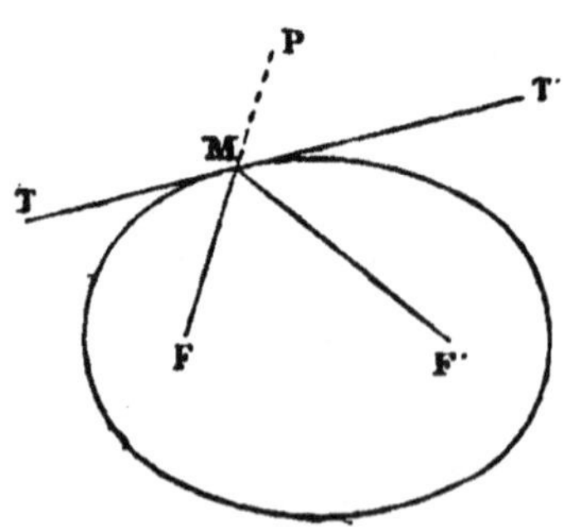

1º *Par un point pris sur la
courbe;*

2º *Par un point extérieur à la
courbe;*

3º *Parallèlement à une droite
donnée.*

1er Cas. — Le point donné M est
sur la courbe.

On mène les rayons vecteurs FM,
F′M, on prolonge FM et on mène

la bissectrice de l'angle PMF'. Cette bissectrice est tangente au point M, car on a :

$$FMT = PMT' = F'MT'.$$

2e Cas. — Le point donné M est extérieur à la courbe.

Si l'on connaissait le point D symétrique du foyer F par rapport à la tangente demandée, cette tangente serait facile à construire, puisqu'elle est perpendiculaire sur le milieu de FD (639). Or le point D se trouve sur deux lieux géométriques, sa-

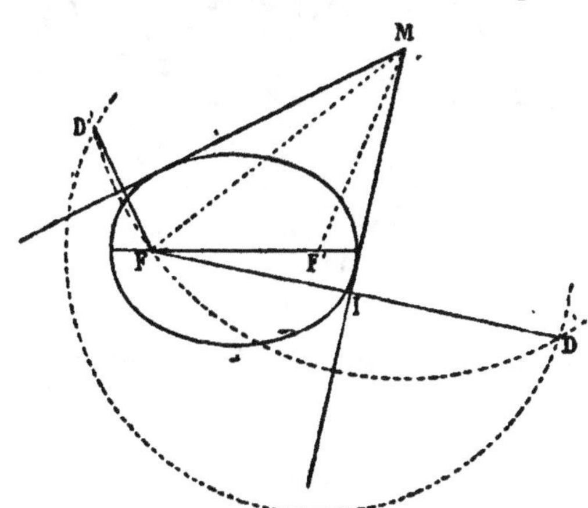

voir : le cercle directeur dont le centre est F' (638) et le cercle MF qui passe nécessairement par le point D, puisque IF = ID. Donc...

On peut remarquer que le cercle MF coupe le cercle directeur F' en deux points D et D'. En effet, la distance MF' des centres est plus petite que la somme des rayons et plus grande que leur différence F. Or, on a :

$$MF' < MF + FF' \text{ et } \textit{à fortiori } MF' < MF + 2\,a.$$

De plus le point M étant extérieur, la distance MF' peut être plus grande ou plus petite que $2\,a$.

Si elle est plus grande, le triangle MFF' donne :

$$MF' > MF - FF' \text{ ou } MF' > MF - 2\,a.$$

Si elle est plus petite, on a :

$$MF' + MF > 2\,a,$$

d'où

$$MF' > 2\,a - MF.$$

Dans toutes les hypothèses, on a donc deux solutions.

3e Cas. — La tangente à l'ellipse doit être parallèle à une droite donnée AB.

Menons le cercle directeur F', et du foyer F abaissons sur AB

la perpendiculaire EFD. On aura les tangentes T et T′ demandées en élevant des perpendiculaires sur les milieux de FE et de

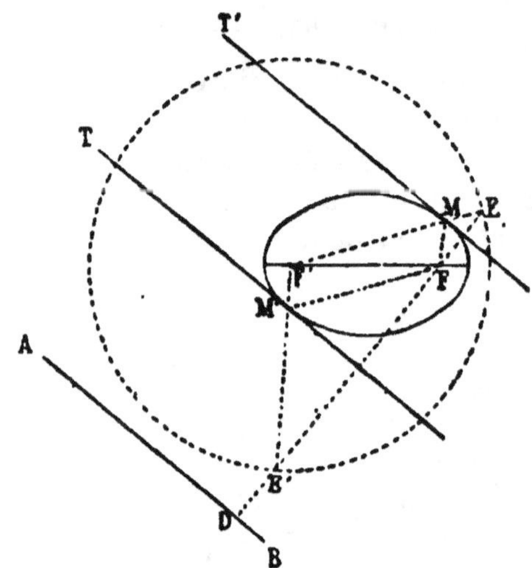

FE′ (639). Les points de contact des tangentes seront sur F′E′
et F′E.

THÉORÈME[*]

645. *La projection de la circonférence sur un plan non parallèle à son plan est une ellipse.*

1er Cas. — Le plan donné passe par le centre de la circonférence.

Menons deux plans perpendiculaires au plan de projection et

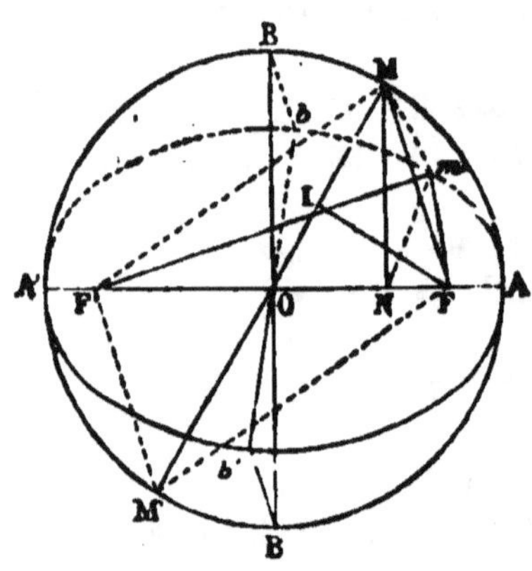

à A′A, l'un par le diamètre BB′,
l'autre par un point quelconque M
de la circonférence donnée. Dans
ces plans abaissons les perpendiculaires Bb, Mm et MN, puis prenons OF = Bb = OF′. Le point m
étant la projection de M appartient à la courbe. Démontrons que
la somme $mF + mF′$ de ses distances aux foyers est constante, et
la courbe AbA′$b′$ sera une ellipse.

Menons le diamètre MM′ et la perpendiculaire FI sur ce diamètre.

Les triangles BOb et MNm, ayant leurs côtés parallèles, sont semblables et donnent la relation :

$$\frac{Mm}{Bb} = \frac{MN}{BO}, \quad \text{ou} \quad Mm = Bb \times \frac{MN}{BO} \ (1).$$

D'un autre côté, les triangles rectangles OFI, OMN, ayant un angle aigu commun en O, sont aussi semblables et fournissent la relation :

$$\frac{FI}{MN} = \frac{OF}{OM}.$$

Or OF $=$ Bb par construction, et OM $=$ BO comme rayons.

On a ainsi : $\dfrac{FI}{MN} = \dfrac{Bb}{BO}$, ou FI $=$ B$b \times \dfrac{MN}{BO}$ (2).

Il résulte des égalités (1) et (2) que M$m =$ FI.

Dès lors les triangles rectangles MIF, MFm sont égaux, puisqu'ils ont l'hypoténuse commune et un côté égal. Donc

$$Fm = IM.$$

D'ailleurs F$'m =$ IM$'$, car les triangles rectangles F$'$Mm et FI M$'$ sont égaux. Ils ont en effet un côté M$m =$ FI. De plus leurs hypoténuses F$'$M et FM sont égales comme côtés opposés du quadrilatère MFM$'$F$'$, quadrilatère qui est un parallélogramme, puisque ses diagonales se divisent mutuellement en parties égales.

La somme F$m +$ F$'m$ vaut donc IM $+$ IM$'$ ou MM$'$ quantité constante, et la courbe AbA$'b'$ est une ellipse qui a pour grand axe le diamètre AA$'$, et pour petit axe la projection bb' du diamètre BB$'$ perpendiculaire à AA$'$.

2° Cas. — Le plan sur lequel on doit projeter la circonférence ne passe pas par son centre.

Le théorème reste vrai. Pour le prouver, il suffit de mener par le centre un plan parallèle au plan donné. Nous venons de démontrer que la projection de la circonférence sur ce second plan sera une ellipse, et comme les projections d'une même figure sur deux plans parallèles sont égales, la projection sur le premier sera aussi une ellipse.

646. Remarque. — La projection d'une circonférence sur un plan parallèle à son propre plan est une circonférence égale.

COORDONNÉES D'UN POINT

647. Soient un point M situé sur une courbe quelconque AB, et un point O fixe placé sur un axe XY pris à volonté.

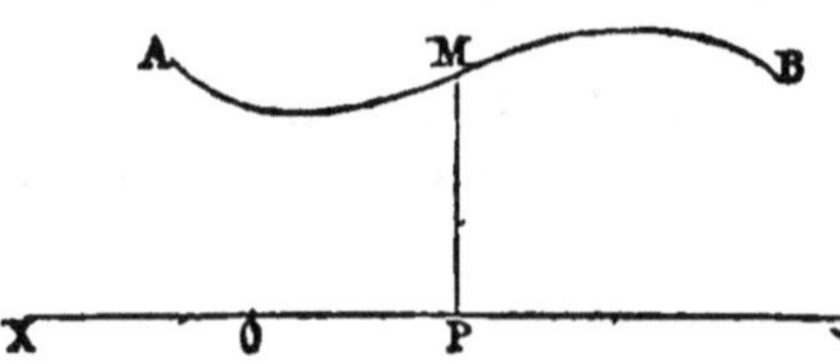

On nomme *ordonnée* du point M la perpendiculaire MP abaissée sur l'axe. La distance OP est dite l'*abscisse* du même point.

Les deux lignes MP et PO prises simultanément se nomment les *coordonnées* du point M.

THÉORÈME

648. *Les ordonnées de l'ellipse et du cercle principal sont dans un rapport constant égal au rapport des axes de l'ellipse.*

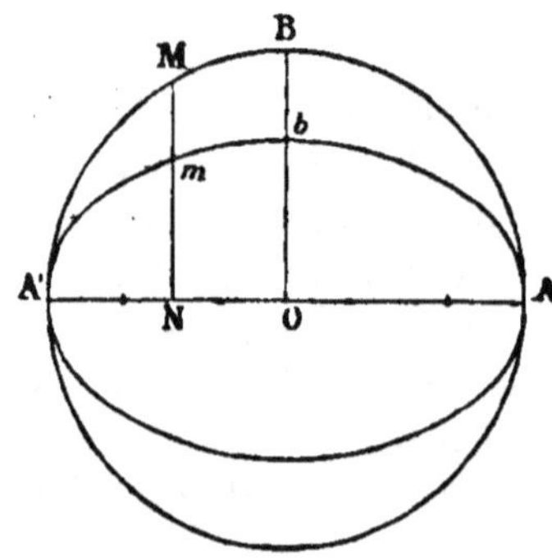

Dans la figure du théorème précédent, les triangles semblables BOb et MNm donnent :

$$\frac{MN}{mN} = \frac{BO}{bO} = \frac{a}{b}.$$

Cette relation subsiste évidemment lorsque l'on a rabattu l'ellipse sur le cercle en la faisant tourner autour du grand axe AA′, comme le montre la figure ci-jointe.

THÉORÈME

649. *L'aire de l'ellipse est égale au produit des deux demi-axes par* π.

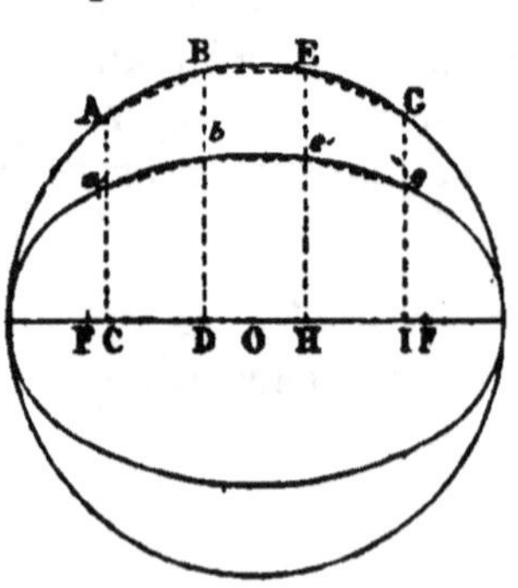

Décrivons le cercle principal de l'ellipse, et inscrivons dans les deux courbes des trapèzes correspondant deux à deux. Ces trapèzes ABCD, abCD..., ayant même hauteur, seront entre eux comme les sommes de leurs bases et on aura :

$$\frac{ab\mathrm{CD}}{\mathrm{ABCD}} = \frac{a\mathrm{C}+b\mathrm{D}}{\mathrm{AC}+\mathrm{BD}} \quad (1).$$

Or $\dfrac{a\mathrm{C}}{\mathrm{AC}} = \dfrac{b\mathrm{D}}{\mathrm{BD}} = \dfrac{b}{a}$, ou $\dfrac{a\mathrm{C}+b\mathrm{D}}{\mathrm{AC}+\mathrm{BD}} = \dfrac{b}{a}$.

La relation (1) équivaut donc à la relation :

$$\frac{ab\mathrm{CD}}{\mathrm{ABCD}} = \frac{b}{a}.$$

Si l'on multiplie indéfiniment le nombre des trapèzes, la relation subsiste toujours. A la limite on a la demi-ellipse et le demi-cercle principal. Donc

$$\frac{\text{Ellipse}}{\text{Cercle}} = \frac{b}{a}, \quad \text{ou} \quad \text{ellipse} = \frac{b}{a} \times \pi a^2 = \pi ab.$$

650. Remarque. — *La surface de l'ellipse est moyenne proportionnelle entre les deux cercles décrits sur ses axes comme diamètres.*

En effet, on a successivement :

$$\text{Ellipse} = \pi ab = \sqrt{\pi^2 a^2 b^2} = \sqrt{\pi a^2 \times \pi b^2}.$$

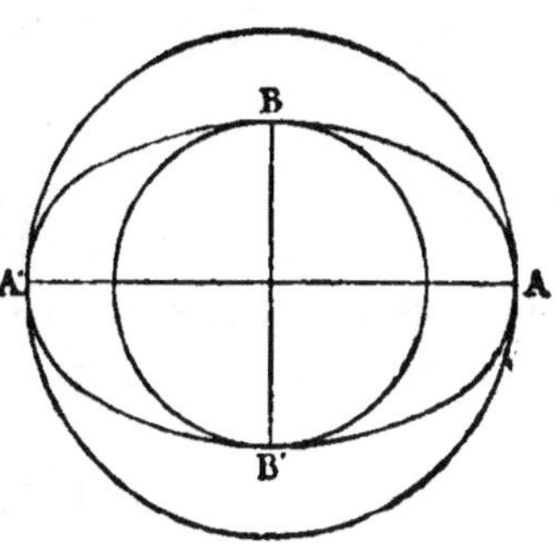

ÉQUATION DE L'ELLIPSE

651. Définition. — L'*équation* d'une courbe est la relation constante qui existe entre les coordonnées de chacun des points de la courbe.

Si dans la circonférence on prend le centre pour origine des coordonnées, on aura pour un point M quelconque la relation constante :

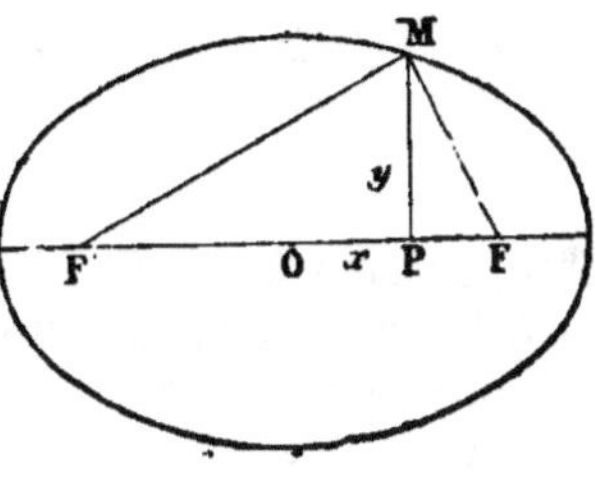

$$\overline{\mathrm{MP}}^2 + \overline{\mathrm{OP}}^2 = \overline{\mathrm{OM}}^2,$$

$$\text{ou} \qquad x^2 + y^2 = \mathrm{R}^2.$$

C'est l'équation de la courbe.

THÉORÈME

652. *L'ellipse a pour équation :* $\dfrac{x^2}{a^2} + \dfrac{y^2}{b^2} = 1.$

Soient x et y les coordonnées d'un point M de la courbe. Les triangles M'PF' et MPF rectangles en P donnent :

$$\overline{\mathrm{MF'}}^2 = \overline{\mathrm{MP}}^2 + \overline{\mathrm{F'P}}^2 \ (\mathrm{A}),$$

$$\text{et} \qquad \overline{\mathrm{MF}}^2 = \overline{\mathrm{MP}}^2 + \overline{\mathrm{PF}}^2 \ (\mathrm{B}).$$

Soustrayant, il vient :

$$\overline{MF'}^2 - \overline{MF}^2 = \overline{F'P}^2 - \overline{PF}^2 = (c+x)^2 - (c-x)^2,$$

ou en développant
$$\overline{MF'}^2 - \overline{MF}^2 = 4\,cx,$$
$$(MF' + MF)(MF' - MF) = 4\,cx,$$
$$2\,a\,(MF' - MF) = 4\,cx,$$
$$MF' - MF = \frac{2\,cx}{a}.$$

D'ailleurs
$$MF' + MF = 2\,a.$$

De ces deux dernières égalités on tire :
$$MF' = \frac{cx}{a} + a,$$

et
$$MF = \frac{cx}{a} - a.$$

Transportons une de ces valeurs dans l'équation (A) et (B) :
$$\overline{MF'}^2 = \overline{MP}^2 + \overline{F'P}^2,$$
$$\left(\frac{cx}{a} + a\right)^2 = y^2 + (c+x)^2;$$

résolvant et remarquant que :
$$a^2 - b^2 = c^2 \ (626),$$
on obtient :
$$b^2 x^2 + a^2 y^2 = a^2 b^2,$$
ou en divisant toute l'équation par $a^2 b^2$:
$$\frac{x^2}{a^2} + \frac{y^2}{b^2} = 1.$$

653. Remarque. — L'équation de l'ellipse étant du second degré, la courbe est dite du second degré.

ELLIPSOIDE

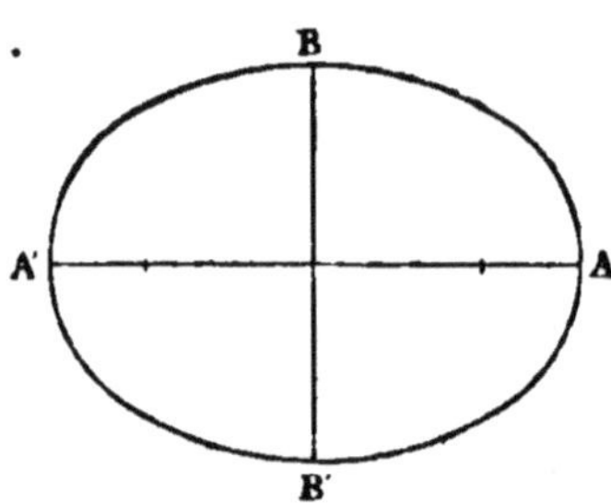

654. Définition. — On nomme *ellipsoïde* le volume engendré par la révolution d'une demi-ellipse autour d'un de ses axes.

Une ellipse peut donner deux ellipsoïdes, l'un *allongé* par la rotation de la demi-ellipse ABA' autour du grand axe, l'autre *aplati* par la rotation de la demi-ellipse BAB' autour du petit axe.

THÉORÈME

655. *Le volume de l'ellipsoïde est égal à l'axe de rotation 2 a ou 2 b multiplié par les deux tiers du cercle qui aurait pour rayon la moitié b ou a de l'autre axe.*

1° Soit l'ellipsoïde engendré par la rotation de la demi-ellipse ABA' autour du grand axe AA'.

Décrivons le cercle principal AEA′, menons les ordonnées équidistantes MD, GC... et achevons les rectangles MICD, NHCD.... Dans le mouvement de rotation autour de AA′, ces rectangles engendrent des cylindres de même hauteur CD ; ils sont donc proportionnels à leurs bases, et l'on a :

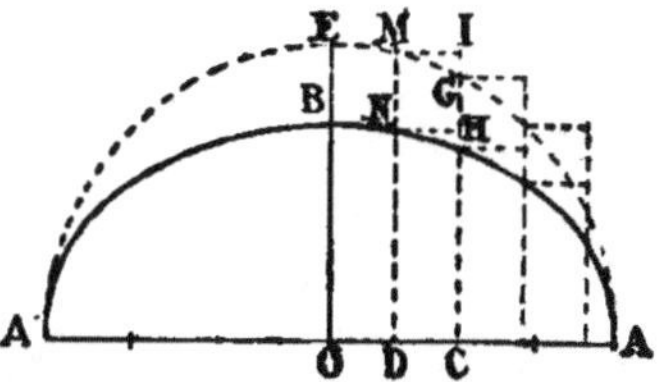

$$\frac{\text{Cyl. NHCD}}{\text{Cyl. MICD}} = \frac{\pi \overline{ND}^2}{\pi \overline{MD}^2} = \frac{\overline{ND}^2}{\overline{MD}^2} = \frac{b^2}{a^2} \quad (648).$$

Si l'on multiplie indéfiniment le nombre des rectangles MICD, NHCD ... les sommes de leurs surfaces tendront respectivement vers le demi-cercle principal et la demi-ellipse, et les sommes des volumes qu'ils engendrent en tournant autour de AA′ auront pour limites d'un côté la sphère de rayon a, de l'autre l'ellipsoïde ABA′. On aura ainsi :

$$\frac{\text{Ellipsoïde ABA′}}{\text{Sphère}} = \frac{b^2}{a^2}.$$

ou $$\text{Ellipsoïde ABA′} = \frac{b^2}{a^2} \times \frac{4}{3}\pi a^3 = 2a \times \frac{2}{3}\pi b^2.$$

2° Soit l'ellipsoïde engendré par la rotation de la demi-ellipse BAB′ autour du petit axe BB′.

Un raisonnement semblable au précédent donne :

$$\frac{\text{Cyl. NHCD}}{\text{Cyl. MICD}} = \frac{\overline{ND}^2}{\overline{MD}^2} = \frac{a^2}{b^2}.$$

Mais ici la somme des cylindres égaux à NHCD tend vers la demi-ellipse BAB′, et la somme des cylindres égaux à MICD tend vers la sphère de rayon OB $= b$. A la limite on a donc :

$$\frac{\text{Ellipsoïde BAB′}}{\text{Sphère BB′}} = \frac{a^2}{b^2},$$

ou $$\text{Ellipsoïde BAB′} = \frac{a^2}{b^2} \times \frac{4}{3}\pi b^3 = 2b \times \frac{2}{3}\pi a^2.$$

II. HYPERBOLE

DÉFINITIONS

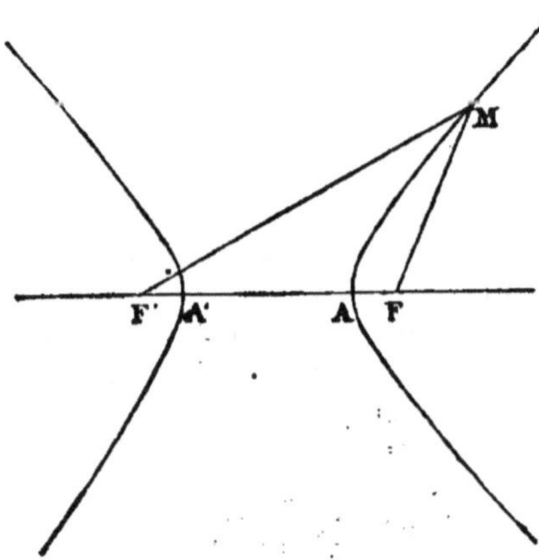

656. L'*hyperbole* est une courbe plane telle que la différence des distances de chacun de ses points à deux points fixes situés dans son plan est constante.

Les points fixes F et F′ se nomment *foyers;* la différence constante MF′ — MF des rayons vecteurs se représente par 2 *a,* la distance FF′ des foyers ou *distance focale* est représentée par 2*c.*

On voit par le triangle MFF′ que l'on a toujours :

$$FF' > MF' - MF \quad \text{ou} \quad 2c > 2a.$$

PROBLÈME

657. *Tracer l'hyperbole connaissant ses foyers et la différence constante des rayons vecteurs.*

1° Tracé par points.

A partir du point O milieu de FF′ prenons OA = a = OA′. Les points A et A′ appartiendront à la courbe, car :

$$F'A - FA = F'A - F'A' = AA' = 2a.$$

De même :

$$FA' - F'A' = FA' - FA = AA' = 2a.$$

Soit maintenant un point quelconque C au delà de l'un des foyers. On aura toujours :

$$CA' - CA = AA' = 2a.$$

Si donc on décrit deux arcs, l'un du point F avec un rayon CA , l'autre du point F′ avec un rayon CA′, on aura en M et N deux points de l'hyperbole, car ces deux arcs se coupent nécessairement, puisque la somme de leurs rayons CA′ + CA est plus grande que la distance FF′ des centres, et que leur différence CA′ — CA est plus petite que cette même distance.

Avec les mêmes rayons, on peut obtenir deux autres points M′, N′ de l'hyperbole.

2° Tracé d'un mouvement continu.

On prend une règle plus grande que FF′, on place l'une de ses ex-

trémités en F', et on applique en M un
fil MN, tel que $MF' - MN = 2\,a$. Ce fil,
fixé à son tour au foyer F, donne en M
un point de l'hyperbole. Il suffit alors
d'abaisser la règle en tendant le fil avec
une pointe pour obtenir un arc d'hyperbole. En effet, on aura toujours :

$$F'H - FH = 2\,a,$$

car cette égalité revient à la suivante :

$$(F'H + HM') - (HF + HM')$$

ou

$$F'M' - FM \text{ qui égale } 2\,a.$$

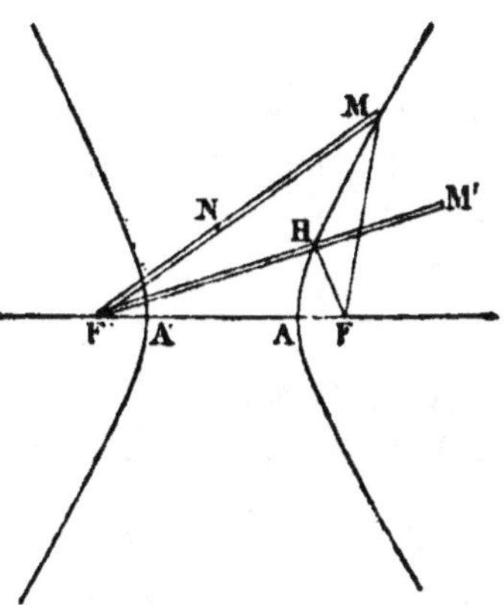

658. **Remarque.** — Dans le tracé par points, le point C peut être
pris à une distance quelconque du foyer F sur la droite FF'. L'hyperbole est donc une courbe ouverte à deux branches séparées et s'éten-
dant indéfiniment.

Une conclusion semblable peut être tirée de la méthode employée
pour le tracé d'un mouvement continu, car la longueur de la règle
employée n'est pas limitée.

THÉORÈME

659. *L'hyperbole a deux axes
de symétrie : l'axe transverse qui
coupe la courbe en deux points,
l'axe non transverse qui ne la
rencontre pas.*

*Le point d'intersection de ces
deux axes est le centre de la courbe.*

1° L'axe transverse est FF'.
Du point M de l'hyperbole
abaissons sur FF' la perpendiculaire MC, et prenons $CN = MC$.
Le point N appartient à la
courbe, car on a :
$$F'N = F'M \text{ et } FN = FM,$$
donc
$$F'N - FN = F'M - FM = 2a.$$

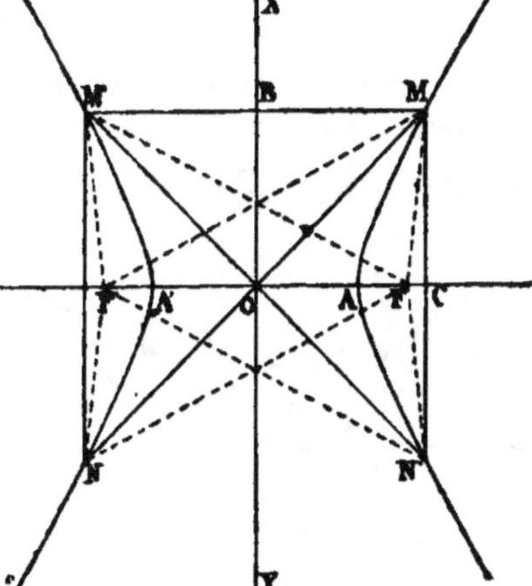

2° L'axe non transverse est XY.
Menons MB perpendiculaire sur XY, et prenons $BM' = BM$.
On démontre facilement par superposition l'égalité des trapèzes
M'BOF', MBOF. Dès lors les angles M'F'F et MFF' sont égaux, et
par suite les triangles M'F'F et MFF' le sont aussi. Donc
$$M'F = MF' \text{ et } M'F' = MF,$$
ou $$M'F - M'F' = MF' - MF = 2\,a.$$
Le point M' appartient à la courbe, et la droite XY est un axe.

3° Le point d'intersection O des deux axes est le centre de l'hyperbole.

Soit la droite MO prolongée en ON de telle sorte que ON = MO.

Les diagonales du quadrilatère FMF'N se divisent mutuellement en deux parties égales. Ce quadrilatère est donc un parallélogramme et donne :

$$NF = MF' \text{ et } NF' = MF,$$
ou
$$NF - NF' = MF' - MF = 2\,a.$$

Le point N appartient à l'hyperbole, et cette courbe a son centre en O.

660. Remarque. — La longueur BB' ou $2\,b$ de l'axe non transverse

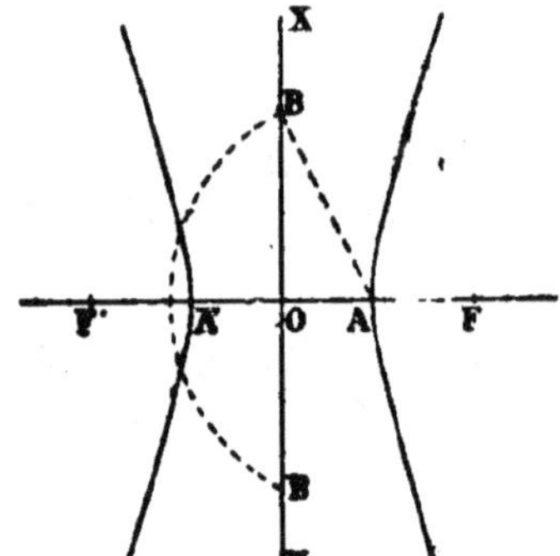

se détermine en décrivant l'arc BB' du point A comme centre avec un rayon AB = OF = c.

De cette construction même, il résulte :

$$\overline{AB}^2 = \overline{BO}^2 + \overline{OA}^2,$$
ou
$$c^2 = b^2 + a^2.$$

Si $b = a$, l'hyperbole est *équilatère*. L'excentricité de l'hyperbole se représente par le rapport $\dfrac{c}{a}$, qui est toujours plus grand que l'unité.

THÉORÈME

661. *Pour un point intérieur ou extérieur à l'hyperbole, la différence des distances aux foyers est plus grande ou plus petite que* 2 *a*.

1° Soit le point P intérieur à la courbe.

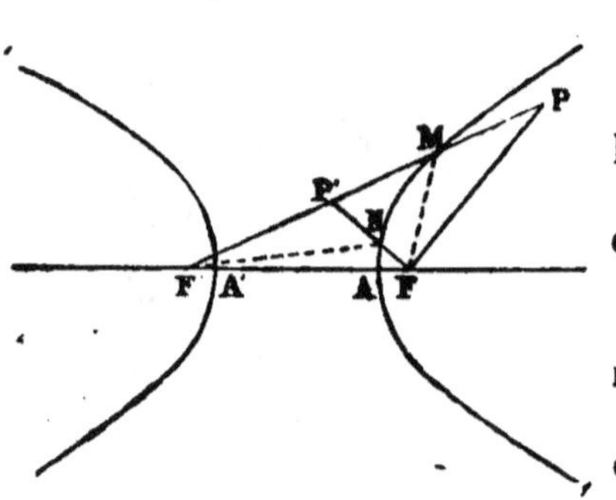

On aura :
$$PF' - PF > 2\,a.$$
Menons MF. Dans le triangle PMF on a :
$$PF < PM + MF,$$
ou
$$-PF > -PM - MF.$$
Si l'on ajoute PF' à chaque membre de l'inégalité, il vient :
$$PF' - PF > PF' - PM - MF,$$
ou
$$PF' - PF > MF' - MF,$$

c'est-à-dire :
$$PF' - PF > 2\,a.$$

2° Soit le point P' extérieur. On aura :
$$P'F' - P'F < 2\,a.$$
Menons NF'. Le triangle P'NF' donne : $P'F' < F'N + NP'$,
ou
$$P'F' - P'F < F'N + NP' - P'F,$$
$$P'F' - P'F < F'N - NF$$

c'est-à-dire : $P'F' - P'F < 2a.$

662. Remarque. — Il résulte du théorème précédent que l'hyperbole est *le lieu géométrique des points dont la différence des distances à deux points fixes est constante.*

THÉORÈME

663. *La tangente à l'hyperbole est bissectrice de l'angle que forment les rayons vecteurs menés au point de contact.*

Soit la sécante MM'. Du foyer F on mène sur cette sécante la perpendiculaire FC, que l'on prolonge d'une quantité $DC = FC$. On mène ensuite F'DH, puis on joint HF, ID, IF, IF'.

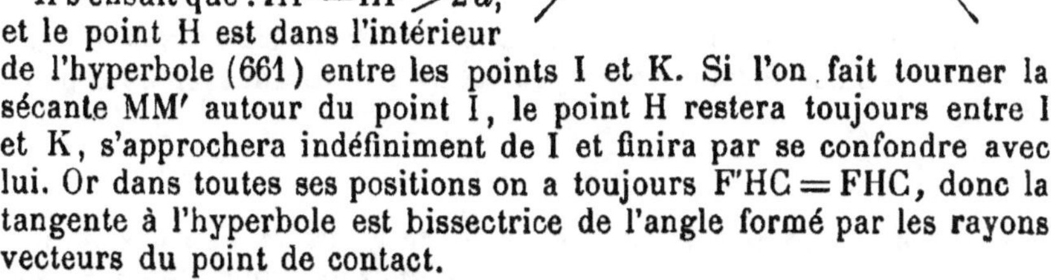

On a : $F'I - IF = 2a.$
mais $IF = ID,$
donc $F'I - ID = 2a.$
Or $F'D > F'I - ID,$
et par conséquent : $F'D > 2a.$
D'ailleurs, $F'D = HF' - HD,$
ou $HF' - HF.$

Il s'ensuit que : $HF' - HF > 2a,$
et le point H est dans l'intérieur de l'hyperbole (661) entre les points I et K. Si l'on fait tourner la sécante MM' autour du point I, le point H restera toujours entre I et K, s'approchera indéfiniment de I et finira par se confondre avec lui. Or dans toutes ses positions on a toujours $F'HC = FHC$, donc la tangente à l'hyperbole est bissectrice de l'angle formé par les rayons vecteurs du point de contact.

664. Remarque I. — La droite F'D qui joint un foyer au point symétrique de l'autre par rapport à une tangente, aboutit au point de contact de cette tangente avec l'hyperbole.

665. Remarque II. — La normale IP dans l'hyperbole est bissectrice de l'angle extérieur FIK que forment entre eux les rayons vecteurs du point de contact.

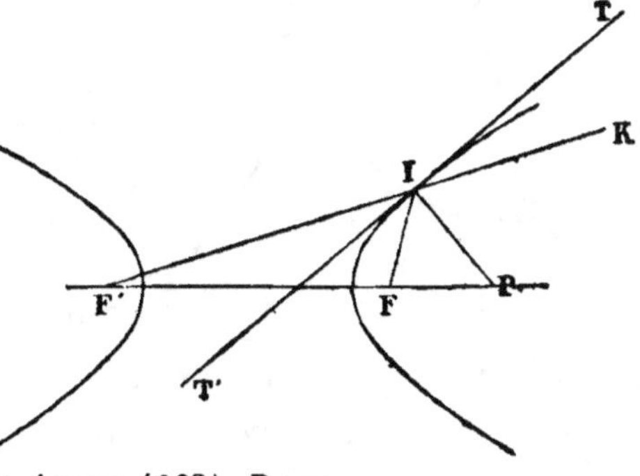

En effet, on a :
$F'IT' + T'IP + PIK = 2 \, dr.$
ou
$F'IT' + PIK = 1 \, dr.,$
car
$T'IP = 1 \, dr.$
L'angle PIK a donc pour complément F'IT', l'angle PIF a pour complément FIT'. Or ces compléments sont égaux (663). Donc
$$PIK = PIF.$$

THÉORÈME

666. Le lieu géométrique des perpendiculaires abaissées des foyers sur les tangentes à l'hyperbole est la circonférence décrite sur l'axe transverse comme diamètre.

Soit la tangente TT'.

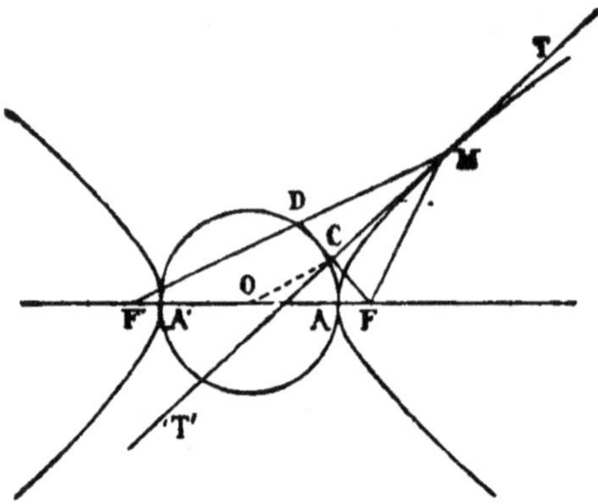

Menons la perpendiculaire FC, prenons CD = CF et joigeons F'DM (664) et OC. On a F'O = OF, CD = CF.

Par suite OC est parallèle à F'D et égale à sa moitié. Or

$$F'D = F'M - MD$$

ou $F'D = F'M - MF = 2a$, donc

$$OC = a,$$

et le point C appartient à la circonférence décrite sur OA comme diamètre.

CERCLES DIRECTEURS

667. **Définition.** — On nomme *cercles directeurs de l'hyperbole* les cercles décrits des foyers comme centres avec l'axe transverse $2a$ pour rayon.

THÉORÈME

668. Le cercle directeur décrit d'un foyer F' est le lieu des points symétriques de l'autre foyer F par rapport aux tangentes à l'hyperbole.

Menons sur la tangente TT' la perpendiculaire FC, et prenons CD = CF. Le point D symétrique de F par rapport à TT' appartient à la circonférence décrite de F' comme centre avec $2a$ pour rayon, car on a :

$$F'D = F'M - DM = F'M - MF = 2a.$$

PROBLÈME

669. Mener une tangente à l'hyperbole :

1° Par un point pris sur la courbe;
2° Par un point extérieur;
3° Parallèlement à une droite donnée.

1º Le point donné M est sur la courbe.

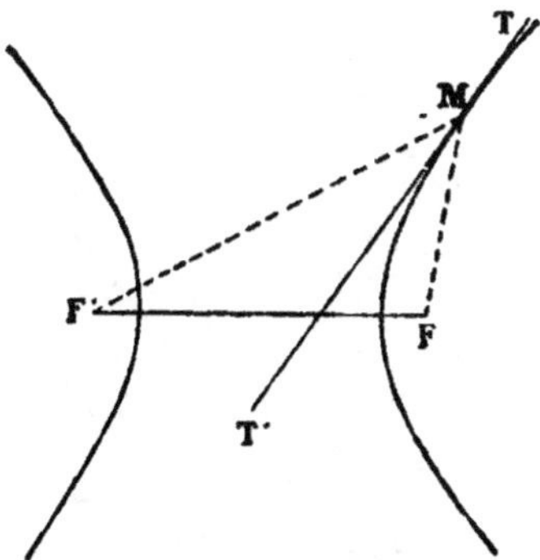

On mène les rayons vecteurs du point M, puis la bissectrice TT′ de leur angle. Cette bissectrice est la tangente demandée (663).

2º Le point donné M est extérieur à la courbe.

Si l'on connaissait le point D symétrique du foyer F par rapport à la tangente demandée, cette tangente serait facile à construire puisqu'elle est perpendiculaire sur le milieu de FD (668). Or le point D se trouve

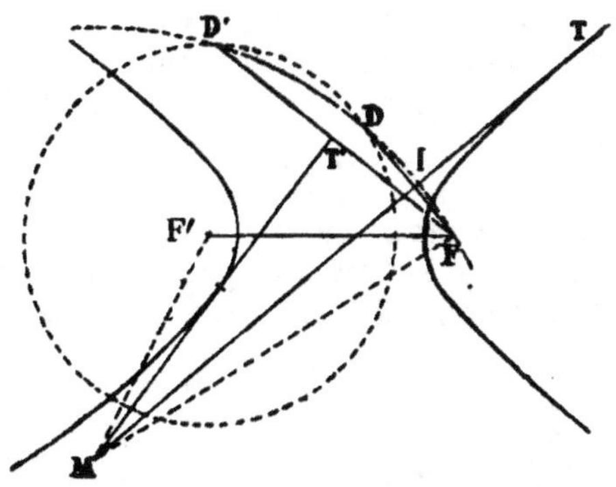

sur deux lieux géométriques, savoir : le cercle directeur dont le centre est F′, et le cercle MF qui doit passer par D, puisque IF = ID. Donc...

Lorsque le point donné est extérieur, on a toujours deux solutions, les deux lieux se coupant nécessairement en un second point D′. En effet, la distance des centres des deux cercles est plus petite que la somme des rayons et plus grande que leur différence, car on a :
$$\text{MF}' - \text{MF} < 2\,a \;(661), \quad \text{ou} \quad \text{MF}' < 2\,a + \text{MF}.$$
De même :
$$\text{MF}' > \text{FF}' - \text{MF} \quad \text{et, } \textit{à fortiori,} \quad \text{MF}' > 2\,a - \text{MF}.$$

3º La tangente à l'hyperbole doit être parallèle à une droite donnée AB.

Menons le cercle directeur F′, et du point F abaissons sur AB la perpendiculaire FH, qui rencontre ce cercle en D et D'. Les perpendiculaires élevées sur les milieux de DF et de D'F sont les tan-

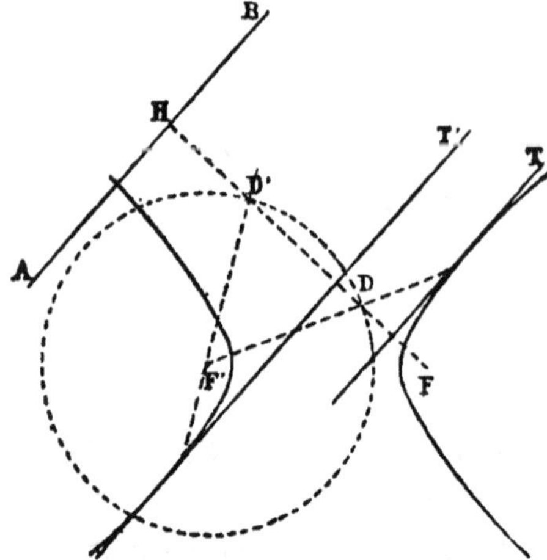

gentes demandées, et leurs points de contact sont sur les rayons F'D et F'D'.

ASYMPTOTES

670. Définition. — On nomme *asymptotes de l'hyperbole* les tangentes dont le point de contact est situé à l'infini.

L'hyperbole a deux asymptotes.

PROBLÈME

671. *Déterminer les asymptotes de l'hyperbole.*

Il résulte du théorème précédent que pour mener une tangente à l'hyperbole, il suffit de prendre un point sur un des cercles directeurs

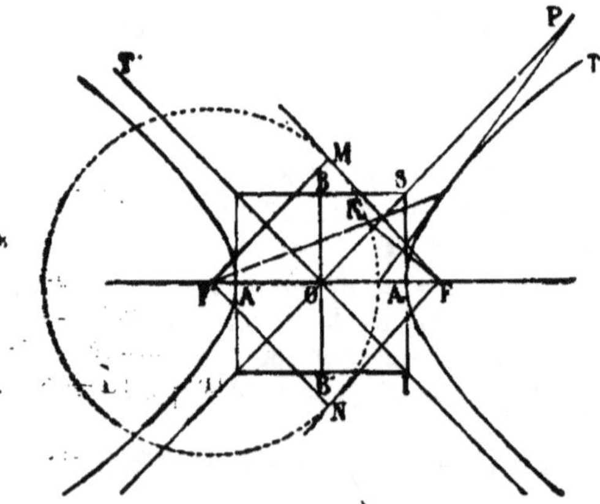

F' et de mener une perpendiculaire sur le milieu de la droite qui joint ce point à l'autre foyer F. Parmi tous les points du cercle F', soit le point M de contact de la tangente menée du point F.

La droite T perpendiculaire sur le milieu de MF sera tangente à l'hyperbole, et son point de rencontre avec la courbe devant être placé sur F'M sera à l'infini, puisque les deux droites sont parallèles comme perpendiculaires à FM.

La droite T' perpendiculaire sur le milieu de FN est la seconde asymptote de l'hyperbole.

672. **Corollaire I.** — L'asymptote est la limite des positions que prend une tangente P, lorsque la sécante FK tend à devenir la tangente FM au cercle directeur F'.

673. **Corollaire II.** — Les asymptotes passent par le centre O de l'hyperbole. En effet, l'asymptote T est parallèle à la base MF' du triangle MFF', de plus elle passe par le milieu de MF, elle passe donc aussi par le point O milieu de FF'.

674. **Corollaire III.** — La tangente FM au cercle directeur est aussi tangente au cercle qui a pour diamètre l'axe transverse AA', car :

$$OD = \frac{F'M}{2} = \frac{2\,a}{2} = a.$$

675. **Corollaire IV.** — Les asymptotes font des angles égaux avec l'axe transverse, c'est-à-dire que T'OF' = POF, ou, ce qui revient au même, IOF = POF. Ces derniers angles en effet sont les compléments des angles MFO, OFN, égaux entre eux à cause des triangles égaux FNF', FMF'.

THÉORÈME

676. *Les asymptotes ont même direction que les diagonales du rectangle construit sur les axes de l'hyperbole.*

Déterminons l'axe non transverse BB', et menons une perpendiculaire

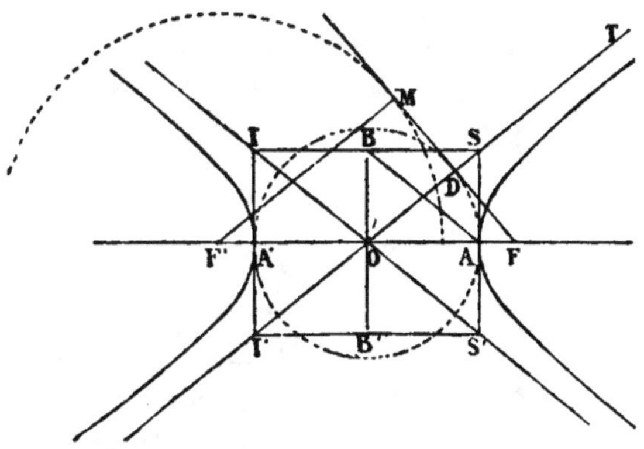

AS à AA' jusqu'à l'asymptote T. Les triangles OAS, ODF sont égaux, car ils ont un angle aigu commun et un côté OA = OD (674).

Donc OS = OF = c = AB, et la direction OS de l'asymptote se confond avec la diagonale du rectangle ASBO ou du rectangle SIS'I'.

677. Remarque. — Les asymptotes d'une hyperbole équilatère sont perpendiculaires, car le rectangle formé par ses axes est un carré.

THÉORÈME

678. *L'hyperbole se rapproche toujours de l'asymptote sans pouvoir jamais la rencontrer.*

On a vu (671) que l'asymptote ne peut jamais rencontrer l'hyperbole. Démontrons qu'elle s'en rapproche indéfiniment.

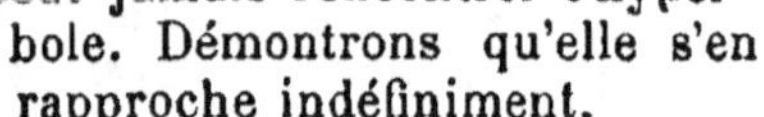

Pour cela, par un point P quelconque de l'hyperbole menons une parallèle DP à AA' et une tangente MN à la courbe.

Le trapèze ODPN aura sa grande base en ON, car PNF complément de EFN est plus grand que DOF complément de IFO. Dès lors on a : PD < ON.

Si l'on prend un point P' plus haut sur la courbe, et si l'on mène la tangente de ce point,

ON diminuera, car la limite des positions d'une tangente à l'hyperbole c'est l'asymptote (672); il s'ensuit que PD tend vers zéro ou que l'hyperbole se rapproche indéfiniment de l'asymptote.

ÉQUATION DE L'HYPERBOLE

THÉORÈME

679. L'hyperbole a pour équation :

$$\frac{x^2}{a^2} - \frac{y^2}{b^2} = 1.$$

Soit M un point de la courbe, MP $= y$ son ordonnée, OP $= x$ son abscisse. Les triangles rectangles MF'P et MFP donnent :

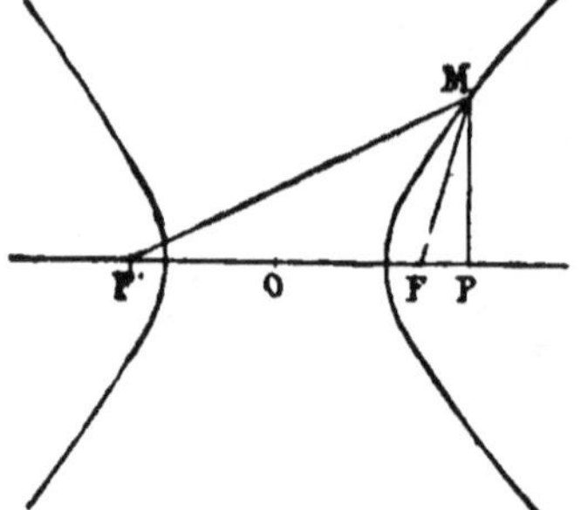

$$\overline{MF'}^2 = \overline{MP}^2 + \overline{F'P}^2 \ (A)$$

et

$$\overline{MF}^2 = \overline{MP}^2 + \overline{FP}^2 \ (B).$$

Soustrayant ces deux égalités, on a :

$$\overline{MF'}^2 - \overline{MF}^2 = \overline{F'P}^2 - \overline{FP}^2 =$$

$$(c + x)^2 - (x - c)^2,$$

ou en développant :

$$\overline{MF'}^2 - \overline{MF}^2 = 4\,cx.$$
$$(MF' + MF)\,(MF' - MF) = 4\,cx,$$
$$(MF' + MF)\,2\,a = 4\,cx,$$
$$MF' + MF = \frac{2\,cx}{a}\,(1).$$

D'ailleurs : $\qquad MF' - MF = 2\,a\ (2).$

En résolvant les équations (1) et (2), on obtient :

$$MF' = \frac{cx}{a} + a \quad \text{et} \quad MF = \frac{cx}{a} - a.$$

Transportons une de ces valeurs dans l'équation (A) ou (B) :

$$\overline{MF}^2 = \overline{MP}^2 + \overline{FP}^2,$$

nous aurons : $\qquad \left(\dfrac{cx}{a} - a\right)^2 = y^2 + (x - c)^2.$

Si l'on résout en remarquant que $c^2 - a^2 = b^2$ (660), on obtient enfin :

$$a^2y^2 - b^2x^2 = -a^2b^2,$$

ou en divisant tout par a^2b^2 :

$$\frac{x^2}{a^2} - \frac{y^2}{b^2} = 1.$$

680. **Remarque.** — On voit que l'hyperbole comme l'ellipse est une courbe du second degré (653).

HYPERBOLOÏDE

681. On entend par *hyperboloïde* le volume engendré par une demi-hyperbole tournant autour d'un de ses axes.

Si la rotation a lieu autour de l'axe non transverse, l'hyperboloïde

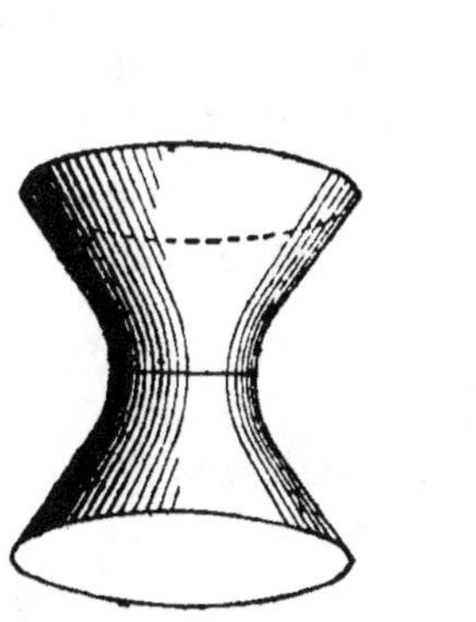
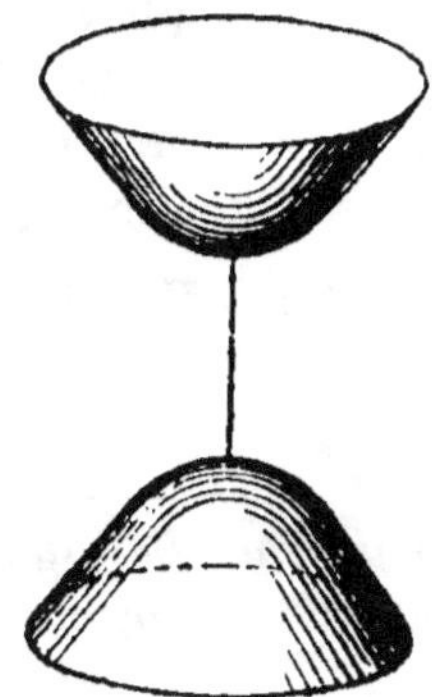

Fig. A. Fig. B.

est à *une nappe* (fig. A); tandis qu'il est à *deux nappes* lorsqu'elle se fait autour de l'axe transverse (fig. B).

III. PARABOLE

DÉFINITION

682. Parabole. — La *parabole* est une courbe plane telle que la distance de chacun de ses points à un point fixe nommé foyer est égale à sa distance à une droite fixe nommée directrice.

On a donc toujours dans la parabole pour un point H quelconque de la courbe $\dfrac{FH}{HK} = 1$.

PROBLÈME

683. *Étant donnés le foyer et la directrice d'une parabole, tracer la courbe par points.*

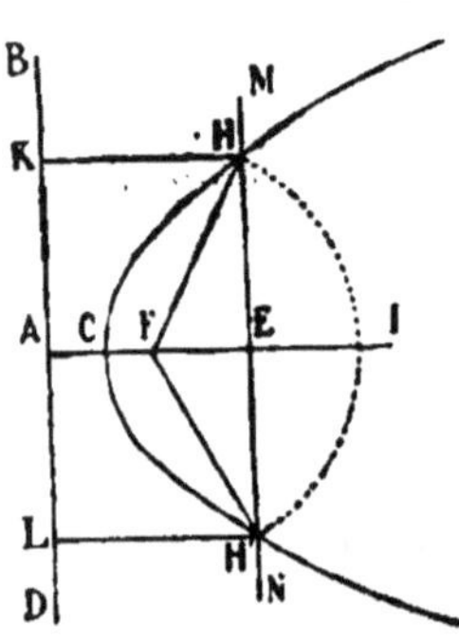

Le point C milieu de la perpendiculaire menée du point F sur la directrice BD sera le premier point appartenant à la parabole. On en trouvera un second quelconque en prenant un point E au delà de AC, en élevant de ce point une perpendiculaire MN sur AI, et en décrivant du point F avec un rayon AE un arc qui coupera cette perpendiculaire en H et H'. Ces deux points appartiendront à la parabole, car on aura :

$$KH = AE = FH \quad \text{et} \quad LH' = AE = FH'.$$

PROBLÈME

684. *Étant donnés le foyer et la directrice d'une parabole, tracer la courbe d'un mouvement continu.*

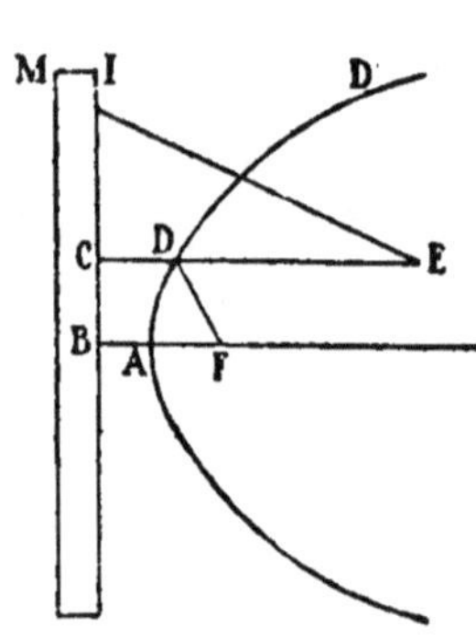

Pour tracer la parabole d'un mouvement continu, on prend une équerre ICE que l'on appuie contre une règle placée le long de la directrice. On fixe ensuite en F et en E un fil égal à CE, puis, faisant glisser l'équerre le long de la règle, on décrit une courbe ADD' au moyen d'un crayon dont la pointe appuie en D.

Cette courbe est un arc de parabole, car dans toutes les positions de l'équerre on a toujours CD = DF.

DÉFINITIONS

685. Sommet. — Le *sommet* de la parabole est le point d'intersection de la courbe avec la perpendiculaire abaissée du foyer sur la directrice.

686. Rayon vecteur. — On nomme ainsi toute droite qui joint le foyer à un point quelconque de la courbe.

THÉORÈME

687. *La parabole a un axe de symétrie.*

Menons sur OH la perpendiculaire BB′, et joignons le point F aux points B et B′. D'après la méthode donnée pour le tracé par points de la parabole, les lignes FB et FB′ sont égales et le triangle BFB′ est isocèle. Donc la ligne FD perpendiculaire sur la base divise cette base en deux parties égales, et le point B′ est symétrique de B.

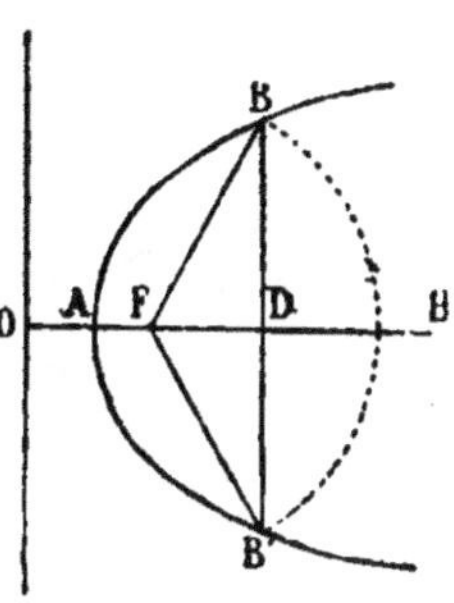

Le point B ayant été pris quelconque, la ligne OH est un axe de symétrie.

THÉORÈME

688. *Les distances à la directrice et au foyer d'un point pris en dehors de la parabole sont inégales.*

1° Le point donné M est à l'intérieur de la parabole.

On aura : $\qquad$ MF $<$ MB.

En effet, le triangle MCF nous donne :
$$MF < MC + CF.$$

Or $\qquad$ CF $=$ BC,

donc $\qquad$ MF $<$ MC $+$ BC,

ou $\qquad$ MF $<$ MB.

2° Le point donné M′ est à l'extérieur de la parabole.

On aura :
$$M'F > M'B.$$

En effet, on a dans le triangle M′CF :
$$M'F > CF - M'C.$$

Or $\qquad$ M′C $=$ BC $-$ BM′,

donc $\qquad M'F > CF - (BC - BM') > CF - BC + BM',$

et comme : $\qquad\qquad\qquad CF = BC,$

$$M'F > BM'.$$

THÉORÈME

689. *La parabole est la limite vers laquelle tend une ellipse dont un des foyers reste fixe et dont l'autre s'écarte indéfiniment.*

Soient l'ellipse FF′ et son cercle directeur P. On sait que pour

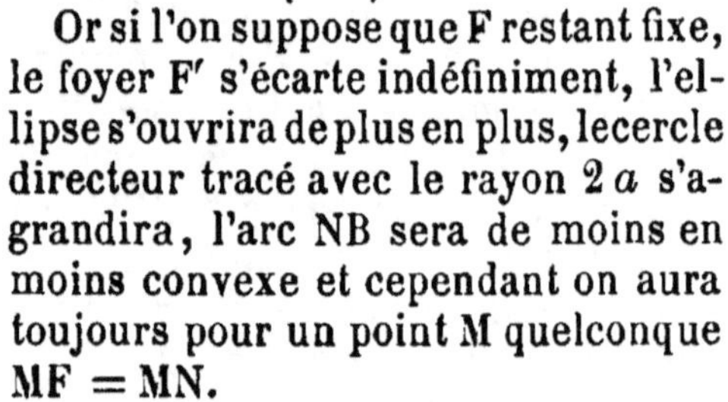

un point quelconque M de l'ellipse on a : MF = MN (638).

Or si l'on suppose que F restant fixe, le foyer F′ s'écarte indéfiniment, l'ellipse s'ouvrira de plus en plus, le cercle directeur tracé avec le rayon 2 *a* s'agrandira, l'arc NB sera de moins en moins convexe et cependant on aura toujours pour un point M quelconque MF = MN.

A la limite, c'est-à-dire quand F′ sera à l'infini, l'arc NB sera une ligne droite, et l'ellipse, devenue une courbe ouverte dont chaque point est à égale distance de F et de la droite NB, sera une parabole.

THÉORÈME

690. *La tangente à la parabole fait des angles égaux avec la parallèle à l'axe et le rayon vecteur menés au point de contact.*

La parabole étant une ellipse dont un des foyers F′ est situé à une distance infinie, le rayon vecteur de ce foyer se confond avec la parallèle à l'axe menée au point de contact. Or dans une ellipse les rayons vecteurs menés au point de contact forment des angles égaux avec la tangente, donc dans la parabole le rayon vecteur et la parallèle à l'axe menés au même point doivent donner aussi des angles égaux avec la tangente.

PROBLÈME

691. *Mener une tangente à la parabole :*

1° Par un point pris sur la courbe;
2° Par un point extérieur à la courbe;
3° Parallèlement à une droite donnée.

1° Le point donné M est sur la courbe.

Menons la perpendiculaire MC sur la
directrice et joignons CF. La perpendiculaire PQ abaissée du point M sur CF
sera la tangente demandée. En effet, à
cause du triangle isocèle CMF on aura :

$$CMQ = QMF.$$

Or

$$CMQ = PMD,$$

donc

$$QMF = PMD.$$

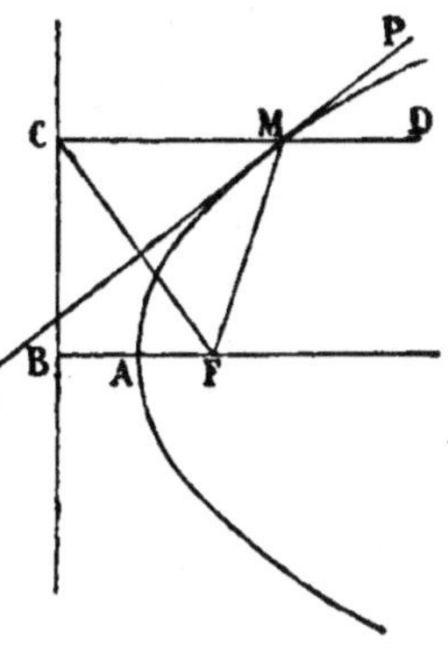

Les angles formés par la droite PQ
avec MF et MD étant égaux, cette droite
est tangente au point M.

2° Le point donné M est en dehors de la parabole.

Supposons le problème résolu et soit MN la tangente demandée.
Par le point de contact P menons
CD perpendiculaire à la directrice et joignons CF et PF. Nous
aurons :

$$NPF = MPD \ (690).$$

Or

$$MPD = NPC,$$

donc

$$NPF = NPC,$$

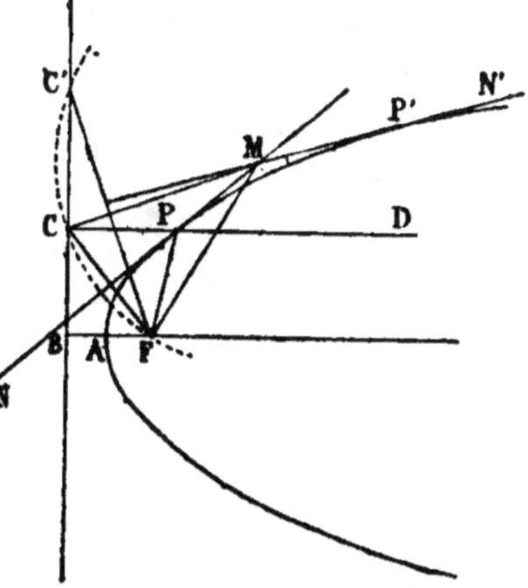

et comme le triangle PCF est isocèle, la droite MN bissectrice de
l'angle du sommet est perpendiculaire sur la base. De là la
construction suivante :

Pour mener d'un point extérieur M une tangente à la parabole,
il suffit donc de déterminer le point C avec un rayon MF, de
joindre CF et de mener MN perpendiculaire sur CF.

Le problème admet deux solutions, car la circonférence MC
coupe la directrice en deux points C et C′.

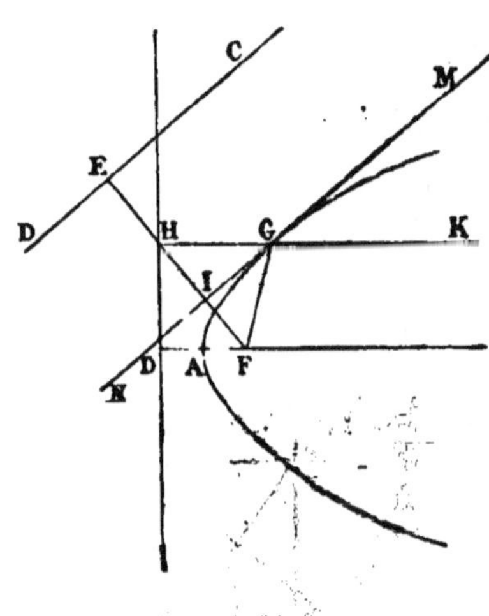

3° La tangente à la parabole doit être parallèle à une droite donnée DC.

Du point F on élève sur DC la perpendiculaire EF, qui coupe la directrice au point H ; on mène la ligne HK parallèlement à l'axe, et du point G où HK rencontre la courbe on abaisse sur HF la perpendiculaire MN.

C'est la tangente demandée (1°).

Le problème n'admet qu'une solution. Il n'en admettrait même aucune dans le cas particulier où DC serait parallèle à l'axe.

DÉFINITIONS

692. Normale à la parabole. — On nomme ainsi la droite CD menée au point de contact perpendiculairement à la tangente.

693. Sous-normale. — La *sous-normale* est la projection sur l'axe de la parabole de la partie de la normale comprise entre la courbe et son axe. Ex. : ED.

694. Sous-tangente. — La *sous-tangente* est la projection ME sur l'axe de la partie de la tangente comprise entre le point de contact et son intersection avec l'axe.

695. Paramètre. — On donne ce nom à la distance FB du foyer à la directrice.

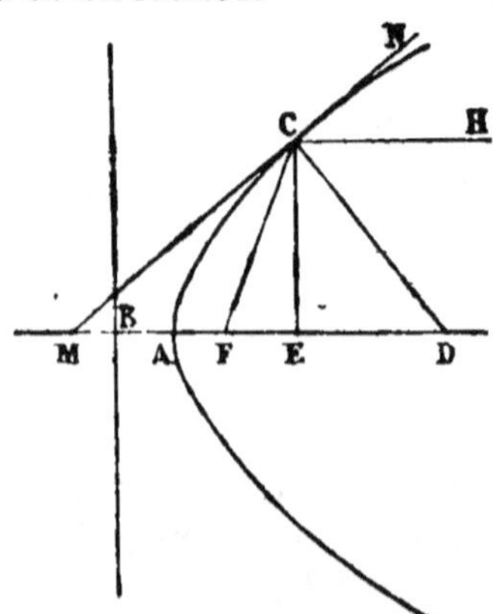

THÉORÈME

696. *La normale à la parabole divise en deux parties égales l'angle formé en un point de la courbe par le rayon vecteur et la parallèle à l'axe.*

En effet les angles FCD, DCH sont égaux comme compléments des angles égaux FCM, NCH.

THÉORÈME

697. *La sous-normale à la parabole est constante et égale au paramètre.*

H. Soit la sous-normale EG.

D. EG = BF.

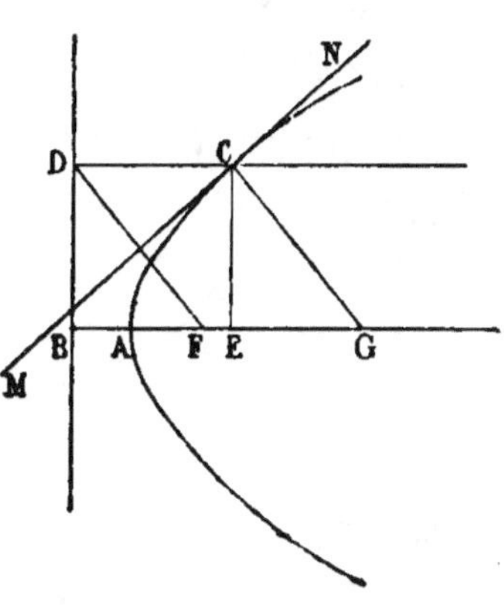

Menons CD parallèle à l'axe et joignons FD. Les droites FD et CG perpendiculaires à la tangente MN sont parallèles, et la figure DCGF est un parallélogramme. On a donc DF = CG. Les triangles rectangles DBF, CEG, ayant ainsi l'hypoténuse égale (DF = CG) et un côté égal (DB = CE), sont égaux, et la sous-normale EG est égale au paramètre BF.

THÉORÈME

698. *Le lieu géométrique des projections du foyer sur les tangentes à la parabole est la tangente au sommet.*

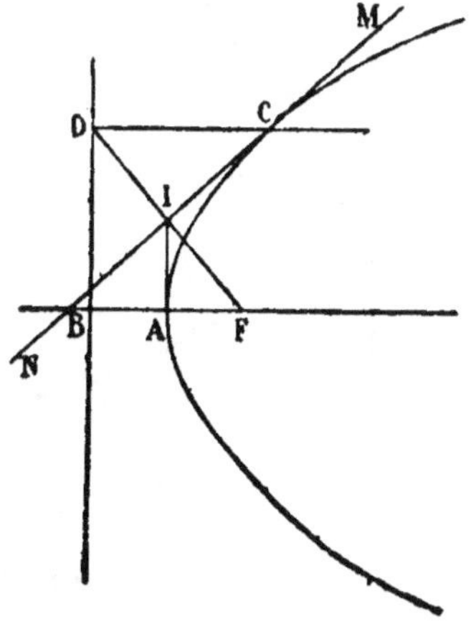

Menons FD perpendiculaire sur MN et joignons AI.

Le point I est la projection du foyer F sur MN; si nous prouvons que ce point est sur la tangente élevée au point A, le théorème sera démontré. Or on a :

$$DI = IF \quad \text{et} \quad AB = AF,$$

donc la droite AI est parallèle à BD, et par conséquent perpendiculaire à l'axe ou tangente au sommet.

THÉORÈME

699. *La sous-tangente est divisée en deux parties égales par le sommet de la parabole.*

H. Soit la sous-tangente EM.

D. AM = AE.

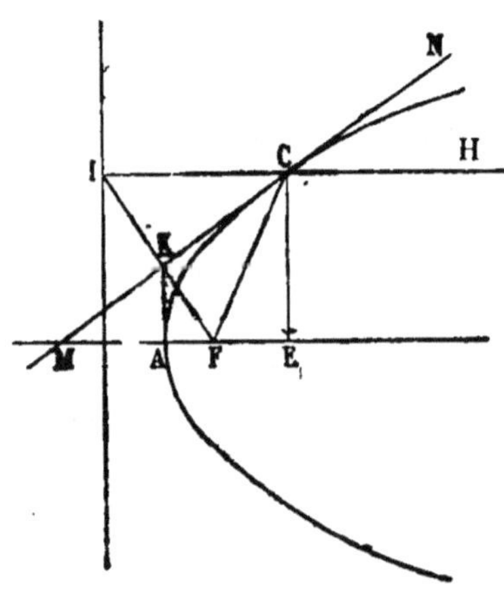

Le triangle MCF est isocèle, car l'angle $M = NCH = MCF$; la perpendiculaire FI sur la base CM partage donc cette base en deux parties égales, et $KM = CK$. Or le point K projection de F sur MN appartient à la tangente du point A (698), et comme cette tangente est parallèle à CE, on a :

$$\frac{MK}{KC} = \frac{AM}{AE},$$

donc

$$AM = AE.$$

THÉORÈME

700. *Le carré d'une ordonnée est proportionnel à sa distance au sommet de la parabole.*

H. Soit l'ordonnée CE.

D. $\overline{CE}^2 = AE \times 2\,FB.$

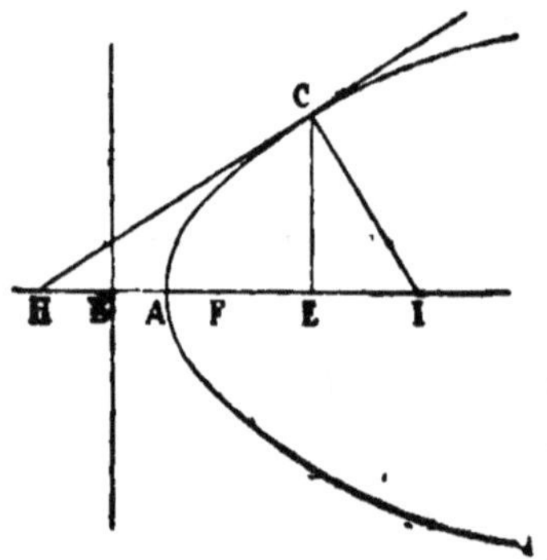

Dans le triangle HCI, rectangle en C, l'ordonnée CE est perpendiculaire sur l'hypoténuse. On a donc :

$$\overline{CE}^2 = HE \times EI.$$

Or $HE = 2\,AE$ (699),

et $EI = FB$ (697),

donc $\overline{CE}^2 = 2\,AE \times FB,$

ou $\overline{CE}^2 = AE \times 2\,FB.$

La quantité $2\,FB$ double du péramètre est constante, et CE ne dépend que de la grandeur AE, ce qui démontre le théorème.

ÉQUATION DE LA PARABOLE

THÉORÈME

701. *La parabole a pour équation* $y^2 = 2px$.

(p représente le paramètre FB).

Prenons le point A sommet de la courbe pour origine des coordonnées.

Le triangle MPF rectangle en P donne :

$$\overline{MF}^2 = \overline{MP}^2 + \overline{FP}^2 \;(1).$$

Or
$$MF = DM = PB = PA + AB = x + \frac{p}{2},$$
$$MP = y \quad \text{et} \quad FP = PA - AF = x - \frac{p}{2}.$$

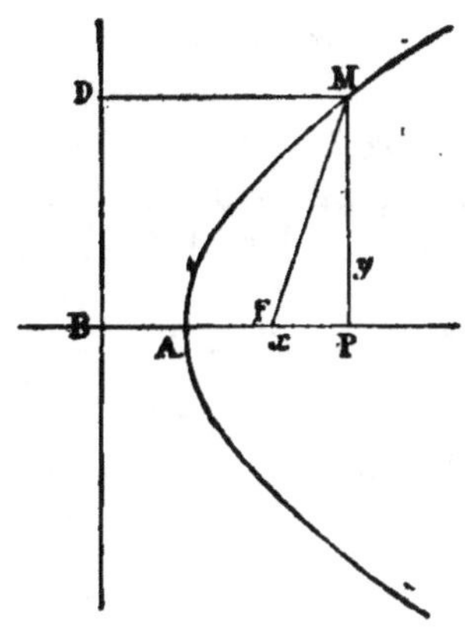

La relation (1) équivaut donc à la relation :
$$\left(x + \frac{p}{2}\right)^2 = y^2 + \left(x - \frac{p}{2}\right)^2.$$

En développant et en simplifiant on obtient :
$$y^2 = 2\,px.$$

702. Remarque. — On voit que la parabole est une courbe du second degré comme l'ellipse et l'hyperbole (653 et 680).

PARABOLOÏDE

703. Le paraboloïde est le volume engendré par la révolution d'une demi-parabole autour de son axe.

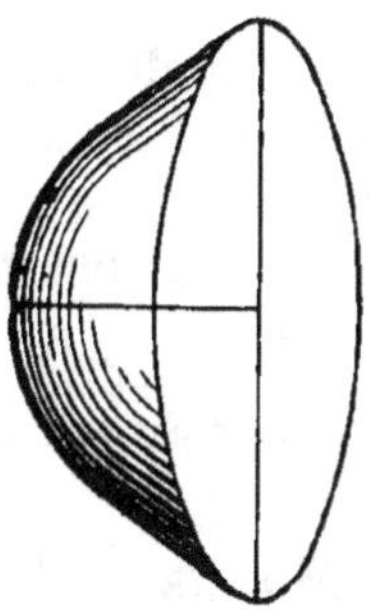

IV. HÉLICE

DÉFINITIONS

704. Soit un cylindre droit à base circulaire ABCD. Sa surface latérale développée sur un plan donne le rectangle BCB′C′, qui a même hauteur BC que le cylindre et dont les côtés BB′, CC′ sont

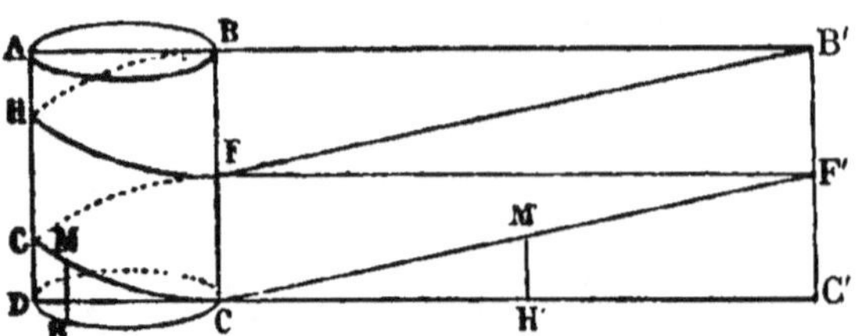

respectivement égaux aux circonférences des bases. Partageons la hauteur BC en parties égales, et menons les diagonales CF′ et FB′. Si l'on enroule le rectangle sur le cylindre, ces diagonales engendreront la courbe continue que l'on appelle *hélice*.

705. Spire. — On nomme *spire d'une hélice,* la partie CGF de la courbe formée par une diagonale CF′.

706. Pas de l'hélice. — C'est la distance constante CF qui sépare deux spires consécutives.

707. Ordonnée. — On appelle *ordonnée* d'un point de l'hélice la perpendiculaire abaissée de ce point sur la base du cylindre. L'ordonnée du point M est MH.

708. Abscisse curviligne. — On donne ce nom à la distance comprise sur la circonférence de la base entre le pied de l'ordonnée et le point origine de l'hélice.

L'abscisse curviligne du point M est CH.

THÉORÈME

709. *L'ordonnée d'un point de l'hélice est proportionnelle à l'abscisse curviligne de ce point.* (Fig. précédente.)

Soient M′ et H′ les points qui, dans l'enroulement du rectangle FCF′C′ sur le cylindre, ont fourni les points M et H. On a :
$$M'H' = MH \text{ et } CH' = \text{arc } CH.$$

Or les triangles semblables CM'H' et CF'C' donnent la proportion :

$$\frac{M'H'}{CH'} = \frac{F'C'}{CC'},$$

ou

$$\frac{MH}{\text{arc } CH} = \frac{F'C'}{\text{circonf. } CD},$$

c'est-à-dire

$$MH = \text{arc } CH \times \frac{F'C'}{\text{circonf. } CD}.$$

En désignant par h la hauteur d'une spire, et par R le rayon du cylindre, on obtient d'une manière générale :

$$MH = \text{arc } CH \times \frac{h}{2\pi R}.$$

Le rapport $\dfrac{h}{2\pi R}$ étant constant, l'ordonnée MH ne dépend plus que de l'abscisse curviligne CH.

DÉFINITION

710. Sous-tangente à l'hélice. — On nomme *sous-tangente à l'hélice* la distance HI comprise entre le pied d'une ordonnée et le point où la tangente rencontre le plan de la base du cylindre.

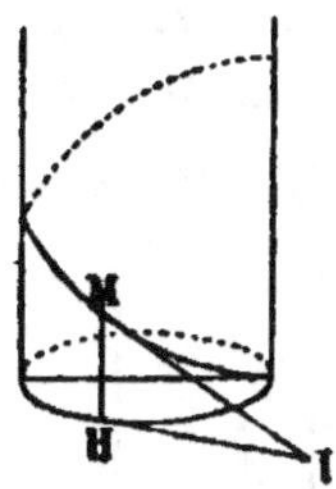

On voit que la sous-tangente HI est la projection sur la base de la portion MI de la tangente.

THÉORÈME

711. *La sous-tangente est égale à l'abscisse curviligne du point de contact.*

Menons la sécante MP et prolongeons-la jusqu'au plan de la base en O.

Abaissons sur ce même plan les perpendiculaires MM', PP', joignons M'P'O et traçons la parallèle PB à P'M'. Les triangles semblables MBP et PP'O donnent la proportion

$$\frac{P'O}{BP} = \frac{PP'}{MB} \quad (1).$$

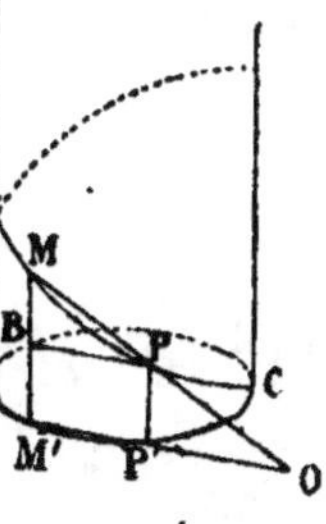

Or

$$BP = \text{corde } M'P',$$

$$PP' = \frac{h}{2\pi R} \times \text{arc } P'C \ (612).$$

$$MB = MM' - BM' = MM' - PP' = \frac{h}{2\pi R} \times \text{arc } CM' - \frac{h}{2\pi R} \times \text{arc } CP',$$

$$MB = \frac{h}{2\pi R}(\text{arc } CM' - \text{arc } CP') = \frac{h}{2\pi R} \times \text{arc } M'P'.$$

La proportion (1) trouvée précédemment devient donc :

$$\frac{\text{P'O}}{\text{Corde M'P'}} = \frac{\dfrac{h}{2\pi R} \times \text{arc P'C}}{\dfrac{h}{2\pi R} \times \text{arc M'P'}},$$

ou
$$\text{P'O} = \frac{\text{corde M'P'}}{\text{arc M'P'}} \times \text{arc P'C}.$$

Si l'on fait tourner la sécante MP autour du point M pour la rendre tangente, la corde M'P' s'approche indéfiniment de l'arc M'P'. A la limite, c'est-à-dire lorsque P et M se confondent, l'arc et la corde se confondent aussi, et le rapport $\dfrac{\text{corde M'P'}}{\text{arc M'P'}}$ est égal à l'unité. Dans le cas de MP tangente, on a donc :

$$\text{P'O} = \text{arc P'C}. \qquad \text{C. Q. F. D.}$$

THÉORÈME

712. *La tangente à l'hélice forme un angle constant avec l'ordonnée du point de contact.*

Menons l'ordonnée MC, la tangente MO et la sous-tangente CO.

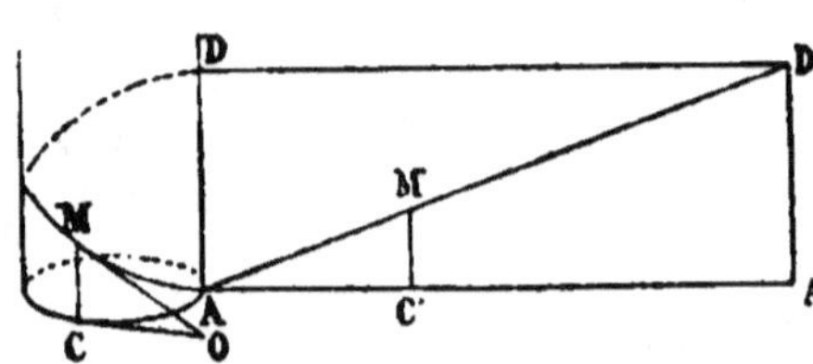

Supposons que les points M' et C' soient ceux qui dans l'enroulement du rectangle ADA'D' sur le cylindre ont fourni M et C. Les triangles MCO et AM'C' seront égaux comme ayant un angle droit

$$(\text{MCO} = \text{M'C'A})$$

compris entre côtés égaux

$$(\text{MC} = \text{M'C'} \text{ et } \text{OC} = \text{arc AC} = \text{AC'}):$$

donc

Angle CMA $=$ angle AM'C' $=$ angle V qui est constant.

PROBLÈME

713. *Construire les projections de l'hélice et celles de sa tangente, le cylindre étant placé sur le plan horizontal de projection.*

Soit xy la ligne de terre. Le cylindre donné se projette sur le plan horizontal suivant un cercle égal à sa base, et sur le plan vertical suivant un rectangle $a'b'c'd'$ dont un des côtés est égal au

diamètre de la base du cylindre et l'autre à sa hauteur. La projection
horizontale de l'hélice se confondra avec la projection horizontale
de la surface latérale du cylindre ; elle
se fera donc suivant le cercle AB.
Quant à sa projection verticale on la
déterminera facilement en s'appuyant
sur ce principe démontré précédemment (709) : L'ordonnée d'un point de
l'hélice est proportionnelle à l'abscisse curviligne de ce point. En effet,
le dernier point D d'une spire a pour
ordonnée la projection $a'd'$ et pour
abscisse la circonférence AB. Partageons donc cette circonférence en un
certain nombre de parties égales, et
divisons $a'd'$ en un même nombre de
parties égales, soit par exemple 8. Menons des différents points 1, 2, 3, 4,
etc., ainsi déterminés des perpendiculaires à xy et à $a'd'$, les intersections de ces perpendiculaires seront
les projections verticales des points de l'hélice.

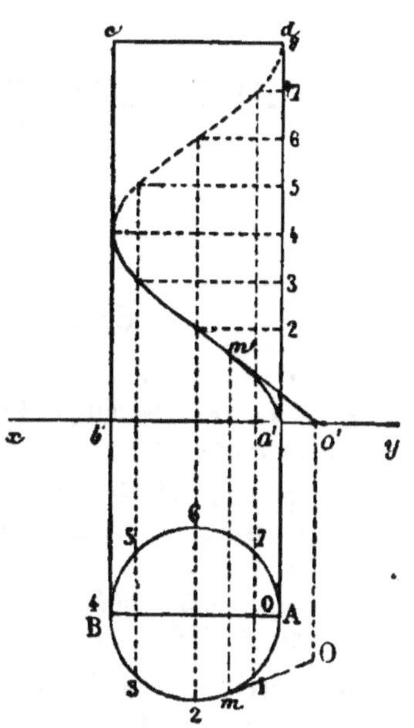

Pour déterminer les projections de la tangente d'un point m,
m' de la courbe, il suffit de mener au point m une tangente au
cercle AB, de faire cette tangente égale à l'abscisse curviligne
Am. La droite mO ainsi obtenue sera la sous-tangente du point
m, c'est-à-dire la projection horizontale de la tangente (710). La
trace de celle-ci étant le point O, on aura en $m'o'$ sa projection
verticale.

SUPPLÉMENT AU LIVRE VIII

SECTIONS CONIQUES

714. Définition. — On entend par *section conique* la section faite dans un cône par un plan quelconque.

715. Nous avons déjà montré (541 et 543) les théorèmes suivants :

1º *Dans un cône droit à base circulaire toute section parallèle à la base est un cercle;*

2º *Dans un cône oblique à base circulaire toute section parallèle ou anti-parallèle à la base est un cercle.*

Ces théorèmes sont d'ailleurs vrais pour le cylindre comme pour le cône. Il nous reste à prouver que tout plan qui n'est point parallèle à la base d'un cône droit détermine dans ce cône une ellipse, une hyperbole, ou une parabole suivant les circonstances. Ce sera l'objet des théorèmes qui suivent.

THÉORÈME

716. *La section faite dans un cône droit par un plan oblique à l'axe est une ellipse, lorsque le plan rencontre toutes les génératrices sur une même nappe.*

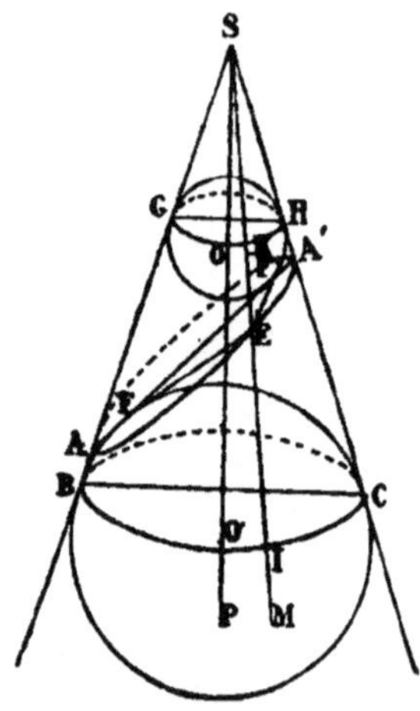

Soit AA′ la section déterminée par un plan qui coupe obliquement un cône donné S.

Menons le plan BSC perpendiculaire au plan sécant AA′. Si l'on inscrit dans le cône les cercles O, O′ tangents aux droites SB, SC, AA′, et si l'on fait tourner la figure autour de SP, ces cercles décriront des sphères tangentes au cône suivant les parallèles GH, BC, et tangentes à la droite AA′ aux points F et F′. Prenons un point E quelconque sur la courbe déterminée par le plan AA′, et menons par ce point les droites SM, EF, EF′. Nous aurons :

EF′ = EK (tangentes à une sphère issues du même point);

EF = EI pour la même raison;

donc   EF′ + EF = EK + EI = GB quantité constante.

De même $AF = AB$ et $AF' = AG,$
  donc $AF + AF' = AB + AG = GB.$
Enfin $A'F' = A'H$ et $A'F = A'C,$
  donc $A'F' + A'F = A'H + A'C = HC = GB$

Dès lors la courbe AA′ est une ellipse dont les foyers sont F et F′
et le grand axe AA′.

717. **Remarque.** — Ce théorème est également vrai pour le cylindre
droit.

THÉORÈME

718. *La section déterminée dans un cône droit par un plan oblique
à l'axe est une hyperbole, lorsque ce plan rencontre les deux nappes
du cône.*

Soient AA′ la section déterminée par un plan sécant qui coupe obliquement les deux nappes du cône S.

Menons le plan BSC perpendiculaire au
plan AA′. Si l'on inscrit dans les deux nappes
du cône les cercles O et O′ tangents aux
droites HB, GC, AA′, et si l'on fait tourner la
figure autour de l'axe OO′, ces cercles décriront des sphères tangentes au cône suivant les
parallèles GH, BC, et à la droite AA′ aux points
F, F′.

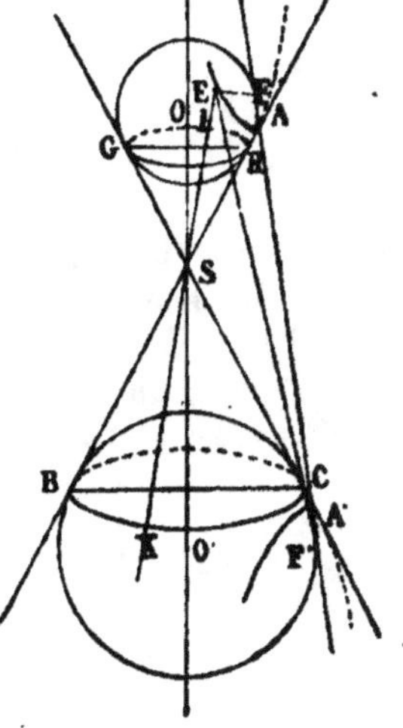

Prenons un point quelconque E de la courbe
AA′ et menons EF, EF′. Nous aurons :

$EF' = EK$ (tangentes à une sphère issues
d'un même point);

$EF = EI$ pour la même raison.

Donc $EF' - EF = EK - EI = IK = GC$ quantité constante.

De même $AF' = AB$ et $AF = AH,$
   donc $AF' - AF = AB - AH = BH = GC.$
Enfin $A'F = A'G$ et $A'F' = A'C,$
   donc $A'F - A'F' = A'G - A'C = GC.$

Dès lors la courbe est une hyperbole dont les foyers sont F et F
et l'axe transverse AA′.

THÉORÈME

719. *La section déterminée dans un cône droit par un plan oblique
a l'axe est une parabole, lorsque ce plan est parallèle à l'une des génératrices.*

Soit MAM′ la section parallèle à la génératrice SB. Menons le plan
BSC perpendiculaire au plan de cette section, et inscrivons dans le
cône le cercle O tangent à la droite AA′ au point F. Si l'on fait tourner
la figure autour de l'axe SQ, ce cercle décrira une sphère tangente au
cône suivant le parallèle GH.

Soit maintenant un point M de la courbe MAM′. Menons par ce point la génératrice SM et un plan BMC perpendiculaire à l'axe du cône. Ce plan et le plan MAM′, étant tous deux perpendiculaires à BSC, ont

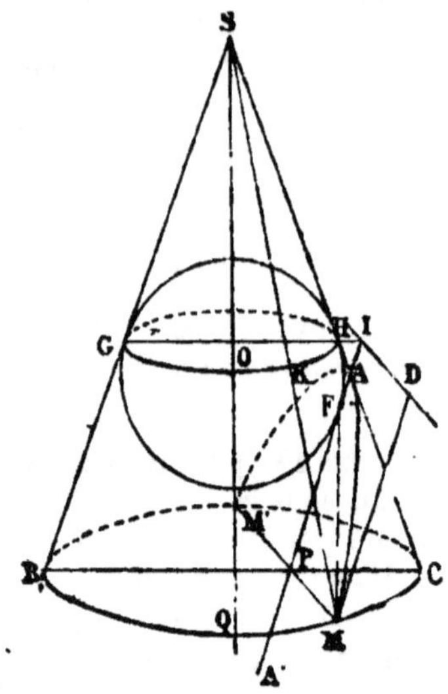

leur intersection MP perpendiculaire sur AA′. Pour une raison semblable, la droite ID intersection des plans GH et MAM′ est perpendiculaire, à BSC et par suite à la droite AA′.

Ceci posé, on a :

MF = MK (tangentes à la même sphère issues du même point) ;

    or   MK = BG = IP = MD,

    donc   MF = MD,

et la courbe MAM′ est une parabole dont le foyer est F et la directrice ID.

EXERCICES SUR LE LIVRE VIII

I. ELLIPSE

716. Un diamètre de l'ellipse est plus grand que le petit axe et plus petit que le grand axe.

717. Le carré de la droite qui joint un point d'une ellipse à son centre, et le produit des rayons vecteurs du même point forment une somme égale au quart de la somme des carrés des deux axes.

718. Le carré du petit axe est égal à l'excès du carré d'un diamètre sur le carré de la différence des rayons vecteurs aboutissant à l'une des extrémités de ce diamètre.

719. Le produit des distances des foyers d'une ellipse à une tangente est constant.

720. Au foyer F″ d'une ellipse on élève une perpendiculaire F″M. Trouver la distance FM de l'autre foyer au point M de l'ellipse, connaissant : 1° $2a$ et $2c$; 2° $2a$ et $2b$; 3° $2c$ et $2b$.

721. Deux droites FM et F′M′, issues chacune d'un foyer et égales chacune à $2a$ se coupent en un point P. Démontrer que ce point appartient à l'ellipse si MM′ = FF′.

722. Lieu des sommets des angles droits circonscrits à l'ellipse.

723. Étant donnés les foyers et le cercle directeur de l'ellipse, construire la courbe par points au moyen de ce cercle :

Construire une ellipse, connaissant :

724. — Les foyers et un point;

725. — Les foyers et une tangente;

726. — Un foyer, deux tangentes et l'un des points de contact;

727. — Un foyer et trois tangentes.

II. HYPERBOLE

728. Le carré de la distance d'un point de l'hyperbole à son centre et le produit des rayons vecteurs donnent une différence constante.

729. Le produit des distances des foyers d'une hyperbole à une tangente est constant.

730. Construire l'hyperbole par points en se servant de son cercle directeur. Les foyers F et F′ et la différence constante $2a$ sont donnés.

Construire une hyperbole, connaissant :

731. — Les foyers et un point de la courbe ;

732. — Les foyers et une tangente ;

733. — Un foyer, une tangente et l'un des points de contact ;

734. — Un foyer et trois tangentes.

III. PARABOLE

735. Étant donnés le foyer et la directrice d'une parabole, déterminer, sans construire la courbe, le point où une droite donnée la coupe.

736. Le carré de la distance du foyer d'une parabole à une tangente est proportionnel au rayon vecteur du point de contact.

737. La droite qui joint les milieux de deux tangentes à la parabole issues du même point est elle-même tangente à la courbe.

Construire une parabole, connaissant :

738. — Le foyer et deux tangentes ;

739. — Le foyer et deux points ;

740. — La directrice, une tangente et son point de contact ;

741. — La directrice, une tangente et un point de la courbe ;

742. — La directrice et deux points ;

743. — La directrice et deux tangentes ;

744. — Trois tangentes parmi lesquelles la tangente au sommet.

NOTIONS SOMMAIRES

D'ARPENTAGE, LEVÉ DES PLANS, NIVELLEMENT

I. — ARPENTAGE

720. *L'arpentage* est l'art de mesurer les terrains.

Les instruments employés pour l'arpentage sont les jalons, la chaîne d'arpenteur, les fiches et l'équerre d'arpenteur.

721. Jalons. — Les *jalons* sont des tiges droites d'une longueur moyenne de 1m60. Une de leurs extrémités destinée à être enfoncée dans le sol est en pointe et ferrée; l'autre est fendue pour qu'elle puisse porter une feuille blanche ou une plaque de couleur visible à grande distance.

Le jalon doit toujours être posé verticalement.

722. Chaîne. — La *chaîne d'arpenteur* est formée de cinquante chaînons en fer reliés par des anneaux. La longueur de chaque

chaînon avec un anneau est de deux décimètres, de sorte que la chaîne a une longueur totale de dix mètres.

Les extrémités de la chaîne sont formées de deux poignées qui appartiennent aux chaînons extrêmes.

Un anneau de cuivre indique les mètres, et une marque spéciale est placée au milieu de la chaîne pour faire reconnaître le demi-décamètre.

723. Fiches. — On donne ce nom à des tiges de fer de 30 cen-

timètres environ de longueur dont une des extrémités est en pointe et l'autre en anneau.

La *fiche plombée* est une fiche ordinaire renflée à sa partie in-

férieure, afin qu'elle puisse tomber verticalement lorsqu'on l'abandonne à son propre poids.

724. Équerre d'arpenteur. — L'*équerre d'arpenteur* est un prisme dont les bases sont des octogones régu-

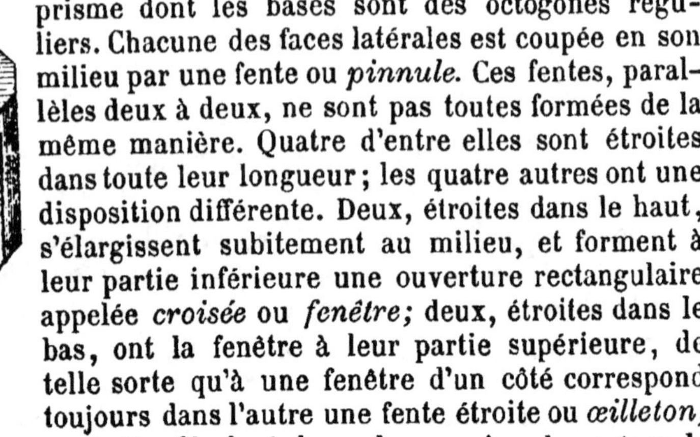

liers. Chacune des faces latérales est coupée en son milieu par une fente ou *pinnule*. Ces fentes, parallèles deux à deux, ne sont pas toutes formées de la même manière. Quatre d'entre elles sont étroites dans toute leur longueur ; les quatre autres ont une disposition différente. Deux, étroites dans le haut, s'élargissent subitement au milieu, et forment à leur partie inférieure une ouverture rectangulaire appelée *croisée* ou *fenêtre*; deux, étroites dans le bas, ont la fenêtre à leur partie supérieure, de telle sorte qu'à une fenêtre d'un côté correspond toujours dans l'autre une fente étroite ou *œilleton*, et réciproquement. Un fil placé dans chaque pinnule partage la fenêtre en deux parties égales.

Pour viser, il faut regarder par une fente étroite le fil placé dans la croisée opposée.

On se sert de l'équerre en la plaçant au sommet d'une tige droite et ferrée que l'on appelle pied de l'équerre.

Dans les terrains rocailleux, ce pied simple est remplacé par un support à trois branches.

TRACÉ DES DROITES

PROBLÈME

725. *Jalonner une droite* AB.

1er Cas. — Les jalons placés en A et B sont visibles d'un point extérieur à AB.

On place deux jalons l'un en A, l'autre en B ; puis on se place

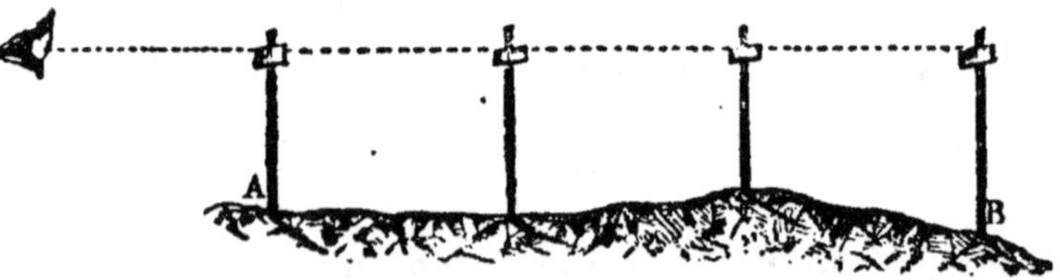

en arrière à une petite distance de A, et on vise les différents jalons qu'un aide place entre A et B, de manière à ce que ces jalons se confondent tous pour l'œil avec ceux qui sont aux extrémités de la droite AB.

2ᵉ Cas. — Les jalons placés en A et B ne sont visibles que d'un point intermédiaire.

On place par tâtonnements l'équerre d'arpenteur en un point

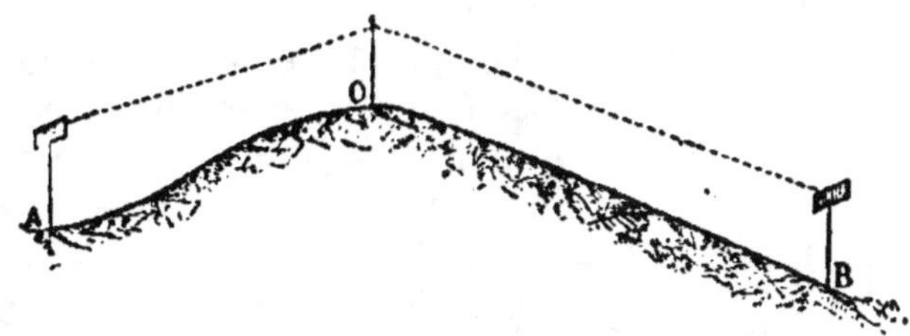

intermédiaire O, d'où l'on puisse voir par deux fentes opposées les jalons placés en A et en B. Il suffit ensuite de jalonner les droites AO et OB.

MESURE DES DROITES

726. 1ᵉʳ Cas. — Le terrain est horizontal.

La ligne à mesurer étant jalonnée, l'opérateur appuie en A la partie extérieure de la poignée de la chaîne pendant que son aide marche vers B. Lorsque la chaîne est tendue, l'aide plante une fiche à l'intérieur de la poignée qu'il tient en main. On continue la marche en opérant toujours de la même manière. L'opérateur recueille en route les fiches placées par son aide. Le nombre de fiches qu'il a eues entre les mains pendant l'opération indique le nombre de décamètres contenus dans la ligne. La fraction de décamètre qui reste à la fin se mesure encore avec la chaîne, à moins qu'elle ne soit plus petite qu'un chaînon et son anneau, c'est-à-dire que deux décimètres. Dans ce cas on peut employer un mètre de poche.

2ᵉ Cas. — Le terrain est incliné.

On tend la chaîne horizontalement de A en B, et on laisse tomber en C une fiche plombée que l'on remplace immédiatement par une fiche ordinaire. On opère successivement de la même façon en D et en F. La somme des distances AB, CD, EF est égale à la droite horizontale A'F'.

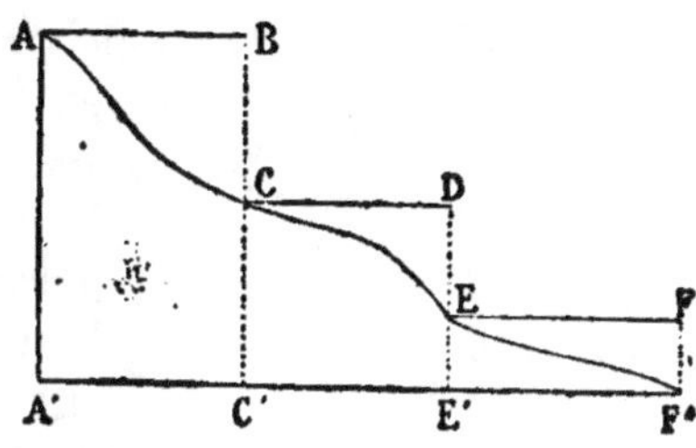

TRACÉ DES PERPENDICULAIRES

PROBLÈME

727. *Par un point* O *placé sur une droite* AB, *élever une perpendiculaire à cette droite.*

On !place l'équerre au point O de façon que le plan de visée de deux pinnules opposées passe par deux jalons fixés l'un en A, l'autre en B.

Il suffit alors de jalonner la droite OC indiquée par les pinnules perpendiculaires à la direction de AB.

PROBLÈME

728. *Par un point* O *situé en dehors d'une droite* AB, *abaisser une perpendiculaire sur cette droite.*

On fixe des jalons en O, A et B et on établit l'équerre sur AB en un point M d'où l'on puisse voir par deux fentes les jalons A et B, et par les fentes perpendiculaires le jalon O. La droite OM ainsi obtenue est évidemment la perpendiculaire demandée.

TRACÉ DES PARALLÈLES

PROBLÈME

729. *Par un point donné* O *mener une parallèle à une droite donnée* AB.

Du point donné O on mène sur AB une perpendiculaire OC,

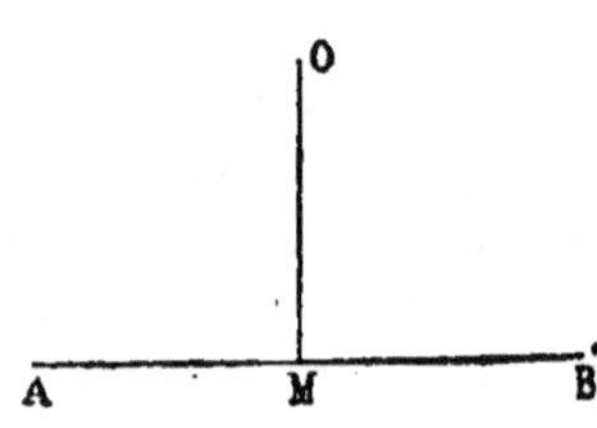

puis d'un point I pris sur AB on élève sur cette droite la perpendiculaire ID = OC, et l'on joint OD, qui est la parallèle demandée. On peut aussi, si l'on veut, abaisser OC perpendiculaire sur AB, et mener OD perpendiculaire sur OC.

730. Application. — Prolonger un alignement AB au delà d'un obstacle M.

Au point B on élève sur AB la perpendiculaire BC, au point C on mène la perpendiculaire CD à CB, enfin au point D on construit DE perpendiculaire à CD; on prend DE = CB et on mène EF perpendiculaire à DE.

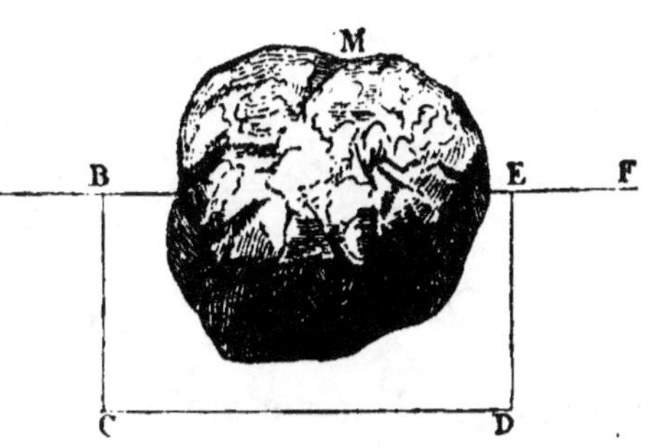

La ligne EF est le prolongement de AB.

MESURE DES SURFACES

731. Pour mesurer les surfaces on les décompose ordinairement en triangles rectangles, triangles quelconques, rectangles et trapèzes rectangles.

On a vu, en géométrie aux n⁰ˢ 329 à 344, la valeur des aires de ces différentes figures.

Les surfaces à mesurer peuvent être accessibles ou inaccessibles, limitées par des lignes droites ou des lignes courbes.

1ᵉʳ Cas. — Surfaces accessibles limitées par des lignes droites. — On peut les mesurer soit au moyen de la chaîne, soit au moyen de la chaîne et de l'équerre d'arpenteur. Si l'on n'emploie que la chaîne on décompose en triangles le polygone donné ABCDEF, puis on mesure tous les côtés de ces différents triangles, et on trouve la surface de chacun d'eux en employant la formule trouvée en géométrie (385) : $S = \sqrt{p\,(p-a)\,(p-b)\,(p-c)}$. La somme des surfaces triangulaires donne la surface demandée.

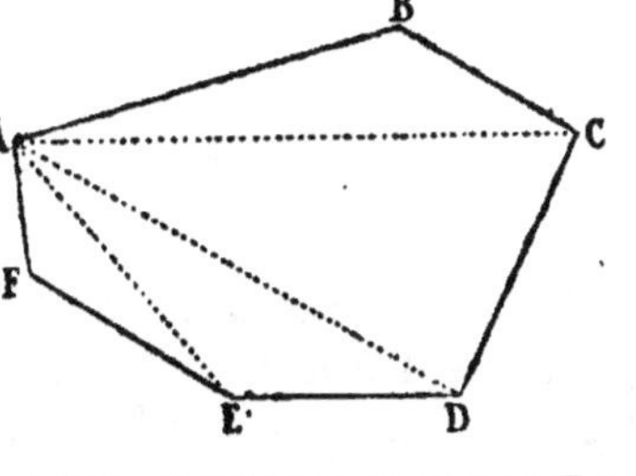

Si l'on emploie la chaîne et l'équerre d'arpenteur, on mène une diagonale AD, ordinairement la plus grande, puis de chaque sommet on abaisse sur cette droite les perpendiculaires BB′, CC′... etc. La somme des surfaces des triangles et des trapèzes ainsi déterminés donne la surface totale du terrain.

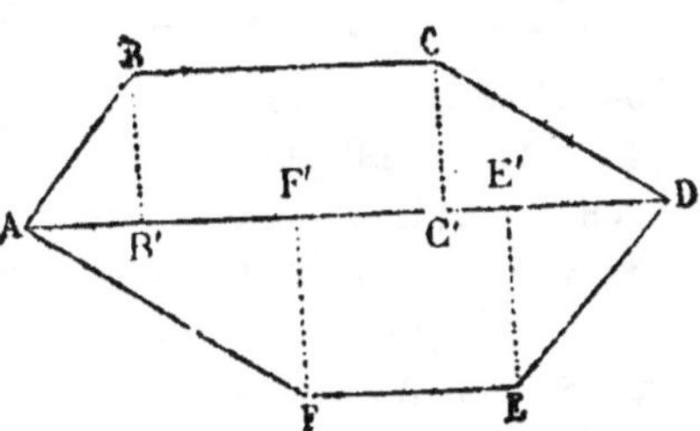

2⁰ Cas. — Surfaces accessibles limitées, au moins en partie, par des lignes courbes. — Comme l'indique la figure, on mène une

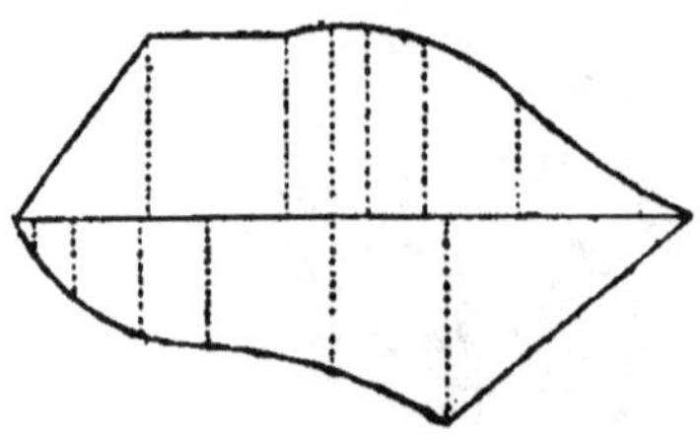

diagonale sur laquelle on abaisse des perpendiculaires en ayant soin de les rapprocher suffisamment pour que les portions de lignes courbes comprises entre elles puissent être regardées comme des lignes droites. On obtient ainsi un certain nombre de triangles et de trapèzes que l'on mesure d'après les règles ordinaires. Leur somme donne la surface du terrain avec une approximation suffisante.

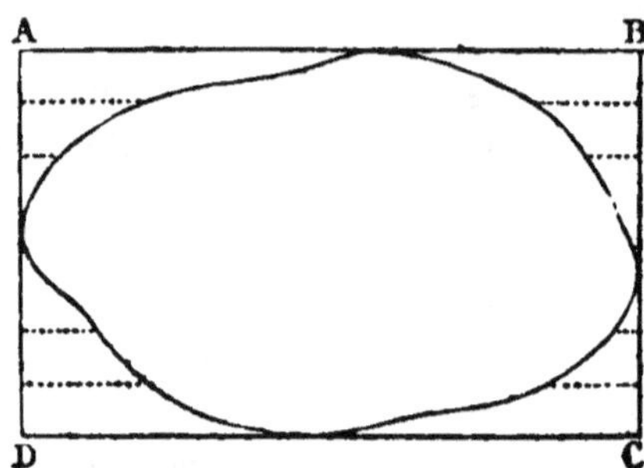

3⁰ Cas. — Surfaces inaccessibles limitées par des lignes courbes ou droites. — On les enveloppe d'un polygone, ordinairement un rectangle ABCD, et on retranche de la surface de ce rectangle les surfaces des trapèzes et triangles compris entre son périmètre et le terrain à mesurer.

II. — LEVÉ DES PLANS

732. Définition. — Lever un plan c'est en projeter tous les points sur un plan horizontal, et reproduire sur le papier la figure obtenue en réduisant ses dimensions à une échelle donnée.

733. Pour lever les plans on se sert des instruments qui suivent : la chaîne et l'équerre dont nous avons parlé précédemment (722 et 724), le graphomètre, la boussole et la planchette.

734. Graphomètre. — Le *graphomètre* est destiné à mesurer les angles. Il est formé d'un demi-cercle de cuivre gradué en degrés et demi-degrés de 0⁰ à 180⁰. Ce demi-cercle porte deux alidades, c'est-à-dire deux tiges munies chacune à leurs extrémités de deux plaques verticales nommées *pinnules*. Ces plaques sont percées, comme l'équerre, d'un œilleton et d'une croisée. L'une des alidades est mobile ; l'autre fixe est placée suivant le diamètre du limbe.

Le graphomètre à sa partie inférieure se termine par une
sphère. Cette sphère s'emboîte dans deux pièces métalliques ou
coquilles, qui, au moyen
d'une vis de pression,
permettent de fixer l'in-
strument dans toutes les
positions. Ces coquilles
forment elles-mêmes la
partie supérieure d'une
douille, où doit s'emman-
cher le pied à trois branches destiné à porter le
graphomètre.

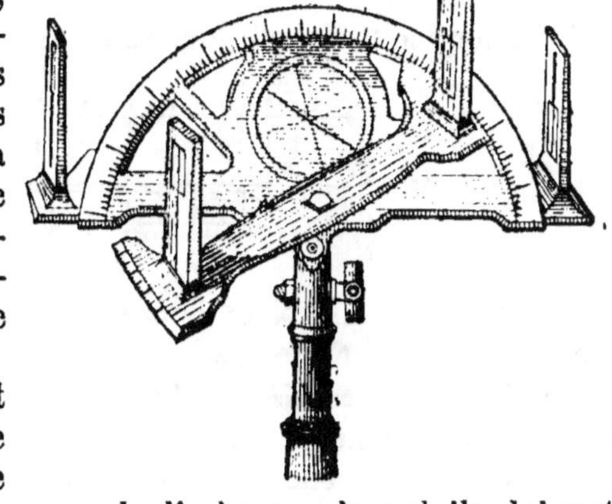

Avec l'appareil qui vient
d'être décrit, la mesure
des angles ne comporte
pas une grande précision, car le limbe sur lequel ils doivent
se mesurer n'est divisé qu'en degrés et demi-degrés. Pour obtenir les minutes, on a dû adapter un vernier circulaire à l'alidade
mobile.

735. Vernier. — Le *vernier* est un instrument destiné à mesurer des quantités plus petites que les divisions tracées sur une
ligne droite ou courbe.

Le *vernier droit ordinaire* est formé d'une petite règle placée
sous une règle plus grande. Une longueur a de la grande règle
contenant n divisions est partagée sur la petite en $n + 1$ divisions, de sorte que la différence constante entre la distance de
deux divisions de la grande règle et celle de deux divisions de la

petite.est égale à $\dfrac{1}{n+1}$.

Prenons un exemple. Soit une règle AB divisée en 10 parties
égales, et sous cette règle un
vernier NP égal à la moitié
de AB et divisé en 6 parties
égales. Il est évident que
chacune de ses divisions ne

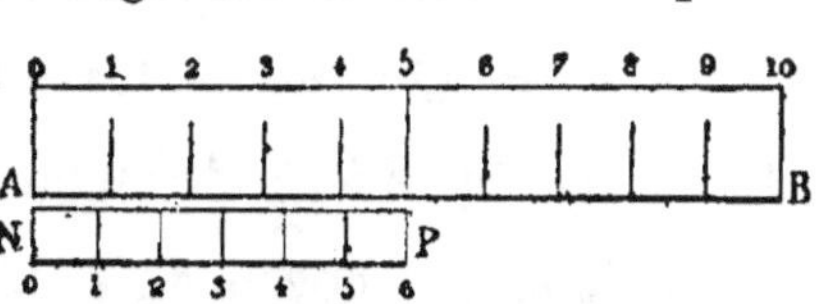

vaudra que les $\dfrac{5}{6}$ d'une division de AB, et par suite sera plus

petite de $\dfrac{1}{6}$ que chacune d'elles.

Soit maintenant un objet MN à mesurer. Plaçons-le à l'extrémité de AB, et faisons-le suivre du vernier. L'objet MN vaut
deux divisions plus IN. Or si l'on part du point de rencontre des

deux divisions 5ᵉ de la grande règle et 3ᵉ de la petite, il est facile de voir qu'entre la 4ᵉ d'un côté et la 2ᵉ de l'autre, la distance est de $\frac{1}{6}$; elle devient $\frac{2}{6}$ entre 3 et 1; $\frac{3}{6}$ entre 2 et zéro ou I et N. La longueur IN est donc égale au nombre de divisions com-

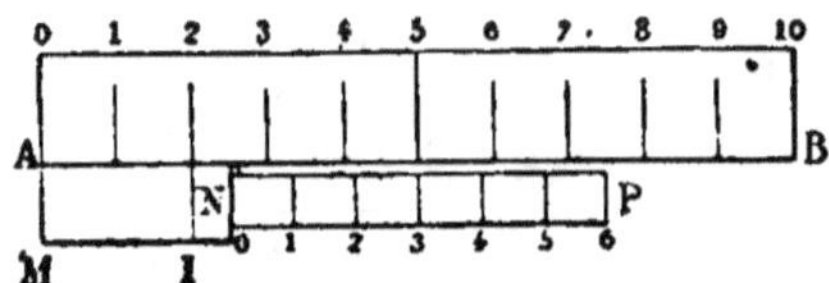

prises entre le point N et l'endroit où a lieu la coïncidence des lignes du vernier NP et de la règle AB.

736. Vernier circulaire. — Le *vernier circulaire* employé pour le graphomètre ne diffère que par sa graduation du vernier droit que nous venons de décrire. Sa longueur est égale à 29 demi-degrés partagés en 30 parties égales.

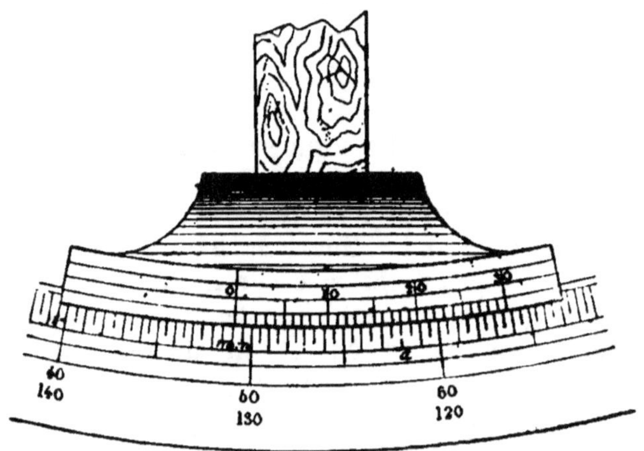

Par suite la différence entre une division du vernier et une du limbe est égale à $\frac{1}{30}$ de demi-degré ou à une minute. On trouvera donc, au moyen du graphomètre, le nombre de degrés et demi-degrés contenus dans un angle, et au moyen du vernier le nombre de minutes qui dépassent le degré ou le demi-degré. Ce nombre de minutes sera donné par le nombre de traits compris entre le zéro de la graduation du vernier et la ligne de coïncidence avec le limbe du graphomètre.

737. Boussole. — La *boussole* est formée d'une boîte carrée portant en son milieu une aiguille aimantée mobile sur un pivot au-dessous d'un cercle gradué. Sur le côté de la boîte se trouve une pièce de bois creusée dans toute sa longueur, et fermée à ses

extrémités par deux pièces métalliques contenant chacune une
ouverture formant une alidade.
Cette alidade se meut dans un
plan vertical parallèle à une ligne
tracée sur le cadran, et appelée
ligne de foi.

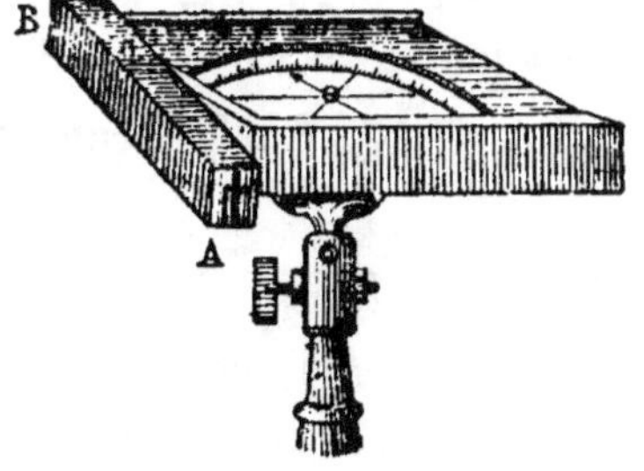

La boussole porte un genou à
coquilles qui permet de la placer exactement dans un plan ho-
rizontal, soit au moyen d'un niveau à bulle d'air, soit en dispo-
sant l'instrument de façon à ce que, dans toutes les positions,
les extrémités de l'aiguille soient au même niveau que le limbe.

En arpentage, les directions de l'aiguille aimantée sont toujours regardées comme rigoureusement parallèles.

738. Planchette. — Cet instrument se compose d'une petite
planche carrée portée sur un genou à coquilles. Il n'a qu'une
seule alidade à pinnules, et peut se placer facilement sur un
plan horizontal, au moyen d'un niveau à bulle d'air.

II. — ÉCHELLES DES PLANS

739. On nomme échelle d'un plan le rapport des lignes du
dessin avec les lignes homologues du terrain.

Ce rapport s'exprime par une fraction dont le numérateur, toujours égal à l'unité, représente une longueur prise sur le papier,
et dont le dénominateur indique la longueur correspondante sur
le terrain. L'échelle sera donc de $\frac{1}{100}$ lorsqu'un centimètre du
plan représente un mètre du terrain.

Les échelles adoptées dépendent de l'étendue et de la forme
des plans à lever. On prend ordinairement $\frac{1}{100}$ ou $\frac{1}{200}$, quand
il s'agit de bâtiments; $\frac{1}{1250}$, $\frac{1}{2000}$, $\frac{1}{5000}$ pour le cadastre.

Les chemins de fer préfèrent l'échelle de $\frac{1}{1000}$. L'état-major
qui a dressé la grande carte de France a pris $\frac{1}{80000}$.

CONSTRUCTION DES ÉCHELLES

740. Échelle ordinaire. — L'échelle qui accompagne ordinairement les plans est des plus simples. Soit par exemple l'échelle MD faite au $\frac{1}{500}$. Chaque centimètre représente 5 mètres et les

distances MA, AB, BC, CD... etc., égales à deux centimètres, valent chacune 10 mètres. Si l'on partage AM en dix parties égales, les subdivisions vaudront un mètre. Une longueur FD sera donc égale à 35^m, une longueur GD à 38^m, etc...

741. Échelle décimale ou des dixmes. — On l'emploie de préférence, lorsque les longueurs destinées à représenter les unités sont très petites. Prenons pour exemple l'échelle à $\frac{1}{5000}$. Le centimètre sur le papier vaut 50^m sur le terrain et deux centimètres

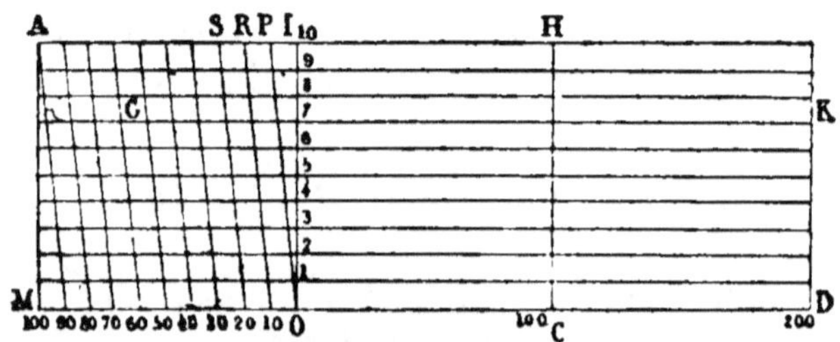

valent 100^m. Portons cette longueur constante 0^m02 sur une droite indéfinie MD; élevons aux points O, C, D... des perpendiculaires MA, OI... égales entre elles et à MO; partageons ensuite en dix parties égales les droites AM, AI, MO et OI; et joignons les points de division comme l'indique la figure. Ces constructions donneront les conclusions suivantes :

$$MO = OC = CD = ... = 100^m ; \quad IP = PR = RS = ... = 10^m.$$

Quant aux divisions comprises entre OI et OP, on aura pour l'une mn d'entre elles, placée à la huitième division de OI et OP :

$$\frac{mn}{PI} = \frac{On}{OI},$$

ou

$$mn = \frac{PI \times On}{OI},$$

$$mn = \frac{10^m \times 8}{10} = 8^m.$$

Les centaines sont donc représentées par les longueurs placées à droite du point O, les dizaines sont placées à gauche, et les unités se trouvent entre les droites OP et OI. Une longueur de 257ᵐ est indiquée par la ligne GK.

III. MÉTHODES EMPLOYÉES POUR LE LEVÉ DES PLANS

742. Le levé des plans peut se faire par un grand nombre de méthodes différentes. Nous nous contenterons de donner les quatre principales.

1º **Alignement.** — On mène à travers le terrain dont on doit lever le plan une ou plusieurs directrices **AD** ; puis, des points principaux du contour, on abaisse sur elles des perpendiculaires ou *ordonnées*. On prend ensuite les longueurs FH, PK... de ces ordonnées, ainsi que les longueurs AH, AK... des différentes parties de

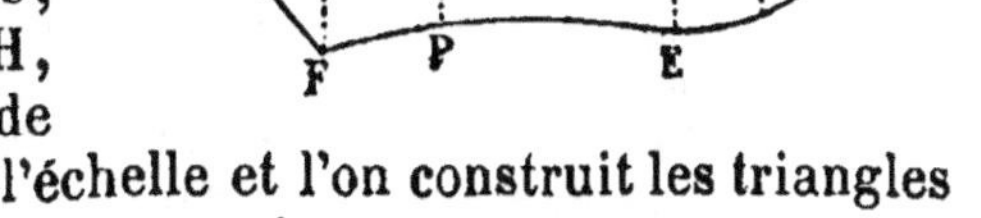

la directrice, on les réduit à l'échelle et l'on construit les triangles et les trapèzes dont la réunion forme le plan ABCDEPF.

2º **Rayonnement.** — Pour opérer *par rayonnement*, on se place en un point du terrain à lever, on joint ce point aux points principaux du contour, on mesure les droites AO, OB, OC... etc. et les angles AOB, BOC..., et l'on construit sur le papier des triangles semblables aux triangles formés sur le terrain. Il suffit pour cela de faire des angles égaux aux

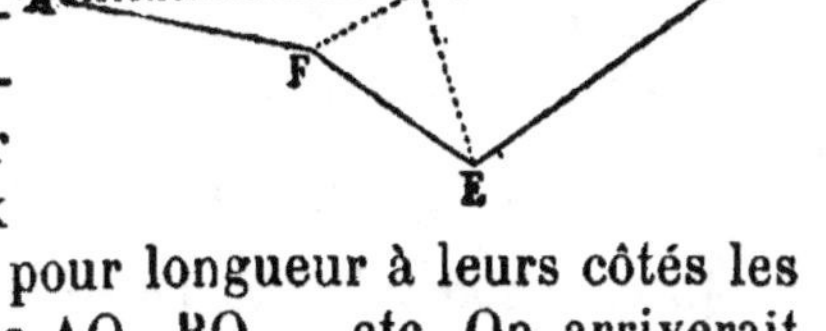

angles AOB, BOC... et de donner pour longueur à leurs côtés les réductions à l'échelle des droites AO, BO..., etc. On arriverait au même résultat en prenant les longueurs des trois côtés de chacun des triangles AOB, BOC... et en construisant les triangles semblables avec ces longueurs ramenées à l'échelle.

3º **Intersections.** — On joint une droite AB prise sur le terrain aux points principaux du contour, et on lève le plan MNOPQ en construisant des triangles semblables aux triangles AMB, ANB... Cette

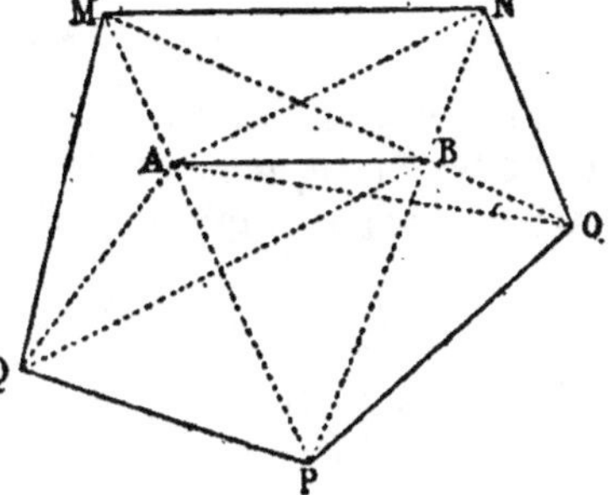

construction se fait facilement en mesurant exactement la droite AB, en la ramenant à l'échelle, et en faisant en A et B des angles égaux aux angles MAB, MBA; NAB, NBA..., etc.

4° **Cheminement.** — On mesure les côtés et les angles du polygone que forme le terrain, puis on construit un polygone semblable. Pour cela il suffit que, sur le papier, les longueurs AB, BC,... réduites à l'échelle, se coupent sous des angles égaux à ABC, BCD...

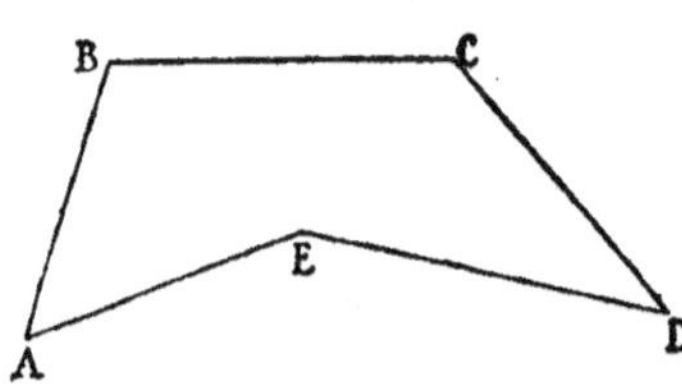

743. Les procédés généraux que nous venons d'exposer pour le levé des plans exigent l'emploi de plusieurs instruments. Aussi on les désigne ordinairement par des noms qui indiquent les instruments auxquels on a recours pour les exécuter. De là le levé au mètre, à l'équerre, au graphomètre... etc.

LEVÉ AU MÈTRE

744. Le *levé au mètre* n'exige que les jalons et la chaîne d'arpenteur. On peut employer à volonté la méthode du rayonnement ou celle des intersections (742).

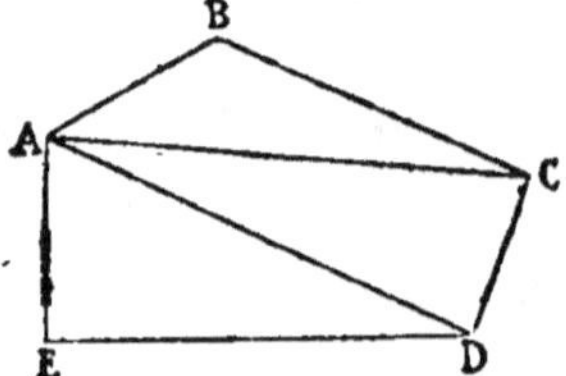

On peut encore décomposer le polygone donné en triangles par des diagonales issues d'un même sommet. En mesurant les côtés de ces triangles, et en les ramenant à l'échelle, on construira facilement une figure semblable à celle du terrain.

LEVÉ A L'ÉQUERRE D'ARPENTEUR

745. Le *levé à l'équerre* se fait par la méthode d'alignement. Les n°s 731 et 742 indiquent suffisamment comment on opère pour les terrains accessibles ou inaccessibles.

LEVÉ AU GRAPHOMÈTRE

746. Le graphomètre permet d'opérer à volonté par toutes les méthodes indiquées au n° 742. Cependant on préfère l'équerre d'arpenteur au graphomètre pour la première.

LEVÉ A LA BOUSSOLE

747. Les méthodes par rayonnement et par intersections admettent parfaitement l'emploi de la boussole. Cependant, comme

cet instrument ne donne pas les angles avec une bien grande précision, on ne s'en sert en général que par cheminement. Pour comprendre comment on opère, soit à lever le plan d'un terrain ABCDE. On mesure d'abord un côté AE que l'on réduit à l'échelle, puis on détermine alternativement les côtés du polygone et les angles qu'ils forment avec l'aiguille aimantée, par exemple aAB et AB, b'BC et BC... etc. Il est facile avec ces données d'obtenir une figure semblable à celle du terrain.

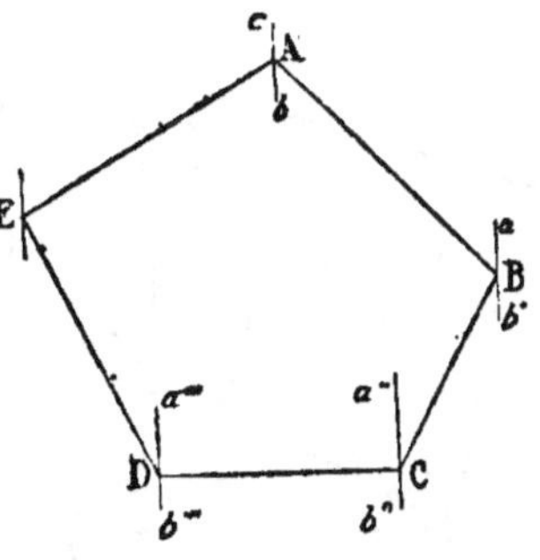

Pour lever les sinuosités d'un sentier, on installe la boussole aux points C, D, E, F assez rapprochés pour que les lignes AC, CD, DE,..., etc. puissent être regardées comme droites. Ces droites étant me-

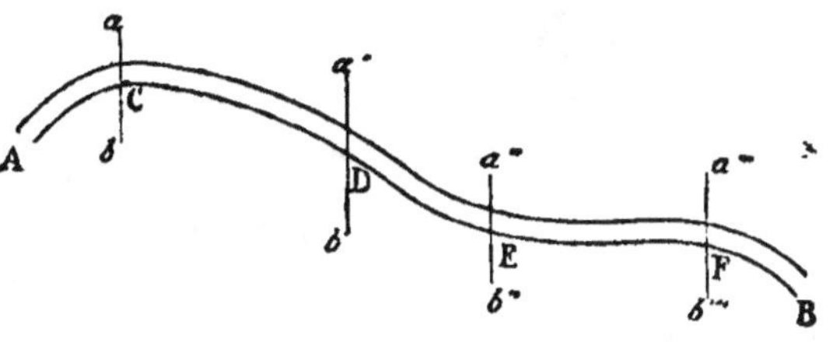

·surées et réduites à une échelle convenable, on leur donnera la direction qui leur appartient au moyen des angles aCD, a'DE..., etc.

LEVÉ A LA PLANCHETTE

748. Le levé à la planchette se fait par rayonnement, par intersections ou par cheminement. Voici comment on opère dans ces différents cas :

Rayonnement. — On place sur la planchette une feuille de papier parfaitement tendue, et on l'établit horizontalement en un point O du terrain d'où l'on puisse apercevoir les différents sommets à rélever; on trace alors avec un crayon que l'on fait glisser le long de l'alidade mobile les lignes OA, OB, OC... obtenues en visant les points A, B, C...; on prend enfin $Oa =$ OA réduite à l'échelle, $Ob =$ OB réduite à l'échelle..., etc., et on obtient le plan $abcdef$ du terrain.

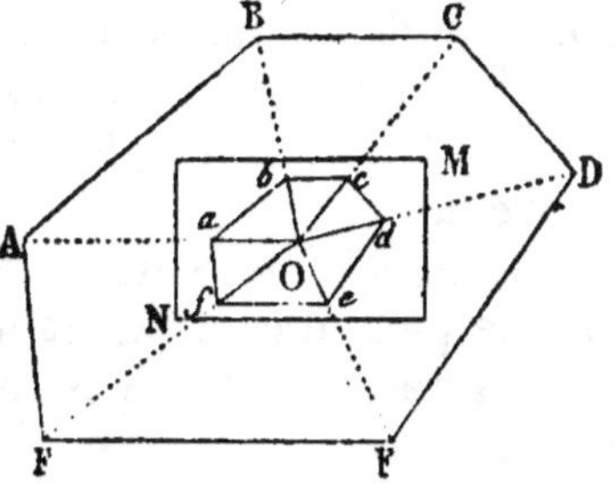

Intersections. — On trace sur le papier fixé à la planchette une droite mn représentant une longueur MN prise sur le terrain et duitrée à l'échelle, puis on établit successivement l'instrument aux extrémités de MN, de façon que les points m et M dans la première position et les points n et N dans la seconde soient sur une même verticale. Dans les deux situations on détermine sur le papier les directions MA, MB, MC... NA, NB, NC... Les intersections deux à deux de ces droites donnent les sommets a, b, c, d, e correspondant aux sommets ABCDE du terrain.

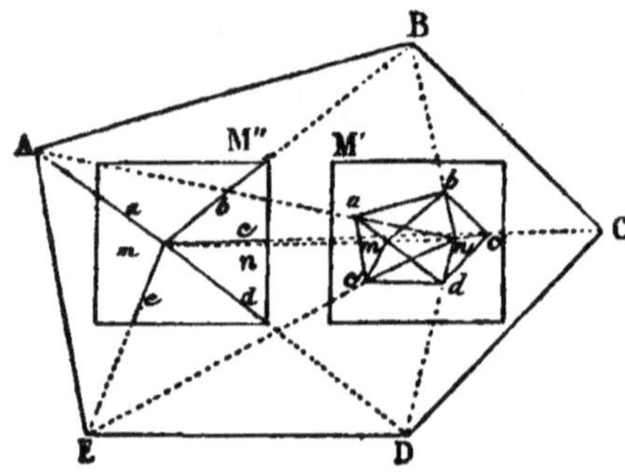

Cheminement. — On transporte la planchette aux points principaux du terrain. A la station P, on décrit au moyen de l'alidade les lignes de visée po et pq; à la station O, on prend la direction on. En continuant, on aura au point M le plan complet du terrain.

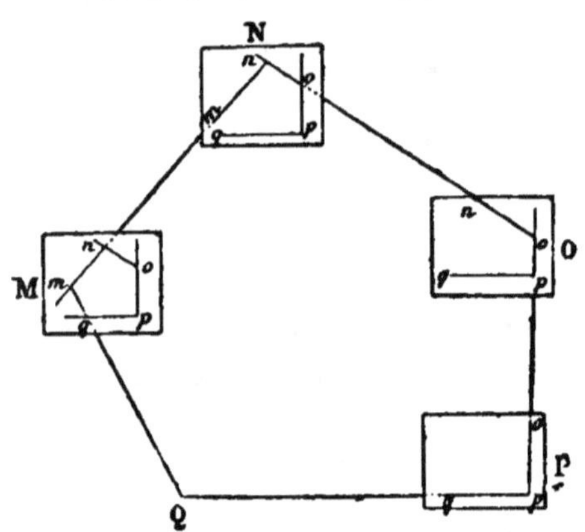

III. — NIVELLEMENT

749. Définitions. — Le *nivellement* sert à déterminer les distances des différents points d'un terrain à un plan horizontal pris pour plan de comparaison et appelé plan de niveau.

On nomme *cote d'un point* sa distance au plan de niveau.

Les instruments employés pour le nivellement sont *la mire* et *le niveau*.

La mire est une règle graduée, simple ou à coulisse, terminée par une plaque coloriée nommée *voyant*.

Il y a deux sortes de niveaux : *le niveau à bulle d'air* et *le niveau d'eau*.

Le niveau à bulle d'air est formé d'un tube de verre rempli d'eau ou d'alcool coloré; on a eu soin de laisser dans le tube une bulle d'air qui vient se mettre entre deux points de repère placés au milieu, quand l'instrument est horizontal. Il n'est employé que pour les petites surfaces.

Le niveau d'eau est formé d'un tube en laiton ou en fer blanc, dont les extrémités recourbées à angle droit portent deux fioles de verre sans fond mastiquées dans le tube.

750. Nivellement simple. — On nomme ainsi le nivellement qui se fait par une seule station.

Si l'on veut trouver la différence des hauteurs de deux points A et B, on place le niveau en A, une mire en B, et la différence BD des hauteurs de la mire et de l'instrument représente la différence des niveaux.

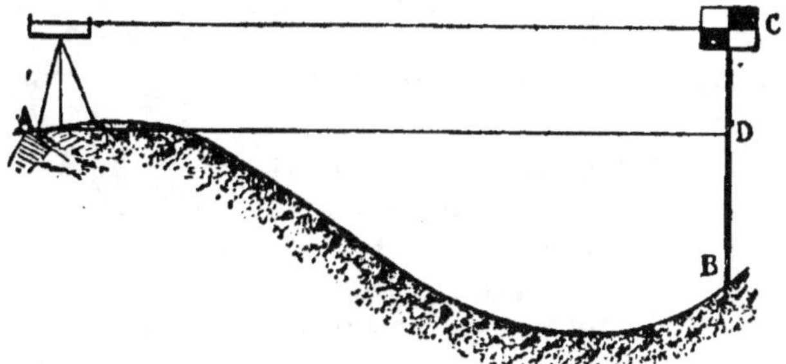

On peut aussi placer l'instrument entre les deux points donnés : la

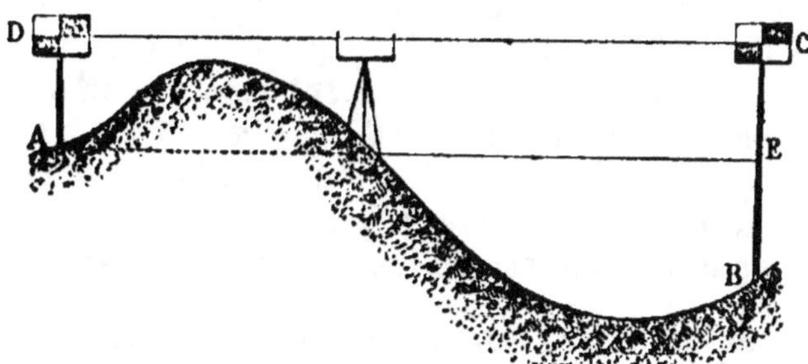

différence BC—AD des hauteurs de la mire placée successivement en A et en B, donne alors la différence des hauteurs des points B et A.

Pour relever les cotes d'un certain nombre de points, on place le niveau dans l'intérieur du polygone que forment ces points. Le tube étant parfaitement horizontal, on lui fait décrire un mouvement de rotation autour de son point d'appui. On obtient alors facilement toutes les cotes que l'on désire.

751. Nivellement composé. — Le nivellement composé exige plusieurs stations. A chaque station on donne deux coups de niveau, l'un en avant vers l'endroit où l'on va, l'autre en arrière vers l'endroit d'où l'on vient. Dans la figure les coups d'avant sont Cc', Dd'', Bb', et les coups d'arrière sont Aa, Cc, Dd. Nous allons démontrer que, dans le nivellement composé, la différence des niveaux de deux points est égale à l'excès de la somme des

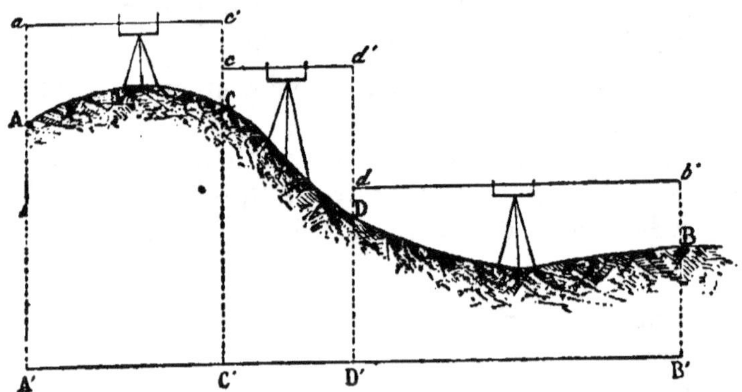

coups d'avant sur celle des coups d'arrière, si le point le plus bas
est en avant. Ce serait l'inverse s'il était en arrière. On a, en effet :

$$A'A + Aa = C'C + Cc',$$
$$C'C + Cc = D'D + Dd',$$
$$D'D + Dd = B'B + Bb'.$$

Si l'on fait la somme en ayant soin de retrancher les termes
communs aux deux membres de l'égalité, il vient :

$$A'A + Aa + Cc + Dd = B'B + Cc' + Dd' + Bb',$$

ou $A'A - B'B = (Cc' + Dd' + Bb') - (Aa + Cc + Dd)$.   C.Q.F.D.

Lorsqu'on veut obtenir le nivellement général d'un terrain considérable, on établit plusieurs stations centrales A, B, C... De
chacune d'elles on relève les cotes d'un certain nombre de points,
et l'on rattache chaque station à la suivante par deux coups de
niveau donnant la différence de leurs cotes respectives.

PLANS COTÉS, PROFILS, COURBES DE NIVEAU

752. Cotes. — On nomme *cote d'un point* la distance qui le
sépare d'un plan horizontal pris pour plan de comparaison.

753. Plan coté. — On appelle *plan coté* le plan dont tous les
points sont déterminés par leurs cotes respectives.

754. Profils. — Pour connaître les ondulations d'un terrain, on
peut employer les plans cotés; mais souvent on leur préfère la
méthode des *profils*. Pour cela on détermine les cotes des points
A, B, C, D ...; puis, sur une droite XY formée par les projections
de ces points sur un plan horizontal, on prend des distances *ab,
bc, cd*... qui représentent, réduites à une échelle convenable,
les projections des longueurs AB, BC, CD...; enfin, aux points
a, b, c, d ..., on élève des perpendiculaires égales aux cotes des
points A, B, C, D..., ramenées aussi à l'échelle.

Le profil en long que nous venons de décrire admet différentes échelles. Les limites ordinaires de ces échelles sont 0,001 et

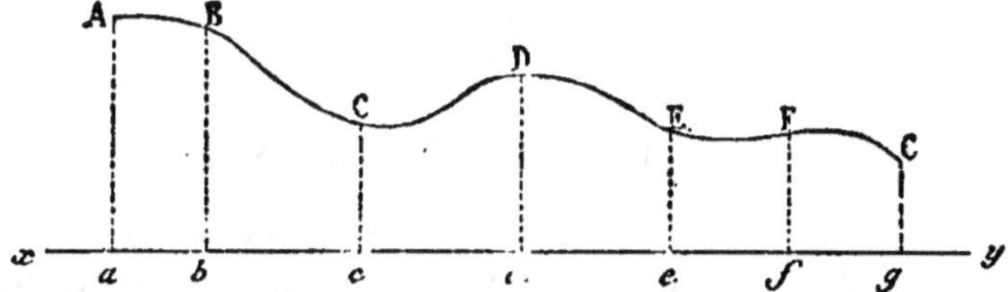

0,0005 pour les longueurs considérables; et 0,005 ou 0,002 pour les hauteurs.

Le profil en long est insuffisant dans bien des cas. On fait alors des profils en travers dont la direction est perpendiculaire à la direction du profil en long. C'est ce qui a lieu pour le tracé des chemins de fer, des routes, etc.

755. Courbes de niveau. — On nomme *courbe de niveau* une courbe dont tous les points ont même cote.

Si l'on imagine sur un terrain des plans horizontaux équidistants, leurs projections sur un plan de comparaison forment des

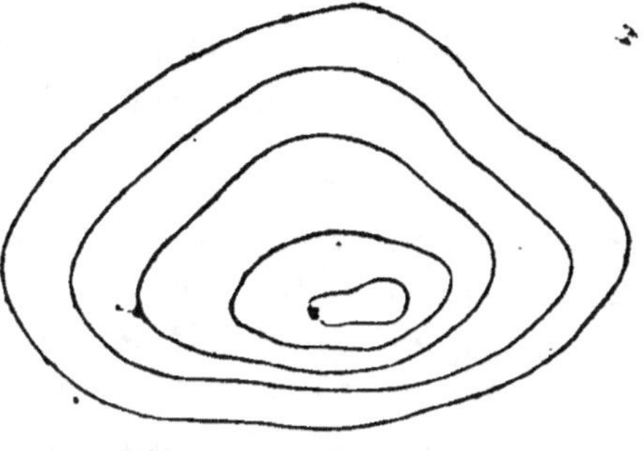

courbes de niveau dont le rapprochement ou l'éloignement indique le plus ou moins de raideur de la pente.

756. Pente d'une droite. — On nomme *pente d'une droite* AB, le rapport entre la différence AC des cotes de deux de ses points A et B et la distance *ab* d s projections horizontales de ces mêmes points. En d'autres termes, la pente d'une droite est égale à la tangente $\frac{AC}{CB}$ de l'angle qu'elle fait avec l'horizon.

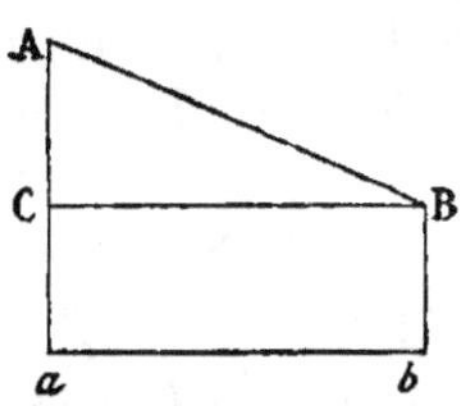

757. Nous terminons ici ces quelques détails sur l'arpentage, le levé des plans et le nivellement. Les élèves qui voudraient ne pas se contenter de ces notions élémentaires, suffisantes pour les examens du baccalauréat, trouveront dans les traités spéciaux à cette matière tous les développements qu'ils peuvent désirer. Il était impossible de donner ces développements dans un ouvrage élémentaire de géométrie.

EXERCICES DE GÉOMÉTRIE

758. Les questions que l'on peut avoir à traiter en géométrie se divisent en deux classes : les théorèmes ou démonstrations de vérités énoncées et les problèmes qui consistent en des constructions ou des recherches faites d'après des conditions données.

§ I. — DÉMONSTRATION DES THÉORÈMES

On peut employer deux méthodes pour la démonstration des théorèmes : *la méthode synthétique* et *la méthode analytique*.

759. Synthèse. — Pour démontrer une proposition *par synthèse,* on procède, comme en géométrie, en partant de principes connus, en examinant les rapports qui existent entre ces principes et la vérité qu'il s'agit de prouver. Cette méthode, très commode pour exposer ce que l'on connaît, n'est pas sans inconvénients dans les recherches, car il n'est pas facile de saisir la marche que l'esprit doit suivre pour arriver à la conclusion. De plus, il n'est pas rare que pour cela des constructions soient nécessaires, et malheureusement on ne peut pas déterminer par des règles quelles sont, parmi toutes les constructions graphiques possibles, celles qui conviennent le mieux à chaque cas particulier. Tout ce que l'on peut dire sous ce rapport, et cette remarque s'applique à tous les genres d'exercices de géométrie, c'est qu'il faut être sobre de constructions et ne faire que celles qui sont indispensables.

Voici deux exemples faciles qui montreront comment on procède par synthèse.

760. *L'angle formé par la médiane et la hauteur menées du sommet de l'angle droit sur l'hypoténuse d'un triangle rectangle, est égal à la différence des deux angles aigus.*

Il faut démontrer que l'angle m égale B — C.

Le triangle BAC, rectangle en A, donne :

$$B + C = \text{un droit.}$$

De même le triangle DAE, rectangle en D, donne :
$$m + n = \text{un droit.}$$

Il s'ensuit que
$$m + n = B + C.$$

Or $\qquad n = o + C \ (99),$

donc $\qquad m + o + C = B + C,$

ou $\qquad m = B - o.$

Mais le triangle AEC est isocèle (113) et $o = C$.

. On a donc enfin :
$$m = B - C.$$

761. *La somme des distances d'un point de la base aux côtés d'un triangle isocèle est constante.*

Démontrons que $DE + EF = BI$, distance constante des extrémités de la base d'un triangle isocèle aux côtés égaux. Pour cela, menons AE. Nous aurons :
$$\text{Tr. BAE} = \frac{AB \times ED}{2},$$

$$\text{et Tr. CAE} = \frac{AC \times EF}{2}.$$

Leur somme ou
$$\text{Tr. BAC} = \frac{AC}{2}(ED + EF).$$

Or le tr. BAC est aussi égal à
$$\frac{AC}{2} \times BI,$$

donc $\qquad \dfrac{AC}{2}(ED + EF) = \dfrac{AC}{2} \times BI,$

ou $\qquad ED + EF = BI.$ $\qquad$ C.Q.F.D.

762. Analyse. — *L'analyse* est d'un usage plus commode et plus facile que la synthèse. Au lieu de chercher bien loin un point de départ que souvent l'énoncé du théorème n'indique en aucune façon, et qu'une heureuse inspiration ou une grande habitude peuvent seules faire soupçonner, elle accepte immédiatement comme vraie la proposition énoncée, et elle déduit de cette vérité une série de conséquences qui aboutissent rigoureusement à un principe évident par lui-même ou déjà démontré.

Prenons quelques exemples et commençons par un théorème connu de géométrie élémentaire. Ce théorème a été prouvé au n° 237 par la méthode synthétique.

763. *Si d'un point pris dans l'intérieur d'un cercle on mène des cordes dans ce cercle, le produit des distances de ce point aux deux points d'intersection de chaque corde avec la circonférence est constant.*

Il faut démontrer que $AO \times OB = OC \times OD$.

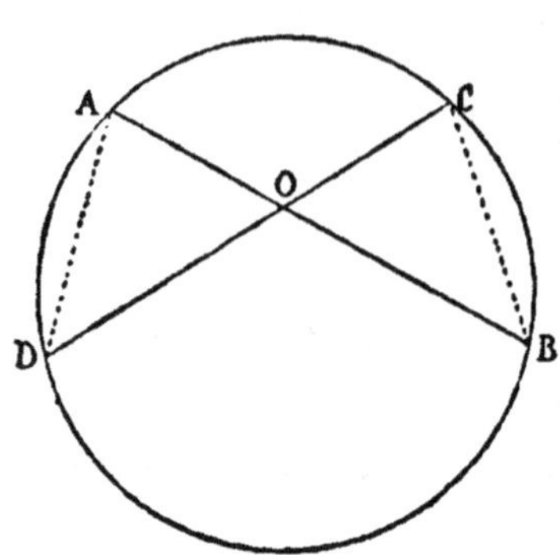

Cette égalité, acceptée comme vraie, donne la proportion :

$$\frac{AO}{OD} = \frac{OC}{OB}.$$

Il s'ensuit que les triangles AOD, COB, ayant un angle égal en O compris entre côtés proportionnels, doivent être semblables, ou que l'angle A doit être égal à l'angle C. Ce dernier point est évident; car les angles A et C ont même mesure $\dfrac{DB}{2}$.

Donc $AO \times OB = OC \times OD$.

764. *Si l'on joint par des lignes droites les pieds des hauteurs d'un triangle ABC, on forme un nouveau triangle DEF qui a ces hauteurs pour bissectrices de ses angles.*

Il faut démontrer que les angles DFO et OFE sont égaux.

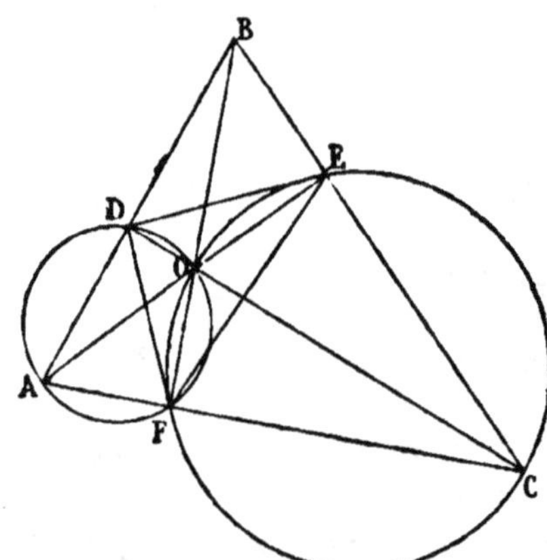

Remarquons d'abord que les quadrilatères DOFA et EOFC sont inscriptibles, puisque la somme de leurs angles opposés est égale à deux droits.

Les angles DFO et OFE, que nous supposons égaux, ont respectivement pour mesure les arcs $\dfrac{OD}{2}$ et $\dfrac{OE}{2}$, et comme ces moitiés d'arcs sont aussi les mesures des angles OAD et OCE, ceux-ci doivent être égaux. Or ils le sont, puisqu'ils ont pour compléments les angles opposés par le sommet en O dans les triangles rectangles AOD, COE. Donc...

765. *Le pied de la hauteur d'un triangle inscrit ABC est à égale distance de la circonférence et du point de rencontre de ces mêmes hauteurs.*

Il faut démontrer que $OF = FG$. Joignons AG.

Si le théorème est vrai, le triangle GAO sera isocèle (66), et la droite AF sera bissectrice de l'angle du sommet A.

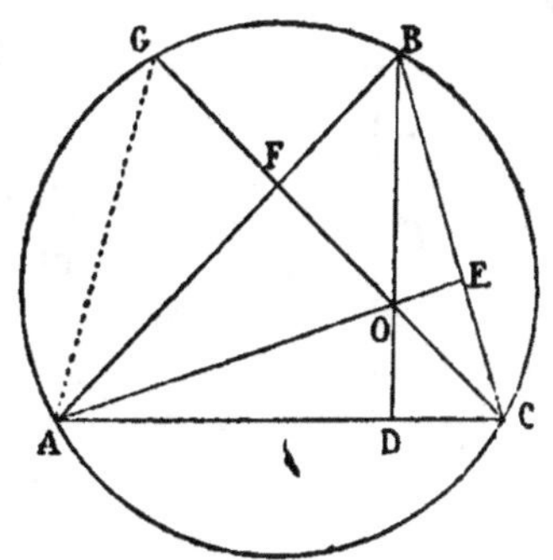

Le théorème sera donc prouvé, si nous démontrons que

$$GAB = FAO.$$

Or GAB, qui a pour mesure la moitié de l'arc GB, est égal à GCB, et GCB est égal à FAO, puisque ces derniers angles ont pour compléments les angles opposés en O dans les triangles rectangles AOF, COE. Il s'ensuit que GAB égale FAO, et que $GF = FO$.

L'analyse, quand elle est bien conduite, se suffit parfaitement à elle-même. Il faut cependant avoir soin, en passant d'une propriété à une autre, de s'assurer toujours de l'exactitude de la condition de réciprocité. Si on ne le fait pas, il est nécessaire de recourir à la synthèse, qui complète alors l'analyse. Voici la marche à suivre dans ce cas :

On prend pour point de départ la dernière conclusion fournie par l'analyse, et on remonte de propriété en propriété jusqu'à la première, c'est-à-dire celle qu'il faut démontrer.

Prenons, comme exemples, deux des théorèmes qui viennent d'être prouvés par l'analyse.

766. *Le pied de la hauteur d'un triangle inscrit* ABC *est à égale distance de la circonférence et du point de rencontre des trois hauteurs du triangle* (fig. du n° 765).

Joignons AG. Les angles FAO et GCB, qui ont même complément en O, sont égaux; les angles GAB et GCB, ayant même mesure $\dfrac{GB}{2}$, sont aussi égaux; il s'ensuit que FAO = GAB, et que le triangle GAO est isocèle, puisque la bissectrice de l'angle du sommet est perpendiculaire sur la base. Donc $GF = FO$.

767. *Si l'on joint par des lignes droites les pieds des hauteurs d'un triangle* ABC, *on forme un nouveau triangle qui a ces hauteurs pour bissectrices de ses angles.*

Après avoir inscrit les quadrilatères inscriptibles DOFA et EOFC,

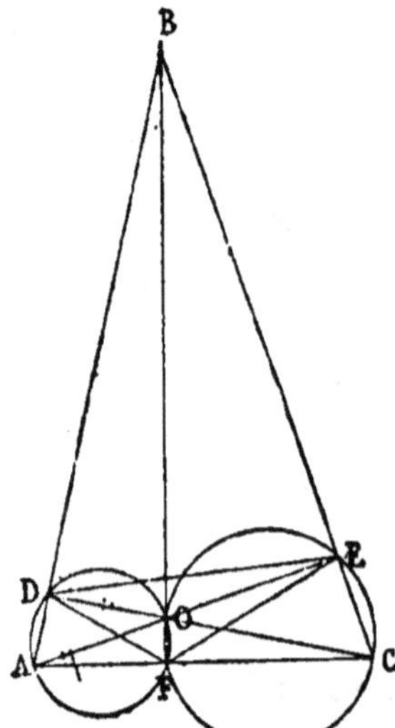

on verra facilement que les angles OAD et OCE sont égaux, puisqu'ils ont pour compléments des angles égaux en O. Or le premier a pour mesure $\frac{OD}{2}$ et le second $\frac{OE}{2}$, c'est-à-dire les mêmes mesures que DFO et OFE. Ces derniers sont donc égaux.

768. Réduction à l'absurde. — On démontre parfois un théorème en supposant vraie la proposition contradictoire. De cette proposition ainsi admise, on déduit une série de conséquences qui aboutissent enfin à un résultat impossible ou contraire à des vérités déjà démontrées.

La démonstration par cette méthode est rigoureuse quand elle est bien conduite; mais elle satisfait moins l'esprit qu'une démonstration directe. On la retrouve fréquemment dans les ouvrages anciens de géométrie ; aujourd'hui, elle est presque abandonnée. Cependant elle est très utile pour la démonstration des réciproques, et dans ce cas elle est souvent la seule marche naturelle. On trouve cette méthode appliquée aux nᵒˢ 131 2º, 137 2º, 147, 211, etc., de la géométrie.

§ II. — RECHERCHE DES PROBLÈMES

769. La résolution ou la construction des problèmes peut se faire, comme la démonstration des théorèmes, par *synthèse* ou par *analyse*. On emploie la méthode synthétique lorsqu'on énonce, en les justifiant, les constructions qui conduisent au résultat; on se sert de l'analyse lorsqu'on suppose le problème résolu, et que de cette hypothèse on déduit des conséquences qui aboutissent à une verité évidente ou déjà démontrée. Il ne faut pas oublier que la méthode analytique exige, pour mener directement au résultat, que l'on s'assure toujours de la réciprocité des propositions, lorsqu'on en déduit plusieurs les unes des autres.

Soit, comme exemple d'analyse, le problème suivant traité en géométrie par la méthode synthétique (253).

770. *Partager une droite donnée en moyenne et extrême raison.*

Supposons le problème résolu, et soit C le point qui partage la droite AB en moyenne et extrême raison. On a alors la relation :

$$\frac{AB}{AC} = \frac{AC}{BC},$$

ou, d'après une propriété connue des proportions,

$$\frac{AB + AC}{AC + BC} = \frac{AB}{AC},$$

c'est-à-dire :

$$\frac{AB + AC}{AB} = \frac{AB}{AC};$$

donc

$$\overline{AB}^2 = (AB + AC)\, AC.$$

Le produit des deux facteurs $(AB + AC)$ et AC est connu, puisqu'il vaut le carré de la droite donnée; la différence $(AB + AC) - AC$ de ces facteurs est connue aussi, puisqu'elle est égale à AB : ce problème revient ainsi à trouver deux droites dont on connaît la différence et le produit (383).

De là la construction suivante :

Sur la différence AB comme diamètre, on décrit une circonférence; puis on mène une tangente BA égale au diamètre, on

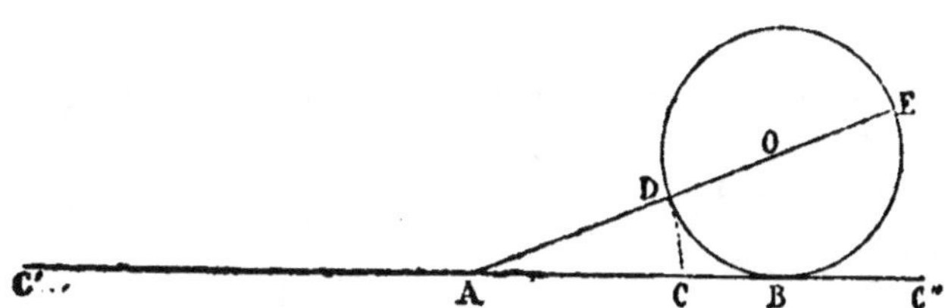

trace AOE, on prend AC = AD et l'on a en AC et CB les droites demandées.

Discussion. — Examinons les variations des rapports $\dfrac{AB}{AC}$ et $\dfrac{AC}{BC}$, lorsque le point C se déplace sur la direction AB.

1° De A en B, le premier rapport $\dfrac{AB}{AC}$ décroît de l'infini à 1, et le second $\dfrac{AC}{BC}$ croît de zéro à l'infini; il y a donc entre A et B une position pour le point C, et une seule où les rapports sont égaux.

2º Si le point C passe à droite, au delà du point B, le problème devient impossible; car la droite C″A étant toujours plus grande que AB et que C″B, ne peut être moyenne proportionnelle entre les deux.

3º Si le point C est à gauche du point A, le rapport $\dfrac{AB}{AC'}$ croît de zéro à l'infini, tandis que $\dfrac{AC'}{BC'}$ décroît de 1 à zéro. Il y a donc, au delà du point A, un nouveau point C′ où les rapports sont égaux.

Pour trouver ce point, reprenons la relation $\dfrac{AB}{AC'} = \dfrac{AC'}{BC'}$.

Cette relation équivaut à la suivante :

$$\frac{AC' - AB}{BC' - AC'} = \frac{AB}{AC'},$$

ou

$$\frac{AC' - AB}{AB} = \frac{AB}{AC'},$$

c'est-à-dire : $\qquad \overline{AB}^2 = (AC' - AB)\, AC'.$

Le produit des deux facteurs $(AC' - AB)$ et AC' vaut $\overline{AB}^2$, leur différence $AC' - (AC' - AB)$ vaut AB. On déterminera ces deux facteurs par la même construction que celle que l'on a faite tout à l'heure et l'on aura $AC' = AE$.

En effet, $\qquad AE - (AE - AB) = AB,$

et $\qquad AE\,(AE - AB) = AE \times AD = \overline{AB}^2.$

Si l'on voulait avoir une expression de la valeur des nouveaux segments AC′, BC′, on procéderait comme en géométrie, lorsque l'on a cherché la valeur des segments AC, BC (254), et l'on aurait, en représentant par a la droite AB :

$$AC' = \frac{a}{2}\,(1 + \sqrt{5}), \quad BC' = \frac{a}{2}\,(3 + \sqrt{5}).$$

§ III. — MÉTHODES SPÉCIALES

771. Nous venons de voir comment la synthèse et l'analyse peuvent servir tour à tour à la démonstration des théorèmes ou à la résolution des problèmes.

Mais les exercices de géométrie sont si variés, ils se présentent sous tant de formes, que ces notions générales ne suffiraient pas pour arriver à les traiter facilement. Aussi est-il bon d'exposer d'une manière sommaire quelques méthodes spéciales employées plus particulièrement pour la résolution de certaines catégories d'exercices.

I. Méthode des substitutions successives.

772. Cette méthode consiste à ramener le problème proposé à un autre plus simple, celui-ci à un troisième, et ainsi de suite jusqu'au moment où l'on arrive à une solution connue. On trouve en géométrie de nombreux exemples où cette méthode si naturelle est appliquée. C'est ainsi que le problème de la tangente commune à deux cercles est d'abord ramené au problème de la tangente à un cercle menée par un point extérieur, et celui-ci revient à mener d'un point extérieur une droite perpendiculaire à l'extrémité d'un rayon.

II. Méthode par symétrie.

773. Dans cette méthode on rabat la figure autour d'un axe choisi convenablement, et on obtient de l'autre côté de cet axe une figure symétrique de la première, qui donne avec celle-ci des relations spéciales au moyen desquelles la solution se présente quelquefois immédiatement.

On trouve une application de cette méthode au n° 70 de la géométrie.

Comme exemple nouveau, soit à résoudre le problème suivant :

774. *On donne deux points* A *et* B *situés du même côté d'une droite* MN; *trouver le plus court chemin pour aller de* A *en* B, *en touchant la droite.*

Rabattons la figure autour de l'axe MN, nous aurons en B' le point symétrique de B; menons AB', BO; enfin prenons un point I quelconque sur MN, et joignons-le aux points A, B et B'.

On aura immédiatement.:

$$AO + OB' < AI + IB',$$

ou

$$AO + OB < AI + IB.$$

Le chemin minimum qui conduit de A en B en touchant la droite MN est donc le chemin AOB, que l'on parcourt en faisant avec la droite MN des angles AOM, BON égaux entre eux, puisque

$$AOM = B'ON = BON.$$

III. — Méthode par décomposition.

775. On décompose la surface ou le volume donné, en surfaces ou volumes faciles à évaluer. Ce procédé est employé en arpentage pour la mesure des terrains (731) et en géométrie élémentaire pour l'évaluation de la surface du trapèze (342), du volume du tronc de prisme polygonal (502), etc.

Il existe une autre méthode, inverse de la précédente, qui consiste à reconstituer les figures tronquées, et à traiter ensuite ces troncs comme des différences de surfaces ou de volumes. Ce procédé présente souvent de grands avantages lorsqu'on est amené à se servir des formules qui expriment les volumes des troncs de prisme, de pyramide ou de cône; car ces formules complexes embarrassent souvent le problème, et conduisent même parfois à des équations que l'on ne peut résoudre par les règles ordinaires de l'algèbre élémentaire.

On trouve en géométrie plusieurs applications de cette méthode. C'est, en effet, par ce moyen qu'au livre IV (377), on a partagé un trapèze, qui n'est en réalité qu'un tronc de triangle, en plusieurs parties équivalentes ou proportionnelles, par des parallèles aux bases.

Soit encore l'exemple suivant :

776. *Le rayon de la base inférieure d'un tronc de cône est double du rayon de la base supérieure; quelle serait la distance OE d'un plan GF parallèle aux bases, si la somme du tronc DCGF et du cône GOF était égale à la moitié du tronc total ABCD.*

Achevons le cône ASB. La distance OE sera donnée par l'équation suivante :

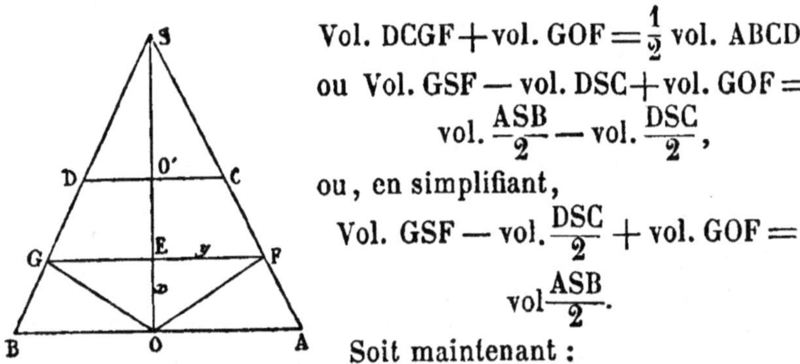

$$\text{Vol. DCGF} + \text{vol. GOF} = \tfrac{1}{2}\ \text{vol. ABCD},$$

$$\text{ou Vol. GSF} - \text{vol. DSC} + \text{vol. GOF} = \text{vol.}\ \frac{\text{ASB}}{2} - \text{vol.}\ \frac{\text{DSC}}{2},$$

ou, en simplifiant,

$$\text{Vol. GSF} - \text{vol.}\ \frac{\text{DSC}}{2} + \text{vol. GOF} = \text{vol}\ \frac{\text{ASB}}{2}.$$

Soit maintenant :

$$\text{OO}' = h,\ \ \text{O}'\text{C} = \text{R},\ \ \text{OA} = 2\text{R},\ \ \text{OE} = x,\ \ \text{EF} = y.$$

L'équation devient :

$$\tfrac{1}{3}\pi y^2 \times \text{SE} - \tfrac{1}{6}\pi \text{R}^2 \times \text{SO}' + \tfrac{1}{3}\pi y^2 x = \tfrac{1}{6}\pi \times 4\text{R}^2 \times \text{SO}.$$

$$\text{ou}\quad 2y^2 \times \text{SE} - \text{R}^2 \times \text{SO}' + 2xy^2 = 4\text{R}^2 \times \text{SO}\ (1).$$

Mais on a, à cause des triangles semblables SO'C, SOA :

$$\frac{SO}{SO'} = \frac{OA}{O'C} \quad \text{ou} \quad \frac{SO}{SO'} = \frac{2R}{R} ;$$

$$\text{donc} \qquad SO = 2\,SO',$$
$$\text{ou} \qquad SO' = OO' = h.$$

L'équation (1) devient dès lors :

$$2\,y^2\,(2\,h - x) - R^2 h + 2\,xy^2 = 8\,R^2 h,$$

ce qui donne :
$$y = \frac{3\,R}{2}.$$

On aura OE ou x au moyen de la relation,

$$\frac{SO'}{SE} = \frac{O'C}{EF},$$

ce qui revient à
$$\frac{h}{2\,h - x} = \frac{R}{y}.$$

On trouve, en résolvant :
$$x = \frac{h}{2}.$$

IV. Méthode des figures semblables.

777. Dans cette méthode, au lieu de construire immédiatement la figure demandée dans un problème, on construit d'abord une figure qui lui est semblable, au moyen de laquelle on arrive plus facilement à la figure cherchée.

On emploie surtout cette méthode pour l'inscription des figures.

Soit, comme exemple, le problème suivant :

778. *Inscrire un carré dans un triangle.*

Du sommet A du triangle BAC, menons la droite AD perpendiculaire sur BC, et formons le carré ADEF.

Joignons les points B, E, et du point P, où la droite BE rencontre AC, menons les perpendiculaires et parallèles nécessaires pour former la figure MNOP. Cette figure sera le carré demandé.

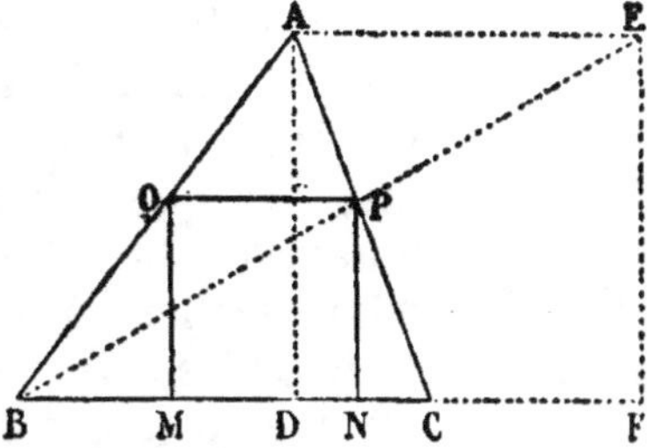

En effet, les triangles semblables BOP, BAE donnent :

$$\frac{OP}{AE} = \frac{BO}{BA} \quad (1).$$

De leur côté les triangles BOM, BAD donnent :

$$\frac{OM}{AD} = \frac{BO}{BA} \quad (2).$$

Des relations (1) et (2) il résulte que :

$$\frac{OP}{AE} = \frac{OM}{AD};$$

or $\qquad AE = AD$;

donc $\qquad OP = OM = PN,$

et par suite : $\qquad OP = MN.$

Le quadrilatère MNOP inscrit dans le triangle a ses côtés égaux, de plus ses angles sont droits : il est donc un carré.

V. Inversion.

779. Au lieu de résoudre directement un problème donné, on préfère quelquefois prendre l'inverse, pour revenir au premier par une figure semblable, ordinairement très facile à construire. Comme on le voit, ce procédé se rapporte à la méthode des figures semblables. Il sert surtout lorsqu'on doit inscrire des figures dans d'autres figures données.

VI. Lieux géométriques.

780. La méthode graphique la plus facile et la plus souvent employée est sans contredit la méthode des lieux géométriques. C'est celle qui se présente le plus naturellement à l'esprit, et elle sert à la résolution des problèmes les plus variés.

Les lieux géométriques employés en géométrie élémentaire sont la ligne droite et la circonférence.

Voici la marche à suivre lorsqu'on veut employer cette méthode. On suppose le problème résolu, et on construit arbitrairement une figure que l'on regarde comme étant la figure demandée. Si l'on examine attentivement cette figure, on trouve ordinairement que sa construction dépend simplement de la détermination d'un ou deux points. On cherche alors deux lieux géométriques qui contiennent ce point, et on a la solution demandée. Il est bon de remarquer que, lorsqu'on opère par la méthode des lieux géométriques, on obtient autant de solutions que ces lieux ont de points d'intersection, à moins que les figures formées par le moyen de ces lieux ne soient égales.

Voici quelques exemples comme application de ces règles.

781. *Construire un triangle dont on connaît la hauteur, la base et l'angle opposé à la base.*

Soit ABC le triangle demandé.

La base AC étant donnée, il suffit de déterminer la position
du point B pour construire facilement le
triangle.

Or les données permettent de le fixer au
moyen de deux lieux géométriques. Le premier est une ligne droite parallèle à AC et
distante de cette ligne d'une longueur h
égale à la hauteur donnée ; le second est
l'arc de cercle qui limite le segment con-
struit sur AC et capable de l'angle ABC donné. De là la construction suivante :

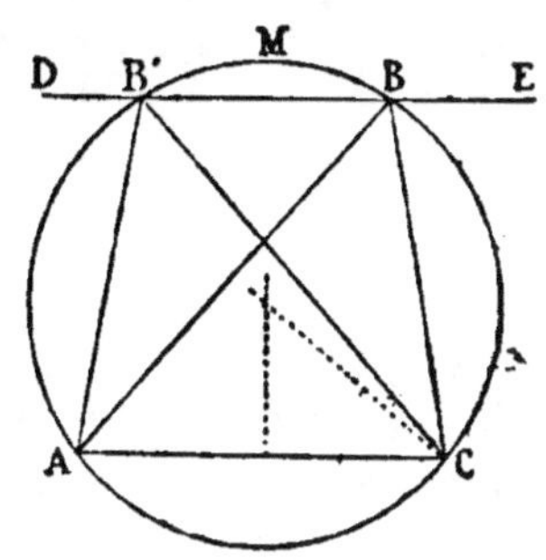

A une distance h de AC on mène la
parallèle DE ; puis on construit sur AC
le segment AMC capable de l'angle
ABC ; on joint chacun des points B, B′
aux points A et C, et on obtient les
triangles AB′C, et ABC, qui répondent
tous deux à la question. On n'a cependant qu'une solution ; car ces triangles
sont égaux.

782. *Décrire avec un rayon donné une circonférence tan-*
gente à deux droites concourantes
données.

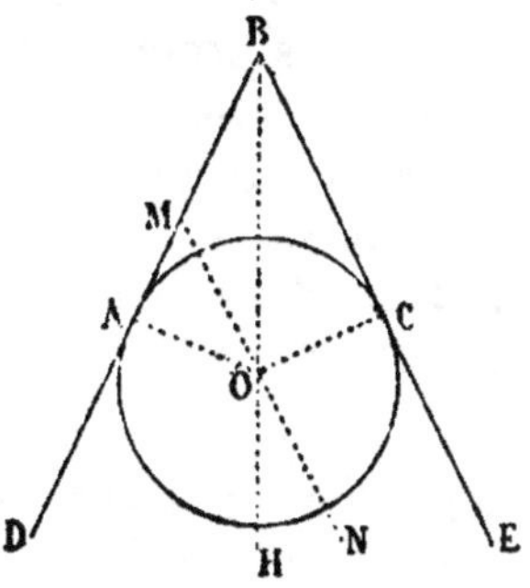

Deux lieux géométriques déterminent
immédiatement par leur intersection le
centre O de la circonférence demandée.

Ces lieux sont : la bissectrice BH de
l'angle des deux droites, puisqu'elle est
le lieu des points également distants
des côtés, et la parallèle MN menée à
une distance R du côté BE.

783. *Construire un triangle dont on connaît un côté, un*
angle et le rapport des deux autres côtés.

1er Cas. — L'angle donné A est adjacent au côté donné AC.

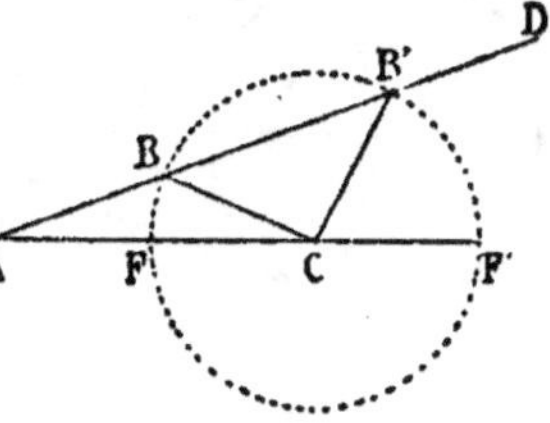

Le sommet B du triangle demandé
sera sur la droite AD faisant avec AC
un angle égal à l'angle donné ; il sera
aussi sur la circonférence, lieu géométrique des points dont les distances aux
points A et C sont entre elles dans le
rapport donné (251).

On a deux solutions, si la circonférence FF′ coupe la droite AD en deux points B et B', car les triangles ABC et AB'C répondent tous deux à la question ; on n'en a plus qu'une, si elle est tangente à AD. Le problème est impossible, si elle ne rencontre pas AD.

2° Cas. — L'angle donné est opposé au côté AC.

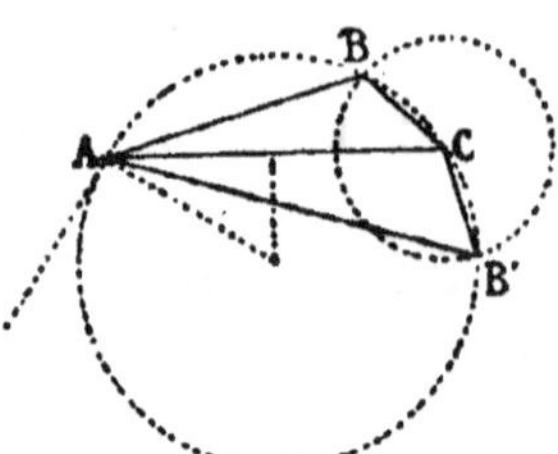

On construit sur AC un segment capable de l'angle donné B ; puis on détermine comme précédemment le lieu géométrique des points dont les distances aux points A et C sont dans le rapport donné. Le point B d'intersection des deux lieux est le sommet cherché, et le triangle ABC est le triangle demandé.

784. La construction d'une figure peut quelquefois dépendre de la construction d'un point situé en dehors de la figure.

Dans ce cas une double opération est nécessaire : chercher, par des constructions préliminaires, quel est le point dont on a besoin, et fixer ensuite sa position par la rencontre de deux lieux géométriques. On trouve dans tous les cours de géométrie élémentaire des problèmes résolus par cette méthode. Qu'il suffise de citer les problèmes qui consistent à mener une tangente à l'ellipse, à l'hyperbole ou à la parabole par un point extérieur à ces courbes.

Soit à résoudre comme application de cette méthode le problème suivant :

785. *Par un point extérieur à un cercle donné, mener une tangente à ce cercle.*

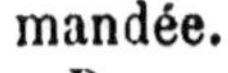

Supposons le problème résolu, et soit BA la tangente demandée.

Pour avoir la solution, il suffit de déterminer le point A ; or il appartient à la circonférence C donnée, et, de plus, comme il est le sommet d'un angle droit, il sera sur la circonférence décrite sur BC comme diamètre. On aura ainsi deux solutions en BA et BA'.

Le problème étant toujours supposé résolu, on peut ne point

chercher à déterminer le point A, mais prolonger CA d'une quantité AC′ = CA, et joindre les points C′ et
B. La tangente AB sera perpendiculaire
sur le milieu de CC′. Si l'on connaissait le
point C′, il serait donc facile de la mener.
Or, ce point se trouve sur la circonférence décrite du point B avec un rayon
égal à BC, et sur la circonférence décrite
du point C avec un rayon égal à 2 AC.

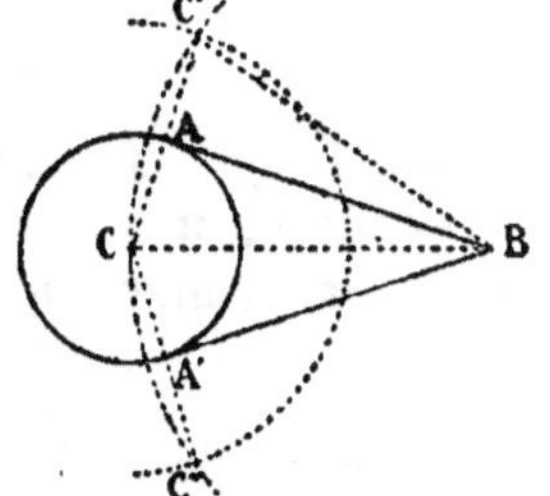

On voit qu'on aura encore deux solutions en BA et BA′.

VII. Méthode algébrique.

786. Dans la méthode algébrique, on représente les inconnues
par des lettres; puis, au moyen des données ou par le secours
des théorèmes de géométrie, on établit les équations dont la résolution doit fournir les valeurs cherchées. Lorsque les inconnues sont dégagées, une construction graphique est nécessaire.

CONSTRUCTION GRAPHIQUE DES ÉQUATIONS

I. Équations du premier degré.

787. La solution de ces équations peut se présenter sous plusieurs formes :

1° $x = a \pm b$.

La construction de x revient à ajouter une longueur b à la
longueur a, ou à retrancher de a cette même longueur b.

2° $x = \dfrac{ab}{c}$.

x est ici une quatrième proportionnelle aux trois longueurs
a, b, c. La construction est donnée en géométrie au n° 296.

3° $x = \dfrac{abcgk}{defh}$.

On peut écrire :
$$x = \frac{abc}{def} \times \frac{gk}{h};$$

On cherche alors une quatrième proportionnelle m à g, k, h
et on a :
$$x = \frac{abcm}{def}, \quad \text{ou} \quad x = \frac{ab}{de} \times \frac{cm}{f}.$$

Une nouvelle quatrième proportionnelle n à c, m et f donne :
$$x = \frac{abn}{de}, \quad \text{ou} \quad x = \frac{a}{d} \times \frac{bn}{e}.$$

La quatrième proportionnelle à b, n, e étant représentée par p, on obtient :

$$x = \frac{op}{d},$$

et x vaut la quatrième proportionnelle aux longueurs a, p et d.

En général, on doit chercher, dans ce troisième cas, autant de quatrièmes proportionnelles qu'il y a de facteurs au dénominateur.

$4°$ $\quad x = \dfrac{abc + def}{gh + kl}.$

On prend une longueur auxiliaire m et on fait $gh = mp$, p étant la quatrième proportionnelle à gh et m.

On fait de même $kl = mq$ et on a :

$$x = \frac{abc + def}{mp + mq} = \frac{abc + def}{m\,(p + q)} = \frac{abc}{m\,(p + q)} + \frac{def}{m\,(p + q)}.$$

Cherchant ensuite les quatrièmes proportionnelles r et t à $\dfrac{bc}{p + q}$ et à $\dfrac{ef}{p + q}$, on obtient :

$$x = \frac{ar}{m} + \frac{dt}{m}.$$

Deux nouvelles quatrièmes proportionnelles v et z à $\dfrac{ar}{m}$ et $\dfrac{dt}{m}$ donneront : $\qquad x = v + z.$

Il suffira alors d'ajouter les longueurs v et z, pour obtenir l'inconnue x.

II. Équations du second degré.

788. I. *Équation incomplète.* — La valeur de l'inconnue peut se présenter sous deux formes :

$1°$ $\quad x^2 = ab.$

x est alors une moyenne proportionnelle entre les longueurs a et b. Sa construction est donnée au n° 298.

$2°$ $\quad x^2 = a^2 \pm b^2.$

x est le côté d'un carré égal à la somme ou à la différence de deux carrés donnés. On a sa construction aux n°ˢ 371 et 372.

III. Équation complète.

789. *Équation complète.* — L'équation complète du second degré $(x^2 + px + q = o)$ a toujours son premier terme positif, les autres peuvent être positifs ou négatifs. Si nous représentons

par b^2 le terme connu q, l'équation pourra s'offrir sous l'une des quatre formes suivantes :

$$x^2 + ax + b^2 = o \ (1),$$
$$x^2 - ax + b^2 = o \ (2),$$
$$x^2 - ax - b^2 = o \ (3),$$
$$x^2 + ax - b^2 = o \ (4).$$

Ces quatre formules peuvent être ramenées à deux pour les constructions graphiques. En effet, on a vu en algèbre (théorie des quantités négatives) que deux équations qui ne diffèrent l'une de l'autre que par le changement de x en $-x$, ont les mêmes solutions sàuf les signes. Or si dans la première équation on change x en $-x$, on obtient la seconde. Si dans la quatrième on change x en $-x$, on obtient la troisième. Il suffit donc de traiter la construction des équations (2) et (3), pour connaître la construction des équations (1) et (4).

$$x^2 - ax + b^2 = o \ (2),$$
$$x^2 - ax - b^2 = o \ (3).$$

Cherchons la somme et le produit des racines de chacune de ces deux égalités.

On sait que l'équation générale $x^2 + px + q = o$, donne :

$$x' + x'' = -p ; \quad x'x'' = q.$$

On aura donc dans l'équation (2) :

$$x' + x'' = a,$$
$$x'x'' = b^2.$$

Le produit des deux racines est positif : donc elles sont toutes deux de même signe. Leur somme étant positive, chacune d'elles est positive, et la construction des racines revient à ce problème résolu au n° 381 :

Trouver deux droites dont on donne la somme et le produit.

La condition de possibilité est dans ce cas $b \leqq \dfrac{a}{2}$ (382).

Pour l'équation (3), on a :

$$x' + x'' = a,$$
$$x'x'' = -b^2.$$

Le produit des racines est négatif : donc ces racines sont de signe contraire. Leur somme étant positive, la plus grande est positive. Si x' est la plus grande, on aura :

$$x' - x'' = a,$$
$$x'x'' = -b^2.$$

La construction de x' et de x'' revient au problème résolu au n° 383 :

Trouver deux lignes droites dont la différence et le produit sont donnés.

Ces principes posés, prenons deux exemples que nous traiterons par la méthode algébrique ; le premier appartient à la géométrie plane, le second à la géométrie dans l'espace.

790. *Construire un carré, connaissant la somme ou la différence de la diagonale et du côté.*

Ier Cas. — Soit a la somme CB + BD donnée. Représentons

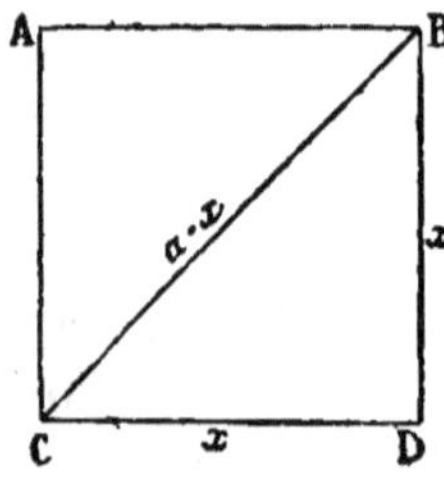

par x le côté du carré ; sa diagonale sera $a - x$, et le triangle CBD rectangle en D donnera :

$$x^2 + x^2 = (a - x)^2 ;$$

en résolvant, on obtient :

$$x^2 + 2ax - a^2 = o.$$

Cette équation revient à la forme (4) :

$$x^2 + ax - b^2 = o \ (789),$$

c'est-à-dire à la forme (3) par le changement de x en $-x$. On aura donc deux solutions pour la longueur du côté du carré demandé, et ces deux solutions seront égales aux deux lignes dont la différence est $2a$ et le produit a^2.

On peut remarquer immédiatement qu'une de ces solutions devra être rejetée ; car la différence des deux lignes étant $2a$, l'une d'entre elles est plus grande numériquement que la somme a de la diagonale et du côté. Il est d'ailleurs évident que cette solution trop forte est en même temps négative.

On aurait pu résoudre directement l'équation :

$$x^2 + 2ax - a^2 = o,$$

et ne faire la construction qu'après avoir trouvé les valeurs de x. On aurait eu ainsi, les deux solutions :

$$x' = a\sqrt{2} - a ; \qquad x'' = -a - a\sqrt{2}.$$

La seconde doit être rejetée, puisqu'elle donne pour le côté cherché une valeur négative, valeur qui d'ailleurs est numériquement plus grande que la somme de la diagonale et du côté.

La première doit être admise. Elle est facile à construire. Il suffit pour cela de prendre le côté du carré inscrit dans un cercle de rayon a ; car ce côté égale $a\sqrt{2}$. On aura x en diminuant la longueur obtenue d'une quantité égale à a.

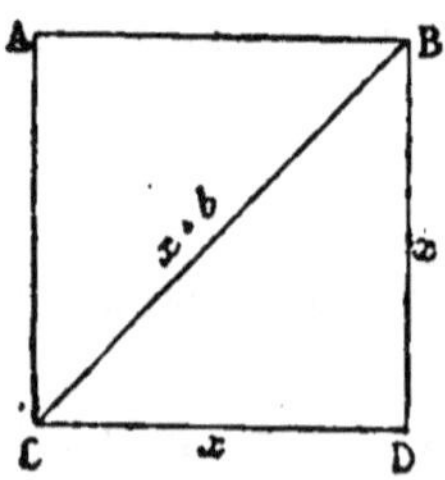

2° Cas. — Soit b la différence CB — BD de la diagonale et du côté du carré demandé.

Représentons par x le côté, et par $x + b$ la diagonale du carré. Nous aurons :

$$x^2 + x^2 = (x + b)^2,$$

ou, en résolvant : $x^2 - 2bx - b^2 = o.$

Cette équation revient à la forme (3) :

$$x^2 - ax - b^2 = o \ (789).$$

On a donc deux solutions égales aux deux lignes dont la différence est $2\,b$; et le produit b^2; l'une d'entre elles, étant nécessairement négative, doit être rejetée.

Si, comme dans le cas précédent, on résout directement l'équation $x^2 - 2\,bx - b^2 = o$, on obtient les solutions :

$$x' = b + b\sqrt{2};$$
$$x'' = b - b\sqrt{2}.$$

La seconde est négative et doit être rejetée.

Quant à la première, on la construit en ajoutant à b la longueur $b\sqrt{2}$ du côté du carré inscrit dans un cercle de rayon b.

791. *On donne un cercle* C, *un diamètre* AB *et une corde* ID *perpendiculaire à ce diamètre en un point* O.

On fait tourner la figure autour de AB.

Quelle sera la distance du point O *au centre, si le volume du segment sphérique décrit par* AOI *est égal au volume décrit par le triangle* COI?

D'après l'énoncé, on aura :

$$\frac{1}{2}\,\pi\overline{OI}^2 \times AO + \frac{1}{6}\,\pi\overline{AO}^3 = \frac{1}{3}\,\pi\overline{OI}^2 \times OC.$$

Représentons OC par x, et AO par y.

$$\frac{1}{2}\,\pi OI^2 \times y + \frac{1}{6}\,\pi y^3 = \frac{1}{3}\,\pi OI^2 \times x,$$

ou $\qquad 3\,\overline{OI}^2 \times y + y^3 = 2\,\overline{OI}^2 \times x.$

Or à cause du triangle AIB rectangle en I :

$$\overline{OI}^2 = (R + x)\,y = Ry + xy.$$

Notre équation devient ainsi :

$$3\,y\,(Ry + xy) + y^3 = 2\,x\,(Ry + xy),$$
$$3\,Ry^2 + 3\,xy^2 + y^3 = 2\,Rxy + 2\,x^2 y;$$

ou, en la divisant par y :

$$3\,Ry + 3\,xy + y^2 = 2\,Rx + 2\,x^2,$$

mais

$$y = R - x,$$

donc :

$$3\,R\,(R - x) + 3\,x\,(R - x) + (R - x)^2 = 2\,Rx + 2\,x^2;$$

développant.

$$3\,R^2 - 3\,Rx + 3\,Rx - 3\,x^2 + R^2 + x^2 - 2\,Rx = 2\,Rx + 2\,x^2;$$

simplifiant, on a enfin :

$$x^2 + Rx - R^2 = 0.$$

Cette équation revient à la forme (4) :

$$x^2 + ax - b^2 = 0,$$

c'est-à-dire à la forme (3) par le changement de x en $-x$. On aura donc deux solutions pour la distance OC du centre, et ces deux solutions seront égales aux deux lignes dont la différence est R, et le produit R².

On peut remarquer immédiatement qu'une de ces deux solutions devra être rejetée; car la différence des deux lignes étant R, l'une d'elles sera plus grande que le rayon AC.

On peut d'ailleurs résoudre l'équation :

$$x^2 + Rx - R^2 = 0.$$

On obtient alors :

$$x = -\frac{R}{2} \pm \sqrt{\frac{R^2}{4} + R^2},$$

c'est-à-dire :

$$x = -\frac{R}{2} \pm \frac{R}{2}\sqrt{5},$$

ou

$$x' = \frac{R}{2}(\sqrt{5} - 1),$$

$$x'' = -\frac{R}{2}(\sqrt{5} + 1).$$

La seconde solution doit être rejetée comme négative. Elle surpasse d'ailleurs le rayon en grandeur absolue.

On voit que la première est égale au côté du décagone régulier inscrit dans le cercle donné, ou, si l'on veut, au plus grand segment du rayon partagé en moyenne et extrême raison. Elle est donc facile à construire graphiquement.

§ IV. — DISCUSSION ET GÉNÉRALISATION DES PROBLÈMES

792. Discuter un problème, c'est examiner les différents cas qui se présentent, lorsque les données varient *en grandeur* ou *en position*. La discussion généralise la solution, elle fait ressortir la possibilité ou l'impossibilité du problème d'après les modifications de l'énoncé.

Soit, comme exemple, le problème suivant :

793. *Par l'un des points d'intersection de deux cercles qui se coupent, mener une sécante commune de longueur donnée l.*

Supposons le problème résolu, et soit MN la corde de longueur *l*.

Menons les perpendiculaires CB et OD sur MN, et la perpendiculaire OA sur CB.

On aura par construction :

$$OA = BD = \frac{MN}{2};$$

de plus, l'angle CAO est droit. Le point A est donc sur deux lieux géométriques :

1° La circonférence décrite du point O comme centre avec un rayon égal à la moitié de la longueur donnée l;

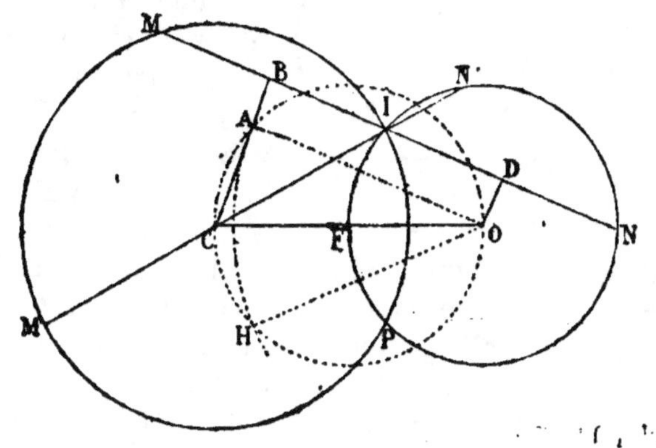

Fig. A.

2° La circonférence décrite sur CO comme diamètre.

De là la construction suivante :

Si par l'un des points d'intersection de deux cercles C et O qui se coupent, on veut mener une sécante commune de longueur donnée l, on décrit du point O comme centre un cercle de rayon $\frac{l}{2}$, puis un second cercle sur CO comme diamètre; ce second cercle rencontrera le premier en un point A, on joint ce point au point O, et on mène par le point I une parallèle à OA; on aura en MN la sécante demandée.

Discussion. — La distance OF des centres des deux lieux qui déterminent la position du point A, est plus petite que la somme OF + OA des rayons. Ceci est évident.

De plus, elle est plus grande que la différence OA — CF de ces mêmes rayons; car on a :

CO (hypoténuse) > AO (côté de l'angle droit),

ou   CF + FO > AO, c'est-à-dire FO > AO — CF.

Les deux circonférences OF et OA se rencontrent donc en un second point H, et l'on a en M'N', parallèle à OH, une seconde sécante qui répond à l'énoncé.

La longueur donnée l peut avoir différentes grandeurs; mais ses variations, quelles qu'elles soient, suivront la même progression que celles de sa moitié BD ou de la droite AO qui est égale à BD. Or le point A étant assujetti à se mouvoir sur le cercle CAO, le maximum de AO aura lieu lorsque le point A sera au

12

point C (fig. B). Dans ce cas, la sécante MN sera parallèle à CO et

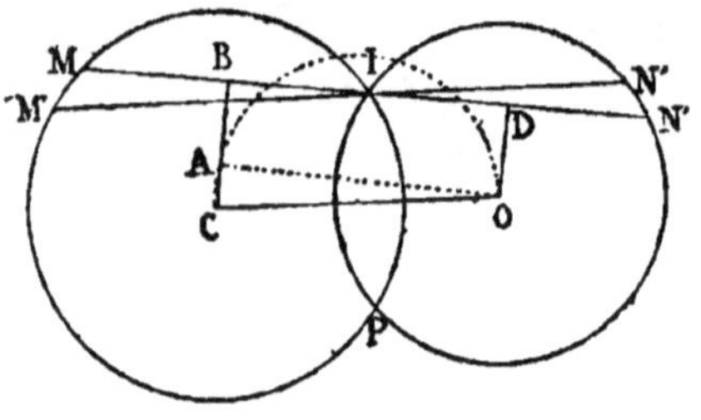

Fig. B.

égale au double de la distance des centres des circonférences données.

Pour trouver le minimum de MN, examinons les différentes grandeurs de AO, lorsque le point A parcourt le demi-cercle dans le sens CAO. A mesure qu'il s'élève, la corde AO s'éloigne du centre C et diminue de longueur, le point M se rapproche du point I et finit par se confondre avec lui. Ceci a lieu lorsque le point A est en A′ sur le prolongement du rayon CI (fig. C). Dans ce cas, la sécante commune MN devenue la droite IN′ est encore parallèle à OA′, et par suite perpendiculaire à CI et tangente au cercle C.

Pendant le trajet du point A de C en A′, la corde MI, située

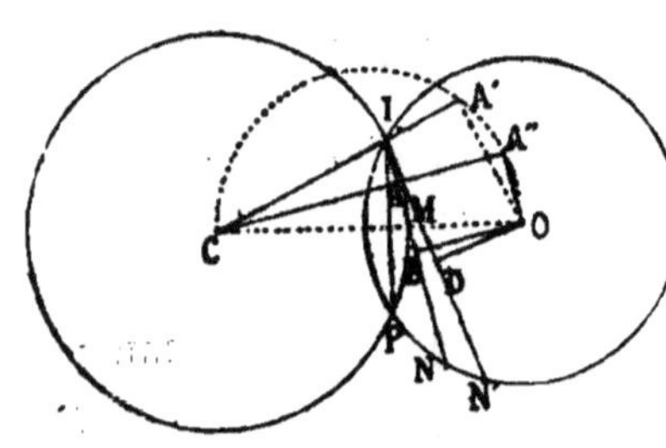

Fig. C.

toujours du même côté du point I, a passé par différents états de grandeur pour finir par être nulle. Si le point A′ continue sa marche vers le point O, elle reprendra de nouvelles valeurs; mais ces valeurs devront être regardées comme négatives, puisqu'elles sont de l'autre côté du point I par rapport aux premières, et désormais la ligne OA″, égale à la demi-somme algébrique des cordes formées dans les deux cercles par la sécante commune IN, vaut $\dfrac{IN - IM}{2}$. On peut du reste constater facilement ce résultat sur la figure. En effet, on a :

$$2\,IB = IN, \quad 2\,IH = IM;$$

donc

$$IB - IH = \frac{IN - IM}{2},$$

ou

$$OA'' = \frac{IN - IM}{2}.$$

Lorsque le point A sera arrivé au point O, la droite AO sera minimum, et la sécante commune minimum sera la corde commune IP; car on aura alors :

$$AO = \frac{IP - IP}{2} = \text{zéro}.$$

Considérons maintenant le cas où l'une des circonférences change de position ; et pour cela, supposons d'abord (fig. D) que le centre O du petit cercle se meuve sur CO en s'éloignant du point C. Les points d'intersection I et P se rapprochent de la droite CO, la longueur de la droite MN augmente. A la limite, c'est-à-dire

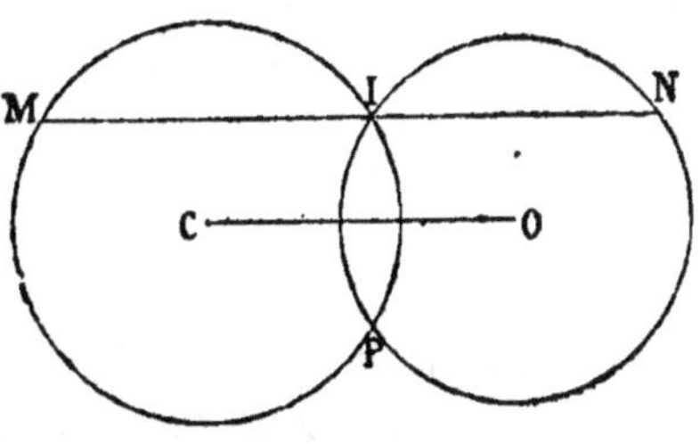

Fig. D.

lorsque les points I et P se confondent, les cercles sont tangents extérieurement, la sécante commune atteint son maximum et vaut la somme des diamètres. Le minimum qui a suivi les variations de la corde commune IP se trouve réduit au point I, c'est-à-dire à zéro.

La figure E montre comment il faut opérer pour mener une sécante commune passant par le point de contact de deux cercles tangents. On voit que, en dehors du maximum et du minimum, on a toujours deux solutions.

Si le centre O se meut sur CO en se rapprochant du

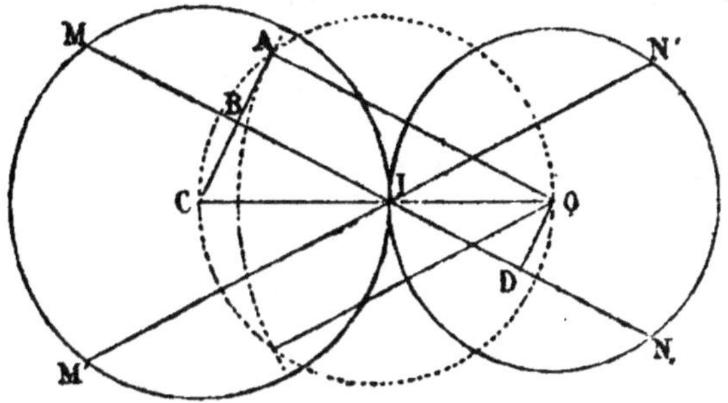

Fig. E.

point C (fig. D), la distance IP des points d'intersection s'accroît, devient au maximum égale au diamètre du cercle O, puis diminue graduellement pour finir par être nulle, au moment où les cercles sont tangents intérieurement. Mais alors les cordes menées du point I dans le cercle O ont toutes, par rapport à ce point (fig. F), une direction opposée à celle qu'elles avaient lorsque les circonférences étaient sécantes ou tangentes extérieurement. Elles sont donc négatives, et la droite OA, égale à la demi-somme algébrique des cordes formées dans les deux cercles, vaut $\dfrac{IM - IK}{2}$. Ce résultat est

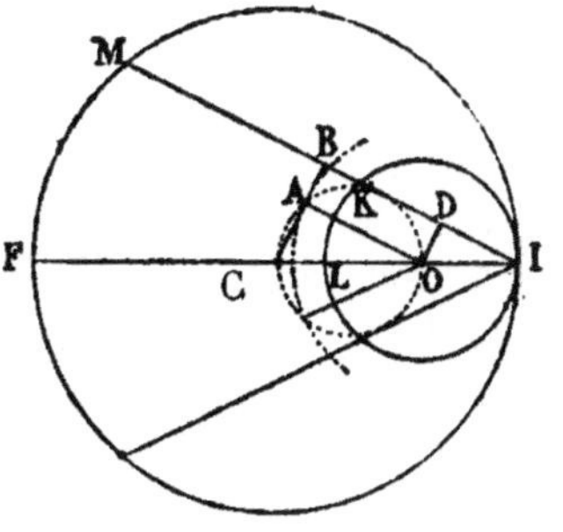

Fig. F.

facile à constater sur la figure. En effet, on a : $2\,BI = MI, 2\,DI = KI$; d'où l'on tire successivement :

$$2\,BI - 2\,DI = MI - KI,$$

$$BI - DI = \frac{MI - KI}{2},$$

$$BD \text{ ou } AO = \frac{MK}{2}.$$

Le maximum de la sécante commune aura toujours lieu lorsque le point A se confondra avec le point C, et il sera égal à IF — IL, c'est-à-dire à la différence des diamètres; quant au minimum, il vaut zéro au point I.

En résumé, si les circonférences sont sécantes, la sécante commune menée par l'un des points d'intersection est *maxima* lorsqu'elle est parallèle à la ligne des centres; elle est *minima* lorsqu'elle se confond avec la corde commune.

Si les circonférences sont tangentes intérieurement ou extérieurement, le maximum de la sécante commune est égal à la somme algébrique des diamètres, et le minimum à zéro.

En dehors du maximum et du minimum, on a deux solutions dans toutes les hypothèses, excepté le cas particulier où, les circonférences étant sécantes, le point A se trouve en A′ (fig. C).

TABLEAU

DES PRINCIPALES FORMULES DÉMONTRÉES
DANS LE COURS DE GÉOMÉTRIE

GÉOMÉTRIE PLANE

LIGNES

CÔTÉS ET APOTHÈMES DES DIFFÉRENTS POLYGONES RÉGULIERS EN FONCTION DE LEUR RAYON R

Numéros.

Décagone . . . . $\dfrac{R}{2}(\sqrt{5}-1)$. $\dfrac{R}{4}\sqrt{10+2\sqrt{5}}$.   . . . 268

Dodécagone . . . . . . $R\sqrt{2-\sqrt{3}}$. $\dfrac{R}{2}\sqrt{2+\sqrt{3}}$.   . . . 275

Circonférence . . . . $= 2\pi R$ et, $\pi = 3,1415920$.   . . . 281

Arc. . . . . $= \dfrac{\pi R n}{180}$.

SURFACES

Surface du rectangle . . . . $B \times H$.   . . . 329

Surface du parallélogramme. $B \times H$.   . . . 332

Surface du triangle . . . . . $\dfrac{B \times H}{2}$.   . . . 336

Surface du triangle . . . . . pr.   . . . 340

Surface du triangle . . . . . $\sqrt{p\,(p-a)\,(p-b)\,(p-c)}$ . . . 385

Surface du triangle . . . . . $\dfrac{abc}{4R}$.   . . . 236

Surface du losange . . . . . $\dfrac{d \times d'}{2}$ (d et d' représentent les diagonales).   . . . 341

Surface du trapèze . . . . . $\dfrac{(B+b)\,H}{2}$.   . . . 342

SURFACES DES DIFFÉRENTS POLYGONES RÉGULIERS EN FONCTION DE LEUR CÔTÉ OU DE LEUR RAYON

Triangle équilatéral. $\dfrac{a^2\sqrt{3}}{4}$. $\dfrac{3R^2\sqrt{3}}{4}$.   349 et 350

Carré. . . . . a^2 $2R^2$.   349 et 350

Pentagone . . . . . $\dfrac{5a^2\sqrt{10+2\sqrt{5}}}{2(10-2\sqrt{5})}$. $\dfrac{5R^2}{8}\sqrt{10+2\sqrt{5}}$.   349 et 350

Hexagone. . . . . . $\dfrac{3a^2\sqrt{3}}{2}$. $\dfrac{3R^2\sqrt{3}}{2}$.   349 et 350

Octogone. . . . . . $2a^2(1+\sqrt{2})$. $2R^2\sqrt{2}$.   349 et 350

Décagone. . . . . . $\dfrac{5a^2\sqrt{10-2\sqrt{5}}}{6-2\sqrt{5}}$. $\dfrac{5R^2}{4}\sqrt{10-2\sqrt{5}}$.   349 et 350

Dodécagone. . . . . $3a^2(2+\sqrt{3})$. $3R^2$.   349 et 350

Numéros.

Surface du cercle. . . . . . . πR^2. 352

Surface du secteur . . . . . . $\dfrac{\pi R^2 n}{360}$. 354

GÉOMÉTRIE DANS L'ESPACE

SURFACES

Surface latérale du cylindre. . . $2\pi RH$. 532

Surface totale du cylindre. . . . $2\pi R (H + R)$. 532

Surface latérale du cône. . . . . πRa. 548

Surface totale du cône . . . . . $\pi R (a + R)$. 548

Surface latérale du tronc de cône. $\pi a (R + r)$. 553

Surface totale du tronc de cône. $\pi \left[a (R + r) + R^2 + r^2 \right]$. . . . 553

Surface du triangle sphérique. . $\dfrac{A + B + C - 2\,dr.}{1\,dr.}$ . . . 588

Surface du polygone sphérique . $\dfrac{s - 2\,dr.\ (n - 2)}{1\,dr.}$ . . . 589

Surface de la zone . . . . $2\pi RH$. . . . 595

Surface de la sphère. . . . . . $4\pi R^2$ ou πD^2. . . . 596

Surface de l'ellipse. . . . . . . πab. . . . 649

VOLUMES

Volume du parallélipipède . . . $B \times H$. . . . 481

Volume du prisme. . . . . . . $B \times H$. . . . 482

Volume de la pyramide. . . . . $\dfrac{1}{3} B \times H$. . . . 494

Volume du tronc de pyramide . . $\dfrac{1}{3} H (B + b + \sqrt{Bb})$. . . . 498

Volume du tronc de pyramide . . $\dfrac{1}{3} BH \left(1 + \dfrac{a^2}{A^2} + \dfrac{a}{A} \right)$. . . . 498

Volume du tronc de prisme. . . $\dfrac{1}{3} B (H + H' + H'')$. . . . 500

Volume du tronc de parallélipipède. . . . . $B \left(\dfrac{a + d}{2} \right)$ (a et d sont deux arêtes opposées). . . . 501

Volume du cylindre . . . . . . $\pi R^2 H$. . . . 534

Numéros.

Volume du cône	$\frac{1}{3}\pi R^2 H.$	. . . 549
Volume du tronc de cône. . . .	$\frac{1}{3}\pi H\,(R^2 + r^2 + Rr).$	. . . 555
Volume du secteur sphérique. .	$\frac{2}{3}\pi R^2 H.$	. . . 606
Volume de la sphère.	$\frac{4}{3}\pi R^3$ ou $\frac{1}{6}\pi D^3.$	. . . 607
Volume du segment sphérique à deux bases.	$\frac{1}{2}\pi h\,(R^2 + r^2) + \frac{1}{6}\pi h^3.$	. . . 611
Volume du segment sphérique à une base.	$\frac{1}{2}\pi R^2 h + \frac{1}{6}\pi h^3.$	. . . 612
Volume de l'ellipsoïde allongé .	$2\,a \times \frac{2}{3}\pi b^2.$	. . . 635
Volume de l'ellipsoïde aplati . .	$2\,b \times \frac{2}{3}\pi a^2.$	. . . 655

FIN

TABLE DES MATIÈRES

LIVRE PREMIER

LA LIGNE DROITE

LIVRE II

LA CIRCONFÉRENCE ET LE CERCLE

LIVRE III

LA SIMILITUDE

LIVRE IV

LES SURFACES

LIVRE V

LE PLAN

LIVRE VI

LES POLYÈDRES

LIVRE VII

LES CORPS RONDS

LES COURBES USUELLES

FIN DE LA TABLE

9326. — Tours, impr. Mame.

FIN DE LA TABLE.

J. — Tours, impr. Mame.